Références sciences

Algèbre générale, linéaire et euclidienne

Cours avec 150 exercices corrigés

Slim Omri

ellipses

Collection Références sciences

dirigée par Paul de Laboulaye
paul.delaboulaye@editions-ellipses.fr

Retrouvez tous les livres de la collection et des extraits sur www.editions-ellipses.fr

ISBN 9782340-041097
©Ellipses Édition Marketing S.A., 2020
32, rue Bargue 75740 Paris cedex 15

www.editions-ellipses.fr

Table des matières

Chapitre 1

Structures algébriques

Ce chapitre est consacré à l'étude des structures algébriques préalablement introduites en première année en cours d'algèbre, à savoir les groupes, les anneaux, les corps et les algèbres. Des notions nouvelles et plus approfondies concernant toutes ces structures seront abordées tout au long de chapitre, accompagnées de plusieurs exemples basiques et simples rendant plus accessible la compréhension de ces notions.

Dans ce chapitre $\mathbb{K}$ désigne le corps $\mathbb{R}$ ou $\mathbb{C}$.

1.1 Groupes

Définition 1.1.1 – Groupe Soit G un ensemble non vide muni d'une loi de composition interne notée "$*$". On dit que $(G,*)$ est un groupe si

- La loi "$*$" est associative.
- La loi "$*$" admet un élément neutre.
- Tout élément $x \in G$ admet un élément symétrique.

Si de plus la loi "$*$" est commutative, on dit que $(G,*)$ est un groupe abélien.

Exemple 1.1.2 – Groupes de référence
$(\mathbb{Z},+)$, $(\mathbb{Q},+)$, $(\mathbb{R},+)$, $(\mathbb{C},+)$, $(\mathbb{Q}^*,\times)$, $(\mathbb{R}^*,\times)$ et $(\mathbb{C}^*,\times)$ sont tous des groupes abéliens.

Exemple 1.1.3 – Groupe des racines n-ièmes de l'unité $\mathbb{U}_n$
Pour tout $n \in \mathbb{N}^*$, l'ensemble

$$\mathbb{U}_n = \{z \in \mathbb{C}^* \,|\, z^n = 1\} = \left\{e^{\frac{2i\pi k}{n}} \,|\, 0 \leqslant k \leqslant n-1\right\}$$

est un groupe abélien pour la multiplication usuelle sur $\mathbb{C}$. À titre d'exemple, $\mathbb{U}_1 = \{1\}$, $\mathbb{U}_2 = \{-1,1\}$, $\mathbb{U}_3 = \{1,j,\overline{j}\}$ et $\mathbb{U}_4 = \{-1,1,-i,i\}$.

▪ Exemple 1.1.4 – Groupe symétrique $\mathfrak{S}_n$
Pour tout $n \in \mathbb{N}^*$, on note $[\![1,n]\!] = \{k \in \mathbb{N} \mid 1 \leqslant k \leqslant n\}$. Alors, l'ensemble $\mathfrak{S}_n$ des permutations de $[\![1,n]\!]$ est un groupe pour la composition des applications appelé groupe symétrique. À titre d'exemple, $\mathfrak{S}_1 = \{\mathrm{Id}_{\{1\}}\}$
et $\mathfrak{S}_2 = \{\mathrm{Id}_{\{1,2\}}, \tau_{1,2}\}$.

▪ Exemple 1.1.5 – Groupe "cercle unité"
L'ensemble

$$\mathbb{U} = \{z \in \mathbb{C}^* \| z| = 1\} = \left\{e^{i\theta} \mid \theta \in \mathbb{R}\right\},$$

est un groupe abélien pour la multiplication usuelle sur $\mathbb{C}$.

▪ Exemple 1.1.6 – Groupe des polynômes
1) L'ensemble $\mathbb{K}[X]$ des polynômes à une indéterminée à coefficients dans $\mathbb{K}$ est un groupe abélien pour la somme des polynômes.
2) Pour tout $n \in \mathbb{N}$, l'ensemble $\mathbb{K}_n[X] = \{P \in \mathbb{K}[X] \mid \deg(P) \leqslant n\}$ est un groupe abélien pour la somme des polynômes.

▪ Exemple 1.1.7 – Groupe des matrices $\mathscr{M}_{n,p}(\mathbb{K})$
Pour tous $n, p \in \mathbb{N}^*$, l'ensemble $\mathscr{M}_{n,p}(\mathbb{K})$ des matrices de type (n,p) à coefficients dans $\mathbb{K}$ est un groupe abélien pour la somme usuelle des matrices.

▪ Exemple 1.1.8 – Groupe général linéaire $GL_n(\mathbb{K})$
Pour tout $n \in \mathbb{N}^*$, l'ensemble $GL_n(\mathbb{K})$ des matrices carrées inversibles d'ordre n est un groupe pour la multiplication matricielle.

▪ Exemple 1.1.9 – Groupe spécial linéaire $SL_n(\mathbb{K})$
Pour tout $n \in \mathbb{N}^*$, l'ensemble $SL_n(\mathbb{K}) = \{M \in GL_n(\mathbb{K}) \mid \det(M) = 1\}$
est un groupe pour la multiplication matricielle.

▪ Exemple 1.1.10 – Groupe orthogonal $\mathscr{O}(n)$
Pour tout $n \in \mathbb{N}^*$, l'ensemble $\mathscr{O}(n) = \left\{M \in GL_n(\mathbb{R}) \mid M^{-1} = {}^tM\right\}$
est un groupe pour la multiplication matricielle.

▪ Exemple 1.1.11 – Groupe spécial orthogonal $SO(n)$
Pour tout $n \in \mathbb{N}^*$, l'ensemble $SO(n) = \{M \in \mathscr{O}(n) \mid \det(M) = 1\}$
est un groupe pour la multiplication matricielle.

■ Exemple 1.1.12 – Groupe $\mathbb{Z}/n\mathbb{Z}$
Soit $n \in \mathbb{N}^*$, on munit l'ensemble $\mathbb{Z}$ de la relation d'équivalence notée "$\equiv$" dite "congruence modulo n" et définie par

$$\forall p, q \in \mathbb{Z},\ p \equiv q[n] \text{ si } n|p-q.$$

Pour tout $p \in \mathbb{Z}$, la classe d'équivalence de p est définie par

$$\dot{p} = \{p + nk \mid k \in \mathbb{Z}\}$$

et l'ensemble quotient est donné par

$$\mathbb{Z}/n\mathbb{Z} = \left\{\dot{0}, \dot{1}, \ldots, \dot{\widehat{n-1}}\right\}.$$

On munit $\mathbb{Z}/n\mathbb{Z}$ de la loi de composition interne $''+''$ définie par

$$\forall \dot{p}, \dot{q} \in \mathbb{Z}/n\mathbb{Z},\ \dot{p} + \dot{q} = \dot{\widehat{p+q}}.$$

Alors, $(\mathbb{Z}/n\mathbb{Z}, +)$ est un groupe abélien.

Théorème 1.1.13 – Produit direct de groupes Soient $(G, *)$ et $(G', .)$ deux groupes et "#" la loi de composition interne définie sur le produit cartésien $G \times G'$, par

$$\forall (x,y), (x',y') \in G \times G',\ (x,y)\#(x',y') = (x * x', y.y').$$

Alors, $(G \times G', \#)$ est un groupe, appelé groupe produit direct de G et G'.

Démonstration. — $G \times G' \neq \varnothing$ car G et G' le sont.

— La loi "#" est associative car les lois "$*$" et "." le sont.

— Si e et e' sont respectivement les éléments neutres de G et G', alors pour tout $(x,y) \in G \times G'$, on a

$$(x,y)\#(e,e') = (x * e, y.e') = (x,y)$$

et de la même manière

$$(e,e')\#(x,y) = (x * e, y.e') = (x,y).$$

Par conséquent, (e,e') est l'élément neutre de $G \times G'$ pour la loi "#".

— Soit $(x,y) \in G \times G'$ et soient x^{-1} et y^{-1} respectivement les éléments symétriques de x et y. Alors,

$$(x,y)\#(x^{-1},y^{-1}) = (x * x^{-1}, y.y^{-1}) = (e,e'),$$

de la même manière

$$(x^{-1},y^{-1})\#(x,y) = (x^{-1} * x, y^{-1}.y) = (e,e').$$

■

■ Exemple 1.1.14 – Groupe de Klein

Le groupe produit direct $\mathbb{Z}/2\mathbb{Z} \times \mathbb{Z}/2\mathbb{Z}$ est appelé groupe de Klein, ci-après sa table d'addition

+	**(0,0)**	**(0,1)**	**(1,0)**	**(1,1)**
(0,0)	(0,0)	(0,1)	(1,0)	(1,1)
(0,1)	(0,1)	(0,0)	(1,1)	(1,0)
(1,0)	(1,0)	(1,1)	(0,0)	(0,1)
(1,1)	(1,1)	(1,0)	(0,1)	(0,0)

TABLE 1.1 – Table d'addition du groupe de Klein

Définition 1.1.15 – Sous groupe Soient $(G,*)$ un groupe et $H \subset G$ une partie non vide de G. On dit que H est un sous-groupe de G, si

— H est stable par la loi "$*$". Autrement dit, pour tout $x,y \in H$, $x*y \in H$.

— H est stable par symétrie. Autrement dit, pour tout $x \in H$, $x^{-1} \in H$.

Remarque 1.1.16

1) Au vu de la Définition 1.1.15, on en déduit que tout sous-groupe est un groupe.

2) Si $(G, *)$ est un groupe d'élément neutre e, alors $\{e\}$ et G sont des sous-groupes de G, appelés les sous-groupes triviaux de G. Tout sous-groupe non trivial de G est appelé sous-groupe propre.

■ Exemple 1.1.17 – Exemples de référence

1) Pour l'addition usuelle, $\mathbb{Z}$ est un sous-groupe de $\mathbb{Q}$ qui est un sous-groupe de $\mathbb{R}$ qui est lui même un sous-groupe de $\mathbb{C}$.

2) Pour la multiplication usuelle, $\mathbb{Q}^*$ est un sous-groupe de $\mathbb{R}^*$ qui est un sous-groupe de $\mathbb{C}^*$.

3) Pour la multiplication matricielle $\mathscr{O}(n)$ et $SL_n(\mathbb{R})$ sont des sous-groupe de $GL_n(\mathbb{R})$.

4) Pour la multiplication matricielle, $SO(n)$ est un sous-groupe de $\mathscr{O}(n)$ appelé groupe spécial orthogonal.

5) Pour la multiplication usuelle, $\mathbb{U}_n$ $(n \in \mathbb{N}^*)$ est un sous-groupe de $\mathbb{U}$ qui est un sous-groupe de $\mathbb{C}^*$.
6) Pour l'addition des polynômes, $\mathbb{K}_n[X]$, $n \in \mathbb{N}^*$, est un sous-groupe de $\mathbb{K}[X]$.
7) Pour la composition des applications, l'ensemble

$$\mathscr{A}_n = \{\sigma \in \mathfrak{S}_n \mid \varepsilon(\sigma) = 1\}$$

des permutations paires de $\mathfrak{S}_n$ est un sous-groupe de $\mathfrak{S}_n$ appelé sous-groupe alterné.

■ Exemple 1.1.18 – Centre d'un groupe
Soit $(G, *)$ un groupe. On appelle centre de G, l'ensemble

$$Z(G) = \{k \in G \mid h * k = k * h, \forall h \in G\}.$$

Alors,
- Si on désigne par e l'élément neutre de G, alors $e \in Z(G)$ et donc $Z(G) \neq \varnothing$.
- $Z(G) \subseteq G$.
- Soient $x, y \in Z(G)$, alors pour tout $z \in G$, on a

$$(x*y)*z = x*(y*z) = x*(z*y) = (x*z)*y = (z*x)*y = z*(x*y)$$

  et donc $x * y \in Z(G)$.
- Soit $x \in Z(G)$, alors pour tout $z \in G$, on a

$$(x^{-1}*z)*x = x^{-1}*(z*x) = x^{-1}*(x*z) = (x^{-1}*x)*z = z$$

  et par suite
$$\forall z \in G,\ x^{-1}*z = z*x^{-1}$$
  ce qui entraîne que $x^{-1} \in Z(G)$.

Ainsi, d'après la Définition 1.1.15, on en déduit que $Z(G)$ est un sous-groupe de G. Par ailleurs, il est clair que G est abélien si et seulement si $Z(G) = G$.

Théorème 1.1.19 – Caractérisation d'un sous-groupe Soient $(G, *)$ un groupe et $H \subset G$ une partie non vide de G. Alors, H est un sous-groupe de G, si et seulement si pour tout $x, y \in H$, $x * y^{-1} \in H$.

Démonstration. — Si H est un sous-groupe de G, alors pour tous $x, y \in H$, on a $x \in H$ et $y^{-1} \in H$ et par suite $x * y^{-1} \in H$.

— Réciproquement, supposons que pour tous $x, y \in H$, on a $x * y^{-1} \in H$. Soit $x \in H$, alors $x * x^{-1} = e \in H$, en particulier pour tout $x \in H$, on a $e * x^{-1} = x^{-1} \in H$ et par suite H est stable par symétrie. Par ailleurs, pour tous $x, y \in H$, on a $y^{-1} \in H$ et donc $x * y = x * (y^{-1})^{-1} \in H$, ce qui implique que H est stable par la loi "$*$" et donc H est un sous-groupe de G.

■

Remarque 1.1.20 — Méthode. Étant donné que tout sous-groupe est un groupe, pour montrer qu'un doublet $(G, *)$ est un groupe, il suffit de montrer que c'est un sous-groupe d'un groupe connu.

■ Exemple 1.1.21 – Groupe des entiers de Gauss $\mathbb{Z}[i]$
Soit

$$\mathbb{Z}[i] = \{a + ib \,|\, a,\ b \in \mathbb{Z}\}.$$

Alors,

— $\mathbb{Z}[i] \subset \mathbb{C}$.
— $0 = 0 + i.0 \in \mathbb{Z}[i]$, en particulier $\mathbb{Z}[i] \neq \varnothing$.
— Soit $a + ib, c + id \in \mathbb{Z}[i]$, alors

$$(a + ib) - (c + id) = (a - c) + i(b - d) \in \mathbb{Z}[i].$$

Par conséquent, $\mathbb{Z}[i]$ est un sous-groupe de $\mathbb{C}$, en particulier $(\mathbb{Z}[i], +)$ est un groupe abélien.

Théorème 1.1.22 – Sous groupes de $\mathbb{Z}$ Les sous-groupes de $(\mathbb{Z}, +)$ sont les $n\mathbb{Z}$, $n \in \mathbb{N}$.

Démonstration. — Il est clair que pour tout $n \in \mathbb{N}$, $n\mathbb{Z}$ est un sous-groupe de $\mathbb{Z}$.

— Réciproquement, soit H un sous-groupe de $\mathbb{Z}$.
— Si $H = \{0\}$, alors $H = 0\mathbb{Z}$.
— Si $H \neq \{0\}$, alors il existe $x \in H$ tel que $x > 0$. Soit $H^+ = \{x \in H | x > 0\}$, alors H^+ est une partie non vide de $\mathbb{N}$, qui admet donc un plus petit élément $n > 0$. Comme $n \in H$ et H est un sous-groupe de $\mathbb{Z}$, on en déduit que $n\mathbb{Z} \subset H$. Soit maintenant $x \in H^+$ et soient q et r respectivement le quotient et le reste de la division euclidienne de x par n.

Alors, $x = nq + r$ avec $0 \leqslant r < n$, comme $n \in H$, alors
$nq = \underbrace{n + \cdots + n}_{\text{q fois}} \in H$ et par suite $r = x - nq \in H$ ce qui signifie que $r = 0$
(Autrement on aurait $r \in H^+$ et $r < n$ ce qui contredit le fait que n est le plus petit élément de H^+). Ainsi, tout élément $x \in H^+$ s'écrit sous la forme nq avec $q \in \mathbb{N}$, ce qui implique que $H \subset n\mathbb{Z}$.

■

Proposition 1.1.23 – Intersection d'une famille de sous-groupes. Soient $(G, *)$ un groupe et I un ensemble non vide. Si $(F_i)_{i \in I}$ est une famille de sous-groupes de G, alors $\bigcap_{i \in I} F_i$ est un sous-groupe de G.

Démonstration. Soit e l'élément neutre de G, alors $e \in \bigcap_{i \in I} F_i$ et donc $\bigcap_{i \in I} F_i \neq \varnothing$. D'autre part, pour tous $x, y \in \bigcap_{i \in I} F_i$, on a $x * y^{-1} \in F_i$ pour tout $i \in I$ et par suite $x * y^{-1} \in \bigcap_{i \in I} F_i$ ce qui implique d'après le Théorème 1.1.19 que $\bigcap_{i \in I} F_i$ est un sous-groupe de G. ■

▪ **Exemple 1.1.24**

1) Pour tous $n, m \in \mathbb{N}^*$, on a $\mathbb{U}_n \cap \mathbb{U}_m = \mathbb{U}_{n \wedge m}$ où $n \wedge m$ désigne le PGCD de n et m.
2) Pour tout $n \in \mathbb{N}^*$, on a $SL_n(\mathbb{R}) \cap \mathscr{O}(n) = SO(n)$.
3) Pour tous $n, m \in \mathbb{N}^*$, on a $n\mathbb{Z} \cap m\mathbb{Z} = (n \vee m)\mathbb{Z}$ où $n \vee m$ désigne le PPCM de n et m.
4) Pour tous $n, m \in \mathbb{N}^*$, on a $\mathscr{A}_n(\mathbb{R}) \cap S_n(\mathbb{R}) = \{0\}$.

Remarque 1.1.25 — Réunion de deux sous-groupes. Le résultat précédent n'est pas vrai en général pour la réunion, en effet $2\mathbb{Z}$ et $3\mathbb{Z}$ sont deux sous-groupes de $\mathbb{Z}$, cependant $2, 3 \in (2\mathbb{Z} \cup 3\mathbb{Z})$ et $5 = 2 + 3 \notin (2\mathbb{Z} \cup 3\mathbb{Z})$, en d'autres termes $(2\mathbb{Z} \cup 3\mathbb{Z})$ n'est même pas stable par l'addition.

▪ **Exemple 1.1.26 – Réunion de deux sous-groupes**

Soit $(G, *)$ un groupe et soient H et K deux sous-groupes de G. Alors, $H \cup K$ est un sous-groupe de G si et seulement si, $H \subset K$ ou $K \subset H$.

En effet,

— Supposons que $H \cup K$ est un sous-groupe de G. Si $H \not\subset K$ alors il existe $x \in H$ tel que $x \notin K$, soit $y \in K$, alors $x, y \in H \cup K$ et par suite comme $H \cup K$ est un sous-groupe , il s'en suit que $xy \in H \cup K$ et donc $xy \in H$ ou $xy \in K$. Comme $x \notin K$ on en déduit que $xy \notin K$ par suite $xy \in H$ et donc $y \in H$ ce qui implique $K \subset H$.

— Réciproquement, si $H \subset K$ ou $K \subset H$, alors $H \cup K = H$ ou $H \cup K = K$ et dans les deux cas $H \cup K$ est un sous-groupe de G.

Définition 1.1.27 – Sous groupe engendré par une partie Soient $(G,*)$ un groupe et $A \subset G$ une partie de G. On appelle sous-groupe engendré par A qu'on note $\langle A \rangle$, l'intersection de tous les sous-groupes de G contenant A.

Remarque 1.1.28 Soient $(G,*)$ un groupe d'élément neutre e et $A \subset G$, alors d'après la Définition 1.1.27, on en déduit que
1) Le sous-groupe $\langle A \rangle$ est le plus petit sous-groupe de G au sens de l'inclusion contenant A. Ainsi, si F est un sous-groupe de G alors $A \subset F$, si et seulement si $\langle A \rangle \subset F$.
2) A est un sous-groupe de G si et seulement si $\langle A \rangle = A$.

Proposition 1.1.29 – Caractérisation du sous-groupe engendré par une partie. Soient $(G,*)$ un groupe d'élément neutre e et $A \subset G$ une partie de G. Alors,

i) Si $A = \varnothing$, alors $\langle \varnothing \rangle = \{e\}$.

2i) Si $A \neq \varnothing$, alors

$$\langle A \rangle = \left\{ x_1^{\alpha_1} * \cdots * x_n^{\alpha_n} \mid x_1, \ldots, x_n \in A,\ \alpha_1, \ldots, \alpha_n \in \mathbb{Z},\ n \in \mathbb{N}^* \right\}.$$

Démonstration. i) Trivial.

2i) Si $A \neq \varnothing$, on note

$$H = \left\{ x_1^{\alpha_1} * \cdots * x_n^{\alpha_n} \mid x_1, \ldots, x_n \in A,\ \alpha_1, \ldots, \alpha_n \in \mathbb{Z},\ n \in \mathbb{N}^* \right\},$$

alors H est un sous-groupe de G contenant A et par suite $\langle A \rangle \subset H$. Réciproquement, pour tout $x \in H$, il existe $n \in \mathbb{N}^*$, $\alpha_1, \ldots, \alpha_n \in \mathbb{Z}$ et $x_1, \ldots, x_n \in A$ tels que $x = x_1^{\alpha_1} * \cdots * x_n^{\alpha_n}$, comme $x_1, \ldots, x_n \in A \subset \langle A \rangle$ et $\langle A \rangle$ est un sous-groupe de G, on en déduit que $x \in \langle A \rangle$ et donc $H \subset \langle A \rangle$.

■

Remarque 1.1.30 — Sous groupe engendré par un élément. Soient G un groupe et $x \in G$, alors

1) Si la loi de G est notée multiplicativement, alors $\langle\{x\}\rangle = \left\{x^k \mid k \in \mathbb{Z}\right\}$.
2) Si la loi de G est notée additivement, alors $\langle\{x\}\rangle = \{kx \mid k \in \mathbb{Z}\}$.

Définition 1.1.31 – Groupe fini et ordre d'un groupe Soit $(G,*)$ un groupe.

i) On dit que $(G,*)$ est un groupe fini si l'ensemble G est fini. Dans ce cas on appelle ordre de G qu'on note $ord(G)$ le cardinal de G. Autrement dit $ord(G) := Card(G)$.
2i) On dit que $(G,*)$ est un groupe infini si l'ensemble G est infini.

Exemple 1.1.32

1) Pour tout $n \in \mathbb{N}^*$, $(\mathbb{U}_n, \times)$ est un groupe fini d'ordre n.
2) Pour tout $n \in \mathbb{N}^*$, $(\mathbb{Z}/n\mathbb{Z}, +)$ est un groupe fini d'ordre n.
3) Pour tout $n \in \mathbb{N}^*$, le groupe $(\mathfrak{S}_n, \circ)$ est un groupe fini d'ordre $n!$.
4) Les groupes $(\mathbb{Z},+)$, $(\mathbb{Q},+)$, $(\mathbb{R},+)$, $(\mathbb{C},+)$, $(\mathbb{Q}^*,\times)$, $(\mathbb{R}^*,\times)$, $(\mathbb{C}^*,\times)$, $(\mathscr{M}_{n,p}(\mathbb{K}),+)$, $(\mathscr{O}_n(\mathbb{R}),\times)$, $(SO_n(\mathbb{R}),\times)$, $(GL_n(\mathbb{K}),\times)$, $(SL_n(\mathbb{K}),\times)$, $(\mathbb{K}[X],+)$ et $(\mathbb{K}_n[X],+)$ sont tous des groupes infinis.

Théorème 1.1.33 – Lagrange Soient $(G,*)$ un groupe fini et H un sous-groupe de G, alors $ord(H) | ord(G)$.

Démonstration. Considérons la relation binaire $\mathscr{R}$ définie sur G par

$$x\mathscr{R}y \Leftrightarrow x * y^{-1} \in H.$$

On vérifie facilement que $\mathscr{R}$ est une relation d'équivalence sur G dont les classes d'équivalence sont données par

$$\dot{x} = Hx = \{h * x \mid h \in H\}.$$

Par ailleurs, pour tout $x \in G$ on considère l'application

$$\begin{aligned} \varphi_x : H &\longrightarrow Hx \\ y &\longmapsto y * x \end{aligned}$$

Alors, φ_x est bijective et par suite $ord(H) = Card(Hx) = Card(\dot{x})$, en particulier toutes les classes d'équivalence de G ont le même cardinal.
Sachant que les classes d'équivalence de $\mathscr{R}$ forment une partition de G, on en déduit que $Card(G) = NCard(H)$ où N est le nombre des classes d'équivalence distinctes. ■

Corollaire 1.1.34 – Sous groupe d'un groupe d'ordre premier
Tout groupe fini d'ordre premier n'admet que des sous-groupes triviaux.

Démonstration. Soit $(G,*)$ un groupe fini d'ordre premier p et soit H un sous-groupe de G. D'après le Théorème 1.1.33 (Lagrange), on a $ord(H)|p$ et par suite $ord(H)=1$ ou $ord(H)=p$ ce qui implique que $H=\{e\}$ ou $H=G$. ■

Définition 1.1.35 – Ordre d'un élément Soient $(G,*)$ un groupe et $x\in G$.

i) On dit que x est d'ordre fini si $\langle\{x\}\rangle$ est d'ordre fini. Dans ce cas, on note
$$ord(x)=ord(\langle\{x\}\rangle).$$

2i) On dit que x est d'ordre infini si $\langle\{x\}\rangle$ est d'ordre infini.

Dans la suite le sous-groupe $\langle\{x\}\rangle$ sera noté $\langle x\rangle$.

Corollaire 1.1.36 Soit $(G,*)$ un groupe fini d'ordre n. Alors, pour tout $x\in G$, x est d'ordre fini et on a $ord(x)|n$.

Démonstration. Conséquence du Théorème 1.1.33. ■

▪ Exemple 1.1.37

Dans le groupe $\mathbb{U}_4=\{-1,1,-i,i\}$, on a $ord(1)=1$, $ord(-1)=2$ et $ord(-i)=ord(i)=4$.

Théorème 1.1.38 – Caractérisation de l'ordre Soient $(G,*)$ un groupe d'élément neutre e et $x\in G$. Alors, x est d'ordre fini si et seulement si, il existe $k\in\mathbb{N}^*$ tel que $x^k=e$ et dans ce cas, on a
$$ord(x)=\inf\left\{k\in\mathbb{N}^*\,|\,x^k=e\right\}.$$

Démonstration. — Si x est d'ordre fini alors le sous-groupe $\langle x\rangle=\left\{x^k\mid k\in\mathbb{Z}\right\}$ est fini, par conséquent il existe $p,q\in\mathbb{N}$, $p>q$ tels que $x^p=x^q$, en particulier $x^{p-q}=e$ avec $p-q\in\mathbb{N}^*$.

— Réciproquement, supposons qu'il existe $k\in\mathbb{N}^*$ tel que $x^k=e$ et soit $p\in\mathbb{Z}$ et $p=kq+r,\ 0\leqslant r<k$ la division euclidienne de p par k. Alors, $x^p=x^r$ avec $0\leqslant r\leqslant k-1$, ce qui implique que $\langle x\rangle=\left\{x^j\mid 0\leqslant j\leqslant k-1\right\}$ et donc x est d'ordre fini.

— On suppose maintenant que x est d'ordre fini et on note $a = ord(x)$ et $b = \inf\left\{k \in \mathbb{N}^* \mid x^k = e\right\}$. Comme $x^b = e$, alors d'après ce qui précède, on a $\langle x\rangle = \left\{x^j \mid 0 \leqslant j \leqslant b-1\right\}$.
Supposons qu'il existe $0 \leqslant p < q \leqslant b-1$ tels que $x^q = x^p$, alors $x^{q-p} = e$ et $0 < q-p < b$, cela contredit le fait que $b = \inf\left\{k \in \mathbb{N}^* \mid x^k = e\right\}$ et implique que

$$\forall 0 \leqslant p < q \leqslant b-1,\ x^p \neq x^q.$$

Ainsi, on a

$$\begin{aligned} a = ord(x) = ord(\langle x\rangle) &= ord\left(\left\{x^j \mid 0 \leqslant j \leqslant b-1\right\}\right) \\ &= Card\left(\{k \mid 0 \leqslant k \leqslant b-1\}\right) = b \end{aligned}$$

■

Corollaire 1.1.39 Soient $(G,*)$ un groupe d'élément neutre e, $x \in G$ un élément d'ordre fini et $k \in \mathbb{N}^*$. Alors, $x^k = e$ si et seulement si $ord(x)|k$.

Démonstration. Soit e l'élément neutre de G.

— Soit $k \in \mathbb{N}^*$ tel que $x^k = e$, alors d'après le Théorème 1.1.38 on a $ord(x) \leqslant k$. Soit $k = ord(x)q + r$, $0 \leqslant r < ord(x)$, la division euclidienne de k par $ord(x)$, alors

$$e = x^k = x^{ord(x)q} * x^r = (x^{ord(x)})^q * x^r = e * x^r = x^r,$$

comme $ord(x) = \inf\left\{k \in \mathbb{N}^* \mid x^k = e\right\}$, alors nécessairement $r = 0$ et donc $ord(x)|k$.
— Si $ord(x)|k$, alors il existe $q \in \mathbb{N}$ tel que $k = ord(x)q$ et par suite $x^k = (x^{ord(x)})^q = e$.

■

Corollaire 1.1.40 Soit $(G,*)$ un groupe fini d'ordre n et d'élément neutre e, alors pour tout $x \in G$, on a $x^n = e$.

Démonstration. Conséquence des Corollaires 1.1.36 et 1.1.39. ■

▪ Exemple 1.1.41
Dans le groupe $\mathbb{U}_4 = \{-1, 1, -i, i\}$, on a $(-1)^4 = 1^4 = (-i)^4 = i^4 = 1$.

Définition 1.1.42 – Groupe monogène, groupe cyclique Soit $(G,*)$ un groupe.

i) On dit que G est monogène s'il existe $a \in G$ tel que $G = \langle a \rangle$. Dans ce cas, on dit que a est un générateur de G.

2i) On dit que G est cyclique, si G est monogène et fini.

Remarque 1.1.43 Tout groupe mongène est abélien, en effet soient $(G,*)$ un groupe monogène et $a \in G$ un générateur de G. Soient $x, y \in G$, alors il existe $p, q \in \mathbb{Z}$ tels que $x = a^p$ et $y = a^q$ et par suite

$$x * y = a^p * a^q = a^{p+q} = a^{q+p} = a^q * a^p = y * x.$$

Exemple 1.1.44

1) $(\mathbb{Z}, +)$ est un groupe monogène infini et 1 est un générateur de $\mathbb{Z}$.

2) Pour tout $n \in \mathbb{N}^*$, $(\mathbb{U}_n, \times)$ est cyclique et $e^{\frac{2i\pi}{n}}$ est un générateur de $\mathbb{U}_n$.

3) Pour tout $n \in \mathbb{N}^*$, $(\mathbb{Z}/n\mathbb{Z}, +)$ est cyclique et $\dot{1}$ est un générateur de $\mathbb{Z}/n\mathbb{Z}$.

Théorème 1.1.45 – Groupe d'ordre premier Tout groupe fini d'ordre premier est cyclique.

Démonstration. Soit e l'élément neutre de G et $p = ord(G)$, comme p est premier, alors $p \neq 1$ et donc $G \neq \{e\}$. Soit $x \in G$ tel que $x \neq e$, alors d'après le Corollaire 1.1.36, on en déduit que $ord(x) | p$ et par suite $ord(x) = p$ ce qui signifie que x est un générateur de G et donc G est cyclique. ∎

Théorème 1.1.46 – Générateurs d'un groupe cyclique Soient $(G,*)$ un groupe cyclique d'ordre n, a un générateur de G et $b \in G$. Alors, les assertions suivantes sont équivalentes

i) b est un générateur de G.

2i) Il existe $k \in \mathbb{N}^*$ tel que $b = a^k$ et $k \wedge n = 1$.

Démonstration. — $i) \Longrightarrow 2i)$ Soit e l'élément neutre de G et $b \in G = \langle a \rangle$. Si b est un générateur de G, alors il existe $k \in \mathbb{N}$ tel que $b = a^k$, de la même manière il existe $k' \in \mathbb{N}$ tel que $a = b^{k'}$ et par suite $b = b^{kk'}$. Cela implique que $b^{1-kk'} = e$ et donc d'après le Corollaire 1.1.39 $n = ord(b) | 1 - kk'$, autrement dit il existe $u \in \mathbb{Z}$ tel que $nu + kk' = 1$ et par suite $k \wedge n = 1$.

— $2i) \Longrightarrow i)$ Supposons qu'il existe $k \in \mathbb{N}^*$ tel que $b = a^k$ avec $k \wedge n = 1$. Soit $p \in \mathbb{N}^*$ tel que $b^p = e$, alors $a^{pk} = e$, en particulier d'après le Corollaire 1.1.39, on a $n|pk$, comme $k \wedge n = 1$, alors d'après le théorème de Gauss $n|p$ et par suite $ord(b) = n$.

■

Exemple 1.1.47

1) Pour tout $n \in \mathbb{N}^*$, les générateurs du groupe $(\mathbb{U}_n, \times)$ sont les nombres complexes de la forme $e^{\frac{2i\pi k}{n}}$ avec $k \wedge n = 1$.
2) Pour tout $n \in \mathbb{N}^*$, les générateurs du groupe $(\mathbb{Z}/n\mathbb{Z}, +)$ sont les classes d'équivalence $\dot{k}$ avec $k \wedge n = 1$.

Définition 1.1.48 – Morphisme de groupes Soient $(G, *)$ et $(G', \star)$ deux groupes et $f : G \longrightarrow G'$ une application. On dit que f est un morphisme de groupes si

$$\forall x, y \in G,\ f(x * y) = f(x) \star f(y).$$

Exemple 1.1.49

Les applications suivantes sont des morphismes de groupes
1) $f : (\mathbb{Z}, +) \longrightarrow (n\mathbb{Z}, +),\ k \longmapsto f(k) = nk$.
2) $f : (\mathbb{R}, +) \longrightarrow (\mathbb{U}, \times),\ t \longmapsto f(t) = e^{it}$.
3) $f : (\mathbb{R}, +) \longrightarrow (\mathbb{R}^*, \times),\ z \longmapsto f(z) = e^z$.
4) $f : (\mathscr{M}_{n,p}(\mathbb{K}), +) \longrightarrow (\mathscr{M}_{p,n}(\mathbb{K}), +),\ A \longmapsto f(A) = {}^tA$.
5) $f : (GL_n(\mathbb{K}), \times) \longrightarrow (\mathbb{K}^*, \times),\ M \longmapsto f(M) = \det(M)$.
6) $f : (\mathbb{C}^*, \times) \longrightarrow (\mathbb{R}_+^*, \times),\ z \longmapsto f(z) = |z|$.
7) $f : (\mathbb{C}, +) \longrightarrow (\mathbb{C}, +),\ z \longmapsto f(z) = \bar{z}$.
8) $f : (\mathbb{C}^*, \times) \longrightarrow (\mathbb{C}^*, \times),\ z \longmapsto f(z) = \bar{z}$.
9) $f : (\mathfrak{S}_n, \circ) \longrightarrow (\mathbb{U}_2, \times),\ \sigma \longmapsto f(\sigma) = \varepsilon(\sigma)$ où $\varepsilon(\sigma)$ est la signature de σ.
10) $f : (\mathscr{M}_n(\mathbb{K}), +) \longrightarrow (\mathbb{K}, +),\ M \longmapsto f(M) = Tr(M)$ où $Tr(M)$ désigne la trace de M.

Proposition 1.1.50 Soient $(G, *)$ et $(G', \star)$ deux groupes d'éléments neutres respectifs e et e' et soit $f : G \longrightarrow G'$ un morphisme de groupes. Alors,

i) $f(e) = e'$.
2i) $\forall x \in G,\ f(x^{-1}) = (f(x))^{-1}$.

Démonstration. $i)$ On a $f(e) = f(e * e) = f(e) \star f(e)$ et par suite $f(e) = e'$.
$2i)$ Pour tout $x \in G$, on a $e' = f(e) = f(x * x^{-1}) = f(x) \star f(x^{-1})$, de la même manière on a $e' = f(e) = f(x^{-1} * x) = f(x^{-1}) \star f(x)$ et par suite $f(x^{-1}) = (f(x))^{-1}$. ■

Proposition 1.1.51 – Image directe et image réciproque d'un sous-groupe. Soient $(G, *)$ et $(G', \star)$ deux groupes et $f : G \longrightarrow G'$ un morphisme de groupes. Alors,

i) Si H est un sous-groupe de G, alors $f(H)$ est un sous-groupe de G'.
2i) Si K est un sous-groupe de G', alors $f^{-1}(K)$ est un sous-groupe de G.

Démonstration. i) Soit H est un sous-groupe de G, alors $f(H) \subset G'$ et $f(H) \neq \varnothing$, de plus pour tous $x, y \in f(H)$, il existe $a, b \in H$ tels que $x = f(a)$ et $y = f(b)$ et par suite

$$x \star y^{-1} = f(a) \star f(b)^{-1} = f(a) \star f(b^{-1}) = f(a * b^{-1}) \in f(H).$$

Ainsi, d'après le Théorème 1.1.19 $f(H)$ est un sous-groupe de G'.

2i) Soit K est un sous-groupe de G', alors $f^{-1}(K) \subset G$ et $e \in f^{-1}(K)$ en particulier $f^{-1}(K) \neq \varnothing$, de plus pour tous $x, y \in f^{-1}(K)$ on a $f(x), f(y) \in K$ et par suite $f(x * y^{-1}) = f(x) \star f(y)^{-1} \in K$. Ainsi, $x * y^{-1} \in f^{-1}(K)$ et donc d'après le Théorème 1.1.19, $f^{-1}(K)$ est un sous-groupe de G. ■

Définition 1.1.52 – Noyau et image d'un morphisme de groupes Soient $(G, *)$ et $(G', \star)$ deux groupes d'éléments neutres respectifs e et e' et $f : G \longrightarrow G'$ un morphisme de groupes.

i) On appelle noyau de f, l'ensemble

$$Ker(f) = \{x \in G \mid f(x) = e'\} = f^{-1}(\{e'\}).$$

2i) On appelle image de f, l'ensemble

$$Im(f) = \{f(x) \mid x \in G\} = f(G).$$

■ Exemple 1.1.53

On considère l'application

$$\varphi : \mathscr{M}_n(\mathbb{R}) \longmapsto \mathscr{M}_n(\mathbb{R})$$
$$M \longmapsto M - {}^tM.$$

Il est facile de vérifier que φ est un morphisme de groupes et que $Ker(\varphi) = S_n(\mathbb{R})$.

Corollaire 1.1.54 Soient $(G,*)$ et $(G',\star)$ deux groupes et $f : G \longrightarrow G'$ un morphisme de groupes. Alors,

i) $Ker(f)$ est un sous-groupe de G.

2i) $Im(f)$ est un sous-groupe de G'.

Démonstration. Conséquence de la Définition 1.1.52 et de la Proposition 1.1.51. ■

Théorème 1.1.55 – Caractérisation des morphismes de groupes injectifs et surjectifs Soient $(G,*)$ et $(G',\star)$ deux groupes, e l'élément neutre de G et $f : G \longrightarrow G'$ un morphisme de groupes. Alors,

i) f est injectif si et seulement si $Ker(f) = \{e\}$.

2i) f est surjectif si et seulement si $Im(f) = G'$.

Démonstration. i) On sait déjà que $e \in Ker(f)$, supposons que f soit injectif et soit $x \in Ker(f)$ alors $f(x) = e' = f(e)$ et par suite $x = e$. Réciproquement, supposons que $Ker(f) = \{e\}$ et soit $x, y \in G$ tels que $f(x) = f(y)$, alors $f(x * y^{-1}) = e'$ et par suite $x * y^{-1} \in Ker(f)$ ce qui entraîne que $x * y^{-1} = e$ et donc $x = y$.

2i) Cela découle directement de la définition de la surjectivité.

■

■ Exemple 1.1.56

Considérons les morphismes de groupes suivants

$$\psi_1 : \mathbb{Z} \longrightarrow \mathbb{Z} \quad \text{et} \quad \psi_2 : \mathbb{Z}/8\mathbb{Z} \longrightarrow \mathbb{Z}/8\mathbb{Z}$$
$$k \longmapsto 2k \qquad\qquad \dot{k} \longmapsto 2\dot{k}$$

Alors, $Ker(\psi_1) = \{0\}$ et donc ψ_1 est injectif, en revanche $Ker(\psi_2) = \{\dot{0}, \dot{4}\}$ et par suite ψ_2 n'est pas injectif. Par ailleurs, ψ_1 et ψ_2 sont tous deux non surjectifs.

Théorème 1.1.57 – Caractérisation des groupes monogènes infinis
Tout groupe monogène infini est isomorphe à $\mathbb{Z}$.

Démonstration. Soit $(G,*)$ un groupe monogène infini engendré par a, comme a est d'ordre infini, alors pour tout $k \in \mathbb{Z}^*$, $a^k \neq e$. Soit

$$\begin{aligned} \varphi : \mathbb{Z} &\longrightarrow G \\ k &\longmapsto a^k. \end{aligned}$$

Alors, φ est bien définie et pour tous $p,q \in \mathbb{Z}$, on a

$$\varphi(p+q) = a^{p+q} = a^p * a^q = \varphi(p) * \varphi(q)$$

et par suite φ est un morphisme de groupes. Par ailleurs, d'une part φ est surjectif par construction et d'autre part

$$Ker(\varphi) = \{p \in \mathbb{Z} \mid a^p = e\} = \{0\}.$$

Ainsi, φ est injectif et donc φ est un isomorphisme de groupes. ∎

Corollaire 1.1.58 Le groupe additif $(\mathbb{R},+)$ n'est pas monogène.

Démonstration. En effet, si $(\mathbb{R},+)$ était monogène, alors d'après le Théorème 1.1.57, $\mathbb{R}$ serait isomorphe à $\mathbb{Z}$ ce qui est absurde puisque $\mathbb{R}$ n'est pas dénombrable. ∎

Corollaire 1.1.59 Tout groupe monogène infini admet exactement deux générateurs, l'un étant le symétrique de l'autre.

Démonstration. Soient $(G,*)$ un groupe monogène infini et $\varphi : \mathbb{Z} \longrightarrow G$ un isomorphisme de groupes, alors $\varphi(-1)$ et $\varphi(1)$ sont les deux seuls générateurs de G et ils sont symétriques. ∎

Théorème 1.1.60 – Caractérisation des groupes monogènes cycliques
Tout groupe cyclique d'ordre $n \in \mathbb{N}^*$ est isomorphe à $\mathbb{Z}/n\mathbb{Z}$.

Démonstration. Soit $(G, *)$ un groupe cyclique d'ordre $n \in \mathbb{N}^*$, d'élément neutre e et engendré par $a \in G$. Soit φ l'application définie par

$$\begin{aligned} \varphi : (\mathbb{Z}/n\mathbb{Z}, +) &\longrightarrow (G, *) \\ \dot{k} &\longmapsto a^k. \end{aligned}$$

Si $\dot{p} = \dot{q}$, alors il existe $k \in \mathbb{Z}$ tel que $p = q + nk$ et par suite

$$a^p = a^{q+kn} = a^q * (a^n)^k = a^q.$$

Cela montre que φ est bien définie. Soit $\dot{p}, \dot{q} \in \mathbb{Z}/n\mathbb{Z}$, alors

$$\varphi(\dot{p} + \dot{q}) = \varphi(\dot{\widehat{p+q}}) = a^{p+q} = a^p * a^q = \varphi(\dot{p}) * \varphi(\dot{q}).$$

Ainsi, φ est un morphisme de groupes. Par ailleurs, φ est surjectif par construction, comme $ord(\mathbb{Z}/n\mathbb{Z}) = n = ord(G)$, on en déduit que φ est bijectif et donc φ est un isomorphisme de groupes. ■

1.2 Anneaux

Définition 1.2.1 – Anneau Soit A un ensemble non vide muni de deux lois de compositions internes notées "$+$" et "$\times$". On dit que $(A, +, \times)$ est un anneau si

— $(A, +)$ est un groupe abélien d'élément neutre 0_A.
— La loi "$\times$" est associative.
— La loi "$\times$" est distributive à droite et à gauche par rapport à la loi "$+$".

Si de plus la loi "$\times$" est commutative, on dit que $(A, +, \times)$ est un anneau commutatif.

Définition 1.2.2 – Anneau unitaire Soit $(A, +, \times)$ un anneau. On dit que $(A, +, \times)$ est unitaire si la loi "$\times$" admet un élément neutre $1_A \neq 0_A$.

Remarque 1.2.3 Dans cet ouvrage on ne s'intéresse qu'aux anneaux unitaires, on se contentera d'appeler anneau tout anneau unitaire, sauf s'il y a ambiguïté, auquel cas les précisions nécessaires seront apportées.

▪ **Exemple 1.2.4 – Exemples de références**

1) $(\mathbb{Z}, +, \times), (\mathbb{Q}, +, \times), (\mathbb{R}, +, \times)$ et $(\mathbb{C}, +, \times)$ sont des anneaux commutatifs.
2) Si E est un ensemble non vide, alors $(\mathscr{P}(E), \triangle, \cap)$ est un anneau commutatif.
3) $(\mathscr{F}(\mathbb{R}), +, \times)$ est un anneau commutatif.

4) $(\mathbb{K}[X],+,\times)$ est un anneau commutatif.
5) $(\mathscr{M}_n(\mathbb{K}),+,\times)$ est un anneau commutatif pour $n=1$ et non commutatif pour $n \geqslant 2$.
6) Si $(E,+,\cdot)$ est un $\mathbb{K}$-espace vectoriel, alors $(\mathscr{L}(E),+,\circ)$ est un anneau.
7) On désigne par $\mathscr{F}(\mathbb{N},\mathbb{K})$ l'ensemble des suites à valeurs dans $\mathbb{K}$ muni des lois de composition internes définies par

$$\forall (u_n)_{n\in\mathbb{N}}, (v_n)_{n\in\mathbb{N}} \in \mathscr{F}(\mathbb{N},\mathbb{K}),\ (u_n)_{n\in\mathbb{N}} + (v_n)_{n\in\mathbb{N}} = (u_n+v_n)_{n\in\mathbb{N}}$$

et

$$\forall (u_n)_{n\in\mathbb{N}}, (v_n)_{n\in\mathbb{N}} \in \mathscr{F}(\mathbb{N},\mathbb{K}),\ (u_n)_{n\in\mathbb{N}} \times (v_n)_{n\in\mathbb{N}} = (u_n v_n)_{n\in\mathbb{N}}.$$

Alors, $(\mathscr{F}(\mathbb{N},\mathbb{K}),+,\times)$ est un anneau commutatif.

■ **Exemple 1.2.5 – L'anneau** $(\mathbb{Z}/n\mathbb{Z},+,\times)$
Soit $n \in \mathbb{N}$, $n \geqslant 2$. On munit $\mathbb{Z}/n\mathbb{Z}$ des lois de composition internes "$+$" et "$\times$" , définies par

$$\forall \dot{p},\dot{q} \in \mathbb{Z}/n\mathbb{Z},\ \dot{p}+\dot{q} = \widehat{p+q}^{\,\cdot}$$

et

$$\forall \dot{p},\dot{q} \in \mathbb{Z}/n\mathbb{Z},\ \dot{p}\times\dot{q} = \widehat{pq}^{\,\cdot}.$$

Alors, $(\mathbb{Z}/n\mathbb{Z},+,\times)$ est un anneau commutatif.

Proposition 1.2.6 – Règles de calcul dans un anneau. Soit $(A,+,\times)$ un anneau. Alors, pour tous $x,y \in A$, on a
i) $x \times 0_A = 0_A \times x = 0_A$.
2i) $x \times (-y) = (-x) \times y = -(x \times y)$.

Démonstration. *i*) On a, $x \times 0_A = x \times (0_A + 0_A) = (x \times 0_A) + (x \times 0_A)$ ce qui entraîne que $x \times 0_A = 0_A$. De la même façon, on montre que $0_A \times x = 0_A$.
2*i*) On a, $0_A = x \times 0_A = x \times (y + (-y)) = (x \times y) + (x \times (-y))$ ce qui entraîne que $x \times (-y) = -(x \times y)$. De la même façon, on montre que $(-x) \times y = -(x \times y)$. ■

Théorème 1.2.7 – Formule du binôme Soient $(A,+,\times)$ un anneau et $x,y \in A$. Si x et y commutent, alors pour tout $n \in \mathbb{N}$, on a

$$(x+y)^n = \sum_{k=0}^{n} \binom{n}{k} x^k y^{n-k}.$$

Démonstration. On raisonne par récurrence sur $n \in \mathbb{N}$. En effet,

— Pour $n = 0$, on a $(x+y)^0 = 1_A = \binom{0}{0} x^0 y^0$ et par suite la relation est vraie pour $n = 0$.

— Soit $n \in \mathbb{N}$, supposons que $(x+y)^n = \sum_{k=0}^{n} \binom{n}{k} x^k y^{n-k}$, alors

$$\begin{aligned}
(x+y)^{n+1} &= (x+y)(x+y)^n \\
&= (x+y) \sum_{k=0}^{n} \binom{n}{k} x^k y^{n-k} \\
&= \sum_{k=0}^{n} \binom{n}{k} x^{k+1} y^{n-k} + \sum_{k=0}^{n} \binom{n}{k} x^k y^{n+1-k} \\
&= \sum_{k=1}^{n+1} \binom{n}{k-1} x^k y^{n+1-k} + \sum_{k=0}^{n} \binom{n}{k} x^k y^{n+1-k} \\
&= x^{n+1} + \sum_{k=1}^{n} \left(\binom{n}{k-1} + \binom{n}{k} \right) x^k y^{n+1-k} + y^{n+1}.
\end{aligned}$$

Or, pour tous $n,k \in \mathbb{N}^*$ tels que $k \leqslant n$, on a $\binom{n}{k-1} + \binom{n}{k} = \binom{n+1}{k}$ et par suite

$$\begin{aligned}
(x+y)^{n+1} &= x^{n+1} + \sum_{k=1}^{n} \left(\binom{n}{k-1} + \binom{n}{k} \right) x^k y^{n+1-k} + y^{n+1} \\
&= x^{n+1} + \sum_{k=1}^{n} \binom{n+1}{k} x^k y^{n+1-k} + y^{n+1} = \sum_{k=0}^{n+1} \binom{n+1}{k} x^k y^{n+1-k}.
\end{aligned}$$

■

Remarque 1.2.8 La formule du binôme de Newton dans le théorème précédent n'est pas vraie en général lorsque x et y ne commutent pas. En effet, on se place dans l'anneau $(\mathscr{M}_2(\mathbb{K}), +, \times)$ et on considère les matrices $A = \begin{pmatrix} 0 & 0 \\ 1 & 0 \end{pmatrix}$ et $B = \begin{pmatrix} 0 & 1 \\ 0 & 0 \end{pmatrix}$. Alors,

$$(A+B)^2 = \begin{pmatrix} 0 & 1 \\ 1 & 0 \end{pmatrix}\begin{pmatrix} 0 & 1 \\ 1 & 0 \end{pmatrix} = I_2 \text{ et } A^2 + B^2 + 2AB = \begin{pmatrix} 0 & 0 \\ 0 & 2 \end{pmatrix}.$$

Définition 1.2.9 – Sous-anneau Soient $(A, +, \times)$ un anneau et $B \subset A$ une partie non vide de A. On dit que B est un sous-anneau de A, si
— B est un sous-groupe de A.
— B est stable par la loi "$\times$" .
— $1_A \in B$.

▪ Exemple 1.2.10 – Sous anneaux de références

1) $\mathbb{Z}$ est un sous-anneau de $\mathbb{Q}$ qui est un sous-anneau de $\mathbb{R}$ qui est un sous-anneau de $\mathbb{C}$ pour l'addition et la multiplication usuelles.
2) Si on désigne respectivement par $\mathscr{T}_n^-(\mathbb{K})$, $\mathscr{T}_n^+(\mathbb{K})$ et $\mathscr{D}_n(\mathbb{K})$, l'ensemble des matrices carrées triangulaires inférieurs, l'ensemble des matrices carrées triangulaires supérieurs et l'ensemble des matrices diagonales à coefficients dans $\mathbb{K}$, alors $\mathscr{T}_n(\mathbb{K})^-$, $\mathscr{T}_n(\mathbb{K})^+$ et $\mathscr{D}_n(\mathbb{K})$ sont des sous-anneaux de $\mathscr{M}_n(\mathbb{K})$.
3) Si on désigne par $Sta(\mathbb{K})$ l'ensemble des suites stationnaires de $\mathscr{F}(\mathrm{N}, \mathbb{K})$, alors $Sta(\mathbb{K})$ est un sous-anneau de $\mathscr{F}(\mathrm{N}, \mathbb{K})$.
4) $\mathbb{K}_0[X]$ est un sous-anneau de $\mathbb{K}[X]$.

▪ Exemple 1.2.11 – Sous anneau de $\mathbb{Z}$

Au vu de la Définition 1.2.9 et du Théorème 1.1.22, on en déduit que $\mathbb{Z}$ est le seul sous-anneau de $\mathbb{Z}$.

Remarque 1.2.12 — Méthode. Au vu de la Définition 1.2.9, on en déduit que tout sous-anneau est un anneau, ainsi pour montrer qu'un triplet $(A, +, \times)$ est un anneau, il est plus facile de montrer que c'est un sous-anneau d'un anneau connu.

■ Exemple 1.2.13 – Anneau des entiers de Gauss

On a déjà vu dans l'Exemple 1.1.21 que $\mathbb{Z}[i]$ est un sous-groupe de $\mathbb{C}$. Par ailleurs, pour tous $a+ib, c+id \in \mathbb{Z}[i]$, on a

$$(a+ib)(c+id) = (ac-bd)+i(ad+bc) \in \mathbb{Z}[i]$$

et $1 = 1+0i \in \mathbb{Z}[i]$. Ainsi, $\mathbb{Z}[i]$ est un sous-anneau de $\mathbb{C}$, en particulier $(\mathbb{Z}[i], +, \times)$ est un anneau commutatif.

Définition 1.2.14 – Élément inversible dans un anneau Soient $(A, +, \times)$ un anneau et $x \in A$. On dit que x est inversible, s'il existe $y \in A$ tel que $xy = yx = 1_A$.

■ Exemple 1.2.15

1) Dans tout anneau $(A, +, \times)$, 1_A est inversible.
2) Dans l'anneau $(\mathbb{Z}/10\mathbb{Z}, +, \times)$ on a $\dot{3} \times \dot{7} = \dot{7} \times \dot{3} = \dot{1}$ et par suite $\dot{3}$ et $\dot{7}$ sont inversibles.
3) Dans l'anneau $(\mathcal{M}_n(\mathbb{K}), +, \times)$ et pour tout $\lambda \in \mathbb{K}^*$ la matrice λI_n est inversible et $(\lambda I_n)^{-1} = \frac{1}{\lambda} I_n$.
4) Dans l'anneau $(\mathcal{F}(\mathbb{R}), +, \times)$ toute fonction $f \in \mathcal{F}(\mathbb{R})$ qui ne s'annule pas est inversible.
5) Dans l'anneau $(\mathbb{K}, +, \times)$ tout élément non nul est inversible.

Théorème 1.2.16 – Groupe des unités d'un anneau Soient $(A, +, \times)$ un anneau et $A^\times$ l'ensemble des éléments inversibles de A. Alors, $(A^\times, \times)$ est un groupe, appelé groupe des inversibles de A ou encore groupe des unités de A.

Démonstration. – On a $1_A.1_A = 1_A$ et par suite $1_A \in A^\times$ en particulier $A^\times \neq \varnothing$.
– Soit $x, y \in A^\times$, alors $(xy)(y^{-1}x^{-1}) = 1_A$ et par suite $xy \in A^\times$ et donc la loi "$\times$" est une loi de composition interne sur $A^\times$.
– La loi "$\times$" est une loi d'anneau, elle est donc associative.
– Pour tout $x \in A^\times$, on a $x.1_A = 1_A.x = x$ et $1_A \in A^\times$.
– Pour tout $x \in A$, il est évident que $x^{-1} \in A^\times$. ■

■ Exemple 1.2.17 – Groupe des unités

1) Pour l'anneau $(\mathbb{Z}, +, \times)$, on a $\mathbb{Z}^\times = \mathbb{U}_2$.
2) Pour l'anneau $(\mathcal{M}_n(\mathbb{K}), +, \times)$, on a $(\mathcal{M}_n(\mathbb{K}))^\times = GL_n(\mathbb{K})$.
3) Pour l'anneau $(\mathbb{K}[X], +, \times)$, on a $(\mathbb{K}[X])^\times = \mathbb{K}_0[X] \setminus \{0\}$.
4) Pour l'anneau $(\mathbb{K}, +, \times)$, on a $\mathbb{K}^\times = \mathbb{K}^*$.

▪ Exemple 1.2.18 – Groupe des unités de l'anneau de Gauss
On considère l'anneau $(\mathbb{Z}[i],+,\times)$ et $a+ib\in(\mathbb{Z}[i])^{\times}$, alors il existe $a'+ib'\in\mathbb{Z}[i]$ tel que

$$(a+ib)(a'+ib')=1,$$

en particulier

$$|a+ib|^2|a'+ib'|^2=1.$$

Comme $|a+ib|^2=a^2+b^2\in\mathbb{N}$, alors $a^2+b^2=1$ et par suite $a+ib=\pm 1$ ou $a+ib=\pm i$. Réciproquement, $1,-1,i,-i\in(\mathbb{Z}[i])^{\times}$ ce qui implique que $(\mathbb{Z}[i])^{\times}=\mathbb{U}_4$.

Théorème 1.2.19 – Éléments inversibles de l'anneau $\mathbb{Z}/n\mathbb{Z}$ Soit $n\in\mathbb{N}$ tel que $n\geqslant 2$, alors

$$(\mathbb{Z}/n\mathbb{Z})^{\times}=\left\{\dot{k}\in\mathbb{Z}/n\mathbb{Z}\mid k\wedge n=1\right\}.$$

Démonstration. Soit $\dot{k}\in(\mathbb{Z}/n\mathbb{Z})^{\times}$, alors il existe $\dot{k'}\in\mathbb{Z}/n\mathbb{Z}$ tel que $\dot{k}\dot{k'}=\dot{1}$ et par suite il existe $u\in\mathbb{Z}$ tel que $kk'+nu=1$ ce qui signifie d'après le théorème de Bezout que $k\wedge n=1$. Réciproquement, si $k\wedge n=1$, alors d'après l'identité de Bezout il existe $u,v\in\mathbb{Z}$ tel que $ku+nv=1$ et par suite $\dot{k}\dot{u}=\dot{1}$ et donc $\dot{k}$ est inversible. ■

Définition 1.2.20 – Élément nilpotent Soient $(A,+,\times)$ un anneau et $x\in A$. On dit que x est nilpotent, s'il existe $k\in\mathbb{N}^*$ tel que $x^k=0_A$. Dans ce cas, on appelle indice de nilpotence de x, le plus petit entier naturel $k\in\mathbb{N}^*$ vérifiant $x^k=0_A$.

▪ Exemple 1.2.21 – Éléments nilpotents
1) Dans l'anneau $\mathbb{Z}/8\mathbb{Z}$ on a $\dot{2}^2=\dot{4}$ et $\dot{2}^3=\dot{0}$ et par suite $\dot{2}$ est nilpotent d'indice 3.
2) Dans l'anneau $\mathscr{M}_n(\mathbb{K})$ $(n\geqslant 2)$, on a $E_{1,n}\neq 0$ et $E_{1,n}^2=0$ et par suite $E_{1,n}$ est nilpotente d'indice 2.

▪ Exemple 1.2.22
Il est aisé de vérifier que dans les anneaux $(\mathbb{K}^n,+,\times)$, $(\mathbb{K}[X],+,\times)$ et $(\mathscr{F}(\mathbb{R}),+,\times)$ le seul élément nilpotent est l'élément neutre 0.

Exemple 1.2.23
Soit $(A,+,\times)$ un anneau et soit $x \in A$, si x est nilpotent alors $1_A - x \in A^\times$. En effet, si x est nilpotent alors il existe $p \in \mathbb{N}^*$ tel que $x^p = 0_A$ et par suite

$$(1_A - x)\sum_{k=0}^{p-1} x^k = \sum_{k=0}^{p-1} x^k(1_A - x) = \sum_{k=0}^{p-1} x^k - \sum_{k=1}^{p} x^k = 1_A - x^p = 1_A.$$

Définition 1.2.24 – Divisibilité dans un anneau Soient $(A,+,\times)$ un anneau et $x,y \in A$. On dit que x divise y et on note $x|y$, s'il existe $z \in A$ tel que $y = xz$ ou $y = zx$.

Exemple 1.2.25
Dans l'anneau $\mathbb{C}$, $1+i|2i$ car $2i = (1+i)^2$.

Exemple 1.2.26
$X^2 - 1 = (X-1)(X+1)$ et par suite $X-1|X^2-1$ et $X+1|X^2-1$ dans $\mathbb{R}[X]$.

Exemple 1.2.27 Soient $A = \begin{pmatrix} 1 & 2 \\ 1 & -1 \end{pmatrix}$, $B = \begin{pmatrix} 0 & -1 \\ 3 & 2 \end{pmatrix}$ et $C = \begin{pmatrix} 6 & 3 \\ -3 & -3 \end{pmatrix}$.
Alors, $AB = C$ et par suite A et B divisent C dans $\mathscr{M}_2(\mathbb{R})$.

Exemple 1.2.28
Dans l'anneau $\mathbb{Z}/5\mathbb{Z}$, on a $\dot{2} \times \dot{4} = \dot{3}$ et par suite $\dot{2}$ et $\dot{4}$ divisent $\dot{3}$.

Exemple 1.2.29
Dans l'anneau $\mathscr{F}(\mathbb{R})$, les fonctions $f(x) = 2\cos(x)$ et $g(x) = \sin(x)$ divisent la fonction $h(x) = \sin(2x)$.

Définition 1.2.30 – Diviseur de zéro Soient $(A,+,\times)$ un anneau et $x \in A$. On dit que x est un diviseur de zéro dans A, si $x \neq 0_A$ et s'il existe $y \in A$, $y \neq 0_A$ tels que $xy = 0_A$ ou $yx = 0_A$.

Exemple 1.2.31 – Diviseurs de zéro
1) Dans l'anneau $\mathbb{Z}/8\mathbb{Z}$ on a $\dot{2} \times \dot{4} = \dot{0}$ et par suite $\dot{2}$ et $\dot{4}$ sont des diviseurs de zéro.
2) Dans l'anneau $(\mathscr{M}_n(\mathbb{K}),+,\times)$, $n \geqslant 2$, on considère la base canonique de $\mathscr{M}_n(\mathbb{K})$ définie par $B = \{E_{i,j} \mid 1 \leqslant i,j \leqslant n\}$ où

$$\forall 1 \leqslant i,j \leqslant n,\ E_{i,j} = (e_{k\ell}^{i,j})_{1\leqslant k,\ell\leqslant n} \text{ avec } e_{k\ell}^{i,j} = \delta_{ki}\delta_{\ell j}.$$

On sait alors que $\forall 1 \leqslant i,j,s,t \leqslant n$, $E_{i,j}E_{s,t} = \delta_{js}E_{i,t}$. Par conséquent, on a $E_{1,1} \neq 0$, $E_{n,n} \neq 0$ et $E_{1,1}E_{n,n} = 0$ et donc $E_{1,1}$ et $E_{n,n}$ sont des diviseurs de zéro dans $\mathscr{M}_n(\mathbb{K})$.

3) Dans l'anneau $\mathscr{F}(\mathbb{R})$ les fonctions indicatrices $f = \mathbf{1}_{\mathbb{R}_+^*}$ et $g = \mathbf{1}_{\mathbb{R}_-^*}$ vérifient $f \neq 0$, $g \neq 0$ et $fg = 0$ et par suite f et g sont
des diviseurs de zéro dans $\mathscr{F}(\mathbb{R})$.

Définition 1.2.32 – Anneau intègre Soit $(A,+,\times)$ un anneau. On dit que A est intègre, si A n'a pas de diviseurs de zéro. Autrement dit, pour tous $x,y \in A$, on a

$$xy = 0_A \iff \begin{cases} x = 0_A \\ \text{ou} \\ y = 0_A \end{cases}.$$

▪ Exemple 1.2.33 – Anneaux intègres

1) $(\mathbb{Z},+,\times)$, $(\mathbb{Q},+,\times)$, $(\mathbb{R},+,\times)$ et $(\mathbb{C},+,\times)$ sont des anneaux intègres.
2) L'anneau $(\mathscr{F}(\mathbb{R}),+,\times)$ n'est pas intègre, pour le voir il suffit de considérer les fonctions indicatrices $\mathbf{1}_{\mathbb{R}_+^*}$ et $\mathbf{1}_{\mathbb{R}_-^*}$ qui sont non nulles et qui vérifient $\mathbf{1}_{\mathbb{R}_+^*}\mathbf{1}_{\mathbb{R}_-^*} = 0$.
3) Soit E est un ensemble contenant plus que deux éléments, alors l'anneau $(\mathscr{P}(E),\Delta,\cap)$ n'est pas intègre. En effet, on sait que l'élément neutre pour la première loi "Δ" est l'ensemble vide $\varnothing$, soient $x,y \in E$ tels que $x \neq y$, alors $\{x\} \neq \varnothing, \{y\} \neq \varnothing$ et $\{x\} \cap \{y\} = \varnothing$.
4) Si $n \geqslant 2$, alors l'anneau $(\mathscr{M}_n(\mathbb{K}),+,\times)$ n'est pas intègre. En effet, d'après l'Exemple 1.2.31, $E_{1,1}$ et $E_{n,n}$ sont des diviseurs de zéro.

Théorème 1.2.34 – Intégrité de l'anneau $\mathbb{Z}/n\mathbb{Z}$ Soit $n \in \mathbb{N}$ tel que $n \geqslant 2$. Alors, l'anneau $(\mathbb{Z}/n\mathbb{Z},+,\times)$ est intègre si et seulement si, n est premier.

Démonstration.

— Supposons que $(\mathbb{Z}/n\mathbb{Z},+,\times)$ soit intègre et soit $1 \leqslant p \leqslant n$ un diviseur de n, alors il existe $1 \leqslant q \leqslant n$, tel que $n = pq$ et par suite $\dot{p} \times \dot{q} = \dot{0}$. Comme $\mathbb{Z}/n\mathbb{Z}$ est intègre, alors $\dot{p} = \dot{0}$ ou $\dot{q} = \dot{0}$, ce qui signifie que $p = 1$ ou $p = n$ ce qui implique que n est premier.

— Réciproquement, si n est premier, soient $\dot{p},\dot{q} \in \mathbb{Z}/n\mathbb{Z}$ tels que $\dot{p} \times \dot{q} = \dot{0}$, alors $n|pq$ mais comme n est premier alors $n|p$ ou $n|q$ et par suite $\dot{p} = \dot{0}$ ou $\dot{q} = \dot{0}$.

■

Définition 1.2.35 – Morphisme d'anneaux Soient $(A,+,\times)$ et $(B,+,\times)$ deux anneaux et $f : A \longrightarrow B$ une application. On dit que f est un morphisme d'anneaux, si

— $\forall x,y \in A,\ f(x+y) = f(x)+f(y)$.
— $\forall x,y \in A,\ f(xy) = f(x)f(y)$.
— $f(1_A) = 1_B$.

Remarque 1.2.36 Bien que les lois aient été notées d'une manière identique pour les deux anneaux dans la définition précédente et ce par soucis de simplicité, ces lois ne sont pas les mêmes en général.

■ Exemple 1.2.37

Les applications suivantes sont des morphismes d'anneaux

1) $f : (\mathbb{C},+,\times) \longrightarrow (\mathbb{C},+,\times),\ z \longmapsto f(z) = \bar{z}$.
2) $\varphi : (\mathscr{F}(\mathbb{R}),+,\times) \longrightarrow (\mathbb{R},+,\times),\ f \longmapsto \varphi(f) = f(0)$.
3) $\psi_P : (\mathscr{M}_n(\mathbb{K}),+,\times) \longrightarrow (\mathscr{M}_n(\mathbb{K}),+,\times),\ M \longmapsto \psi_P(M) = PMP^{-1}$ où $P \in GL_n(\mathbb{K})$.

Théorème 1.2.38 – Théorème chinois Soient $n,m \in \mathbb{N}$ tels que $n,m \geqslant 2$ et $n \wedge m = 1$. Pour tout $k \in \mathbb{Z}$, on note respectivement $C\ell_n(k), C\ell_m(k)$ et $C\ell_{nm}(k)$ les classes d'équivalence de k modulo n,m et nm. Alors, l'application

$$\begin{aligned} \psi : \mathbb{Z}/nm\mathbb{Z} &\longrightarrow \mathbb{Z}/n\mathbb{Z} \times \mathbb{Z}/m\mathbb{Z} \\ C\ell_{nm}(k) &\longmapsto (C\ell_n(k), C\ell_m(k)) \end{aligned}$$

est un isomorphisme d'anneaux.

Démonstration. Il est facile de voir que ψ est un morphisme d'anneaux. Soit $C\ell_{nm}(k) \in Ker(\psi)$, alors $C\ell_n(k) = 0$ et $C\ell_m(k) = 0$, par conséquent $n|k$ et $m|k$, comme $n \wedge m = 1$, on en déduit que $nm|k$ et par suite $C\ell_{nm}(k) = 0$, en d'autres termes $Ker(\psi) = \{0\}$ et donc ψ est injective. Par ailleurs, comme

$$Card(\mathbb{Z}/nm\mathbb{Z}) = nm = Card(\mathbb{Z}/n\mathbb{Z} \times \mathbb{Z}/m\mathbb{Z}),$$

on en déduit que ψ est un isomorphisme d'anneaux. ■

■ **Exemple 1.2.39**

On souhaite résoudre le système de congruence (S) : $\begin{cases} x \equiv 1[5] \\ x \equiv 2[8] \end{cases}$.

On a $5 \wedge 8 = 1$ avec la relation de Bezout $5 \times 5 + (-3) \times 8 = 1$. Il s'en suit alors que $x = (5 \times 5) + 1 = (3 \times 8) + 2 = 26$ est solution du système. Ainsi, d'après le théorème chinois la solution générale de (S) est donnée par

$$x = 26 + 40k, \ k \in \mathbb{Z}.$$

Définition 1.2.40 – Indicatrice d'Euler On appelle indicatrice d'Euler l'application

$$\begin{aligned} \varphi : \mathbb{N}^* &\longrightarrow \mathbb{N}^* \\ d &\longmapsto \varphi(d) = Card\left(\{k \in \mathbb{N} \mid 1 \leqslant k \leqslant d, \ k \wedge d = 1\}\right). \end{aligned}$$

■ **Exemple 1.2.41**

On a $\varphi(1) = 1$, $\varphi(2) = 1$, $\varphi(3) = 2$, $\varphi(4) = 2$, $\varphi(5) = 4$, $\varphi(6) = 2$ $\varphi(7) = 6$, $\varphi(8) = 4$, $\varphi(9) = 6$ et $\varphi(10) = 4$.

Lemme 1.2.42 — Indicatrice d'Euler de p^α. Pour tout entier naturel premier p et pour tout $\alpha \in \mathbb{N}^*$, on a

$$\varphi(p^\alpha) = p^{\alpha-1}(p-1).$$

Démonstration. Soit $1 \leqslant k \leqslant p^\alpha$, alors $k \wedge p^\alpha \neq 1$ si et seulement si $p|k$, or il existe exactement $p^{\alpha-1}$ multiples de p entre 1 et p^α et par suite

$$\varphi(p^\alpha) = p^\alpha - p^{\alpha-1} = p^{\alpha-1}(p-1).$$

■

Théorème 1.2.43 – Euler Soient $k, n \in \mathbb{N}^*$ tels que $k \wedge n = 1$. Alors,

$$k^{\varphi(n)} \equiv 1[n].$$

Démonstration. Le résultat est trivial pour $n = 1$. Supposons dans la suite que $n \geqslant 2$, alors d'après le Théorème 1.2.19, on sait que

$$(\mathbb{Z}/n\mathbb{Z})^\times = \left\{\dot{k} \in \mathbb{Z}/n\mathbb{Z} \mid k \wedge n = 1\right\}.$$

En particulier, $ord\left((\mathbb{Z}/n\mathbb{Z})^\times\right) = \varphi(n)$ et par suite si $k \wedge n = 1$, alors $\dot{k} \in (\mathbb{Z}/n\mathbb{Z})^\times$ et donc au vu du Corollaire 1.1.36, on en déduit que $(\dot{k})^{\varphi(n)} = \dot{1}$. ■

■ **Exemple 1.2.44**
On souhaite déterminer la congruence de 35^{17550} modulo 12. Comme $35 \wedge 12 = 1$ et comme $\varphi(12) = 4$, on en déduit d'après le Théorème 1.2.43 (Euler) que $35^4 \equiv 1[12]$, par conséquent

$$\begin{aligned} 35^{17550} &\equiv 35^2[12] \\ &\equiv 1[12]. \end{aligned}$$

Théorème 1.2.45 – Anneau produit Soient $(A, +, \times)$ et $(B, +, \times)$ deux anneaux. On munit le produit cartésien $A \times B$ des lois de composition internes

$$\forall (a,b), (a',b') \in A \times B,\ (a,b) + (a',b') = (a+a', b+b')$$

et

$$\forall (a,b), (a',b') \in A \times B,\ (a,b)(a',b') = (aa', bb').$$

Alors, $(A \times B, +, \times)$ est un anneau, appelé anneau produit.

Démonstration. La démonstration est identique à la démonstration du Théorème 1.1.13. ■

Lemme 1.2.46 — Éléments inversibles d'un anneau produit. Soient $(A, +, \times)$ et $(B, +, \times)$ deux anneaux et $(a,b) \in A \times B$. Alors, les assertions suivantes sont équivalentes

i) (a,b) est inversible dans $A \times B$.
2i) a est inversible dans A et b est inversible dans B.

Démonstration. (a,b) est inversible dans $A \times B$ si et seulement si, il existe $(c,d) \in A \times B$ tel que

$$(a,b) \times (c,d) = (c,d) \times (a,b) = (1_A, 1_B).$$

Or, cela est équivalent à dire qu'il existe $c \in A$ et $d \in B$ tels que $ac = ca = 1_A$ et $bd = db = 1_B$. ■

Lemme 1.2.47 — Éléments inversibles et isomorphisme d'anneaux. Soient $(A, +, \times)$ et $(B, +, \times)$ deux anneaux, $f : A \longrightarrow B$ un isomorphisme d'anneaux et $a \in A$. Alors, les assertions suivantes sont équivalentes

i) a est inversible dans A.
2i) $f(a)$ est inversible dans B.

Démonstration. — $i) \Longrightarrow 2i)$ Si $a \in A$ est inversible alors

$$1_B = f(1_A) = f(aa^{-1}) = f(a)f(a^{-1}),$$

de même,

$$1_B = f(1_A) = f(a^{-1}a) = f(a^{-1})f(a)$$

et par suite $f(a)$ est inversible et $(f(a))^{-1} = f(a^{-1})$.

— $2i) \Longrightarrow i)$ Soit $a \in A$ et supposons que $f(a)$ est inversible, alors il existe $c \in B$ tel que $f(a)c = cf(a) = 1_B$, mais comme f est surjective alors il existe $b \in A$ tel que $c = f(b)$ et par suite $f(a)f(b) = f(b)f(a) = 1_B$, en particulier on a $f(ab) = f(ba) = 1_B$, mais comme f est injective, cela entraîne que $ab = ba = 1_A$ et par suite a est inversible.

■

Proposition 1.2.48 Soient $n,m \in \mathbb{N}^*$. Si $n \wedge m = 1$, alors

$$\varphi(nm) = \varphi(n)\varphi(m).$$

Démonstration. Si $n = 1$ ou $m = 1$ le résultat est trivial. Supposons alors que $n,m \geqslant 2$, on rappelle que d'après le Théorème 1.2.38 l'application

$$\begin{aligned} \psi : \mathbb{Z}/nm\mathbb{Z} &\longrightarrow \mathbb{Z}/n\mathbb{Z} \times \mathbb{Z}/m\mathbb{Z} \\ C\ell_{nm}(k) &\longmapsto (C\ell_n(k), C\ell_m(k)) \end{aligned}$$

est un isomorphisme d'anneaux. Ainsi, d'après le Lemme 1.2.47, pour tout $C\ell_{nm}(k) \in \mathbb{Z}/nm\mathbb{Z}$, $C\ell_{nm}(k)$ est inversible si et seulement si $(C\ell_n(k), C\ell_m(k))$ est inversible dans $\mathbb{Z}/n\mathbb{Z} \times \mathbb{Z}/m\mathbb{Z}$. Par ailleurs, d'après le Lemme 1.2.46, on en déduit que pour tous $p,q \in \mathbb{Z}$, $(C\ell_n(p), C\ell_m(q))$ est inversible dans $\mathbb{Z}/n\mathbb{Z} \times \mathbb{Z}/m\mathbb{Z}$ si et seulement si $C\ell_n(p)$ est inversible dans $\mathbb{Z}/n\mathbb{Z}$ et $C\ell_m(q)$ est inversible dans $\mathbb{Z}/m\mathbb{Z}$. Ainsi,

$$Card\left((\mathbb{Z}/nm\mathbb{Z})^\times\right) = Card\left((\mathbb{Z}/n\mathbb{Z})^\times\right) Card\left((\mathbb{Z}/m\mathbb{Z})^\times\right),$$

ce qui signifie que $\varphi(nm) = \varphi(n)\varphi(m)$. ■

Théorème 1.2.49 – Indicatrice d'Euler et décomposition primaire

Soient $n \in \mathbb{N}^*$ et $n = \prod_{i=1}^{r} p_i^{\alpha_i}$ la décomposition primaire de n. Alors,

$$\varphi(n) = n\prod_{i=1}^{r}(1 - \frac{1}{p_i}).$$

Démonstration. D'après le Lemme 1.2.42 et la Proposition 1.2.48, on en déduit que

$$\varphi\left(\prod_{i=1}^{r} p_i^{\alpha_i}\right) = \prod_{i=1}^{r}\left(\varphi(p_i^{\alpha_i})\right) = \prod_{i=1}^{r} p_i^{\alpha_i - 1}(p_i - 1) = n\prod_{i=1}^{r}(1 - \frac{1}{p_i}).$$

■

▪ Exemple 1.2.50

On a $606375 = 3^2 \times 5^3 \times 7^2 \times 11$ et par suite

$$\begin{aligned}\varphi(606375) &= 606375(1 - \frac{1}{3})(1 - \frac{1}{5})(1 - \frac{1}{7})(1 - \frac{1}{11}) \\ &= \frac{606375 \times 2 \times 4 \times 6 \times 10}{3 \times 5 \times 7 \times 11} = \frac{606375 \times 480}{935} = 252000.\end{aligned}$$

▪ Exemple 1.2.51

Pour tout entier naturel $n \geqslant 3$ l'indicatrice d'Euler $\varphi(n)$ est un entier naturel pair. En effet, on considère la décomposition primaire de n et on distingue deux cas

— Si n admet un facteur premier impair p alors n s'écrit $n = p^{\alpha} m$ et par suite

$$\varphi(n) = \varphi(p^{\alpha})\varphi(m) = p^{\alpha - 1}(p - 1)\varphi(m)$$

et comme $p - 1$ est pair, on en déduit que $\varphi(n)$ l'est également.

— Si n n'admet aucun facteur premier impair, alors $n = 2^{\alpha}$ avec $\alpha \geqslant 2$ car $n \geqslant 3$ et par suite $\varphi(n) = 2^{\alpha - 1}$ est pair.

▪ Exemple 1.2.52

Pour tout $n \geqslant 3$,

$$\varphi(n) \geqslant \frac{n \ln 2}{\ln n + \ln 2}.$$

Soit $n = \prod_{i=1}^{r} p_i^{\alpha_i}$ la décomposition primaire de n, sans nuire à la généralité, on peut supposer que $p_1 < \cdots < p_r$. On sait alors que

$$\varphi(n) = n\prod_{i=1}^{r}(1-\frac{1}{p_i}).$$

Or, pour tout $1 \leqslant i \leqslant r$, $p_i \geqslant i+1$ et par suite

$$\prod_{i=1}^{r}(1-\frac{1}{p_i}) \geqslant \prod_{i=1}^{r}\left(1-\frac{1}{i+1}\right) = \prod_{i=1}^{r}\frac{i}{i+1} = \frac{1}{r+1}.$$

Par ailleurs,

$$n = \prod_{i=1}^{r} p_i^{\alpha_i} \geqslant \prod_{i=1}^{r} p_i \geqslant \prod_{i=1}^{r} 2 = 2^r$$

et par suite $r \leqslant \frac{\ln n}{\ln 2}$, ce qui implique en particulier que

$$\frac{1}{r+1} \geqslant \frac{\ln 2}{\ln n + \ln 2}$$

et donc

$$\varphi(n) = n\prod_{i=1}^{r}(1-\frac{1}{p_i}) \geqslant \frac{n}{r+1} \geqslant \frac{n\ln 2}{\ln n + \ln 2}.$$

1.3 Idéal d'un anneau commutatif

Définition 1.3.1 – Idéal d'un anneau commutatif Soient $(A,+,\times)$ un anneau commutatif et $I \subset A$ une partie non vide de A. On dit que I est un idéal de A, si

- $(I,+)$ est un groupe abélien.
- $\forall a \in I, \forall x \in A,\ ax \in I$ (Absorbtion).

Exemple 1.3.2

1) Dans tout anneau commutatif $(A,+,\times)$, $\{0_A\}$ et A sont des idéaux de A dits idéaux triviaux.

2) Dans tout anneau commutatif $(A,+,\times)$ et pour tout $a \in A$,

$$aA = \{ax \in A \mid x \in A\}$$

est un idéal de A.

■ Exemple 1.3.3 – Nilradical d'un anneau commutatif
Soient $(A,+,\times)$ un anneau commutatif et $Nil(A)$ l'ensemble des éléments nilpotents de A, c'est à dire

$$Nil(A) = \{x \in A \mid \exists n \in \mathbb{N}^*, x^n = 0_A\}.$$

Alors, $Nil(A)$ est un idéal de A, en effet on a $0_A \in Nil(A)$ et par suite $Nil(A)$ est une partie non vide de A. Soient $x, y \in Nil(A)$, alors il existe $n, m \in \mathbb{N}^*$ tels que $x^n = y^m = 0_A$. Comme l'anneau A est commutatif, on a

$$\begin{aligned}(x+y)^{n+m} &= \sum_{k=0}^{n+m} \binom{n+m}{k} x^k y^{n+m-k} \\ &= \sum_{k=0}^{n-1} \binom{n+m}{k} x^k y^{n+m-k} + \sum_{k=n}^{n+m} \binom{n+m}{k} x^k y^{n+m-k}.\end{aligned}$$

Or, pour tout $0 \leqslant k \leqslant n-1$, on a $m+1 \leqslant n+m-k \leqslant n+m$ et donc $y^{n+m-k} = 0_A$ ce qui entraîne que $\sum_{k=0}^{n-1} \binom{n+m}{k} x^k y^{n+m-k} = 0_A$. De la même manière pour tout $n \leqslant k \leqslant n+m$, $x^k = 0_A$ et donc $\sum_{k=n}^{n+m} \binom{n+m}{k} x^k y^{n+m-k} = 0_A$. Cela implique que $(x+y)^{n+m} = 0_A$ et donc $x+y \in Nil(A)$. Soit maintenant $x \in Nil(A)$ et $a \in A$, alors il existe $n \in \mathbb{N}^*$ tel que $x^n = 0_A$ et par suite comme l'anneau A est commutatif, on en déduit que $(ax)^n = a^n x^n = 0_A$ et donc $ax \in Nil(A)$.

Définition 1.3.4 – Idéal principal Soient $(A,+,\times)$ un anneau commutatif et $I \subset A$ un idéal de A. On dit que I est principal, s'il existe $a \in A$ tel que $I = aA$.

Définition 1.3.5 – Anneau principal Soit $(A,+,\times)$ un anneau commutatif. On dit que A est principal, si tout idéal de A est principal.

Théorème 1.3.6 L'anneau $(\mathbb{Z},+,\times)$ est principal.

Démonstration. Il est évident que pour tout $n \in \mathbb{N}$, $n\mathbb{Z}$ est un idéal de $\mathbb{Z}$. Par ailleurs, si $I \subset \mathbb{Z}$ est un idéal de $\mathbb{Z}$, alors I est un sous-groupe de $\mathbb{Z}$ et par suite d'après le Théorème 1.1.22 il existe $n \in \mathbb{N}$ tel que $I = n\mathbb{Z}$. ∎

Proposition 1.3.7 – Caractérisation d'un idéal dans anneau commutatif. Soient $(A,+,\times)$ un anneau commutatif et $I \subset A$ une partie non vide de A. Alors, I est un idéal de A, si et seulement si,

— I est stable pour la loi "$+$" .

— $\forall a \in I, \forall x \in A,\ ax \in I$.

Démonstration. — Si I est un idéal de A, alors I est stable pour la loi $+$ et $\forall a \in I, \forall x \in A,\ ax \in I$.

— Réciproquement, Si I est stable pour la loi "$+$" et $\forall a \in I, \forall x \in A,\ ax \in I$, alors pour tous $x, y \in I$, on a $-y = (-1_A)y \in I$ et donc $x - y = x + (-y) \in I$, en particulier I est un sous-groupe de A.

■

Proposition 1.3.8 Soient $(A,+,\times)$ un anneau commutatif et $I, J \subset A$ deux idéaux de A. Alors,

i) $I+J$ et $I \cap J$ sont des idéaux de A.

2i) Si $1_A \in I$, alors $I = A$.

Démonstration. i) Il est évident que $I+J$ est une partie non vide de A. Soient $x+y, x'+y' \in I+J$ et $a \in A$, alors

$$x+y+x'+y' = (x+x') + (y+y') \in I+J$$

et

$$a(x+y) = ax + ay \in I+J$$

et par suite $I+J$ est un idéal de A. De la même façon, $I \cap J$ est une partie non vide de A et pour tous $x, y \in I \cap J$ et $a \in A$, on a $x+y \in I$, $x+y \in J$ et donc $x+y \in I \cap J$, de plus $ax \in I \cap J$ et donc $I \cap J$ est un idéal de A.

2i) Si $1_A \in I$, alors par absorbtion, pour tout $a \in A$, $a = a1_A \in I$ et par suite $I = A$.

■

Proposition 1.3.9 Soient $(A,+,\times)$ un anneau commutatif et $x, y \in A$. Alors, les assertions suivantes sont équivalentes

i) $x|y$.

2i) $yA \subset xA$.

Démonstration. — $i) \Longrightarrow 2i)$ Si $x|y$ alors il existe $z \in A$ tel que $y = xz$. Soit $a \in yA$, alors il existe $b \in A$ tel que $a = yb$ et par suite $a = xzb \in xA$.
— $2i) \Longrightarrow i)$ Supposons que $yA \subset xA$, alors $y \in xA$ et par suite il existe $z \in A$ tel que $y = zx$ ce qui implique que $x|y$.

■

Théorème 1.3.10 – Noyau d'un morphisme d'anneaux Soient $(A, +, \times)$ et $(B, +, \times)$ deux anneaux commutatifs et $f : A \longrightarrow B$ un morphisme d'anneaux. Alors, $Ker(f)$ est un idéal de A.

Démonstration. Si f est un morphisme d'anneaux, alors f est en particulier un morphisme de groupes et par suite d'après la Proposition 1.1.54, $Ker(f)$ est un sous-groupe de $(A, +)$. Par ailleurs, soient $x \in Ker(f)$ et $a \in A$, alors d'après la Proposition 1.2.6, on en déduit que

$$f(ax) = f(a)f(x) = f(a)0_A = 0_A$$

et par suite $ax \in Ker(f)$. ■

Corollaire 1.3.11 Soient $(A, +, \times)$ et $(B, +, \times)$ deux anneaux commutatifs et $f : A \longrightarrow B$ une application. Si f est un morphisme d'anneaux, alors $Ker(f)$ n'est pas un sous-anneau de A.

Démonstration. Comme f est un morphisme d'anneaux, alors $f(1_A) = 1_B \neq 0_B$ et par suite $1_A \notin Ker(f)$, en particulier $Ker(f)$ n'est pas un sous-anneau de A. ■

Théorème 1.3.12 L'anneau $\mathbb{K}[X]$ est principal.

Démonstration. Soit I un idéal de $\mathbb{K}[X]$.
— Si $I = \{0\}$, alors $I = 0\mathbb{K}[X]$.
— Supposons que $I \neq \{0\}$ et soit

$$N = \{n = \deg(P) \in \mathbb{N} \mid P \in I\},$$

alors N est une partie non vide de $\mathbb{N}$ qui admet donc un plus petit élément $m \in N$. Soit $P_0 \in I$ un polynôme unitaire vérifiant $\deg(P_0) = m$, comme I est un idéal de $\mathbb{K}[X]$, alors $P_0\mathbb{K}[X] \subset I$.

Réciproquement, soit $T \in I$ et $T = P_0Q + R$ la division euclidienne de T par P_0 alors $R \in I$ et $\deg(R) < \deg(P_0) = m$ ce qui entraîne nécessairement que $R = 0$ et par suite $T \in P_0\mathbb{K}[X] \in I$, en particulier $I \subset P_0\mathbb{K}[X]$ et donc $I = P_0\mathbb{K}[X]$.

■

Corollaire 1.3.13 Pour tout idéal I de $\mathbb{K}[X], I \neq \{0\}$, il existe un unique polynôme unitaire P tel que $I = P\mathbb{K}[X]$.

Démonstration. Soit I un idéal de $\mathbb{K}[X], I \neq \{0\}$, alors d'après le Théorème 1.3.12, il existe un polynôme P tel que $I = P\mathbb{K}[X]$, on note a le coefficient dominant de P et $P_0 = \dfrac{1}{a}P$, alors le polynôme P_0 est unitaire et on a $I = P_0\mathbb{K}[X]$. Supposons maintenant qu'il existe deux polynômes unitaire $P_0, P_1 \in \mathbb{K}[X]$ tels que $I = P_0\mathbb{K}[X] = P_1\mathbb{K}[X]$, alors P_0 et P_1 sont associés, comme ils sont unitaires on en déduit que $P_0 = P_1$. ■

1.4 Corps

Définition 1.4.1 – Corps Soit $(K, +, \times)$ un anneau. On dit que $(K, +, \times)$ est un corps, si tout élément non nul de K est inversible. Si de plus la loi "$\times$" est commutative, on dit que $(K, +, \times)$ est un corps commutatif.

▪ **Exemple 1.4.2 – Corps de référence**

1) $(\mathbb{Q}, +, \times)$, $(\mathbb{R}, +, \times)$ et $(\mathbb{C}, +, \times)$ sont tous des corps commutatifs.
2) $(\mathbb{Z}, +, \times)$ n'est pas un corps puisque $\mathbb{Z}^\times = \mathbb{U}_2 \neq \mathbb{Z}^*$.
3) $(\mathbb{K}_0[X], +, \times)$ est un corps commutatif.

Définition 1.4.3 – Sous corps Soient $(K, +, \times)$ un corps et $L \subset K$ une partie non vide de K. On dit que L est un sous-corps de K, si

— L est un sous-anneau de K.
— L est stable par symétrie.

Remarque 1.4.4 Si K est un sous-corps d'un corps L, on dit aussi que L est une extension de K.

▪ **Exemple 1.4.5**

$\mathbb{Q}$ est un sous-corps de $\mathbb{R}$ qui est lui même un sous-corps de $\mathbb{C}$ pour l'addition et la multiplication usuelles.

Remarque 1.4.6 — Méthode. Au vu de la Définition 1.4.3, on en déduit que tout sous-corps est un corps et par suite pour montrer qu'un triplet $(K,+,\times)$ est un corps, il est plus facile de montrer que c'est un sous-corps d'un corps connu.

▪ Exemple 1.4.7
Soit
$$\mathbb{Q}[i] = \{a+ib \in \mathbb{C} \mid a,b \in \mathbb{Q}\}.$$
Alors,
- $\mathbb{Q}[i]$ est une partie non vide de $\mathbb{C}$.
- Pour tous $a+ib, a'+ib' \in \mathbb{Q}[i]$, on a
$$(a+ib)-(a'+ib') = (a-a')+i(b-b') \in \mathbb{Q}[i].$$
- Pour tous $a+ib, a'+ib' \in \mathbb{Q}[i]$, on a
$$(a+ib)(a'+ib') = (aa'-bb')+i(a'b+ab') \in \mathbb{Q}[i].$$
- $1 = 1+0i \in \mathbb{Q}[i]$.
- Pour tout $a+ib \in \mathbb{Q}[i]$, on a
$$(a+ib)^{-1} = \frac{1}{a+ib} = \frac{a}{a^2+b^2} + i\frac{-b}{a^2+b^2} \in \mathbb{Q}[i]$$
et par suite $\mathbb{Q}[i]$ est un sous-corps de $\mathbb{C}$. En particulier, $(\mathbb{Q}[i],+,\times)$ est un corps commutatif.

Définition 1.4.8 – Morphisme de Corps Soient $(K,+,\times)$ et $(L,+,\times)$ deux corps et $f : K \longrightarrow L$ une application. On dit que f est un morphisme de corps, si f est un morphisme d'anneaux.

▪ Exemple 1.4.9
Les applications suivantes sont des morphismes de corps.
1) $f : (\mathbb{C},+,\times) \longrightarrow (\mathbb{C},+,\times),\ z \longmapsto \overline{z}$.
2) $g : (\mathbb{R},+,\times) \longrightarrow (\mathbb{C},+,\times),\ x \longmapsto x$.

Proposition 1.4.10 Soient $(K,+,\times)$ et $(L,+,\times)$ deux corps et $f : K \longrightarrow L$ une application. Si f est un morphisme de corps, alors f est injectif.

Démonstration. Soit $x \in K$ tel que $x \neq 0_K$, alors
$$1_L = f(1_K) = f(xx^{-1}) = f(x)f(x)^{-1}$$
et par suite $f(x) \neq 0_L$. ∎

Théorème 1.4.11 – Intégrité d'un corps Tout corps est un anneau intègre.

Démonstration. Soit $(K,+,\times)$ un corps et soient $x, y \in K$ tels que $xy = 0_K$. Si $x \neq 0_K$, alors x est inversible et par suite $y = x^{-1}xy = x^{-1}0_K = 0_K$. ∎

Remarque 1.4.12 Attention la réciproque de ce théorème n'est pas vraie en général, en effet l'anneau $(\mathbb{Z},+,\times)$ est intègre mais n'est pas un corps.

Théorème 1.4.13 Tout anneau intègre et fini est un corps.

Démonstration. Soit $(A,+,\times)$ un anneau intègre et fini et soit $x \in A$ tel que $x \neq 0_A$. Soient $\varphi_x : A \longrightarrow A$, $y \longmapsto xy$ et $y, y' \in A$ tels que $\varphi_x(y) = \varphi_x(y')$ alors $xy = xy'$ et par suite $x(y - y') = 0_A$, comme A est intègre et $x \neq 0_A$, on en déduit alors que $y = y'$. Ainsi φ_x est injective mais comme A est fini, on en déduit que φ_x est bijective et donc il existe $y \in A$ tel que $xy = 1_A$. Comme $xy = 1_A$, alors $xyx = x$ et par suite $x(yx - 1_A) = 0_A$, or A est intègre et $x \neq 0_A$ ainsi $yx = xy = 1_A$ et donc x est inversible. ∎

Corollaire 1.4.14 Soit $p \in \mathbb{N}$ tel que $p \geqslant 2$. Alors, l'anneau $(\mathbb{Z}/p\mathbb{Z},+,\times)$ est un corps si et seulement si p est premier.

Démonstration. Conséquence directe des Théorèmes 1.2.34 et 1.4.13. ∎

Remarque 1.4.15 Dans la littérature les corps $\mathbb{Z}/p\mathbb{Z}$ sont notés $\mathbb{F}_p$.

1.5 Algèbres

Définition 1.5.1 – Algèbre Soit A un ensemble non vide muni de deux lois de composition internes notées "$+$" et "$\times$" et d'une loi de composition externe opérant de $\mathbb{K}$ sur A notée "." . On dit que $(A,+,\times,.)$ est une $\mathbb{K}$-algèbre, si

— $(A,+,.)$ est un $\mathbb{K}$-espace vectoriel.
— $(A,+,\times)$ est un anneau.
— $\forall \lambda \in \mathbb{K}, x, y \in A$, on a $\lambda.(xy) = (\lambda.x)y = x(\lambda.y)$.

Si de plus la loi "$\times$" est commutative on dit que $(A,+,\times,.)$ est une $\mathbb{K}$-algèbre commutative.

■ **Exemple 1.5.2**
1) $(\mathbb{K},+,\times,.)$ et $(\mathbb{K}[X],+,\times,.)$ sont des $\mathbb{K}$-algèbres commutatives.
2) Pour tout ensemble non vide X, $(\mathscr{F}(X,\mathbb{K}),+,\times,.)$ est une $\mathbb{K}$-algèbre commutative, en particulier $(\mathscr{F}(\mathbb{N},\mathbb{K}),+,\times,.)$ est une $\mathbb{K}$-algèbre commutative.
3) $(\mathscr{M}_n(\mathbb{K}),+,\times,.)$ est une $\mathbb{K}$-algèbre non commutative pour tout $n \geqslant 2$.
4) Si E est un $\mathbb{K}$-espace vectoriel, alors $(\mathscr{L}(E),+,\circ,.)$ est une $\mathbb{K}$-algèbre.

Définition 1.5.3 – Sous-algèbre Soient $(A,+,\times,.)$ une $\mathbb{K}$-algèbre et $B \subset A$ une partie non vide. On dit que B est une sous-algèbre de $(A,+,\times,.)$, si

— B est un sous-espace vectoriel de A.
— B est un sous-anneau de A.

■ **Exemple 1.5.4**
Si on désigne par $\mathscr{T}_n^+(\mathbb{K})$ l'ensemble des matrices carrées d'ordre n à coefficients dans $\mathbb{K}$ triangulaires supérieures et par $\mathscr{D}_n(\mathbb{K})$ l'ensemble des matrices carrées d'ordre n à coefficients dans $\mathbb{K}$ diagonales. Alors,

1) $(\mathscr{T}_n^+(\mathbb{K}),+,\times,.)$ est une sous-algèbre de $(\mathscr{M}_n(\mathbb{K}),+,\times,.)$.
2) $(\mathscr{D}_n(\mathbb{K}),+,\times,.)$ est une sous-algèbre de $(\mathscr{T}_n^+(\mathbb{K}),+,\times,.)$.

Théorème 1.5.5 – Caractérisation d'une sous-algèbre
Soient $(A,+,\times,.)$ une $\mathbb{K}$-algèbre et $B \subset A$ une partie non vide. Alors $(B,+,\times,.)$ est une sous-algèbre de $(A,+,\times,.)$ si et seulement si,

— $\forall \lambda,\mu \in \mathbb{K}$, $\forall x,y \in B$, $\lambda.x+\mu.y \in B$.
— $\forall x,y \in B$, $xy \in B$.
— $1_A \in B$.

Démonstration. La preuve étant élémentaire, elle est laissée au lecteur. ■

Remarque 1.5.6 — Méthode. D'après la Définition 1.5.3, on en déduit que toute sous-algèbre est une $\mathbb{K}$-algèbre. Ainsi pour montrer qu'un quadruplet $(A,+,\times,.)$ est une $\mathbb{K}$-algèbre, il suffit de montrer que c'est une sous-algèbre d'une $\mathbb{K}$-algèbre connue.

Définition 1.5.7 – Morphisme d'algèbres Soient $(A,+,\times,.)$ et $(B,+,\times,.)$ deux $\mathbb{K}$-algèbres et $f : A \longrightarrow B$ une application. On dit que f est un morphisme d'algèbres, si

— f est une application linéaire.
— f est un morphisme d'anneaux.

Exemple 1.5.8

1) Si on considère $\mathbb{C}$ comme un $\mathbb{R}$-espace vectoriel, alors l'application

$$\begin{aligned} \varphi : \mathbb{C} &\longrightarrow \mathbb{C} \\ z &\longmapsto \varphi(z) = \bar{z} \end{aligned}$$

est un morphisme d'algèbres.

2) Soit $a \in \mathbb{K}$, alors l'application

$$\begin{aligned} \psi : \mathbb{K}[X] &\longrightarrow \mathbb{K} \\ P &\longmapsto \psi(P) = P(a) \end{aligned}$$

est un morphisme d'algèbres.

3) Pour tout $P \in GL_n(\mathbb{K})$, l'application

$$\begin{aligned} \xi : \mathscr{M}_n(\mathbb{K}) &\longrightarrow \mathscr{M}_n(\mathbb{K}) \\ M &\longmapsto P^{-1}MP \end{aligned}$$

est un morphisme d'algèbres appelé conjugaison.

1.6 Exercices du chapitre 1

Exercice 1.1 – Une loi de groupe

Soit $E =]-1,1[$ et "$\star$" la loi de composition interne définie sur E par $\forall x,y \in E,\ x \star y = \dfrac{x+y}{1+xy}$.

1) Montrer que $(E,\star)$ est un groupe abélien.
2) Montrer que l'application

$$\begin{aligned} \tanh : (\mathbb{R},+) &\longrightarrow (E,\star) \\ x &\longmapsto \tanh(x) = \frac{e^x+e^{-x}}{e^x-e^{-x}} \end{aligned}$$

est un isomorphisme de groupes.

∎

Exercice 1.2 – Groupe affine

Pour tout $(a,b) \in \mathbb{R}^* \times \mathbb{R}$, on note $f_{a,b}$ l'application affine définie sur $\mathbb{R}$ par $f_{a,b}(x) = ax+b$.

1) Montrer que l'ensemble $\mathscr{A} = \{f_{a,b} \mid (a,b) \in \mathbb{R}^* \times \mathbb{R}\}$ muni de la composition des applications "$\circ$" est un groupe.
2) Montrer que pour tous $(a,b),(c,d) \in \mathbb{R}^* \times \mathbb{R}$, $f_{a,b}$ et $f_{c,d}$ commutent si et seulement si, $b(c-1) = d(a-1)$.
3) En déduire que le groupe $(\mathscr{A},\circ)$ n'est pas abélien.
4) Montrer que $Z(\mathscr{A}) = \{\mathrm{Id}_{\mathbb{R}}\}$ où $Z(\mathscr{A})$ est le centre de $\mathscr{A}$ formé des applications affines qui commutent avec tous les éléments de $\mathscr{A}$.

∎

Exercice 1.3 – Groupe des Quaternions $\mathbb{H}_8$

Soient $J = \begin{pmatrix} 0 & 1 \\ -1 & 0 \end{pmatrix}$, $K = \begin{pmatrix} i & 0 \\ 0 & -i \end{pmatrix}$ et $L = JK$.

1) Calculer L et justifier que $J,K,L \in GL_2(\mathbb{C})$.
2) Soit $\mathbb{H}_8 = \{\pm I_2, \pm J, \pm K, \pm L\}$.
   a) Déterminer la table de multiplication de $\mathbb{H}_8$.
   b) En déduire que $\mathbb{H}_8$ est un sous-groupe de $GL_2(\mathbb{C})$.
   c) Montrer que le groupe $\mathbb{H}_8$ n'est pas abélien.
3) Déterminer tous les sous-groupes de $\mathbb{H}_8$ différents de $\mathbb{H}_8$.
4) Montrer que tous les sous-groupes de $\mathbb{H}_8$ différents de $\mathbb{H}_8$ sont abéliens.

∎

Exercice 1.4
Soient $m \in \mathbb{N}^*$ et $G_m = \{m^n \mid n \in \mathbb{Z}\}$. Montrer que G_m muni de la multiplication usuelle est un groupe abélien. ■

Exercice 1.5
Soit $\alpha \in \mathbb{N}$ tel que $\alpha \neq 1$ et

$$G_\alpha = \left\{ \frac{1+n\alpha}{1+m\alpha} \mid n, m \in \mathbb{Z} \right\}.$$

Montrer que G_α muni de la multiplication usuelle est un groupe abélien. ■

Exercice 1.6 – Groupe $SL_2(\mathbb{Z})$
Soit $SL_2(\mathbb{Z}) = \left\{ A = \begin{pmatrix} a & b \\ c & d \end{pmatrix} \mid a, b, c, d \in \mathbb{Z} \text{ et } \det(A) = 1 \right\}$.
Montrer que $(SL_2(\mathbb{Z}), \times)$ est un groupe. ■

Exercice 1.7 – Groupe $SO(2)$
On considère le groupe spécial orthogonal $SO(2)$ défini par

$$SO(2) = \left\{ A \in \mathscr{M}_2(\mathbb{R}) \mid {}^tAA = I_2 \text{ et } \det(A) = 1 \right\}.$$

Pour tout $\theta \in \mathbb{R}$, on pose $R_\theta = \begin{pmatrix} \cos\theta & -\sin\theta \\ \sin\theta & \cos\theta \end{pmatrix}$.

1) Montrer que $SO(2) = \{R_\theta \mid \theta \in \mathbb{R}\}$.
2) En déduire que $SO(2)$ est abélien.

■

Exercice 1.8 – Groupe symplectique $Sp(2n, \mathbb{R})$
Soit $J_n = \left(\begin{array}{c|c} 0 & I_n \\ \hline -I_n & 0 \end{array}\right) \in \mathscr{M}_{2n}(\mathbb{R})$.

1) Montrer que $\det(J_n) = 1$.
2) Montrer que $J_n^2 = -I_{2n}$.
3) Soit $Sp(2n, \mathbb{R}) = \left\{ M \in \mathscr{M}_{2n}(\mathbb{R}) \mid {}^tMJ_nM = J_n \right\}$.
   a) Montrer que $Sp(2n, \mathbb{R}) \subset GL_{2n}(\mathbb{R})$ et que pour tout $M \in Sp(2n, \mathbb{R})$, on a $M^{-1} = -J_n{}^tMJ_n$.
   b) En déduire que $Sp(2n, \mathbb{R})$ est un groupe pour la multiplication matricielle.

■

Exercice 1.9 – Groupe des matrices de permutations

Soit $n \in \mathbb{N}^*$, pour tout $\sigma \in \mathfrak{S}_n$ on définit la matrice $P_\sigma = (p_{ij})_{1 \leqslant i,j \leqslant n} \in \mathscr{M}_n(\mathbb{R})$ par

$$\forall 1 \leqslant i, j \leqslant n,\ p_{ij} = \delta_{i\sigma(j)}$$

où $\delta_{i\sigma(j)}$ désigne le symbole de Kronecker.

1) Montrer que pour tout $\sigma \in \mathfrak{S}_n$, $\det(P_\sigma) = \varepsilon(\sigma)$ où $\varepsilon(\sigma)$ désigne la signature de σ.
2) Montrer que $G = \{P_\sigma \mid \sigma \in \mathfrak{S}_n\}$ muni de la multiplication matricielle est un groupe.
3) Montrer que G est isomorphe à $\mathfrak{S}_n$.

■

Exercice 1.10 – Réunion des groupes des racines de l'unité

Pour tout $n \in \mathbb{N}^*$, soit $\mathbb{U}_n = \{z \in \mathbb{C} \mid z^n = 1\}$. Montrer que $\left(\bigcup_{n \in \mathbb{N}^*} \mathbb{U}_n, \times\right)$ est un groupe abélien. ■

Exercice 1.11 – Sous-groupes de $(\mathbb{R}, +)$

Soient G un sous-groupe de $(\mathbb{R}, +)$ tel que $G \neq \{0\}$ et $G_+ = G \cap \mathbb{R}_+^*$.

1) Montrer que G_+ admet une borne inférieure $a \in \mathbb{R}_+$.
2) Montrer que si $a > 0$, alors $G = a\mathbb{Z}$.
3) Montrer que si $a = 0$, alors G est dense dans $\mathbb{R}$.
4) Donner un exemple de sous-groupe de $(\mathbb{R}, +)$ dense dans $\mathbb{R}$.

■

Exercice 1.12 – Sous groupes distingués d'un groupe

Soient $(G, *)$ un groupe d'élément neutre e et H un sous-groupe de G. On dit que H est un sous-groupe distingué de G, si pour tous $k \in G$ et $h \in H$, on a $k^{-1} * h * k \in H$.

1) Donner des exemples de sous-groupes distingués de G.
2) Montrer que si $(G', \star)$ est un groupe et $\psi : G \longrightarrow G'$ un morphisme de groupes, alors $Ker(\psi)$ est un sous-groupe distingué de G.
3) En déduire que $SL_n(\mathbb{K}) = \{A \in \mathscr{M}_n(\mathbb{K}) \mid \det(A) = 1\}$ est un sous-groupe distingué du groupe $GL_n(\mathbb{K})$.
4) En déduire que le sous-groupe alterné $\mathscr{A}_n$ est distingué dans le groupe symétrique $(\mathfrak{S}_n, \circ)$.

■

Exercice 1.13 – Sous-groupe caractéristique

Soient $(G,*)$ un groupe d'élément neutre e et H un sous-groupe de G. On dit que H est un sous-groupe caractéristique de G si $\varphi(H)=H$ pour tout $\varphi \in Aut(G)$.

1) Soit $d \in \mathbb{N}^*$. Montrer que si G admet un unique sous-groupe H d'ordre d, alors H est un sous-groupe caractéristique.
2) Soit $x,y \in G$, on appelle commutateur de x et y l'élément $[x,y]=x*y*x^{-1}*y^{-1}$ et on note D le sous-groupe de G engendré par tous les commutateurs, D s'appelle le sous-groupe dérivé de G.
   a) Montrer que G est abélien si et seulement si, $D=\{e\}$.
   b) Montrer que D est un sous-groupe caractéristique de G.

■

Exercice 1.14 – Centre du groupe symétrique $\mathfrak{S}_n$

On souhaite dans cet exercice déterminer le centre $Z(\mathfrak{S}_n)$ du groupe symétrique $(\mathfrak{S}_n,\circ)$.

1) Déterminer $Z(\mathfrak{S}_1)$ et $Z(\mathfrak{S}_2)$.
2) Soient $n \in \mathbb{N}$ tel que $n \geqslant 3$ et $\sigma \in \mathfrak{S}_n$. Montrer que si $\sigma \neq \mathrm{Id}_{[\![1,n]\!]}$, alors il existe $b,c \in [\![1,n]\!]$ tels que $b \neq c$ et $\sigma \circ \tau_{b,c} \neq \tau_{b,c} \circ \sigma$.
3) En déduire que pour tout $n \in \mathbb{N}$, $n \geqslant 3$, $Z(\mathfrak{S}_n)=\left\{\mathrm{Id}_{[\![1,n]\!]}\right\}$.

■

Exercice 1.15 – Centre du groupe général linéaire

Dans cet exercice on souhaite déterminer le centre $Z(GL_n(\mathbb{K}))$ du groupe général linéaire $(GL_n(\mathbb{K}),\times)$. Soient $n \in \mathbb{N}^*$ et $B=\left\{E_{i,j} \mid 1 \leqslant i,j \leqslant n\right\}$ la base canonique de $\mathscr{M}_n(\mathbb{K})$.

1) Pour tous $1 \leqslant i \leqslant n$ et $\alpha \in \mathbb{K}$, soit $D_{i,\alpha}$ la matrice de dilatation définie par
$$D_{i,\alpha}=(\alpha-1)E_{i,i}+I_n.$$
Montrer que pour tout $\alpha \in \mathbb{K}^*$, $D_{i,\alpha} \in GL_n(\mathbb{K})$.
2) Pour tous $1 \leqslant i,j \leqslant n$ tels que $i \neq j$, soit $P_{i,j}$ la matrice de permutation définie par
$$P_{i,j}=I_n-E_{i,i}-E_{j,j}+E_{i,j}+E_{j,i}.$$
Montrer que pour tous $1 \leqslant i,j \leqslant n$, $P_{i,j} \in GL_n(\mathbb{K})$.
3) En déduire que $Z(GL_n(\mathbb{K}))=\{\lambda I_n \mid \lambda \in \mathbb{K}^*\}$.

■

Exercice 1.16 – Caractérisation d'un groupe abélien

Soit $(G,*)$ un groupe. Montrer que les assertions suivantes sont équivalentes

i) G est abélien.

2i) L'application $f : G \longrightarrow G,\ x \longmapsto x^2$ est un morphisme de groupes.

3i) L'application $g : G \longrightarrow G,\ x \longmapsto x^{-1}$ est un morphisme de groupes.

■

Exercice 1.17 – Automorphismes intérieurs d'un groupe

Soit $(G,*)$ un groupe, on note $Aut(G)$ l'ensemble des automorphismes de G.

1) Montrer que $(Aut(G),\circ)$ est un groupe.

2) Pour tout $a \in G$, on note φ_a l'application définie sur G par

$$\varphi_a(x) = a * x * a^{-1}.$$

a) Montrer que pour tout $a \in G$, $\varphi_a \in Aut(G)$ et déterminer φ_a^{-1}. Les automorphismes φ_a sont appelés automorphismes intérieurs de G. Tout automorphisme $f \in Aut(G)$ qui n'est pas intérieur est dit extérieur.

b) Soit $Int(G) = \{\varphi_a \mid a \in G\}$. Montrer que $(Int(G),\circ)$ est un groupe.

3) Soit $\phi : G \longrightarrow Int(G),\ a \longmapsto \varphi_a$.

a) Montrer que ϕ est un morphisme de groupes.

b) Déterminer $Ker(\phi)$.

■

Exercice 1.18 – Automorphismes de $\mathbb{Z}$

On désigne par $Aut(\mathbb{Z})$ le groupe des automorphismes du groupe $(\mathbb{Z},+)$. Montrer que $Aut(\mathbb{Z}) = \{\pm \mathrm{Id}_{\mathbb{Z}}\}$. ■

Exercice 1.19 – Théorème de Cayley

Soit $(G,*)$ un groupe fini d'ordre $n \in \mathbb{N}^*$. Pour tout $a \in G$ soit ψ_a l'application définie par

$$\begin{aligned} \psi_a : G &\longrightarrow G \\ x &\longmapsto \psi_a(x) = a * x \end{aligned}$$

1) Montrer que l'ensemble $S(G)$ des permutations de G est un groupe pour la composition des applications.

2) Montrer que pour tout $a \in G$, $\psi_a \in S(G)$.

3) Montrer que l'application

$$\begin{aligned} \phi : G &\longrightarrow S(G) \\ a &\longmapsto \psi_a \end{aligned}$$

est un morphisme injectif de groupes.

4) Montrer que $S(G)$ est isomorphe au groupe symétrique $(\mathfrak{S}_n, \circ)$.
5) En déduire que G est isomorphe à un sous-groupe de $(\mathfrak{S}_n, \circ)$.

∎

Exercice 1.20 – Groupe dual

Soit $(G, *)$ un groupe, on appelle caractère de G tout morphisme de groupes $f : (G, *) \longrightarrow (\mathbb{C}^*, \times)$. Si f et g sont des caractères de G, on définit l'application $f.g : G \longrightarrow \mathbb{C}^*$, par

$$\forall x \in G,\ f.g(x) = f(x)g(x).$$

On note $\widetilde{G}$ l'ensemble des caractères de G.

1) Montrer que $(\widetilde{G}, .)$ est un groupe. $\widetilde{G}$ est appelé le groupe dual de G.
2) Soient $n \in \mathbb{N}^*$ et f un caractère du groupe $(\mathbb{Z}/n\mathbb{Z}, +)$.
   a) Montrer que f est entièrement déterminé par la valeur de $\sigma = f(\dot{1})$.
   b) Montrer que $\sigma^n = 1$.
3) Soient $n \in \mathbb{N}^*$ et $\mathbb{U}_n = \{z \in \mathbb{C}^* \mid z^n = 1\}$.

   a) Montrer que l'application

$$\begin{aligned} \phi : (\widetilde{\mathbb{Z}/n\mathbb{Z}}, .) &\longrightarrow (\mathbb{U}_n, \times) \\ f &\longmapsto f(\dot{1}) \end{aligned}$$

   est un isomorphisme de groupes.

   b) En déduire que le groupe dual $\widetilde{\mathbb{Z}/n\mathbb{Z}}$ est isomorphe à $\mathbb{Z}/n\mathbb{Z}$.

∎

Exercice 1.21 – Groupes des racines de l'unité

Pour tout $n \in \mathbb{N}^*$ on note $\mathbb{U}_n = \{z \in \mathbb{C} \mid z^n = 1\}$. Montrer que pour tout $n \in \mathbb{N}^*$, $\mathbb{U}_n$ est l'unique sous-groupe de $(\mathbb{C}^*, \times)$ d'ordre n. ∎

Exercice 1.22 – Torsion d'un groupe

Soit $(G,*)$ un groupe, on appelle torsion de G l'ensemble

$$G_{tors} = \{x \in G \mid x \text{ est d'ordre fini}\}.$$

1) Montrer que si G est abélien, alors G_{tors} est un sous-groupe de G.
2) Déterminer $\mathbb{Z}_{tors}$, $(\mathbb{Z}/n\mathbb{Z})_{tors}$ et $\mathbb{C}^*_{tors}$.
3) Soient $A = \begin{pmatrix} 0 & -1 \\ 1 & 0 \end{pmatrix}$ et $B = \begin{pmatrix} 0 & 1 \\ -1 & -1 \end{pmatrix}$.
   a) Montrer que $A, B, AB \in GL_2(\mathbb{R})$.
   b) Montrer que A et B sont d'ordres finis mais que AB n'est pas d'ordre fini.
   c) Conclure.

■

Exercice 1.23 – Groupes d'ordre $\leqslant 6$

Soit $(G,*)$ un groupe d'élément neutre e.

1) Montrer que si pour tout $x \in G$, $x^2 = e$, alors G est abélien.
2) Montrer que tout groupe d'ordre inférieur ou égale à 5 est abélien.
3) Donner un exemple de groupe d'ordre 6 non abélien.

■

Exercice 1.24 – Exposant d'un groupe abélien fini

Soit $(G,*)$ un groupe abélien fini, on appelle exposant de G qu'on note $exp(G)$ le ppcm des ordres des éléments de G. Le but de cet exercice est de montrer qu'il existe $x \in G$ tel que $ord(x) = exp(G)$. Soit $a, b \in G$.

1) Montrer que si $ord(a) \wedge ord(b) = 1$, alors $ord(a * b) = ord(a)ord(b)$.
2) Soit $d \in \mathbb{N}^*$. Montrer que si $d | ord(a)$, alors $ord(a^d) = \dfrac{ord(a)}{d}$.
3) Montrer que si $d = ord(a) \wedge ord(b)$, alors

$$ord(a^d * b) = ord(a) \vee ord(b).$$

4) En déduire que pour tous $a_1, \ldots, a_p \in G$ il existe $c \in G$ tel que

$$ord(c) = ord(a_1) \vee \cdots \vee ord(a_p).$$

5) Conclure.

■

Exercice 1.25 – Sous groupes d'un groupe cyclique

Soient $(G,*)$ un groupe cyclique d'ordre n, $a \in G$ un générateur de G, H un sous-groupe de G et φ l'indicatrice d'Euler.

1) Soit $A = \{0 \leqslant p \leqslant n-1 \mid a^p \in H\}$.
   a) Montrer que A admet un plus petit élément q.
   b) Montrer que $H = \langle a^q \rangle$ et en déduire que H est cyclique.
2) Soit $d \in \mathbb{N}^*$ tel que $d|n$.
   a) Montrer que $ord(a^{\frac{n}{d}}) = d$.
   b) Montrer que $\langle a^{\frac{n}{d}} \rangle$ est l'unique sous-groupe de G d'ordre d.
3) Montrer que

$$\forall n \in \mathbb{N}^*, \sum_{d|n} \varphi(d) = n \quad \text{(Formule de Möbius).}$$

■

Exercice 1.26 – Polynômes cyclotomiques

Soit $n \in \mathbb{N}^*$, on note $\mathbb{U}_n$ l'ensemble des racines n-ièmes de l'unité et φ l'indicatrice d'Euler.

1) Montrer que $(\mathbb{U}_n, \times)$ est un groupe abélien fini d'ordre n.
2) Montrer que le groupe $(\mathbb{U}_n, \times)$ est cyclique et déterminer l'ensemble Ω_n des générateurs de $\mathbb{U}_n$.
3) Soient $z \in \mathbb{U}_n$ et $d \in \mathbb{N}$ tel que $d|n$. Montrer que $ord(z) = d$ si et seulement si $z \in \Omega_d$.
4) En déduire que $\mathbb{U}_n = \bigcup_{d|n} \Omega_d$.
5) Soit $n \in \mathbb{N}^*$, on appelle n-ième polynôme cyclotomique, le polynôme Q_n défini par

$$Q_n = \prod_{\substack{1 \leqslant k \leqslant n \\ k \wedge n = 1}} (X - e^{\frac{2i\pi k}{n}}).$$

   a) Déterminer le degré de Q_n.
   b) Déterminer Q_1, Q_2, Q_3 et Q_4.
   c) Montrer que $\prod_{d|n} Q_d = X^n - 1$.
   d) Montrer que

$$\forall n \in \mathbb{N}^*, \sum_{d|n} \varphi(d) = n \quad \text{(Formule de Möbius).}$$

■

Exercice 1.27

Soit

$$\sigma = \begin{pmatrix} 1 & 2 & 3 & 4 & 5 & 6 & 7 & 8 & 9 & 10 & 11 & 12 & 13 & 14 \\ 5 & 2 & 13 & 10 & 9 & 11 & 3 & 1 & 12 & 6 & 4 & 14 & 7 & 8 \end{pmatrix} \in \mathfrak{S}_{14}.$$

1) *a*) Décomposer σ en produit de cycles à supports disjoints.
   b) En déduire la décomposition de σ en produit de transpositions et en déduire $\varepsilon(\sigma)$.
2) Soit $p \geqslant 5$ un entier naturel premier.
   a) Montrer que $24 | p^2 - 1$.
   b) Calculer σ^{p^2-1}.

■

Exercice 1.28 – Ordre du groupe alterné

Soit $n \geqslant 2$, pour tout $\sigma \in \mathfrak{S}_n$ on désigne par $\varepsilon(\sigma)$ la signature de σ. Soit $\mathscr{A}_n = \{\sigma \in \mathfrak{S}_n \mid \varepsilon(\sigma) = 1\}$.

1) Montrer que $\mathscr{A}_n$ est un sous-groupe de $\mathfrak{S}_n$.
2) Soit $\tau \in \mathfrak{S}_n$ une permutation impaire.
   a) Montrer que l'application $\phi : \mathfrak{S}_n \longrightarrow \mathfrak{S}_n$, $\sigma \longmapsto \tau \circ \sigma$ est une bijection.
   b) En déduire l'ordre du groupe alterné $\mathscr{A}_n$.

■

Exercice 1.29

Le but de cet exercice est de montrer que le groupe alterné $\mathscr{A}_4$ n'admet aucun sous-groupe d'ordre 6. On admet dans la suite les résultats de l'Exercice 1.28 à savoir que $\mathscr{A}_4$ est un sous-groupe de $\mathfrak{S}_4$ d'ordre 12.

1) Montrer que si $(G, *)$ est un groupe fini d'ordre $2n$ et H un sous-groupe de G d'ordre n, alors
$$\forall x \in G,\ x^2 \in H.$$
2) Déterminer tous les 3-cycles de $\mathfrak{S}_4$.
3) Montrer que $\mathscr{A}_4$ contient tous les 3-cycles de $\mathfrak{S}_4$.
4) Montrer que si H est un sous-groupe de $\mathscr{A}_4$ d'ordre 6, alors H contient nécessairement tous les 3-cycles de $\mathfrak{S}_4$.
5) En déduire que $\mathscr{A}_4$ ne contient aucun sous-groupe d'ordre 6.

■

Exercice 1.30 – Centre d'un p-groupe

Soient p un entier naturel premier et $(G,*)$ un groupe fini d'ordre p^n, $n \in \mathbb{N}^*$. Soit $\mathscr{R}$ la relation binaire définie sur G par

$$\forall x,y \in G,\ x\mathscr{R}y \text{ si et seulement si } \exists g \in G \mid y = g*x*g^{-1}.$$

1) Montrer que $\mathscr{R}$ est une relation d'équivalence sur G. Pour tout $x \in G$ on note $\mathscr{O}_x$ la classe d'équivalence de x modulo $\mathscr{R}$.
2) Pour tout $x \in G$ soit S_x l'ensemble défini par

$$S_x = \{g \in G \mid g*x = x*g\}.$$

   a) Montrer que pour tout $x \in G$, S_x est un sous-groupe de G. Dans la suite on note G/S_x l'ensemble des classes d'équivalences à gauche modulo S_x.
   b) Montrer que pour tout $x \in G$, l'application

$$\begin{aligned}\psi_x : G/S_x &\longrightarrow \mathscr{O}_x\\ \dot{z} &\longmapsto z*x*z^{-1}\end{aligned}$$

   est bijective.
   c) En déduire que pour tout $x \in G$, $Card(\mathscr{O}_x)$ divise p^n.
3) Soit $Z(G) = \{x \in G \mid x*g = g*x,\ \forall g \in G\}$. Montrer que $Z(G) \neq \{e\}$.

■

Exercice 1.31

Soit p un entier naturel premier.

1) Montrer que tout groupe fini d'ordre p^2 est abélien.
2) Dans cette question, on se propose de montrer que le résultat précédent n'est pas vrai en général pour un groupe d'ordre p^3.
   a) Déterminer un groupe non abélien d'ordre $8 = 2^3$.
   b) Soit

$$T_p = \left\{ A = \begin{pmatrix} \dot{1} & \dot{a} & \dot{b} \\ \dot{0} & \dot{1} & \dot{c} \\ \dot{0} & \dot{0} & \dot{1} \end{pmatrix} \mid \dot{a},\dot{b},\dot{c} \in \mathbb{Z}/p\mathbb{Z} \right\} \subset \mathscr{M}_3(\mathbb{Z}/p\mathbb{Z}).$$

   Montrer que T_p est un groupe non abélien pour la multiplication matricielle et conclure.

■

Exercice 1.32 – Anneau de Boole

Soit $(A,+,\times)$ un anneau. On dit que $(A,+,\times)$ est un anneau de Boole si tout élément $x \in A$ est idempotent pour la loi "$\times$", c'est à dire

$$\forall x \in A,\ x^2 = x.$$

Dans la suite on suppose donc que $(A,+,\times)$ est un anneau de Boole.

1) Donner deux exemples d'anneaux de Boole.
2) Montrer que pour tous $x,y \in A$, $xy+yx = 0_A$.
3) En déduire que l'anneau A est commutatif.
4) Montrer que si A est intègre, alors $A = \{0_A, 1_A\}$.

■

Exercice 1.33 – Petit théorème de Fermat

Soit p un entier naturel premier, on note $\mathbb{F}_p$ le corps $\mathbb{Z}/p\mathbb{Z}$.

1) Montrer que pour tout $k \in [\![1, p-1]\!]$, $p \mid \binom{p}{k}$.
2) Montrer que pour tous $x,y \in \mathbb{Z}$, on a

$$\sum_{k=1}^{p-1} \binom{p}{k} x^k y^{p-k} \equiv 0[p].$$

3) En déduire que l'application

$$\begin{aligned} \psi : \mathbb{F}_p &\longrightarrow \mathbb{F}_p \\ \dot{x} &\longmapsto \dot{x}^p \end{aligned}$$

est un morphisme d'anneaux, appelé le morphisme de Frobenius de $\mathbb{F}_p$.

4) Montrer que pour tout $a \in \mathbb{Z}$, $a^p \equiv a[p]$.

■

Exercice 1.34 – Théorème de Wilson

Soit p un entier naturel tel que $p \geqslant 2$. Montrer que p est premier si et seulement si,

$$(p-1)! \equiv -1[p].$$

■

Exercice 1.35

Soient p un entier naturel premier et $m \in \mathbb{N}$ tel que $m \geqslant 2$.

1) Justifier que $ord\left((\mathbb{Z}/p^m\mathbb{Z})^\times\right) = p^{m-1}(p-1)$.
2) Déterminer $(\mathbb{Z}/27\mathbb{Z})^\times$.
3) Montrer que $(\mathbb{Z}/27\mathbb{Z})^\times$ est cyclique et déterminer ses générateurs.
4) Montrer que pour tous $k, k' \in \mathbb{N}$, $27 | 5^{18k+2} + 2^{18k'+1}$.

■

Exercice 1.36

On considère l'anneau $(\mathbb{Z}/51\mathbb{Z}, +, \times)$.

1) Déterminer les diviseurs de zéro de l'anneau $(\mathbb{Z}/51\mathbb{Z}, +, \times)$.
2) Résoudre l'équation $\dot{x}^2 + \dot{3}\dot{x} + \dot{2} = \dot{0}$ dans l'anneau $(\mathbb{Z}/51\mathbb{Z}, +, \times)$.

■

Exercice 1.37 – Anneau des entiers de Gauss

Soit

$$\mathbb{Z}[i] = \{a + ib \mid a, b \in \mathbb{Z}\}.$$

1) Montrer que $(\mathbb{Z}[i], +, \times)$ est un anneau commutatif et intègre.
2) On dit qu'un anneau commutatif et intègre $(A, +, \times)$ est euclidien s'il existe une application $\delta : A^* \longrightarrow \mathbb{N}$ telle que pour tout $(x, y) \in A \times A^*$, il existe $q, r \in A$ vérifiant

$$x = yq + r,$$

avec $r = 0_A$ ou $\delta(r) < \delta(y)$ (δ est appelée un stathme euclidien).

   a) Montrer que pour tout $x \in \mathbb{R}$ il existe $\alpha \in \mathbb{Z}$ tel que $|x - \alpha| \leqslant \frac{1}{2}$.
   b) Montrer que l'anneau $(\mathbb{Z}[i], +, \times)$ est euclidien.

■

Exercice 1.38 – Tout anneau euclidien est principal

Soit $(A, +, \times)$ un anneau commutatif et intègre. On dit que $(A, +, \times)$ est euclidien s'il existe une application $\delta : A^* \longrightarrow \mathbb{N}$ telle que pour tout $(x, y) \in A \times A^*$, il existe $q, r \in A$ vérifiant $x = yq + r$, avec $r = 0_A$ ou $\delta(r) < \delta(y)$. Montrer que si $(A, +, \times)$ est euclidien, alors $(A, +, \times)$ est principal. ■

Exercice 1.39 – Groupe des unités de $\mathbb{Z}[j]$

Soient $j = e^{\frac{2i\pi}{3}} = -\frac{1}{2} + i\frac{\sqrt{3}}{2}$ et

$$\mathbb{Z}[j] = \{a + jb \mid a, b \in \mathbb{Z}\}.$$

1) Montrer que $(\mathbb{Z}[j], +, \times)$ est un anneau commutatif.
2) Montrer que $(\mathbb{Z}[j])^{\times} = \mathbb{U}_6$.

■

Exercice 1.40

Résoudre le système de congruence (S) : $\begin{cases} x \equiv 1[3] \\ x \equiv 3[5] \\ x \equiv 4[7] \end{cases}$.

■

Exercice 1.41 – Anneau Local

Soit $(A, +, \times)$ un anneau commutatif, on note $N(A)$ l'ensemble des éléments non inversibles de A. On dit que l'anneau A est local, si l'ensemble $N(A)$ est stable par la loi "$+$" .

1) Déterminer $N(\mathbb{Z}/n\mathbb{Z})$ pour tout $n \in \mathbb{N}$ tel que $n \geqslant 2$.
2) Montrer que l'anneau $(\mathbb{Z}/4\mathbb{Z}, +, \times)$ est local mais que l'anneau $(\mathbb{Z}/6\mathbb{Z}, +, \times)$ n'est pas local.
3) Soit I un idéal de A tel que $I \neq A$, on dit que I est maximal, si pour tout idéal J de A, on a

$$I \subsetneq J \quad \Longrightarrow J = A.$$

   a) Montrer que si A est local, alors $N(A)$ est un idéal de A.
   b) Montrer que si A est local, alors $N(A)$ est l'unique idéal maximal de A.
4) Soit $n \in \mathbb{N}$ tel que $n \geqslant 2$. On dit que n est primaire s'il existe un entier naturel premier p et un entier naturel $\alpha \in \mathbb{N}^*$ tels que $n = p^{\alpha}$. Montrer que l'anneau $(\mathbb{Z}/n\mathbb{Z}, +, \times)$ est local si et seulement si n est primaire.

■

Exercice 1.42 – Idéaux d'un crops

Soit $(K, +, \times)$ un anneau commutatif. Montrer que $(K, +, \times)$ est un corps (commutatif) si et seulement si $\{0_K\}$ et K sont les seuls idéaux de K. ■

Exercice 1.43

Montrer que l'application

$$\psi : (\mathbb{R}[X], +, \times) \longrightarrow (\mathscr{M}_2(\mathbb{R}), +, \times)$$
$$P \longmapsto \begin{pmatrix} P(0) & P'(0) \\ 0 & P(0) \end{pmatrix}$$

est un morphisme d'anneaux. ∎

Exercice 1.44

Soit $p \in \mathbb{N}$, $p \geqslant 2$, un entier naturel sans facteurs carrés dans sa décomposition primaire et soit $\mathbb{Q}[\sqrt{p}] = \{a + b\sqrt{p} \mid a, b \in \mathbb{Q}\}$.

1) Montrer que $\mathbb{Q}[\sqrt{p}]$ est un sous-corps de $\mathbb{R}$ contenant $\mathbb{Q}$.
2) En déduire que $(\mathbb{Q}[\sqrt{p}], +, \times)$ est un corps commutatif.

∎

Exercice 1.45

Pour tout $a \in \mathbb{K}$, on note $N_a = \begin{pmatrix} 0 & 0 \\ 0 & a \end{pmatrix}$ et

$$K = \{N_a \mid a \in \mathbb{K}\}.$$

1) Montrer que K n'est pas un sous-anneau de l'anneau $(\mathscr{M}_2(\mathbb{K}), +, \times)$.
2) Montrer que $(K, +, \times)$ est un corps commutatif.

∎

Exercice 1.46

Soit $(K, +, \times)$ un corps commutatif fini et $K^* = K \backslash \{0_K\}$. Montrer que

$$\prod_{x \in K^*} x = -1_K.$$

∎

Exercice 1.47 – Automorphismes des corps $\mathbb{Q}$ et $\mathbb{R}$

Soit $(K, +, \times)$ un corps, on désigne par $S(K)$ l'ensemble des permutations de K et par $Aut(K)$ l'ensemble des automorphismes de corps $f : K \longrightarrow K$.

1) Montrer que $(S(K), \circ)$ est un groupe.
2) En déduire que $(Aut(K), \circ)$ est un groupe.
3) Montrer que $Aut(\mathbb{Q}) = \{\mathrm{Id}_{\mathbb{Q}}\}$.

4) Dans la suite on se propose de montrer que $Aut(\mathbb{R}) = \{\mathrm{Id}_{\mathbb{R}}\}$, soit $f \in Aut(\mathbb{R})$.
   a) Montrer que $f_{/\mathbb{Q}} = \mathrm{Id}_{\mathbb{Q}}$.
   b) Montrer que pour tout $x \in \mathbb{R}_+$, $f(x) \in \mathbb{R}_+$.
   c) En déduire que f est croissante.
   d) En déduire que f est uniformément continue sur $\mathbb{R}$.
   e) En déduire que $Aut(\mathbb{R}) = \{\mathrm{Id}_{\mathbb{R}}\}$.

■

Exercice 1.48 – Corps des quaternions de Hamilton

Soit
$$\mathbb{H} = \left\{ \begin{pmatrix} \alpha & -\beta \\ \overline{\beta} & \overline{\alpha} \end{pmatrix} \mid \alpha, \beta \in \mathbb{C} \right\}.$$

1) Montrer que $(\mathbb{H}, +, \times)$ est un corps, appelé corps de quaternions.
2) Soient $J = \begin{pmatrix} 0 & 1 \\ -1 & 0 \end{pmatrix}$, $K = \begin{pmatrix} i & 0 \\ 0 & -i \end{pmatrix}$ et $L = \begin{pmatrix} 0 & -i \\ -i & 0 \end{pmatrix}$.
   Montrer que pour tout $A \in \mathbb{H}$, il existe $a, b, c, d \in \mathbb{R}$, tels que
$$A = aI_2 + bK + cJ + dL.$$

■

Exercice 1.49 – Caractéristique d'un anneau

Soit $(A, +, \times)$ un anneau.

1) Soit
$$\begin{aligned} \varphi : \mathbb{Z} &\longrightarrow A \\ n &\longmapsto n1_A \end{aligned}$$
   a) Montrer que φ est un morphisme d'anneaux.
   b) Montrer qu'il existe un unique entier naturel p tel que pour tout $n \in \mathbb{N}$, $n1_A = 0_A$ si et seulement si $n \in p\mathbb{Z}$. L'entier naturel p est appelé la caractéristique de A.
2) Dans la suite, on suppose que A est de caractéristique finie p.
   a) Montrer que p est l'ordre de 1_A dans le groupe additif $(A, +)$.
   b) Montrer que pour tout $x \in A$, $px = 0_A$.
   c) Montrer que si A est intègre, alors p est premier.
3) Donner un exemple de corps de caractéristique p premier.

■

Exercice 1.50 – Groupe des unités d'un corps fini

Soient $q \in \mathbb{N}$ tel que $q \geqslant 2$ et $(\mathbb{F}_q, +, \times)$ un corps commutatif fini de cardinal q. On note
$\mathbb{F}_q^* = \mathbb{F}_q \backslash \{0_{\mathbb{F}_q}\}$. Dans la suite on se propose de montrer que $(\mathbb{F}_q^*, \times)$ est un groupe cyclique. On pose $\mathbb{F}_q = \{0_{\mathbb{F}_q}, a_1, \ldots, a_{q-1}\}$.

1) Montrer que $(\mathbb{F}_q^*, \times)$ est un groupe abélien fini d'ordre $q-1$. Dans la suite on pose
$$p = ord(a_1) \vee \cdots \vee ord(a_{q-1}).$$
2) Soient $r \in \mathbb{N}^*$ et $b_0, \ldots, b_{r-1} \in \mathbb{F}_q$. Montrer que l'équation
$$x^r + b_{r-1}x^{r-1} + \cdots + b_1 x + b_0 = 0_{\mathbb{F}_q},$$
admet au plus r solutions dans $\mathbb{F}_q$.
3) Montrer que pour tout $x \in \mathbb{F}_q^*$, on a $x^p = 1_{\mathbb{F}_q}$.
4) Montrer qu'il existe $1 \leqslant k \leqslant q-1$ tel que $ord(a_k) = p$. (Ind : On pourra utiliser les résultats trouvés dans l'Exercice 1.24)
5) Montrer que $p = q-1$ et en déduire que $\mathbb{F}_q^*$ est cyclique. Tout générateur de $\mathbb{F}_q^*$ est appelé racine primitive de $\mathbb{F}_q$.
6) Déterminer les racines primitives de $\mathbb{F}_7 = \mathbb{Z}/7\mathbb{Z}$.

■

1.7 Solutions des exercices du chapitre 1

Solution de l'exercice 1.1

1) Notons que pour tous $x, y \in E$, on a

$$x \star y = \frac{x+y}{1+xy} = \frac{y+x}{1+yx} = y \star x$$

et par suite la loi "$\star$" est commutative. Soient $x, y, z \in E$, alors

$$x \star (y \star z) = \frac{x + \frac{y+z}{1+yz}}{1 + \frac{x(y+z)}{1+yz}} = \frac{\frac{x+y+z+xyz}{1+yz}}{\frac{1+yz+xy+xz}{1+yz}} = \frac{\frac{x+y+z+xyz}{1+xy}}{\frac{1+yz+xy+xz}{1+xy}} = \frac{\frac{x+y}{1+xy} + z}{1 + \frac{z(x+y)}{1+xy}} = (x \star y) \star z.$$

Par conséquent, la loi "$\star$" est associative, par ailleurs, pour tout $x \in E$, on a

$$0 \star x = x \star 0 = \frac{x+0}{1+0} = x$$

et donc 0 est un élément neutre de la loi "$\star$". Enfin, soit $x \in E$, alors

$$x \star (-x) = (-x) \star x = \frac{x + (-x)}{1 - x^2} = 0.$$

Ainsi, tout élément $x \in E$ admet un élément symétrique, en conclusion $(E, \star)$ est un groupe abélien.

2) D'une part tanh est bien définie puisque pour tout $x \in \mathbb{R}$, $\tanh(x) \in]-1, 1[$. D'autre part, pour tous $x, y \in \mathbb{R}$, on a

$$\tanh(x+y) = \frac{\tanh(x) + \tanh(y)}{1 + \tanh(x)\tanh(y)} = \tanh(x) \star \tanh(y)$$

et par suite tanh est un morphisme de groupes, comme la fonction tanh est une bijection de $\mathbb{R}$ sur $]-1, 1[$, on en déduit que tanh est un isomorphisme.

Solution de l'exercice 1.2

1) On sait que l'ensemble $Bij(\mathbb{R})$ des bijections de $\mathbb{R}$ dans $\mathbb{R}$ est un groupe pour la composition des applications, par ailleurs $\mathscr{A} \subset Bij(\mathbb{R})$ et $\mathrm{Id}_{\mathbb{R}} = f_{1,0} \in \mathscr{A}$ en particulier $\mathscr{A} \neq \varnothing$. Soient $(a,b), (c,d) \in \mathbb{R}^* \times \mathbb{R}$, alors pour tous $x \in \mathbb{R}$, on a

$$f_{a,b} \circ f_{c,d}^{-1}(x) = f_{a,b}\left(f_{c,d}^{-1}(x)\right) = f_{a,b}\left(\frac{x-d}{c}\right) = \frac{a}{c}x + (b - \frac{ad}{c}) = f_{\frac{a}{c}, b - \frac{ad}{c}}(x).$$

Ainsi, $\mathscr{A}$ est un sous-groupe de $Bij(\mathbb{R})$ et donc un groupe.

2) Pour tous $(a,b),(c,d) \in \mathbb{R}^* \times \mathbb{R}$ et pour tout $x \in \mathbb{R}$, on a

$$f_{a,b} \circ f_{c,d}(x) = f_{a,b}\left(f_{c,d}(x)\right) = f_{a,b}(cx+d) = acx+(ad+b) = f_{ac,ad+b}(x)$$

et de la même façon

$$\forall x \in \mathbb{R},\ f_{c,d} \circ f_{a,b}(x) = f_{ca,cb+d}(x).$$

Par conséquent, $f_{a,b}$ et $f_{c,d}$ commutent si et seulement si $ad+b = cb+d$ ce qui est équivalent à $b(c-1) = d(a-1)$.
3) La question 2) implique en particulier que $f_{2,0}$ et $f_{2,1}$ ne commutent pas et donc $\mathscr{A}$ n'est pas abélien.
4) Soit $(a,b) \in \mathbb{R}^* \times \mathbb{R}$, supposons que pour tout $(c,d) \in \mathbb{R}^* \times \mathbb{R}$, $f_{a,b} \circ f_{c,d} = f_{c,d} \circ f_{a,b}$, cela implique au vu de la question 2) que $b(c-1) = d(a-1)$ pour tout $(c,d) \in \mathbb{R}^* \times \mathbb{R}$, ainsi en choisissant $c = d = 1$ on obtient que $a = 1$, ensuite en choisissant $c = d = 2$, on obtient que $b = 0$ et par suite $f_{a,b} = f_{1,0} = \mathrm{Id}_{\mathbb{R}}$. Réciproquement, $\mathrm{Id}_{\mathbb{R}}$ commutent avec tout élément de $\mathscr{A}$ et donc $Z(\mathscr{A}) = \{\mathrm{Id}_{\mathbb{R}}\}$.

▪ Solution de l'exercice 1.3

1) On a $L = \begin{pmatrix} 0 & -i \\ -i & 0 \end{pmatrix}$ et $\det(J) = \det(K) = \det(L) = 1 \neq 0$.

2) *a*)

$\times$	I_2	$-I_2$	J	$-J$	K	$-K$	L	$-L$
I_2	I_2	$-I_2$	J	$-J$	K	$-K$	L	$-L$
$-I_2$	$-I_2$	I_2	$-J$	J	$-K$	K	$-L$	L
J	J	$-J$	$-I_2$	I_2	L	$-L$	$-K$	K
$-J$	$-J$	J	I_2	$-I_2$	$-L$	L	K	$-K$
K	K	$-K$	$-L$	L	$-I_2$	I_2	J	$-J$
$-K$	$-K$	K	L	$-L$	I_2	$-I_2$	$-J$	J
L	L	$-L$	K	$-K$	$-J$	J	$-I_2$	I_2
$-L$	$-L$	L	$-K$	K	J	$-J$	I_2	$-I_2$

TABLE 1.2 – Table de multiplication de $\mathbb{H}_8$

b) D'après la question 1) on sait que $\mathbb{H}_8$ est une partie non vide de $GL_2(\mathbb{C})$, d'autre part la table de multiplication établie dans la question *a*) montre en particulier que l'ensemble $\mathbb{H}_8$ est stable par multiplication. Comme $J^2 = -I_2, K^2 = -I_2$ et $L^2 = -I_2$, on déduit que $J^{-1} = -J, K^{-1} = -K$ et $L^{-1} = -L$ et par suite $\mathbb{H}_8$ est également stable par symétrie. Ainsi, $\mathbb{H}_8$ est un sous-groupe de $GL_2(\mathbb{C})$.
c) On a $JK = L \neq -L = KJ$ et par suite le groupe $\mathbb{H}_8$ n'est pas abélien.

3) Les sous-groupes de $\mathbb{H}_8$ différents de $\mathbb{H}_8$ sont $F_1 = \{I_2\}$, $F_2 = \{-I_2, I_2\}$, $F_3 = \{-I_2, I_2, J, -J\}$, $F_4 = \{-I_2, I_2, K, -K\}$ et $F_5 = \{-I_2, I_2, L, -L\}$.
4) Au vu de ce qui précède, les sous-groupes de $\mathbb{H}_8$ différents de $\mathbb{H}_8$ sont tous abéliens (Voir la table de multiplication).

▪ Solution de l'exercice 1.4

Il est clair que G_m est une partie non vide de $\mathbb{Q}^*$. Soit $p, q \in \mathbb{Z}$, alors

$$m^p(m^q)^{-1} = m^p m^{-q} = m^{p-q} \in G_m$$

et par suite G_m est un sous-groupe de $(\mathbb{Q}^*, \times)$, en particulier $(G_m, \times)$ est un groupe abélien.

▪ Solution de l'exercice 1.5

Il est clair que G_α est une partie non vide de $\mathbb{Q}^*$. Soit $n, m, p, q \in \mathbb{Z}$, alors

$$\begin{aligned}\left(\frac{1+n\alpha}{1+m\alpha}\right) \times \left(\frac{1+p\alpha}{1+q\alpha}\right)^{-1} &= \left(\frac{1+n\alpha}{1+m\alpha}\right) \times \left(\frac{1+q\alpha}{1+p\alpha}\right) \\ &= \frac{1+(n+q+\alpha qn)\alpha}{1+(m+p+\alpha mp)\alpha} \in G_\alpha\end{aligned}$$

et par suite G_α est un sous-groupe de $(\mathbb{Q}^*, \times)$, en particulier $(G_\alpha, \times)$ est un groupe abélien.

▪ Solution de l'exercice 1.6

Sachant que $(GL_2(\mathbb{R}), \times)$ est un groupe, l'idée est de montrer que $(SL_2(\mathbb{Z}), \times)$ est un sous-groupe de $(GL_2(\mathbb{R}), \times)$. On a $SL_2(\mathbb{Z}) \subset GL_2(\mathbb{R})$ et $SL_2(\mathbb{Z}) \neq \varnothing$ car $I_2 \in SL_2(\mathbb{Z})$. Soient $A = \begin{pmatrix} a & b \\ c & d \end{pmatrix}$ et $B = \begin{pmatrix} a' & b' \\ c' & d' \end{pmatrix} \in SL_2(\mathbb{Z})$, alors

$$AB^{-1} = \begin{pmatrix} a & b \\ c & d \end{pmatrix} \begin{pmatrix} d' & -b' \\ -c' & a' \end{pmatrix} = \begin{pmatrix} ad' - bc' & a'b - ab' \\ cd' - c'd & a'd - b'c \end{pmatrix} \in SL_2(\mathbb{Z})$$

et par suite $(SL_2(\mathbb{Z}), \times)$ est un sous-groupe de $(GL_2(\mathbb{R}), \times)$.

▪ Solution de l'exercice 1.7

1) Pour tout $\theta \in \mathbb{R}$, on a ${}^tR_\theta = R_{-\theta}$ et pour tous $\theta_1, \theta_2 \in \mathbb{R}$, on a $R_{\theta_1} R_{\theta_2} = R_{\theta_1+\theta_2}$. Par conséquent, pour tout $\theta \in \mathbb{R}$, on a

$${}^tR_\theta R_\theta = R_{-\theta} R_\theta = R_0 = I_2$$

et par suite pour tout $\theta \in \mathbb{R}$, $R_\theta \in \mathscr{O}(2)$. Par ailleurs, pour tout $\theta \in \mathbb{R}$, on a $\det(R_\theta) = \cos^2\theta + \sin^2\theta = 1$, ce qui permet de conclure que pour tout $\theta \in \mathbb{R}$, $R_\theta \in SO(2)$ et donc $\{R_\theta \mid \theta \in \mathbb{R}\} \subset SO(2)$.

Réciproquement, Soit $A = \begin{pmatrix} a & b \\ c & d \end{pmatrix} \in SO(2)$, comme ${}^tAA = I_2$ et $\det(A) = 1$, alors

$$\begin{cases} a^2 + c^2 = 1 & (1) \\ b^2 + d^2 = 1 & (2) \\ ab + cd = 0 & (3) \\ ad - bc = 1 & (4) \end{cases}.$$

L'équation (1) implique qu'il existe $\theta \in \mathbb{R}$ tel que $a = \cos\theta$ et $c = \sin\theta$. De la même manière, l'équation (2) implique qu'il existe $\varphi \in \mathbb{R}$ tel que $b = \cos\varphi$ et $d = \sin\varphi$. Les équations (3) et (4) montrent alors que $\begin{cases} \cos(\varphi - \theta) = 0 \\ \sin(\varphi - \theta) = 1 \end{cases}$ ce qui implique qu'il existe $k \in \mathbb{Z}$ tel que $\varphi = \theta + \frac{\pi}{2} + 2k\pi$. Ainsi,

$$d = \sin\varphi = \sin(\theta + \frac{\pi}{2} + 2k\pi) = \sin(\theta + \frac{\pi}{2}) = \cos\theta$$

et

$$b = \cos\varphi = \cos(\theta + \frac{\pi}{2} + 2k\pi) = \cos(\theta + \frac{\pi}{2}) = -\sin\theta$$

et par suite $A = \begin{pmatrix} \cos\theta & -\sin\theta \\ \sin\theta & \cos\theta \end{pmatrix} = R_\theta$, ainsi $SO(2) \subset \{R_\theta \mid \theta \in \mathbb{R}\}$.

2) D'après la question 1) on sait que $SO(2) = \{R_\theta \mid \theta \in \mathbb{R}\}$, or pour tous $\theta_1, \theta_2 \in \mathbb{R}$, on a

$$R_{\theta_1} R_{\theta_2} = R_{\theta_1 + \theta_2} = R_{\theta_2 + \theta_1} = R_{\theta_2} R_{\theta_1}$$

et par suite $SO(2)$ est abélien.

▪ Solution de l'exercice 1.8

1) Il suffit de raisonner par récurrence sur $n \in \mathbb{N}^*$, sachant que $\det(J_1) = 1$ et que pour tout $n \in \mathbb{N}^*$, $\det(J_{n+1}) = \det(J_n)$.

2) En effectuant le produit matriciel par bloc, on en déduit que $J_n^2 = -I_{2n}$.

3) *a*) En vertu de la question 1), on en déduit que pour tout $M \in Sp(2n, \mathbb{R})$, on a

$$\det(M)^2 = \det(M)\det(J_n)\det({}^tM) = \det({}^tMJ_nM) = \det(J_n) = 1$$

et par suite $\det(M) = \pm 1$ ce qui implique que $M \in GL_{2n}(\mathbb{R})$. Par ailleurs, d'après la question 2), on a

$$(-J_n{}^tMJ_n)M = -J_n({}^tMJ_nM) = -J_n^2 = I_{2n}.$$

b) D'après la question 3) *a*) on sait que $Sp(2n,\mathbb{R}) \subset GL_{2n}(\mathbb{R})$, on sait également que $Sp(2n,\mathbb{R}) \neq \varnothing$ puisque $I_{2n} \in Sp(2n,\mathbb{R})$. Soit $M,N \in Sp(2n,\mathbb{R})$, alors

$$^t(MN)J_n(MN) = {}^tN(^tMJ_nM)N = {}^tNJ_nN = J_n$$

et par suite $Sp(2n,\mathbb{R})$ est stable par la multiplication matricielle. D'autre part, d'après la question 3) *a*), on sait que pour tout $M \in Sp(2n,\mathbb{R})$, $M^{-1} = -J_n{}^tMJ_n$ et par suite d'après 1), on a

$$^t(-J_n{}^tMJ_n)J_n(-J_n{}^tMJ_n) = -J_nMJ_n{}^tMJ_n = -J_nMJ_n^2M^{-1} = J_n$$

et donc $Sp(2n,\mathbb{R})$ est également stable par symétrie, ce qui entraîne que $Sp(2n,\mathbb{R})$ est un sous-groupe de $GL_{2n}(\mathbb{R})$ et donc un groupe.

▪ Solution de l'exercice 1.9

1) Soit $\sigma \in \mathfrak{S}_n$, alors

$$\det(P_\sigma) = \sum_{\xi\in\mathfrak{S}_n} \varepsilon(\xi)\prod_{i=1}^{n} p_{i\xi(i)} = \sum_{\xi\in\mathfrak{S}_n} \varepsilon(\xi)\prod_{i=1}^{n} \delta_{i\sigma\circ\xi(i)} = \varepsilon(\sigma^{-1}) = \varepsilon(\sigma).$$

2) L'idée est de montrer que G est un sous-groupe de $GL_n(\mathbb{R})$, en effet d'après la question 1) on sait que pour tout $\sigma \in \mathfrak{S}_n$, $\det(P_\sigma) \neq 0$ et par suite $G \subset GL_n(\mathbb{R})$. Par ailleurs, $I_n = P_{\mathrm{Id}_{[\![1,n]\!]}} \in G$ et donc $G \neq \varnothing$, soit maintenant $\sigma, \xi \in \mathfrak{S}_n$, on pose $P_\sigma P_\xi = (a_{ij})_{1\leqslant i,j\leqslant n}$, alors pour tous $1 \leqslant i,j \leqslant n$, on a

$$a_{ij} = \sum_{k=1}^{n} \delta_{i\sigma(k)}\delta_{k\xi(j)} = \delta_{\sigma^{-1}(i)\xi(j)} = \delta_{i\sigma\circ\xi(j)}$$

et donc $P_\sigma P_\xi = P_{\sigma\circ\xi}$. Cela montre que G est stable par la multiplication matricielle. Soit maintenant $\sigma \in \mathfrak{S}_n$, alors $(P_\sigma)^{-1} = P_{\sigma^{-1}}$ et $P_{\sigma^{-1}} \in G$ et donc G est stable par symétrie ce qui implique que G est un sous-groupe de $GL_n(\mathbb{R})$ et donc un groupe.

3) Soit

$$\begin{aligned} \Psi : \mathfrak{S}_n &\longrightarrow G \\ \sigma &\longmapsto \Psi(\sigma) = P_\sigma \end{aligned}$$

Alors, Ψ est bien définie et c'est un morphisme de groupes d'après la question 2). Par ailleurs, d'une part Ψ est surjective par construction, d'autre part si $\Psi(\sigma) = P_\sigma = I_n$ alors $\sigma = \mathrm{Id}_{[\![1,n]\!]}$ et par suite Ψ est bijective et donc un isomorphisme de groupes.

Solution de l'exercice 1.10

Il suffit de montrer que $\bigcup_{n\in\mathbb{N}^*} \mathbb{U}_n$ est un sous-groupe de $(\mathbb{C}^*,\times)$. En effet, $\bigcup_{n\in\mathbb{N}^*} \mathbb{U}_n$ est une partie de non vide de $\mathbb{C}^*$. Soit $z,z' \in \bigcup_{n\in\mathbb{N}^*} \mathbb{U}_n$, alors il existe $n,m \in \mathbb{N}^*$ tels que $z^n = z'^m = 1$. Soit $p = n \vee m$, alors $\left(\frac{z}{z'}\right)^p = \frac{z^p}{z'^p} = 1$ et par suite $\frac{z}{z'} \in \mathbb{U}_p \subset \bigcup_{n\in\mathbb{N}^*} \mathbb{U}_n$. Ainsi, $\bigcup_{n\in\mathbb{N}^*} \mathbb{U}_n$ est un sous-groupe de $(\mathbb{C}^*,\times)$ et donc un groupe.

Solution de l'exercice 1.11

1) Comme $G \neq \{0\}$, alors, il existe $x_0 \in G$ tel que $x_0 \neq 0$. Quitte à remplacer x_0 par $-x_0$, on peut supposer que $x_0 > 0$. Par conséquent, G_+ est une partie non vide de $\mathbb{R}$ minorée par 0 ce qui implique que G_+ admet une borne inférieure $a \in \mathbb{R}_+$.

2) Si $a > 0$, supposons que $a \notin G$, alors il existe $b,c \in G_+$ tels que $a < b < c < 2a$ et par suite $c-b \in G_+$ et $c-b < a$ ce qui contredit le fait que a soit la borne inférieure de G_+. Ainsi, $a \in G$ et par conséquent $a\mathbb{Z} \subset G$. Réciproquement, soit $x \in G$ et $n = E(\frac{x}{a})$ où E désigne la partie entière, comme $n \leqslant \frac{x}{a} < n+1$, on en déduit que $0 \leqslant x - an < a$, or $x - an \in G$ ce qui implique nécessairement que $x - an = 0$ et donc $x = an \in a\mathbb{Z}$. Ainsi, $G \subset a\mathbb{Z}$ et donc $G = a\mathbb{Z}$.

3) Si $a = 0$, soit $x,y \in \mathbb{R}$ tels que $x < y$, alors $0 < y - x$ et par suite par la définition de la borne inférieure, il existe $z \in G$ tel que $0 < z < y - x$. Soit $n = E(\frac{x}{z}) + 1$, alors $(n-1)z \leqslant x < nz$, par conséquent $x < nz \leqslant x + z < y$, ce qui implique que G est dense dans $\mathbb{R}$.

4) On considère l'ensemble $\mathbb{Z}[\sqrt{2}] = \left\{a + b\sqrt{2} \mid a,b \in \mathbb{Z}\right\}$. Il est clair que $\mathbb{Z}[\sqrt{2}]$ est une partie non vide de $\mathbb{R}$, par ailleurs, pour tous $a + b\sqrt{2}, c + d\sqrt{2} \in \mathbb{Z}[\sqrt{2}]$, on a

$$(a + b\sqrt{2}) - (c + d\sqrt{2}) = (a - b) + (c - d)\sqrt{2} \in \mathbb{Z}[\sqrt{2}]$$

et par suite $\mathbb{Z}[\sqrt{2}]$ est un sous-groupe de $(\mathbb{R},+)$. Supposons qu'il existe $a \in \mathbb{R}$ tel que $\mathbb{Z}[\sqrt{2}] = a\mathbb{Z}$, comme $1 \in \mathbb{Z}[\sqrt{2}]$ alors il existe $n \in \mathbb{Z}^*$ tel que $1 = na$ et par suite $a = \frac{1}{n}$, cependant comme $\sqrt{2} \in \mathbb{Z}[\sqrt{2}]$, on en déduit qu'il existe $m \in \mathbb{Z}^*$ tel que $\sqrt{2} = ma = \frac{m}{n} \in \mathbb{Q}$ ce qui est absurde. Ainsi, il n'existe pas de réel a tel que $\mathbb{Z}[\sqrt{2}] = a\mathbb{Z}$ et par conséquent d'après ce qui précède le sous-groupe $\mathbb{Z}[\sqrt{2}]$ est nécessairement dense dans $\mathbb{R}$.

Solution de l'exercice 1.12

1) $\{e\}$ et G sont des sous-groupes distingués de G.
2) On sait déjà que $Ker(\psi)$ est un sous-groupe de G. Soient $k \in G$ et $h \in Ker(\psi)$, alors

$$\psi(k^{-1} * h * k) = \psi(k^{-1}) \star \psi(h) \star \psi(k) = \psi(k)^{-1} \star \psi(k) = e$$

et par suite $k^{-1} * h * k \in Ker(\psi)$.
3) On sait que l'application $\varphi : (GL_n(\mathbb{K}), \times) \longrightarrow (\mathbb{K}^*, \times)$, $A \longmapsto \det(A)$ est un morphisme de groupes, par conséquent, d'après la question 2) on déduit que $SL_n(\mathbb{K}) = Ker(\varphi)$ est un sous-groupe distingué de $GL_n(\mathbb{K})$.
4) On sait que l'application signature $\varepsilon : (\mathfrak{S}_n, \circ) \longmapsto (\mathbb{U}_2, \times)$, $\sigma \longmapsto \varepsilon(\sigma)$ est un morphisme de groupes par conséquent $\mathscr{A}_n = Ker(\varepsilon)$ est un sous-groupe distingué de $(\mathfrak{S}_n, \circ)$.

Solution de l'exercice 1.13

1) Si G admet un unique sous-groupe d'ordre d, alors pour tout $\varphi \in Aut(G)$, $\varphi(H)$ est également un sous-groupe de G d'ordre d et par suite $\varphi(H) = H$.
2) *a*) Si G est abélien, alors D est engendré par e et par suite $D = \{e\}$. Réciproquement, si $D = \{e\}$, alors pour tous $x, y \in G$, $[x, y] = \{e\}$ et par suite G est abélien.
b) Soient $\varphi \in Aut(G)$ et $z \in D$, alors il existe $n \in \mathbb{N}^*$, $x_1, \dots, x_n, y_1, \dots, y_n \in G$ et $\alpha_1, \dots, \alpha_n \in \mathbb{Z}$ tels que $z = \prod_{i=1}^{n} [x_i, y_i]^{\alpha_i}$, par suite $\varphi(z) = \prod_{i=1}^{n} [\varphi(x_i), \varphi(y_i)]^{\alpha_i} \in D$, ce qui implique que $\varphi(D) \subset D$. Ainsi, pour tout $\varphi \in Aut(G)$, $\varphi(D) \subset D$, il s'en suit alors que pour tout $\varphi \in Aut(G)$, $D \subset \varphi^{-1}(D)$ et donc pour tout $\psi \in Aut(G)$, $D \subset \psi(D)$. Ainsi, pour tout $\varphi \in Aut(G)$, $\varphi(D) = D$ et D est donc caractéristique.

Solution de l'exercice 1.14

1) $\mathfrak{S}_1$ et $\mathfrak{S}_2$ étant abéliens on a $Z(\mathfrak{S}_1) = \mathfrak{S}_1$ et $Z(\mathfrak{S}_2) = \mathfrak{S}_2$.
2) Si $\sigma \neq \mathrm{Id}_{[\![1,n]\!]}$, alors il existe $a, b \in [\![1, n]\!]$ tels que $a \neq b$ et $\sigma(a) = b$. Comme $n \geqslant 3$, alors il existe $c \in [\![1, n]\!]$ tel que $c \neq a$ et $c \neq b$. On note $\tau_{b,c}$ la transposition vérifiant $\tau_{b,c}(b) = c$, alors $\sigma \circ \tau_{b,c}(a) = \sigma(a) = b$ et $\tau_{b,c} \circ \sigma(a) = \tau_{b,c}(b) = c$. Cela implique que $\sigma \circ \tau_{b,c}(a) \neq \tau_{b,c} \circ \sigma(a)$ en particulier $\sigma \circ \tau_{b,c} \neq \tau_{b,c} \circ \sigma$.
3) D'après la question 2) on en déduit que pour tout $n \geqslant 3$ et toute permutation $\sigma \in \mathfrak{S}_n$, $\sigma \neq \mathrm{Id}_{[\![1,n]\!]}$, on a $\sigma \notin Z(\mathfrak{S}_n)$ et par suite $Z(\mathfrak{S}_n) = \{\mathrm{Id}_{[\![1,n]\!]}\}$.

▪ Solution de l'exercice 1.15

1) Pour tous $1 \leqslant i \leqslant n$ et $\alpha \in \mathbb{K}^*$, on a $\det(D_{i,\alpha}) = \alpha \neq 0$ et par suite $D_{i,\alpha} \in GL_n(\mathbb{K})$.
2) Pour tous $1 \leqslant i, j \leqslant n$ tels que $i \neq j$, on a $\det(P_{i,j}) = -1$ et par suite $P_{i,j} \in GL_n(\mathbb{K})$.
3) Soit $A = (a_{ij})_{1 \leqslant i,j \leqslant n} \in Z(GL_n(\mathbb{K}))$ alors d'après la question 1), on a pour tous $1 \leqslant i \leqslant n$ et $\alpha \in \mathbb{K}^*$, $AD_{i,\alpha} = D_{i,\alpha}A$. Par conséquent, pour tous $1 \leqslant i, j \leqslant n$ tels que $i \neq j$ et pour tout $\alpha \in \mathbb{K}^*$, on a $\alpha a_{ij} = a_{ij}$ et par suite $a_{ij} = 0$ et donc A est diagonale. Par ailleurs, d'après la question 2) on a pour tous $1 \leqslant i, j \leqslant n, AP_{i,j} = P_{i,j}A$ et par suite pour tous $1 \leqslant i, j \leqslant n$, $a_{ii} = a_{jj}$ ce qui implique que A est une matrice unité et donc $Z(GL_n(\mathbb{K})) \subset \{\lambda I_n \mid \lambda \in \mathbb{K}^*\}$, l'autre inclusion étant évidente on a alors

$$Z(GL_n(\mathbb{K})) = \{\lambda I_n \mid \lambda \in \mathbb{K}^*\}.$$

▪ Solution de l'exercice 1.16

$i) \Longrightarrow 2i)$ Supposons que G soit abélien et soient $x, y \in G$, alors

$$f(x*y) = (x*y)^2 = x^2 * y^2 = f(x) * f(y)$$

et par suite f est un morphisme de groupes.
$2i) \Longrightarrow i)$ Si f est un morphisme de groupes, soient $x, y \in G$, alors

$$x*y*x*y = (x*y)^2 = f(x*y) = f(x)*f(y) = x^2 * y^2$$

et par suite $y*x = x*y$.
$i) \Longrightarrow 3i)$ Supposons que G soit abélien et soient $x, y \in G$, alors

$$g(x*y) = (x*y)^{-1} = y^{-1} * x^{-1} = x^{-1} * y^{-1} = g(x) * g(y)$$

et par suite g est un morphisme de groupes.
$3i) \Longrightarrow i)$ Si g est un morphisme de groupes, soient $x, y \in G$, alors

$$y*x = (x^{-1} * y^{-1})^{-1} = g(x^{-1} * y^{-1}) = g(x^{-1}) * g(y^{-1}) = x*y.$$

■ Solution de l'exercice 1.17

1) On a $Id_G \in Aut(G)$ et par suite $Aut(G) \neq \varnothing$, par ailleurs soient $f, g \in Aut(G)$, alors $f \circ g : G \longrightarrow G$ est bijectif et pour tous $x, y \in G$, on a

$$f \circ g(x * y) = f(g(x * y)) = f(g(x) * g(y)) = f(g(x)) * f(g(y)),$$

ce qui implique que $f \circ g$ est un morphisme de groupes. Ainsi, $f \circ g \in Aut(G)$ et la composition "$\circ$" est donc une loi de composition interne sur $Aut(G)$. D'autre part la composition est associative et admet un élément neutre $Id_G \in Aut(G)$. Soit $f \in Aut(G)$, alors pour tous $x, y \in G$, on a

$$\begin{aligned} f^{-1}(x * y) &= f^{-1}(f(f^{-1}(x)) * f(f^{-1}(y))) = f^{-1}(f(f^{-1}(x) * f^{-1}(y))) \\ &= f^{-1}(x) * f^{-1}(y) \end{aligned}$$

et par suite $f^{-1} \in Aut(G)$.

2) a) Pour tous $a, x, y \in G$, on a

$$\varphi_a(x * y) = a * (x * y) * a^{-1} = (a * x * a^{-1}) * (a * y * a^{-1}) = \varphi_a(x) * \varphi_a(y)$$

et donc φ_a est un morphisme de groupes.

Par ailleurs, pour tous $a, x \in G$, on a

$$\varphi_a \circ \varphi_{a^{-1}}(x) = a * (a^{-1} * x * a) * a^{-1} = a * a^{-1} * x * a * a^{-1} = x$$

et

$$\varphi_{a^{-1}} \circ \varphi_a(x) = a^{-1} * (a * x * a^{-1}) * a = a^{-1} * a * x * a^{-1} * a = x,$$

il s'en suit que $\varphi_a \circ \varphi_{a^{-1}} = \varphi_{a^{-1}} \circ \varphi_a = Id_G$ et par suite φ_a est bijectif et $\varphi_a^{-1} = \varphi_{a^{-1}}$.

b) L'idée est de montrer que $Int(G)$ est un sous-groupe de $Aut(G)$, en effet au vu de la question 2) a) on sait que $Int(G) \subset Aut(G)$, on sait également que $Int(G) \neq \varnothing$ puisque $Id_G \in Int(G)$. Soit $a, b \in G$, alors pour tout $x \in G$, on a

$$\begin{aligned} \varphi_a \circ \varphi_b^{-1}(x) &= \varphi_a \circ \varphi_{b^{-1}}(x) = a * (b^{-1} * x * b) * a^{-1} \\ &= (a * b^{-1}) * x * (a * b^{-1})^{-1} = \varphi_{a*b^{-1}}(x) \end{aligned}$$

et par suite $\varphi_a \circ \varphi_b^{-1} = \varphi_{a*b^{-1}} \in Int(G)$ ce qui implique que $Int(G)$ est un sous-groupe de $Aut(G)$ et donc un groupe pour la composition.

3) a) Pour tous $a, b \in G$, on a

$$\phi(a * b) = \varphi_{a*b} = \varphi_a \circ \varphi_b = \phi(a) \circ \phi(b).$$

b) Soit $a \in G$, alors $a \in Ker(\phi)$ si et seulement si $\phi(a) = Id_G$ cela signifie que pour tout $x \in G$, $a * x * a^{-1} = x$ et donc $a * x = x * a$, ainsi $Ker(\phi) = Z(G)$ où $Z(G) = \{a \in G \mid a * x = x * a,\ \forall x \in G\}$.

▪ Solution de l'exercice 1.18

Soit $f : \mathbb{Z} \longrightarrow \mathbb{Z}$ un morphisme de groupes, alors pour tout $k \in \mathbb{Z}$, on a $f(k) = kf(1) \in f(1)\mathbb{Z}$. Si $f(1) \neq \pm 1$, alors $Im(f) = f(1)\mathbb{Z} \neq \mathbb{Z}$ et f ne serait pas surjectif, par conséquent pour tout $f \in Aut(\mathbb{Z})$, on a $f(1) = \pm 1$ ce qui implique en particulier $f = \pm \mathrm{Id}_{\mathbb{Z}}$. Réciproquement, il est évident que $\pm \mathrm{Id}_{\mathbb{Z}} \in Aut(\mathbb{Z})$.

▪ Solution de l'exercice 1.19

1) On a

— $\mathrm{Id}_G \in S(G)$ et par suite $S(G) \neq \varnothing$.
— Pour tous $\varphi, \psi \in S(G)$, $\varphi \circ \psi \in S(G)$ et donc la composition "$\circ$" est une loi de composition interne pour $S(G)$.
— La composition "$\circ$" est associative.
— Pour tout $\varphi \in S(G)$, $\varphi \circ \mathrm{Id}_G = \mathrm{Id}_G \circ \varphi = \varphi$ et $\mathrm{Id}_G \in S(G)$.
— Pour tout $\varphi \in S(G)$, $\varphi^{-1} \in S(G)$.

Ainsi, $(S(G), \circ)$ est un groupe.
2) Pour tout $a \in G$, on a $\psi_a \circ \psi_{a^{-1}} = \psi_{a^{-1}} \circ \psi_a = \mathrm{Id}_G$ et par suite $\psi_a \in S(G)$.
3) Soit $a, b \in G$, alors pour tout $x \in G$, on a

$$\psi_{ab}(x) = (a * b) * x = a * (b * x) = \psi_a \circ \psi_b(x)$$

et par suite $\phi(ab) = \phi(a) \circ \phi(b)$ ce qui signifie que ϕ est un morphisme de groupes. Soit maintenant $a \in Ker(\phi)$, alors $\psi_a = \mathrm{Id}_G$ ce qui implique nécessairement que $a = e$ et donc ϕ est injectif.
4) Sans nuire à la généralité on peut numéroté les éléments de G, $x_1, \ldots, x_n$. Soit

$$\begin{aligned} h : G &\longrightarrow [\![1, n]\!] \\ x_i &\longmapsto i \end{aligned}$$

Alors, h est bijective et l'application

$$\begin{aligned} \Omega : S(G) &\longrightarrow \mathfrak{S}_n \\ \varphi &\longmapsto h \circ \varphi \circ h^{-1} \end{aligned}$$

est un isomorphisme de groupes.
5) En combinant les questions 3) et 4), on en déduit que G est isomorphe à $\Omega \circ \phi(G)$ qui est un sous-groupe de $\mathfrak{S}_n$.

■ Solution de l'exercice 1.20

1)

— L'application $f : G \longrightarrow \mathbb{C}^*$, $x \longmapsto 1$ est un morphisme de groupes en particulier $\widetilde{G} \neq \varnothing$.

— Si $f, g \in \widetilde{G}$, alors pour tous $x, y \in G$, on a

$$f.g(x*y) = f(x*y)g(x*y) = f(x)f(y)g(x)g(y) = f.g(x)f.g(y),$$

ainsi, $f.g$ est un morphisme de groupes et par suite $f.g \in \widetilde{G}$, en d'autres termes la loi "." est une loi de composition interne sur $\widetilde{G}$.

— La loi "." est associative (Évident).

— L'application $f : G \longrightarrow \mathbb{C}^*$, $x \longmapsto 1$, appartient à $\widetilde{G}$ et vérifie pour tout $g \in \widetilde{G}$

$$\forall x \in G,\ f.g(x) = f(x)g(x) = g(x) = g(x)f(x) = g.f(x)$$

et par suite $f.g = g.f = g$. Cela montre que f est l'élément neutre de la loi "." .

— Pour tout $f \in \widetilde{G}$, on pose $g : G \longrightarrow \mathbb{C}^*$, $x \longmapsto g(x) = \dfrac{1}{f(x)}$. Alors, pour tout $x \in G$, on a

$$f(x)g(x) = g(x)f(x) = 1$$

et par suite $f.g = g.f = 1$ ce qui implique que f admet un élément symétrique pour la loi "." . De plus pour tous $x, y \in G$, on a

$$g(x*y) = \frac{1}{f(x*y)} = \frac{1}{f(x)f(y)} = \frac{1}{f(x)}\frac{1}{f(y)} = g(x)g(y),$$

ce qui signifie que $g \in \widetilde{G}$.

2) Soient $n \in \mathbb{N}^*$ et f un caractère de $\mathbb{Z}/n\mathbb{Z}$.

a) Soient $f, g \in \widetilde{\mathbb{Z}/n\mathbb{Z}}$ tels que $f(\dot{1}) = g(\dot{1})$. Alors, d'une part $f(\dot{0}) = g(\dot{0}) = 1$ car f et g sont des morphismes de groupes et d'autre part pour tout $1 \leqslant k \leqslant n-1$, on a

$$f(\dot{k}) = f(\underbrace{\dot{1} + \cdots + \dot{1}}_{\text{k fois}}) = \underbrace{f(\dot{1}) \times \cdots \times f(\dot{1})}_{\text{k fois}} = \underbrace{g(\dot{1}) \times \cdots \times g(\dot{1})}_{\text{k fois}} = g(\underbrace{\dot{1} + \cdots + \dot{1}}_{\text{k fois}})$$
$$= g(\dot{k})$$

Ainsi, $f(\dot{k}) = g(\dot{k})$ pour tout $k \in \mathbb{Z}/n\mathbb{Z}$ et donc $f = g$.

b) Comme f est un morphisme de groupes, alors

$$1 = f(\dot{0}) = f(\dot{n}) = f(\underbrace{\dot{1} + \cdots + \dot{1}}_{\text{n fois}}) = \underbrace{f(\dot{1}) \times \cdots \times f(\dot{1})}_{\text{n fois}} = \sigma^n.$$

3) a) Tout d'abord l'application ϕ est bien définie puisque pour tout $f \in \widetilde{\mathbb{Z}/n\mathbb{Z}}$, $\sigma = f(\dot{1}) \in \mathbb{U}_n$. Par ailleurs, ϕ est surjectif par construction et d'après la question 2) a) on déduit que ϕ est injectif et par suite ϕ est bijectif. Soient maintenant $f, g \in \widetilde{\mathbb{Z}/n\mathbb{Z}}$, alors

$$\phi(f.g) = (f.g)(\dot{1}) = f(\dot{1})g(\dot{1}) = \phi(f)\phi(g),$$

ce qui implique que ϕ est un morphisme de groupes, comme ϕ est bijectif c'est donc un isomorphisme de groupes.

b) La question précédente montre que pour tout $n \in \mathbb{N}^*$, $\widetilde{\mathbb{Z}/n\mathbb{Z}}$ est isomorphe à $\mathbb{U}_n$. Par ailleurs, on sait que tout groupe cyclique d'ordre n, en particulier $\mathbb{U}_n$ est isomorphe à $\mathbb{Z}/n\mathbb{Z}$ et donc $\widetilde{\mathbb{Z}/n\mathbb{Z}}$ est isomorphe à $\mathbb{Z}/n\mathbb{Z}$.

▪ Solution de l'exercice 1.21

Soit $n \in \mathbb{N}^*$, alors $1 \in \mathbb{U}_n$ et par suite $\mathbb{U}_n$ est une partie non vide de $\mathbb{C}^*$. Soit $z, z' \in \mathbb{U}_n$, alors $z^n = z'^n = 1$, par conséquent $\left(\frac{z}{z'}\right)^n = \frac{z^n}{z'^n} = \frac{1}{1} = 1$ et donc $\mathbb{U}_n$ est un sous-groupe de $(\mathbb{C}^*, \times)$, de plus $\mathbb{U}_n = \left\{e^{\frac{2i\pi k}{n}} \mid 0 \leqslant k \leqslant n-1\right\}$ en particulier $ord(\mathbb{U}_n) = n$. Soit H un sous-groupe de $(\mathbb{C}^*, \times)$ d'ordre n, alors pour tout $z \in H$, $z^n = 1$ et par suite $H \subset \mathbb{U}_n$, comme $ord(H) = n = ord(\mathbb{U}_n)$, on en déduit que $H = \mathbb{U}_n$.

▪ Solution de l'exercice 1.22

1) Soit e l'élément neutre de G, comme $ord(e) = 1$, on en déduit que G_{tors} est une partie non vide de G. Soit $x, y \in G_{tors}$, alors il existe $p, q \in \mathbb{N}^*$ tels que $x^p = y^q = e$ et par suite comme G est abélien, on a

$$(x * y^{-1})^{pq} = x^{pq} * (y^{-1})^{pq} = (x^p)^q * (y^q)^{-p} = e$$

par suite $x * y^{-1}$ est d'ordre fini et donc G_{tors} est un sous-groupe de G.

2) $\mathbb{Z}_{tors} = \{0\}$, $(\mathbb{Z}/n\mathbb{Z})_{tors} = \mathbb{Z}/n\mathbb{Z}$ et $\mathbb{C}^*_{tors} = \bigcup_{n \in \mathbb{N}^*} \mathbb{U}_n$ où pour tout $n \in \mathbb{N}^*$, $\mathbb{U}_n$ désigne le groupe des racines n-ièmes de l'unité.

3) a) On a $\det(A) = \det(B) = 1 \neq 0$ et par suite $A, B \in GL_2(\mathbb{R})$. Par ailleurs, $AB = \begin{pmatrix} 1 & 1 \\ 0 & 1 \end{pmatrix}$ en particulier $\det(AB) = 1 \neq 0$ et donc $AB \in GL_2(\mathbb{R})$.

b) On a $A^4 = B^3 = I_2$ et par suite A et B sont d'ordres finis, cependant pour tout $k \in \mathbb{N}^*$, $(AB)^k = \begin{pmatrix} 1 & k \\ 0 & 1 \end{pmatrix}$ ce qui implique en particulier que pour tout $k \in \mathbb{N}^*$, $(AB)^k \neq I_2$ et par suite AB est d'ordre infini.

c) Le résultat établi dans la question 1) pour des groupes abéliens n'est donc pas vrai en général pour des groupes non abéliens, en effet la question 3) *b*) montre en l'occurrence que $(GL_2(\mathbb{R}))_{tors}$ n'est pas stable par multiplication.

▪ Solution de l'exercice 1.23

1) Si pour tout $x \in G$, $x^2 = e$, alors pour tout $x \in G$, $x = x^{-1}$ et par suite pour tous $x, y \in G$, on a

$$x * y = (x * y)^{-1} = y^{-1} * x^{-1} = y * x.$$

2) Soit $(G, *)$ un groupe fini d'ordre fini inférieur ou égal à 5.

— Si $ord(G) = 1$ alors $G = \{e\}$ et par suite G est abélien.

— Si $ord(G) = 4$, alors pour tout $x \in G$, $ord(x) | ord(G) = 4$ et par suite on a $ord(x) = 2$ ou $ord(x) = 4$.

— Si pour tout $x \in G$, $ord(x) = 2$, alors d'après la question 1), on en déduit que G est abélien.

— S'il existe $x \in G$ tel que $ord(x) = 4$, alors G est cyclique, en particulier il est abélien.

— Si $ord(G) = 2, 3$ ou 5 alors G est d'ordre premier et par suite il est cyclique, en particulier G est abélien.

3) Le groupe symétrique $(\mathfrak{S}_3, \circ)$ est d'ordre $6 = 3!$ mais n'est pas abélien, en effet on considère les permutations $\tau = \begin{pmatrix} 1 & 2 & 3 \\ 1 & 3 & 2 \end{pmatrix}$ et $\sigma = \begin{pmatrix} 1 & 2 & 3 \\ 3 & 2 & 1 \end{pmatrix}$, on a alors $\tau \circ \sigma \neq \sigma \circ \tau$.

▪ Solution de l'exercice 1.24

1) On note $p = ord(a)$, $q = ord(b)$ et $r = ord(a * b)$, alors

$$(a * b)^{pq} = (a^p)^q * (b^q)^p = e$$

et par suite $r | pq$. Par ailleurs,

$$a^{qr} = (a * b)^{qr} * b^{-qr} = ((a * b)^r)^q * (b^q)^{-r} = e$$

et donc $p | qr$, comme $p \wedge q = 1$, on déduit que $p | r$. De même

$$b^{pr} = a^{-pr} * (a * b)^{pr} = (a^p)^{-r} * ((a * b)^r)^p = e$$

et donc $q | pr$, comme $p \wedge q = 1$, on déduit que $q | r$. Ainsi, $p | r$, $q | r$ et $p \wedge q = 1$ ce qui implique que $pq | r$ et donc $r = pq$.

2) Soit $p = \frac{ord(a)}{d}$, alors $(a^d)^p = a^{pd} = a^{ord(a)} = e$. Par ailleurs, pour tout $m \in \mathbb{N}^*$, si $(a^d)^m = e$ cela implique que $a^{md} = e$ et par suite $pd = ord(a)|md$, en particulier $p|m$, par ailleurs $a^{md} = e$ et donc $ord(a^d) = p$.
3) Si $d = ord(a) \wedge ord(b)$, alors d'après la question 2), on a $ord(a^d) = \frac{ord(a)}{d}$, cependant comme $\frac{ord(a)}{d} \wedge ord(b) = 1$, alors d'après la question 1) on déduit que

$$\begin{aligned} ord(a^d * b) = ord(a^d)ord(b) &= \frac{ord(a)}{d}ord(b) = \frac{ord(a)ord(b)}{d} \\ &= \frac{ord(a)ord(b)}{ord(a) \wedge ord(b)} = ord(a) \vee ord(b). \end{aligned}$$

4) On raisonne par récurrence sur $1 \leqslant p \leqslant ord(G)$.
5) Il suffit de considérer tous les éléments de G et d'appliquer la question 4).

▪ Solution de l'exercice 1.25

1) *a*) Comme $G = \langle a \rangle$ et $H \subset G$, on en déduit que tous les éléments de H sont des puissances de a et par suite A est une partie non vide de $\mathbb{N}$, elle admet donc un plus petit élément q.
b) On a $a^q \in H$, par conséquent $\langle a^q \rangle \subset H$. Réciproquement, soit $x \in H$, alors il existe $0 \leqslant p \leqslant n-1$ tel que $x = a^p$. Soit $p = qs + r$ la division euclidienne de p par q, alors $0 \leqslant r < q$ et $a^r = a^{p-qs} \in H$, ce qui entraîne nécessairement que $r = 0$ et par suite $x = (a^q)^s \in \langle a^q \rangle$ en particulier $H \subset \langle a^q \rangle$. Ainsi, $H = \langle a^q \rangle$ et donc H est cyclique.
2) *a*) On note e l'élément neutre de G, alors $(a^{\frac{n}{d}})^d = a^n = e$. Par ailleurs, soit $m \in \mathbb{N}^*$ tel que $(a^{\frac{n}{d}})^m = e$ alors $a^{\frac{nm}{d}} = e$ et par suite $n|\frac{nm}{d}$ en particulier $d|m$ et donc $ord(a^{\frac{n}{d}}) = d$.
b) Comme $ord(a^{\frac{n}{d}}) = d$, on en déduit que le sous-groupe $\langle a^{\frac{n}{d}} \rangle$ est d'ordre d. Soit maintenant H un sous-groupe de G d'ordre d, on sait alors d'après la question 1) *b*) que H est cyclique, plus précisément $H = \langle a^q \rangle$,
où $q = \min\{0 \leqslant p \leqslant n-1 \mid a^p \in H\}$. Comme H est d'ordre d, alors $a^{qd} = e$ et par suite $\frac{n}{d}d = n|qd$ et donc $\frac{n}{d}|q$ ce qui implique que $a^q \in \langle a^{\frac{n}{d}} \rangle$ et donc $H \subset \langle a^{\frac{n}{d}} \rangle$, or d'après la question 2) *a*) on sait que $ord(\langle a^{\frac{n}{d}} \rangle) = d = ord(H)$, il s'en suit alors que $H = \langle a^{\frac{n}{d}} \rangle$.

3) Il est clair que tout élément $x \in G$ est un générateur du sous-groupe cyclique $\langle x \rangle$. Par ailleurs, d'après la question 2) b), pour tout $d|n$ il existe un unique sous-groupe de G d'ordre d. Soient $1 = d_1 < d_2 < \cdots < d_p = n$ les diviseurs de n deux à deux distincts, $H_{d_1}, \ldots, H_{d_p}$ les sous-groupes cycliques de G d'ordre respectifs $d_1, \ldots, d_p$ et $\Pi_{d_1}, \ldots, \Pi_{d_p}$ respectivement leur ensemble de générateurs. Alors, $\Pi_{d_1}, \ldots, \Pi_{d_p}$ forment une partition de G et par suite

$$ord(G) = \sum_{i=1}^{p} Card\,(\Pi_{d_i}).$$

Or, pour tout $1 \leqslant i \leqslant p$, $\Pi_{d_i} = \left\{ (a^{\frac{n}{d_i}})^k \mid k \wedge d_i = 1 \right\}$ et donc $Card(\Pi_{d_i}) = \varphi(d_i)$, il s'en suit alors que

$$ord(G) = \sum_{i=1}^{p} \varphi(d_i) = \sum_{d|n} \varphi(d) = n.$$

■ **Solution de l'exercice 1.26**

1) On a $\mathbb{U}_n \subset \mathbb{C}^*$ et $1 \in \mathbb{U}_n$, en particulier, $\mathbb{U}_n \neq \varnothing$. Soit $z, z' \in \mathbb{U}_n$, alors $z^n = z'^n = 1$ et par suite

$$\left(\frac{z}{z'}\right)^n = \frac{z^n}{z'^n} = \frac{1}{1} = 1.$$

Par conséquent, $\mathbb{U}_n$ est un sous-groupe de $(\mathbb{C}^*, \times)$ et donc un groupe abélien. De plus,

$$\mathbb{U}_n = \left\{ e^{\frac{2i\pi k}{n}} \mid 0 \leqslant k \leqslant n-1 \right\},$$

ce qui implique que le groupe $\mathbb{U}_n$ est fini et $ord(\mathbb{U}_n) = n$.

2) On a

$$\mathbb{U}_n = \left\{ e^{\frac{2i\pi k}{n}} \mid 0 \leqslant k \leqslant n-1 \right\} = \left\{ (e^{\frac{2i\pi}{n}})^k \mid 0 \leqslant k \leqslant n-1 \right\} = \langle e^{\frac{2i\pi}{n}} \rangle$$

et par suite $(\mathbb{U}_n, \times)$ est cyclique et

$$\Omega_n = \left\{ e^{\frac{2ik\pi}{n}} \mid k \wedge n = 1 \right\}.$$

3) Si $ord(z) = d$, alors $z^d = z^{ord(z)} = 1$, ce qui implique que $z \in \mathbb{U}_d$ et donc $z = e^{\frac{2ik\pi}{d}}$ avec $0 \leqslant k \leqslant d-1$.

Soit $p = k \wedge d$, alors $p|k$ et par suite

$$z^{\frac{d}{p}} = e^{\frac{2ik\pi}{p}} = 1.$$

Cela implique que $d|\frac{d}{p}$ et par suite $p = 1$. Ainsi, $k \wedge d = 1$ et par conséquent $z \in \Omega_d$.

Réciproquement, si $z \in \Omega_d$, alors $z = e^{\frac{2ik\pi}{d}}$ avec $k \wedge d = 1$, par conséquent $z^d = 1$ et pour tout $p \in \mathbb{N}^*$, si $z^p = 1$, on a $e^{\frac{2ikp\pi}{d}} = 1$ et donc $d|kp$, mais comme $k \wedge d = 1$, alors d'après le théorème de Gauss, on en déduit que $d|p$, ce qui montre que $ord(z) = d$.

4) Soient $z \in \mathbb{U}_n$ et $\delta = ord(z)$, comme $\delta|n$ alors d'après ce qui précède, $z \in \Omega_\delta \subset \bigcup_{d|n} \Omega_d$ et par suite

$$\mathbb{U}_n \subset \bigcup_{d|n} \Omega_d.$$

Réciproquement, soit $z \in \bigcup_{d|n} \Omega_d$, alors il existe d diviseur de n tel que $z \in \Omega_d$ et par suite

$$z^n = (z^d)^{\frac{n}{d}} = 1,$$

ce qui entraîne naturellement que $z \in \mathbb{U}_n$ et donc

$$\bigcup_{d|n} \Omega_d \subset \mathbb{U}_n.$$

5) *a*) $\deg(Q_n) = Card(\{1 \leqslant k \leqslant n \mid k \wedge n = 1\}) = \varphi(n)$.

b) On a

$-Q_1 = (X - e^{2i\pi}) = X - 1$

$-Q_2 = (X - e^{\frac{2i\pi}{2}}) = X + 1$

$-Q_3 = (X - e^{\frac{2i\pi}{3}})(X - e^{\frac{4i\pi}{3}}) = X^2 - 2\cos(\frac{2\pi}{3})X + 1 = X^2 + X + 1$

et

$-Q_4 = (X - e^{\frac{2i\pi}{4}})(X - e^{\frac{6i\pi}{4}}) = (X - i)(X + i) = X^2 + 1.$

c) D'après la question 4), on a

$$\prod_{d|n} Q_d = \prod_{d|n} \prod_{\substack{1 \leqslant k \leqslant d \\ k \wedge d = 1}} (X - e^{\frac{2ik\pi}{d}}) = \prod_{d|n} \prod_{z \in \Omega_d} (X - z) = \prod_{z \in \mathbb{U}_n} (X - z) = X^n - 1.$$

d) D'après la question 5) *c*), on a

$$\sum_{d|n} \varphi(d) = \sum_{d|n} \deg(Q_d) = deg\left(\prod_{d|n} Q_d\right) = \deg(X^n - 1) = n.$$

▪ Solution de l'exercice 1.27

1) *a*) $\sigma = (1,5,9,12,14,8) \circ (3,13,7) \circ (4,10,6,11)$.

b) $\sigma = \tau_{1,5} \circ \tau_{5,9} \circ \tau_{9,12} \circ \tau_{12,14} \circ \tau_{14,8} \circ \tau_{3,13} \circ \tau_{13,7} \circ \tau_{4,10} \circ \tau_{10,6} \circ \tau_{6,11}$ et par suite $\varepsilon(\sigma) = (-1)^{10} = 1$.

2) *a*) On sait que $3|p(p-1)(p+1)$, cependant comme p est premier et $p \neq 3$ alors $3 \not| p$ et donc $3|(p-1)(p+1) = p^2-1$. Par ailleurs, comme p est impair alors $p = 2k+1$ avec $k \in \mathbb{N}^*$ et donc

$$p^2 - 1 = (2k+1)^2 - 1 = 4k^2 + 4k = 4k(k+1)$$

or $2|k(k+1)$ et par suite $8|p^2-1$. Ainsi $3|p^2-1$, $8|p^2-1$ et $3 \wedge 8 = 1$, par conséquent $24|p^2-1$.

b) On a $ord((1,5,9,12,14,8)) = 6$, $ord((3,13,7)) = 3$ et $ord((4,10,6,11)) = 4$ et par suite

$$(1,5,9,12,14,8)^{24} = (3,13,7)^{24} = (4,10,6,11)^{24} = \mathrm{Id}_{[\![1,14]\!]}.$$

Ainsi,

$$\begin{aligned}
\sigma^{p^2-1} &= (1,5,9,12,14,8)^{p^2-1} \circ (3,13,7)^{p^2-1} \circ (4,10,6,11)^{p^2-1} \\
&= (1,5,9,12,14,8)^{24k} \circ (3,13,7)^{24k} \circ (4,10,6,11)^{24k} \\
&= \mathrm{Id}_{[\![1,14]\!]} \circ \mathrm{Id}_{[\![1,14]\!]} \circ \mathrm{Id}_{[\![1,14]\!]} \\
&= \mathrm{Id}_{[\![1,14]\!]}.
\end{aligned}$$

▪ Solution de l'exercice 1.28

1) On sait que l'application $\varepsilon : \mathfrak{S}_n \longrightarrow \mathbb{U}_2$, $\sigma \longmapsto \varepsilon(\sigma)$ est un morphisme de groupes et par suite $\mathscr{A}_n = Ker(\varepsilon)$ est un sous-groupe de $\mathfrak{S}_n$.

2) *a*) Soit $\psi : \mathfrak{S}_n \longrightarrow \mathfrak{S}_n$, $\sigma \longmapsto \tau^{-1} \circ \sigma$, alors $\phi \circ \psi = \psi \circ \phi = \mathrm{Id}_{\mathfrak{S}_n}$ et par suite ϕ est bijective et $\phi^{-1} = \psi$.

b) Il est clair que si $\sigma \in \mathfrak{S}_n$ est paire alors $\phi(\sigma)$ est impaire et inversement si $\sigma \in \mathfrak{S}_n$ est impaire alors $\phi(\sigma)$ est paire, par conséquent $\phi(\mathscr{A}_n) = \mathscr{A}_n^c$ et par suite comme ϕ est bijective, on a $Card(\mathscr{A}_n) = Card(\mathscr{A}_n^c)$. Ainsi,

$$ord(\mathfrak{S}_n) = Card(\mathscr{A}_n) + Card(\mathscr{A}_n^c) = 2Card(\mathscr{A}_n)$$

et donc $ord(\mathscr{A}_n) = \dfrac{ord(\mathfrak{S}_n)}{2}$.

■ Solution de l'exercice 1.29

1) On considère la relation d'équivalence $\mathscr{R}$ introduite dans la démonstration du Théorème 1.1.33 dite congruence à gauche modulo H, définie par

$$\forall x, y \in G,\ x\mathscr{R}y, \quad \text{si et seulement si} \quad x^{-1} * y \in H.$$

On sait alors que les classes d'équivalence modulo $\mathscr{R}$ forment une partition de G et ont toutes le même cardinal. Comme $ord(H) = n$, alors $\mathscr{R}$ admet exactement deux classes d'équivalences qui sont H et H^c. Soit $x \in G$

— Si $x \in H$, alors $x^2 \in H$.

— Si $x \in H^c$, alors $x^{-1} * x^2 = x \notin H$ et par suite $x^2 \in H$.

2) $\sigma_1 = \begin{pmatrix} 1 & 2 & 3 & 4 \\ 2 & 3 & 1 & 4 \end{pmatrix}$, $\sigma_2 = \begin{pmatrix} 1 & 2 & 3 & 4 \\ 2 & 4 & 3 & 1 \end{pmatrix}$, $\sigma_3 = \begin{pmatrix} 1 & 2 & 3 & 4 \\ 3 & 1 & 2 & 4 \end{pmatrix}$

$\sigma_4 = \begin{pmatrix} 1 & 2 & 3 & 4 \\ 3 & 2 & 4 & 1 \end{pmatrix}$, $\sigma_5 = \begin{pmatrix} 1 & 2 & 3 & 4 \\ 4 & 1 & 3 & 2 \end{pmatrix}$, $\sigma_6 = \begin{pmatrix} 1 & 2 & 3 & 4 \\ 4 & 2 & 1 & 3 \end{pmatrix}$

$\sigma_7 = \begin{pmatrix} 1 & 2 & 3 & 4 \\ 1 & 3 & 4 & 2 \end{pmatrix}$ et $\sigma_8 = \begin{pmatrix} 1 & 2 & 3 & 4 \\ 1 & 4 & 2 & 3 \end{pmatrix}$.

3) Soit $\sigma \in \mathfrak{S}_4$ un 3-cycle, on sait alors que $ord(\sigma) = 3$ et par suite $\sigma = \sigma^4 = (\sigma^2)^2$, en particulier comme $ord(\mathscr{A}_4) = 12 = \dfrac{ord(\mathfrak{S}_4)}{2}$, on en déduit d'après la question 1) que $\sigma \in \mathscr{A}_4$. Ainsi, $\mathscr{A}_4$ contient tous les 3-cycles de $\mathfrak{S}_4$.

4) Supposons que $\mathscr{A}_4$ contient un sous-groupe d'ordre 6, il s'en suit d'après les questions 1) et 3) que H contient l'ensemble des carrés des 3-cycles. Or, si σ est un 3-cycle alors $\sigma = (\sigma^{-1})^2$, comme σ^{-1} est également un 3-cycle, on en déduit que H contient tous les 3-cycles de $\mathfrak{S}_4$.

5) D'après la question 4), si $\mathscr{A}_4$ contient un sous-groupe H d'ordre 6, celui ci contient tous les 3-cycles qui sont au nombre de 8 et cela est absurde.

■ Solution de l'exercice 1.30

1) Soit e l'élément neutre de G, alors

— Pour tout $x \in G$, $x = e * x * e^{-1}$ et par suite $x\mathscr{R}x$.

— Soient $x, y \in G$ tels que $x\mathscr{R}y$, alors il existe $g \in G$ tel que $y = g * x * g^{-1}$, par conséquent $x = g^{-1} * y * (g^{-1})^{-1}$ et donc $y\mathscr{R}x$.

— Soient $x, y, z \in G$ tels que $x\mathscr{R}y$ et $y\mathscr{R}z$, alors il existe $g, k \in G$ tels que $y = g * x * g^{-1}$ et $z = k * y * k^{-1}$, cela implique que

$$z = k * (g * x * g^{-1}) * k^{-1} = (k * g) * x * (k * g)^{-1}$$

et donc $x\mathscr{R}z$.

Ainsi, $\mathscr{R}$ est une relation d'équivalence sur G.

2) *a*) Soit $x \in G$, alors $S_x \subseteq G$ et $S_x \neq \varnothing$ puisque $e \in S_x$. Soit $g, k \in S_x$, alors

$$(g * k^{-1}) * x * (g * k^{-1})^{-1} = g * (k^{-1} * x * k) * g^{-1} = x,$$

par conséquent $g * k^{-1} \in S_x$ et donc S_x est un sous-groupe de G.

b) Soit $\dot{y}, \dot{z} \in G/S_x$ tels que $\dot{y} = \dot{z}$ cela signifie que $y^{-1} * z \in S_x$ et par suite $(y^{-1} * z) * x = x * (y^{-1} * z)$ ce qui entraîne que $y * x * y^{-1} = z * x * z^{-1}$ et donc $\psi_x(\dot{y}) = \psi_x(\dot{z})$. Ainsi, ψ_x est bien définie. Soit maintenant $\dot{y}, \dot{z} \in G/S_x$ tels que $\psi_x(\dot{y}) = \psi_x(\dot{z})$, alors $y * x * y^{-1} = z * x * z^{-1}$ et par suite
$(y^{-1} * z) * x = x * (y^{-1} * z)$ ce qui implique que $y^{-1} * z \in S_x$ et donc $\dot{y} = \dot{z}$ et ψ_x est donc injective. Par ailleurs, comme ψ_x est surjective par construction, on en déduit que ψ_x est bijective.

c) D'après la question *b*), on sait que l'application ψ_x est bijective, il s'en suit alors que

$$Card(G/S_x) = Card(\mathscr{O}_x)$$

et par suite

$$p^n = ord(G) = Card(G/S_x)ord(S_x) = Card(\mathscr{O}_x)ord(S_x),$$

en particulier $Card(\mathscr{O}_x)|p^n$.

3) On a

$$\begin{aligned} Z(G) &= \{x \in G \mid x * g = g * x, \ \forall g \in G\} \\ &= \left\{x \in G \mid g * x * g^{-1} = x, \ \forall g \in G\right\} \\ &= \{x \in G \mid \mathscr{O}_x = \{x\}\} \\ &= \{x \in G \mid Card(\mathscr{O}_x) = 1\} \end{aligned}$$

Notons $\mathscr{O}_{x_1}, \ldots, \mathscr{O}_{x_q}$ les classes d'équivalence modulo $\mathscr{R}$ de cardinal supérieur ou égale à 2. On sait d'après la question 2) *c*) que pour tout $x \in G$, $Card(\mathscr{O}_x)|p^n$, il s'en suit alors que pour tout $1 \leqslant i \leqslant q$, $Card(\mathscr{O}_{x_i}) = p^{m_i}$ avec $m_i \geqslant 1$, en particulier

$$\forall 1 \leqslant i \leqslant q, \ p|Card(\mathscr{O}_{x_i}).$$

Par ailleurs, comme $\mathscr{R}$ est une relation d'équivalence, on en déduit que

$$p^n = ord(G) = ord(Z(G)) + \sum_{i=1}^{q} Card(\mathscr{O}_{x_i}),$$

comme pour tout $1 \leqslant i \leqslant q$, $p|Card(\mathscr{O}_{x_i})$, on en déduit que

$$p|ord(Z(G)) = p^n - \sum_{i=1}^{q} Card(\mathscr{O}_{x_i})$$

et donc $ord(Z(G)) > 1$.

Solution de l'exercice 1.31

1) Soit p un entier naturel premier et $(G,*)$ un groupe fini d'ordre p^2. D'après l'Exercice 1.30, on sait que le centre $Z(G)$ est non trivial, comme $ord(Z(G))|p^2$, on en déduit que $ord(Z(G)) = p$ ou $ord(Z(G)) = p^2$. Supposons que $ord(Z(G)) = p$, alors $Z(G) \neq G$ et donc il existe $x \in G$ tel que $x \notin Z(G)$ et par suite l'ensemble $S_x = \{g \in G \mid g*x = x*g\}$ contient à la fois x et $Z(G)$, ce qui implique que

$$Card(S_x) \geqslant p+1.$$

Or, d'après l'Exercice 1.30, on sait que S_x est un sous-groupe de G, comme S_x est différent de G, on en déduit que $Card(S_x)$ est un diviseur de p^2 différent de p^2 et supérieur à $p+1$ ce qui est absurde. Ainsi, $Z(G) = G$ et G est donc abélien.

2) $a)$ Le groupe des quaternions $\mathbb{H}_8$ n'est pas abélien (Voir Exercice 1.3) et $ord(\mathbb{H}_8) = 8 = 2^3$.

$b)$ Il est clair que T_p est un sous-groupe de $GL_3(\mathbb{Z}/p\mathbb{Z})$ et donc un groupe pour la multiplication matricielle, il est également clair que $ord(T_p) = p^3$.

Par ailleurs, soient $A = \begin{pmatrix} \dot{1} & \dot{1} & \dot{0} \\ \dot{0} & \dot{1} & \dot{0} \\ \dot{0} & \dot{0} & \dot{1} \end{pmatrix}$, $B = \begin{pmatrix} \dot{1} & \dot{0} & \dot{0} \\ \dot{0} & \dot{1} & \dot{1} \\ \dot{0} & \dot{0} & \dot{1} \end{pmatrix} \in T_p$,

alors

$$AB = \begin{pmatrix} \dot{1} & \dot{1} & \dot{0} \\ \dot{0} & \dot{1} & \dot{0} \\ \dot{0} & \dot{0} & \dot{1} \end{pmatrix} \begin{pmatrix} \dot{1} & \dot{0} & \dot{0} \\ \dot{0} & \dot{1} & \dot{1} \\ \dot{0} & \dot{0} & \dot{1} \end{pmatrix} = \begin{pmatrix} \dot{1} & \dot{1} & \dot{1} \\ \dot{0} & \dot{1} & \dot{1} \\ \dot{0} & \dot{0} & \dot{1} \end{pmatrix}$$

et

$$BA = \begin{pmatrix} \dot{1} & \dot{0} & \dot{0} \\ \dot{0} & \dot{1} & \dot{1} \\ \dot{0} & \dot{0} & \dot{1} \end{pmatrix} \begin{pmatrix} \dot{1} & \dot{1} & \dot{0} \\ \dot{0} & \dot{1} & \dot{0} \\ \dot{0} & \dot{0} & \dot{1} \end{pmatrix} = \begin{pmatrix} \dot{1} & \dot{1} & \dot{0} \\ \dot{0} & \dot{1} & \dot{1} \\ \dot{0} & \dot{0} & \dot{1} \end{pmatrix},$$

ce qui implique que T_p n'est pas abélien. En conclusion, pour tout entier naturel p premier, T_p est un groupe non abélien d'ordre p^3.

Solution de l'exercice 1.32

1) Si E est un ensemble non vide, alors $(P(E),\Delta,\cap)$ est un anneau de Boole. Par ailleurs, $(\mathbb{Z}/2\mathbb{Z},+,\times)$ est également un anneau de Boole.

2) Pour tous $x,y \in A$, on a

$$x+y = (x+y)^2 = x^2+xy+yx+y^2 = x+xy+yx+y$$

et par suite $xy+yx = 0_A$.

3) D'après la question 2) on sait que pour tous $x,y \in A$, $xy+yx = 0_A$ et par suite $yx = -xy$, en particulier pour $y = 1_A$, on obtient $-x = x$ pour tout $x \in A$, par conséquent $yx = -xy = xy$ pour tous $x,y \in A$ et donc l'anneau A est commutatif.

4) Pour tous $x, y \in A$, on a

$$xy(x+y) = x^2y + xy^2 = xy + xy = 0_A,$$

en particulier pour $y = 1_A$, on en déduit que pour tout $x \in A$, on a

$$x(x+1) = 0_A,$$

par conséquent, si l'anneau A est intègre alors $x = 0_A$ ou $x = 1_A$.

▪ Solution de l'exercice 1.33

1) Pour tout $k \in [\![1, p-1]\!]$, on a

$$k\binom{p}{k} = k\frac{p!}{k!(p-k)!} = p\frac{(p-1)!}{(k-1)!(p-k)!} = p\binom{p-1}{k-1}$$

et par suite $p | k\binom{p}{k}$, mais puisque p est premier, alors $p \wedge k = 1$ et par suite d'après le théorème de Gauss, on en déduit que $p | \binom{p}{k}$.

2) D'après la question 1) on sait que pour tout $k \in [\![1, p-1]\!]$, $\binom{p}{k} \equiv 0[p]$, par conséquent pour tous $x, y \in \mathbb{Z}$, on a

$$\sum_{k=1}^{p-1} \binom{p}{k} x^k y^{p-k} \equiv 0[p].$$

3) Soit $\dot{x}, \dot{y} \in \mathbb{Z}/p\mathbb{Z}$, alors

— $\psi(\dot{x}+\dot{y}) = \sum_{k=0}^{p} \binom{p}{k} \dot{x}^k \dot{y}^{p-k} = \dot{x}^p + \overset{\cdot}{\overline{\sum_{k=1}^{p-1} \binom{p}{k} x^k y^{p-k}}} + \dot{y}^p = \psi(\dot{x}) + \psi(\dot{y}).$

— $\psi(\dot{x}\dot{y}) = (\dot{x}\dot{y})^p = \dot{x}^p\dot{y}^p = \psi(\dot{x})\psi(\dot{y}).$

— $\psi(\dot{1}) = \dot{1}^p = \dot{1}.$

Ainsi, ψ est un morphisme d'anneaux.

4) Soit $a \in \mathbb{Z}$

- Si $a > 0$, alors

$$\psi(\dot{a}) = \psi(\underbrace{\dot{1} + \cdots + \dot{1}}_{a \text{ fois}}) = \underbrace{\psi(\dot{1}) + \cdots + \psi(\dot{1})}_{a \text{ fois}} = \dot{a}$$

et par suite $\psi(\dot{a}) = \dot{a}$ ce qui signifie que $a^p \equiv a[p]$.

- Si $a = 0$, alors $0^p \equiv 0[p]$.
- Si $a < 0$, alors $-a > 0$ et donc d'après le premier cas, $(-a)^p \equiv -a[p]$. On distingue alors deux cas
  - $*$ Si $p = 2$, alors $a^2 \equiv (-a)^2[2]$ et par suite $a^2 \equiv -a[2]$, or $-a \equiv a[2]$ ce qui entraîne que $a^2 \equiv a[2]$.
  - $*$ Si $p \geqslant 3$, alors p est impair et par suite $(-a)^p \equiv -a^p[p]$ ce qui implique que $a^p \equiv a[p]$.

▪ Solution de l'exercice 1.34

Soit $p \in \mathbb{N}$ tel que $p \geqslant 2$.

— Si $p = 2$, alors $(p-1)! = 1! \equiv -1[2]$, de la même façon si $p = 3$, alors $(p-1)! = 2 \equiv -1[3]$. Supposons dans la suite que $p \geqslant 4$, comme p est premier alors $(\mathbb{Z}/p\mathbb{Z}, +, \times)$ est un corps et par suite $(\mathbb{Z}/p\mathbb{Z})^\times = (\mathbb{Z}/p\mathbb{Z})^*$ autrement dit, pour tout $\dot{k} \in \mathbb{Z}/p\mathbb{Z}$ tel que $\dot{k} \neq \dot{0}$, $\dot{k}$ est inversible. On cherche à déterminer les classes $\dot{k} \in \mathbb{Z}/p\mathbb{Z}$ tels que $\dot{k}^{-1} = \dot{k}$, cela revient à résoudre l'équation $\dot{k}^2 = \dot{1}$ et donc l'équation $(k-1)(k+1) \equiv 0[p]$ cela signifie que $p|(k-1)(k+1)$ mais comme p est premier alors $p|k-1$ ou $p|k+1$, en d'autres termes $\dot{k} = \dot{1}$ ou $\dot{k} = \dot{\widehat{p-1}}$. Ainsi, pour tout $2 \leqslant k \leqslant p-2$ il existe $2 \leqslant k' \leqslant p-2$ tel que $\dot{k} \neq \dot{k'}$ et $\dot{k}\dot{k'} = \dot{1}$ et par conséquent

$$\prod_{k=1}^{p-1} \dot{k} = \dot{1} \left(\prod_{k=2}^{p-2} \dot{k} \right) \dot{\widehat{p-1}} = \dot{\widehat{p-1}},$$

et donc $(p-1)! \equiv -1[p]$.

— Réciproquement, si $(p-1)! \equiv -1[p]$, alors $p|(p-1)! + 1$. Soit k un diviseur positif de p tel que $1 \leqslant k \leqslant p-1$, alors $k|(p-1)! + 1$, comme $k|(p-1)!$ on en déduit que $k|1$ et donc $k = 1$ et p est premier.

Solution de l'exercice 1.35

1) Si on désigne par φ l'indicatrice d'Euler, alors

$$ord(\mathbb{Z}/p^m\mathbb{Z}) = \varphi(p^m) = p^{m-1}(p-1).$$

2) On a

$$\begin{aligned}(\mathbb{Z}/27\mathbb{Z})^\times &= \{\dot{k} \mid k \wedge 27 = 1\}\\ &= \{\dot{1}, \dot{2}, \dot{4}, \dot{5}, \dot{7}, \dot{8}, \dot{10}, \dot{11}, \dot{13}, \dot{14}, \dot{16}, \dot{17}, \dot{19}, \dot{20}, \dot{22}, \dot{23}, \dot{25}, \dot{26}\}.\end{aligned}$$

3) On a $\dot{2}^1 = \dot{2}$, $\dot{2}^2 = \dot{4}$, $\dot{2}^3 = \dot{8}$, $\dot{2}^6 = \dot{10}$, $\dot{2}^9 = \dot{26}$ et par suite $ord(\dot{2}) = 18 = ord((\mathbb{Z}/27\mathbb{Z})^\times)$ ce qui implique que $(\mathbb{Z}/27\mathbb{Z})^\times$ est cyclique et $\dot{2}$ en est un générateur. On sait alors que tous les générateurs de $(\mathbb{Z}/27\mathbb{Z})^\times$ sont de la forme $\dot{2}^k$ avec $k \wedge 18 = 1$, ainsi les générateurs sont :

$$\dot{2} = \dot{2}^1, \dot{5} = \dot{2}^5, \dot{20} = \dot{2}^7, \dot{23} = \dot{2}^{11}, \dot{11} = \dot{2}^{13}, \dot{14} = \dot{2}^{17}.$$

4) Comme $\dot{2}, \dot{5} \in (\mathbb{Z}/27\mathbb{Z})^\times$, alors $\dot{2}^{18} = \dot{5}^{18} = \dot{1}$ et par suite pour tous $k, k' \in \mathbb{N}$, on a

$$5^{18k+2} + 2^{18k'+1} \equiv 27[27].$$

En particulier $27 | 5^{18k+2} + 2^{18k'+1}$.

Solution de l'exercice 1.36

1) Les diviseurs de zéro dans l'anneau $(\mathbb{Z}/51\mathbb{Z}, +, \times)$ sont $\dot{3}$ et $\dot{17}$.
2) On a $\dot{x}^2 + 3\dot{x} + \dot{2} = (\dot{x} + \dot{1})(\dot{x} + \dot{2})$ et par suite $\dot{x}^2 + 3\dot{x} + \dot{2} = \dot{0}$ si et seulement si $\dot{x} + \dot{1} = \dot{0}$ ou $\dot{x} + \dot{2} = \dot{0}$ ou $\begin{cases} \dot{x} + \dot{1} = \dot{3} \\ \dot{x} + \dot{2} = \dot{17} \end{cases}$ ou $\begin{cases} \dot{x} + \dot{1} = \dot{17} \\ \dot{x} + \dot{2} = \dot{3} \end{cases}$.
Ainsi, les seuls solutions sont $\dot{x} = \dot{50}$ et $\dot{x} = \dot{49}$.

Solution de l'exercice 1.37

1) Il suffit de montrer que $\mathbb{Z}[i]$ est un sous-anneau de $(\mathbb{C}, +, \times)$. En effet, $\mathbb{Z}[i]$ est une partie non vide de $\mathbb{C}$, de plus on a

— Pour tous $a + ib, a' + ib' \in \mathbb{Z}[i]$, on a

$$(a + ib) - (a' + ib') = (a - a') + i(b - b') \in \mathbb{Z}[i].$$

— Pour tous $a + ib, a' + ib' \in \mathbb{Z}[i]$, on a

$$(a + ib)(a' + ib') = (aa' - bb') + i(a'b + ab') \in \mathbb{Z}[i].$$

— $1 = 1 + 0i \in \mathbb{Q}[i]$.

Ainsi, $\mathbb{Z}[i]$ est un sous-anneau de $(\mathbb{C}, +, \times)$ et donc un anneau commutatif et intègre.

2) $a)$ Soit $x \in \mathbb{R}$ et $[x]$ la partie entière de x, on sait alors que $[x] \leqslant x \leqslant [x]+1$.

— Si $x-[x] \leqslant \frac{1}{2}$, alors $\alpha = [x]$.

— Sinon si $x-[x] > \frac{1}{2}$, alors $0 < [x]+1-x < \frac{1}{2}$ et par suite $\alpha = [x]+1$.

$b)$ Soit $(x,y) = (a+ib, c+id) \in \mathbb{Z}[i] \times (\mathbb{Z}[i])^*$, alors

$$\frac{x}{y} = \frac{a+ib}{c+id} = \frac{(a+ib)(c-id)}{c^2+d^2} = \frac{(ac+bd)}{c^2+d^2} + i\frac{(bc-ad)}{c^2+d^2}.$$

Soient $\alpha, \beta \in \mathbb{Z}$ tels que $\left|\frac{(ac+bd)}{c^2+d^2} - \alpha\right| \leqslant \frac{1}{2}$ et $\left|\frac{(bc-ad)}{c^2+d^2} - \beta\right| \leqslant \frac{1}{2}$ et soient $s = \frac{(ac+bd)}{c^2+d^2} - \alpha$ et $t = \frac{(bc-ad)}{c^2+d^2} - \beta$, alors

$$x = y((s+\alpha)+i(t+\beta)) = y(\alpha+i\beta)+y(s+it).$$

On pose $q = \alpha + i\beta$ et $r = y(s+it)$, alors $q \in \mathbb{Z}[i]$ et $r = x - yq \in \mathbb{Z}[i]$.
Par ailleurs, soit $\delta : (\mathbb{Z}[i])^* \longrightarrow \mathbb{N}$, $a+ib \longmapsto |a+ib|^2 = a^2+b^2$. Si $r \neq 0$, alors

$$\delta(r) = \delta(y(s+it)) = \delta(y)\delta(s+it) = \delta(y)(s^2+t^2) \leqslant \frac{\delta(y)}{2} < \delta(y).$$

▪ Solution de l'exercice 1.38

Soit I un idéal de A.

— Si $I = \{0_A\}$ alors $I = 0_A A$.

— Si $I \neq \{0_A\}$, soit $K = \{\delta(x) \mid x \in I, x \neq 0_A\}$, K étant une partie non vide de $\mathbb{N}$, il admet donc un plus petit élément $n = \delta(a)$ avec $a \in I, a \neq 0_A$. Comme $a \in I$, il s'en suit que $aA \subset I$. Inversement, soit $y \in I$, on sait alors qu'il existe $q, r \in A$ vérifiant $y = aq + r$ et $\delta(r) < \delta(a)$. Comme $r = y - aq \in I$ et comme $\delta(a)$ est le plus petit élément de K, il s'en suit nécessairement que $r = 0_A$ et donc $I \subset aA$.

▪ Solution de l'exercice 1.39

1) Il est clair que $\mathbb{Z}[j]$ est une partie non vide de $\mathbb{C}$. Par ailleurs, on a

— Pour tous $a+jb, a'+jb' \in \mathbb{Z}[j]$, on a

$$(a+jb)-(a'+jb') = (a-a')+j(b-b') \in \mathbb{Z}[j].$$

— Pour tous $a+jb, a'+jb' \in \mathbb{Z}[j]$, on a

$$(a+jb)(a'+jb') = aa' + j^2bb' + j(a'b+ab').$$

Or, on rappelle que $1+j+j^2 = \dfrac{1-j^3}{1-j} = 0$ et par suite

$$(a+jb)(a'+jb') = (aa'-bb') + j(a'b+ab'-bb') \in \mathbb{Z}[j].$$

— $1 = 1+0j \in \mathbb{Z}[j]$.

Ainsi, $\mathbb{Z}[j]$ est un sous-anneau de $(\mathbb{C},+,\times)$ et donc un anneau commutatif.
2) Soit $a+jb \in (\mathbb{Z}[j])^{\times}$, alors il existe $a'+jb' \in \mathbb{Z}[j]$ tel que $(a+jb)(a'+jb') = 1$ en particulier

$$|a+jb|^2|a'+jb'|^2 = 1,$$

or

$$|a+jb|^2 = |a+b(-\frac{1}{2}+i\frac{\sqrt{3}}{2})|^2 = (a-\frac{b}{2})^2 + \frac{3b^2}{4} = a^2-ab+b^2 \in \mathbb{N}$$

et il en est de même pour $|a'+jb'|^2$. Par conséquent, $|a+jb|^2 = 1$ et par suite on en déduit que $(2a-b)^2+3b^2 = 4$, en étudiant les différents cas possibles, on obtient que

$$(a,b) \in \{(0,1),(0,-1),(1,0),(-1,0),(1,1),(-1,-1)\},$$

ce qui signifie que $a+jb \in \mathbb{U}_6$ et donc $(\mathbb{Z}[j])^{\times} \subset \mathbb{U}_6$. Réciproquement, on a

$$1^2 = (-1)^2 = j(-1-j) = (-j)(1+j) = 1$$

et par suite $(\mathbb{Z}[j])^{\times} = \mathbb{U}_6$.

▪ Solution de l'exercice 1.40

En utilisant le théorème Chinois on en déduit que le système (S) admet une unique solution modulo 105 donnée par $x \equiv 88[105]$.

▪ Solution de l'exercice 1.41

1) Pour tout $n \in \mathbb{N}$ tel que $n \geqslant 2$, on a

$$N(\mathbb{Z}/n\mathbb{Z}) = (\mathbb{Z}/n\mathbb{Z}) \setminus (\mathbb{Z}/n\mathbb{Z})^{\times} = \left\{\dot{k} \in \mathbb{Z}/n\mathbb{Z} \mid k \wedge n \neq 1\right\}.$$

2) $N(\mathbb{Z}/4\mathbb{Z}) = \left\{\dot{0},\dot{2}\right\}$ est stable par la loi "+" et par suite l'anneau $(\mathbb{Z}/4\mathbb{Z},+,\times)$ est local. $N(\mathbb{Z}/6\mathbb{Z}) = \left\{\dot{0},\dot{2},\dot{3},\dot{4}\right\}$ n'est pas stable par la loi "+" puisque $\dot{2}+\dot{3} = \dot{5} \notin N(\mathbb{Z}/6\mathbb{Z})$ et par suite l'anneau $(\mathbb{Z}/6\mathbb{Z},+,\times)$ n'est pas local.

3) a) Supposons que l'anneau A soit local, alors

— $N(A) \subset A$.
— $0_A \in N(A)$ et par suite $N(A) \neq \varnothing$.
— Pour tous $x, y \in N(A)$, $x+y \in N(A)$ car $N(A)$ est stable par la loi "+" .
— Soient $a \in A$ et $x \in N(A)$, si ax est inversible, alors il existe $y \in A$ tel que $(ax)y = 1_A$ et par suite $x(ay) = 1_A$ ce qui signifie que x est inversible et contredit l'hypothèse que $x \in N(A)$. Ainsi, $ax \in N(A)$.

b) D'après la question précédente on sait que $N(A)$ est un idéal de A, on sait également que $N(A) \neq A$ puisque $1_A \notin N(A)$. Soit J un idéal de A tel que $N(A) \subsetneq J$, alors J contient un élément inversible et donc $1_A \in J$ par absorbtion ce qui implique que $J = A$ par suite $N(A)$ est maximal. Soit maintenant I un idéal maximal de A, si $I \neq N(A)$ alors $I \not\subseteq N(A)$ car I est maximal et $N(A) \neq A$. Ainsi, I contient un élément inversible et donc $1_A \in I$ par absorbtion et par suite $I = A$ ce qui est absurde et donc $I = N(A)$. Cela montre que $N(A)$ est l'unique idéal maximal de A.

4) Soit $n \in \mathbb{N}$ tel que $n \geqslant 2$.

— Si n n'est pas primaire alors il existe $1 < a, b < n$ tels que $n = ab$ et $a \wedge b = 1$. Comme $a|n$ et $b|n$ on déduit que $a \wedge n \neq 1$ et $b \wedge n \neq 1$ et par suite $\dot{a}, \dot{b} \in N(\mathbb{Z}/n\mathbb{Z})$. Soit $c \in \mathbb{N}^*$ tel que $c|n = ab$ et $c|a+b$, alors $c|a^2$ et $c|b^2$, or $a \wedge b = 1$ et donc $a^2 \wedge b^2 = 1$ et par suite $c = 1$. Cela montre en particulier que $(a+b) \wedge ab = 1$ et donc $\dot{a} + \dot{b} \notin N(\mathbb{Z}/n\mathbb{Z})$, en particulier $N(\mathbb{Z}/n\mathbb{Z})$ n'est pas stable par la loi "+" et l'anneau $(\mathbb{Z}/n\mathbb{Z}, +, \times)$ n'est donc pas local.
— Réciproquement, si n est primaire alors il existe p un entier premier et un entier $\alpha \in \mathbb{N}^*$ tels que $n = p^\alpha$. Soit $\dot{a}, \dot{b} \in N(\mathbb{Z}/n\mathbb{Z})$ alors $a \wedge p^\alpha \neq 1$ et $b \wedge p^\alpha \neq 1$ et par suite $p|a$ et $p|b$. Par conséquent, $p|a+b$ ce qui implique que $(a+b) \wedge p^\alpha \neq 1$ et donc $\dot{a} + \dot{b} \in N(\mathbb{Z}/n\mathbb{Z})$. Ainsi, $N(\mathbb{Z}/n\mathbb{Z})$ est stable pat la loi "+" et l'anneau $(\mathbb{Z}/n\mathbb{Z}, +, \times)$ est alors local.

▪ Solution de l'exercice 1.42

Soit $(K, +, \times)$ un anneau commutatif.

— Supposons que $(K, +, \times)$ soit un corps. Soit I un idéal de K tel que $I \neq \{0_K\}$, alors il existe $x \in I$ tel que $x \neq 0_K$, comme K est un corps, alors x est inversible et par suite par absorbtion $1_K = x^{-1}x \in I$ ce qui implique nécessairement que $I = K$.
— Réciproquement, supposons maintenant que les seuls idéaux de K sont $\{0_K\}$ et K. Soit $x \in K$ tel que $x \neq 0_K$, on sait alors que xK est un idéal de K, étant différent de $\{0_K\}$, on en déduit alors que $xK = K$ et par suite il existe $y \in K$ tel que $xy = 1_K$, comme K est commutatif, on conclut que x est inversible et donc K est un corps.

▪ Solution de l'exercice 1.43

– Pour tous $P, Q \in \mathbb{R}[X]$, on a

$$\begin{aligned}
\psi(P+Q) &= \begin{pmatrix} (P+Q)(0) & (P+Q)'(0) \\ 0 & (P+Q)(0) \end{pmatrix} \\
&= \begin{pmatrix} P(0)+Q(0) & P'(0)+Q'(0) \\ 0 & P(0)+Q(0) \end{pmatrix} \\
&= \begin{pmatrix} P(0) & P'(0) \\ 0 & P(0) \end{pmatrix} + \begin{pmatrix} Q(0) & Q'(0) \\ 0 & Q(0) \end{pmatrix} \\
&= \psi(P) + \psi(Q).
\end{aligned}$$

– Pour tous $P, Q \in \mathbb{R}[X]$, on a

$$\begin{aligned}
\psi(PQ) &= \begin{pmatrix} (PQ)(0) & (PQ)'(0) \\ 0 & (PQ)(0) \end{pmatrix} \\
&= \begin{pmatrix} P(0)Q(0) & P'(0)Q(0)+P(0)Q'(0) \\ 0 & P(0)Q(0) \end{pmatrix} \\
&= \begin{pmatrix} P(0) & P'(0) \\ 0 & P(0) \end{pmatrix} \begin{pmatrix} Q(0) & Q'(0) \\ 0 & Q(0) \end{pmatrix} \\
&= \psi(P)\psi(Q).
\end{aligned}$$

– Soit $P \in \mathbb{R}[X]$ le polynôme constant égal à 1. Alors,

$$\psi(P) = \begin{pmatrix} P(0) & P'(0) \\ 0 & P(0) \end{pmatrix} = \begin{pmatrix} 1 & 0 \\ 0 & 1 \end{pmatrix} = I_2.$$

Ainsi, ψ est un morphisme d'anneaux.

▪ Solution de l'exercice 1.44

1) $\mathbb{Q}[\sqrt{p}]$ est une partie non vide de $\mathbb{R}$. Par ailleurs, on a

— Pour tous $a+b\sqrt{p}, a'+b'\sqrt{p} \in \mathbb{Q}[\sqrt{p}]$, on a

$$(a+b\sqrt{p})-(a'+b'\sqrt{p}) = (a-a')+(b-b')\sqrt{p} \in \mathbb{Q}[\sqrt{p}].$$

— Pour tous $a+b\sqrt{p}, a'+b'\sqrt{p} \in \mathbb{Q}[\sqrt{p}]$, on a

$$(a+b\sqrt{p})(a'+b'\sqrt{p}) = (aa'+pbb')+(a'b+ab')\sqrt{p} \in \mathbb{Q}[\sqrt{p}].$$

— $1 = 1+0\sqrt{p} \in \mathbb{Q}[\sqrt{p}]$.

— Comme p est sans facteurs carrés, alors pour tous $a,b \in \mathbb{Q}$, $a+b\sqrt{p}=0$ si et seulement si $a=b=0$. Soit $a+b\sqrt{p} \in \mathbb{Q}[\sqrt{p}]$ tel que $a+b\sqrt{p} \neq 0$, alors

$$(a+b\sqrt{p})^{-1} = \frac{1}{a+b\sqrt{p}} = \frac{a}{a^2-pb^2} + \frac{-b}{a^2-pb^2}\sqrt{p} \in \mathbb{Q}[\sqrt{p}].$$

Ainsi, $\mathbb{Q}[\sqrt{p}]$ est un sous-corps de $\mathbb{R}$ et $\mathbb{Q} \subset \mathbb{Q}[\sqrt{p}]$.
2) $\mathbb{Q}[\sqrt{p}]$ est un sous-corps de $\mathbb{R}$ et donc un corps commutatif.

▪ Solution de l'exercice 1.45

1) $I_2 \notin K$ et par suite K n'est pas un sous-anneau de $(\mathscr{M}_2(\mathbb{K}),+,\times)$.
2) K est une partie non vide de $\mathscr{M}_2(\mathbb{K})$, de plus pour tous $a,b \in \mathbb{K}$, on a

$$N_a - N_b = \begin{pmatrix} 0 & 0 \\ 0 & a \end{pmatrix} - \begin{pmatrix} 0 & 0 \\ 0 & b \end{pmatrix} = \begin{pmatrix} 0 & 0 \\ 0 & a-b \end{pmatrix} \in K$$

et par suite K est un sous-groupe de $(\mathscr{M}_2(\mathbb{K}),+)$, en particulier $(K,+)$ est un groupe abélien. Par ailleurs, pour tous $a,b \in \mathbb{K}$, $N_aN_b = N_{ab} \in K$ et donc K est stable par la loi "$\times$" , la multiplication matricielle étant par ailleurs associative et distributive par rapport à l'addition. Pour tout $a \in \mathbb{K}$, on a $N_aN_1 = N_1N_a = N_a$ et par suite N_1 est un élément neutre pour la multiplication dans K, par ailleurs pour tout $a \in \mathbb{K}^*$, on a $N_a^{-1} = N_{\frac{1}{a}} \in K$ ce qui implique que K est un corps. La commutativité de K est évidente puisque pour tous $a,b \in \mathbb{K}$, on a

$$N_aN_b = N_{ab} = N_{ba} = N_bN_a.$$

▪ Solution de l'exercice 1.46

Soit $x \in K^*$ tel que $x^2 = 1_K$, alors $(x-1_K)(x+1_K) = 0_K$, comme K est intègre, on en déduit que $x = 1_K$ ou $x = -1_K$ et par suite pour tout $x \in K \backslash \{0_K, 1_K, -1_K\}$ il existe $y \in K \backslash \{0_K, 1_K, -1_K\}$ tel que $x \neq y$ et $xy = yx = 1_K$. Ainsi,

$$\prod_{x \in K^*} x = 1_K.(-1_K). \prod_{x \in K \backslash \{0_K, 1_K, -1_K\}} x = -1_K.$$

▪ Solution de l'exercice 1.47

1) $\mathrm{Id}_K \in S(K)$ et par suite $S(K) \neq \varnothing$. Par ailleurs, pour tous $f,g \in S(K)$, $f \circ g \in S(K)$ et donc la composition des applications "$\circ$" est une loi de composition interne sur $S(K)$. Par ailleurs, l'élément neutre pour la composition $\mathrm{Id}_K \in S(K)$ et pour tout $f \in S(K)$, $f^{-1} \in S(K)$ et on a $f \circ f^{-1} = f^{-1} \circ f = \mathrm{Id}_K$. Ainsi, $(S(K),\circ)$ est un groupe.

2) Il est clair que $Aut(K)$ est une partie non vide de $S(K)$. Soient $f,g \in Aut(K)$, alors pour tous $x,y \in K$, on a

$$\begin{aligned} f\circ g^{-1}(x+y) &= f(g^{-1}(g(g^{-1}(x))+g(g^{-1}(y)))) \\ &= f(g^{-1}(g(g^{-1}(x)+g^{-1}(y)))) \\ &= f((g^{-1}(x)+g^{-1}(y))) \\ &= f\circ g^{-1}(x)+f\circ g^{-1}(y) \end{aligned}$$

$$\begin{aligned} f\circ g^{-1}(x\times y) &= f(g^{-1}(g(g^{-1}(x))\times g(g^{-1}(y)))) \\ &= f(g^{-1}(g(g^{-1}(x)\times g^{-1}(y)))) \\ &= f((g^{-1}(x)\times g^{-1}(y))) \\ &= f\circ g^{-1}(x)\times f\circ g^{-1}(y) \end{aligned}$$

et

$$f\circ g^{-1}(1_K) = f\circ g^{-1}(g(1_K)) = f(1_K) = 1_K.$$

Ainsi, $f\circ g^{-1} \in Aut(K)$ ce qui implique que $Aut(K)$ est un sous-groupe de $S(K)$ et donc un groupe.

3) Soit $f \in Aut(\mathbb{Q})$, alors pour tout $p \in \mathbb{Z}$, on a

– Si $p > 0$ alors $f(p) = f(\underbrace{1+\cdots+1}_{\text{p fois}}) = \underbrace{f(1)+\cdots+f(1)}_{\text{p fois}} = \underbrace{1+\cdots+1}_{\text{p fois}} = p.$

– Si $p = 0$, alors $f(0) = 0$ car f est en particulier un morphisme de groupes.

– Si $p < 0$, alors $f(p) = f(-(-p)) = -f(-p) = p$.

Ainsi, pour tout $p \in \mathbb{Z}$, $f(p) = p$. Soit $(p,q) \in \mathbb{Z}\times\mathbb{Z}^*$, comme f est un morphisme de corps, alors

$$f(\frac{p}{q}) = f(p)f(\frac{1}{q}) = \frac{f(p)}{f(q)} = \frac{p}{q},$$

ce qui entraîne que $f = \mathrm{Id}_{\mathbb{Q}}$ et par suite $Aut(\mathbb{Q}) = \{\mathrm{Id}_{\mathbb{Q}}\}$.

4) *a*) Si $f \in Aut(\mathbb{R})$, alors $f_{/\mathbb{Q}} \in Aut(\mathbb{Q})$ et par suite d'après la question 3), on en déduit que $f_{/\mathbb{Q}} = \mathrm{Id}_{\mathbb{Q}}$.

b) Soit $x \in \mathbb{R}_+$, alors

$$f(x) = f((\sqrt{x})^2) = f(\sqrt{x})^2 \geqslant 0.$$

c) Soient $x,y \in \mathbb{R}$ tels que $x \leqslant y$, alors $y-x \geqslant 0$ et par suite d'après la question 4) *b*) on en déduit que $f(y)-f(x) = f(y-x) \geqslant 0$ ce qui implique que $f(x) \leqslant f(y)$.

$d)$ Soient $\varepsilon > 0$ et $\eta = f^{-1}(\varepsilon)$, comme f est croissante, on en déduit alors pour tous $x, y \in \mathbb{R}$, tels que $|x-y| \leqslant \eta$, on a

$$-f(\eta) \leqslant f(x-y) \leqslant f(\eta)$$

et par suite

$$-\varepsilon \leqslant f(x) - f(y) \leqslant \varepsilon,$$

ce qui implique évidement que $|f(x) - f(y)| \leqslant \varepsilon$ et que f est donc uniformément continue sur $\mathbb{R}$.
$e)$ Soit $x \in \mathbb{R}$, comme $\mathbb{Q}$ est dense dans $\mathbb{R}$, alors il existe une suite $(x_n)_{n\in\mathbb{N}} \subset \mathbb{Q}$ telle que $\lim\limits_{n\to+\infty} x_n = x$, par conséquent comme f est continue sur $\mathbb{R}$, on en déduit d'après la question 4) $a)$ que

$$f(x) = \lim_{n\to+\infty} f(x_n) = \lim_{n\to+\infty} x_n = x.$$

Ainsi, $f = \mathrm{Id}_{\mathbb{R}}$ et donc $Aut(\mathbb{R}) = \{\mathrm{Id}_{\mathbb{R}}\}$.

▪ Solution de l'exercice 1.48

1) Il est clair que $\mathbb{H}$ est une partie non vide de $\mathscr{M}_2(\mathbb{C})$. Par ailleurs, pour tous $\alpha, \beta \in \mathbb{C}$ on pose $A_{\alpha,\beta} = \begin{pmatrix} \alpha & -\beta \\ \overline{\beta} & \overline{\alpha} \end{pmatrix}$. Alors,

— Pour tous $\alpha, \alpha', \beta, \beta' \in \mathbb{C}$, on a

$$\begin{aligned} A_{\alpha,\beta} - A_{\alpha',\beta'} &= \begin{pmatrix} \alpha & -\beta \\ \overline{\beta} & \overline{\alpha} \end{pmatrix} - \begin{pmatrix} \alpha' & -\beta' \\ \overline{\beta'} & \overline{\alpha'} \end{pmatrix} = \begin{pmatrix} \alpha - \alpha' & -\beta + \beta' \\ \overline{\beta} - \overline{\beta'} & \overline{\alpha} - \overline{\alpha'} \end{pmatrix} \\ &= \begin{pmatrix} \alpha - \alpha' & -(\beta - \beta') \\ \overline{\beta - \beta'} & \overline{\alpha - \alpha'} \end{pmatrix} = A_{\alpha-\alpha',\beta-\beta'} \in \mathbb{H}. \end{aligned}$$

— Pour tous $\alpha, \alpha', \beta, \beta' \in \mathbb{C}$, on a

$$\begin{aligned} A_{\alpha,\beta}A_{\alpha',\beta'} &= \begin{pmatrix} \alpha & -\beta \\ \overline{\beta} & \overline{\alpha} \end{pmatrix} \begin{pmatrix} \alpha' & -\beta' \\ \overline{\beta'} & \overline{\alpha'} \end{pmatrix} = \begin{pmatrix} \alpha\alpha' - \beta\overline{\beta'} & -(\alpha\beta' + \beta\overline{\alpha'}) \\ \overline{\alpha\beta' + \beta\overline{\alpha'}} & \overline{\alpha\alpha' - \beta\overline{\beta'}} \end{pmatrix} \\ &= A_{\alpha\alpha'-\beta\overline{\beta'},\alpha\beta'+\beta\overline{\alpha'}} \in \mathbb{H}. \end{aligned}$$

— $I_2 = A_{1,0} \in \mathbb{H}$.

Ainsi, $\mathbb{H}$ est un sous-anneau de $\mathcal{M}_2(\mathbb{C})$ et donc un anneau. De plus, pour tous $\alpha,\beta \in \mathbb{C}$ tels que $(\alpha,\beta) \neq (0,0)$, on a

$$A_{\alpha,\beta}^{-1} = \frac{1}{|\alpha|^2+|\beta|^2}\begin{pmatrix} \overline{\alpha} & \beta \\ -\overline{\beta} & \alpha \end{pmatrix} = A_{\frac{\overline{\alpha}}{|\alpha|^2+|\beta|^2},\frac{-\beta}{|\alpha|^2+|\beta|^2}} \in \mathbb{H},$$

ce qui implique que toute matrice non nulle $A_{\alpha,\beta} \in \mathbb{H}$ est inversible et que $A_{\alpha,\beta}^{-1} \in \mathbb{H}$, en particulier $\mathbb{H}$ est un corps.
2) Pour tous $\alpha = a+ib$, $\beta = c+id \in \mathbb{C}$, on a

$$A_{\alpha,\beta} = aI_2 + bK + cJ + dL.$$

▪ Solution de l'exercice 1.49

1) *a*) Soit $n,m \in \mathbb{Z}$, alors

$$\varphi(n+m) = (n+m)1_A = (n1_A)+(m1_A) = \varphi(n)+\varphi(m)$$

et

$$\varphi(nm) = (nm)1_A = n(m1_A) = n(1_A \times (m1_A)) = n1_A \times m1_A = \varphi(n)\times\varphi(m).$$

De plus, $\varphi(1) = 1_A$. Ainsi, φ est un morphisme d'anneaux.
b) Comme φ est un morphisme d'anneaux, on en déduit que $Ker(\varphi)$ est un idéal de $\mathbb{Z}$ et par suite il existe un unique $p \in \mathbb{N}$ tel que $Ker(\varphi) = p\mathbb{Z}$.
2) *a*) Tout d'abords, comme $p \in p\mathbb{Z}$, alors $p1_A = \varphi(p) = 0_A$. Par ailleurs, soit $n \in \mathbb{N}^*$ tel que $n1_A = 0_A$, alors $\varphi(n) = 0_A$ et par suite $n \in Ker(\varphi) = p\mathbb{Z}$ ce qui implique que $p|n$ et donc $p = ord(1_A)$.
b) Pour tout $x \in A$, on a $px = p(1_A \times x) = (p1_A)\times x = 0_A \times x = 0_A$.
c) Supposons que A soit intègre et soit $n,m \in \mathbb{N}^*$ tels que $p = nm$, alors

$$0_A = p1_A = (n1_A)\times(m1_A)$$

mais comme A est intègre il s'en suit que $n1_A = 0_A$ ou $m1_A = 0_A$ ce qui implique que $p|n$ ou $p|m$ et donc $p = n$ ou $p = m$ ce qui signifie que p est premier.
3) Pour tout entier naturel premier $p \geqslant 2$, le corps $\mathbb{F}_p = \mathbb{Z}/p\mathbb{Z}$ est de caractéristique p.

▪ Solution de l'exercice 1.50

1) Comme $\mathbb{F}_q$ est un corps on en déduit que $\mathbb{F}_q^* = (\mathbb{F}_q)^\times$ où $(\mathbb{F}_q)^\times$ désigne le groupe des unités de $\mathbb{F}_q$ et par suite $(\mathbb{F}_q^*,\times)$ est un groupe fini d'ordre $q-1$. De plus le corps $(\mathbb{F}_q,+,\times)$ est commutatif, par conséquent le groupe $(\mathbb{F}_q^*,\times)$ est abélien.

2) On raisonne par récurrence sur $r \in \mathbb{N}^*$. En effet,

— Pour $r = 1$, l'équation $x + b_0 = 0_{\mathbb{F}_q}$ a pour unique solution $x = -b_0$.

— Soit $r \in \mathbb{N}^*$, supposons que pour tous $b_{r-1}, \dots, b_0 \in \mathbb{F}_q$, l'équation

$$x^r + b_{r-1}x^{r-1} + \cdots + b_1 x + b_0 = 0_{\mathbb{F}_q}$$

admet au plus r solutions. Soient $b_r, \dots, b_0 \in \mathbb{F}_q$ et $x_1 \in \mathbb{F}_q$ une solution de

$$(E) : x^{r+1} + b_r x^r + \cdots + b_1 x + b_0 = 0_{\mathbb{F}_q}.$$

Alors, il existe $c_{r-1}, \dots, c_0 \in \mathbb{F}_q$ tels que pour tout $x \in \mathbb{F}_q$, x est solution de (E) si et seulement si x est solution de

$$(E') : (x - x_1)(x^r + c_{r-1}x^{r-1} + \cdots + c_1 x + c_0) = 0_{\mathbb{F}_q}$$

et par suite en vertu de l'hypothèse de récurrence, (E) admet au plus $r+1$ solutions.

3) Pour tout $x \in \mathbb{F}_q^*$, on a $ord(x)|p$ et par suite $x^p = 1_{\mathbb{F}_q}$.
4) D'après l'Exercice 1.24, on sait qu'il existe $1 \leqslant k \leqslant q-1$ tel que $ord(a_k) = p$.
5) En utilisant les questions 2) et 3), on en déduit que $q - 1 \leqslant p$. Par ailleurs, d'après la question 4) on sait qu'il existe $x \in \mathbb{F}_q^*$ tel que $x^p = 1_{\mathbb{F}_q}$ et par suite $p|q-1$. Ainsi, $p = q-1$ et $\mathbb{F}_q^* = \langle x \rangle$ est donc cyclique.
6) $\mathbb{F}_7^* = \{\dot{1}, \dot{2}, \dot{3}, \dot{4}, \dot{5}, \dot{6}\}$. On a $ord(\dot{1}) = 1$, $ord(\dot{2}) = 3$, $ord(\dot{3}) = 6$, $ord(\dot{4}) = 3$, $ord(\dot{5}) = 6$ et $ord(\dot{6}) = 2$ et par suite les racines primitives du corps $(\mathbb{F}_7, +, \times)$ sont $\dot{3}$ et $\dot{5}$, en d'autres termes $\mathbb{F}_7^* =< \dot{3} >=< \dot{5} >$.

Chapitre 2

Réduction des endomorphismes

La réduction des endomorphismes en dimension finie et des matrices carrées consiste à trouver dans le cas des endomorphismes une base dans laquelle la matrice de l'endomorphisme est la plus simple, rendant en particulier le calcul des itérés possible. Dans le cas des matrices carrées, cela revient également à trouver une matrice semblable qui soit encore une fois la plus simple possible. Dans les deux cas, par plus simple, on entend des matrices diagonales, triangulaires, ou faute de mieux des matrices diagonales par bloc. Ce chapitre est consacré à développer la théorie de la réduction en exhibant et en articulant les outils importants de cette théorie, à savoir les sous-espaces stables, les polynômes d'endomorphismes et les éléments propres ainsi que les critères de diagonalisation et de trigonalisation.

Dans ce chapitre $\mathbb{K}$ désigne le corps $\mathbb{R}$ ou $\mathbb{C}$. Pour tout $\mathbb{K}$-espace vectoriel E, on désigne par $\mathscr{L}(E)$ l'espace vectoriel des endomorphismes de E.

2.1 Sous-espaces supplémentaires

Définition 2.1.1 – Somme de sous-espaces vectoriels Soient E un $\mathbb{K}$-espace vectoriel et $E_1, \ldots, E_p$ des sous-espaces vectoriels de E. On appelle somme de $E_1, \ldots, E_p$, le sous-espace vectoriel

$$E_1 + \cdots + E_p = \left\{x_1 + \cdots + x_p \mid x_i \in E_i, \forall 1 \leqslant i \leqslant p\right\}.$$

Définition 2.1.2 – Sous-espaces vectoriels en somme directe Soient E un $\mathbb{K}$-espace vectoriel et $E_1, \dots, E_p$ des sous-espaces vectoriels de E. On dit que $E_1, \dots, E_p$ sont en somme directe et on note $\bigoplus_{i=1}^{p} E_i$ ou $E_1 \oplus \cdots \oplus E_p$, si pour tous $x_1 \in E_1, \dots, x_p \in E_p$, on a

$$x_1 + \cdots + x_p = 0 \text{ si et seulement si } x_1 = \cdots = x_p = 0.$$

Théorème 2.1.3 – 1re Caractérisation des sous-espaces en somme directe Soient E un $\mathbb{K}$-espace vectoriel et $E_1, \dots, E_p$ des sous-espaces vectoriels de E. Alors, les assertions suivantes sont équivalentes

i) $\bigoplus_{i=1}^{p} E_i$.

2i) Pour tout $x \in E_1 + \cdots + E_p$, il existe $x_1 \in E_1, \dots, x_p \in E_p$ uniques, tels que

$$x = x_1 + \cdots + x_p.$$

Démonstration. — $i) \Longrightarrow 2i)$ Supposons que $\bigoplus_{i=1}^{p} E_i$ et soient $x_1, y_1 \in E_1, \dots, x_p, y_p \in E_p$ tels que

$$x = x_1 + \cdots + x_p = y_1 + \cdots + y_p,$$

alors

$$(x_1 - y_1) + \cdots + (x_p - y_p) = 0$$

et par suite $x_i = y_i$ pour tout $1 \leqslant i \leqslant p$.

— $2i) \Longrightarrow i)$ Si pour tout $x \in E_1 + \cdots + E_p$ il existe $x_1 \in E_1, \dots, x_p \in E_p$ uniques, tels que

$$x = x_1 + \cdots + x_p,$$

alors il en est de même pour $0 = 0 + \cdots + 0$.

■

Théorème 2.1.4 – 2e Caractérisation des sous-espaces vectoriels en somme directe Soient E un $\mathbb{K}$-espace vectoriel et $E_1,\dots,E_p$ des sous-espaces vectoriels de E. Alors, les assertions suivantes sont équivalentes

i) $\bigoplus_{i=1}^{p} E_i$.

2i) Pour tout $1 \leqslant i \leqslant p$, on a

$$E_i \bigcap \sum_{\substack{j=1\\ j\neq i}}^{p} E_j = \{0\}.$$

Démonstration. — *i)* $\Longrightarrow$ *2i)* Supposons que $\bigoplus_{i=1}^{p} E_i$ et soient $1 \leqslant i \leqslant p$

et $x \in E_i \bigcap \sum_{\substack{j=1\\ j\neq i}}^{p} E_j$, alors pour tout $1 \leqslant j \leqslant p,\ j \neq i$ il existe $x_j \in E_j$ tels que

$$x = \sum_{\substack{j=1\\ j\neq i}}^{p} x_j$$

et par suite

$$\sum_{\substack{j=1\\ j\neq i}}^{p} x_j - x = 0,$$

ce qui implique en particulier que $x = 0$ et donc $E_i \bigcap \sum_{\substack{j=1\\ j\neq i}}^{p} E_j = \{0\}$.

— *2i)* $\Longrightarrow$ *i)* Si $\forall 1 \leqslant i \leqslant p,\ E_i \bigcap \sum_{\substack{j=1\\ j\neq i}}^{p} E_j = \{0\}$. Soit $x_1 \in E_1, \dots, x_p \in E_p$,

tels que $0 = x_1 + \cdots + x_p$, alors pour tout $1 \leqslant i \leqslant p$, $x_i = -\sum_{\substack{j=1\\ j\neq i}}^{p} x_j$ et par suite

$$x_i \in E_i \bigcap \sum_{\substack{j=1\\ j\neq i}}^{p} E_j = \{0\}$$

ce qui entraîne que $x_i = 0$ et donc $\bigoplus_{i=1}^{p} E_i$.

■

Définition 2.1.5 – Sous-espaces vectoriels supplémentaires Soient E un $\mathbb{K}$-espace vectoriel et $E_1, \ldots, E_p$ des sous-espaces vectoriels de E. On dit que $E_1, \ldots, E_p$ sont supplémentaires dans E, si

$$E = \bigoplus_{i=1}^{p} E_i.$$

Théorème 2.1.6 – Caractérisation des sous-espaces supplémentaires Soient E un $\mathbb{K}$-espace vectoriel et $E_1, \ldots, E_p$ des sous-espaces vectoriels de E. Alors, les assertions suivantes sont équivalentes

i) $E = \bigoplus_{i=1}^{p} E_i$.

2i) Pour tout $x \in E$, il existe $x_1 \in E_1, \ldots, x_p \in E_p$ uniques tels que

$$x = \sum_{i=1}^{p} x_i.$$

Démonstration. Conséquence du Théorème 2.1.3 et de la Définition 2.1.5. ■

Théorème 2.1.7 – Base adaptée Soient E un $\mathbb{K}$-espace vectoriel et $E_1, \ldots, E_p$ des sous-espaces vectoriels de E de dimensions finies de dimensions respectives $m_1, \ldots, m_p \in \mathbb{N}^*$ vérifiant $\bigoplus_{i=1}^{p} E_i$. Pour tout $1 \leqslant i \leqslant p$, soit $B_i = \{e_{i,1}, \ldots, e_{i,m_i}\}$ une base de E_i. Alors,

$$B = \{e_{1,1}, \ldots, e_{1,m_1}, e_{2,1}, \ldots, e_{2,m_2}, \ldots, e_{p,1}, \ldots, e_{p,m_p}\}$$

est une base de $\bigoplus_{i=1}^{p} E_i$, dite la concaténation des bases B_i ou encore base adaptée à la décomposition $\bigoplus_{i=1}^{p} E_i$.

Démonstration. Soient $\alpha_{1,1},\ldots,\alpha_{1,m_1},\alpha_{2,1},\ldots,\alpha_{2,m_2},\ldots,\alpha_{p,1},\ldots,\alpha_{p,m_p}\in\mathbb{K}$ tels que

$$\sum_{i=1}^{p}\sum_{k=1}^{m_i}\alpha_{i,k}e_{i,k}=0$$

Pour tout $1\leqslant i\leqslant p$, on pose $\omega_i=\sum_{k=1}^{m_i}\alpha_{i,k}e_{i,k}$, par conséquent pour tout $1\leqslant i\leqslant p$, $\omega_i\in E_i$ et $\sum_{i=1}^{p}\omega_i=0$. Ainsi, comme $\bigoplus_{i=1}^{p}E_i$, on a

$$\forall 1\leqslant i\leqslant p,\ \omega_i=0.$$

Or, pour tout $1\leqslant i\leqslant p$, B_i est une base de E_i ce qui implique que

$$\forall 1\leqslant i\leqslant p,\ 1\leqslant k\leqslant m_i,\ \alpha_{i,k}=0$$

et donc la famille B est libre. Il reste à montrer maintenant que B est génératrice, en effet soit $x\in\bigoplus_{i=1}^{p}E_i$, alors il existe $x_1\in E_1,\ldots,x_p\in E_p$ tels que $x=\sum_{i=1}^{p}x_i$. Or, pour tout $1\leqslant i\leqslant p$, B_i est une base de E_i et par suite il existe $\alpha_{i,1},\ldots,\alpha_{i,m_i}\in\mathbb{K}$ tels que $x_i=\sum_{k=1}^{m_i}\alpha_{i,k}e_{i,k}$ et par suite

$$x=\sum_{i=1}^{p}\sum_{k=1}^{m_i}\alpha_{i,k}e_{i,k}$$

et B est donc génératrice. ∎

Corollaire 2.1.8 – Dimension d'une somme directe Soient E un $\mathbb{K}$-espace vectoriel et $E_1,\ldots,E_p$ des sous-espaces vectoriels de E de dimensions finies tels que $\bigoplus_{i=1}^{p}E_i$. Alors,

$$dim\bigoplus_{i=1}^{p}E_i=\sum_{i=1}^{p}dim(E_i).$$

Démonstration. Conséquence immédiate du Théorème 2.1.7. ∎

2.2 Sous-espaces stables

Définition 2.2.1 – Sous-espace stable Soient E un $\mathbb{K}$-espace vectoriel, F un sous-espace vectoriel de E et $u \in \mathscr{L}(E)$. On dit que F est stable par u, si $u(F) \subset F$.

▪ Exemple 2.2.2

Soit E est un $\mathbb{K}$-espace vectoriel. Alors,

1) E et $\{0\}$ sont stables par tout endomorphisme $u \in \mathscr{L}(E)$.
2) Pour tout $u \in \mathscr{L}(E)$, $Ker(u)$ et $Im(u)$ sont stables par u.
3) Tout sous-espace vectoriel de E est stable par toute homothétie de E.
4) Pour tous $u \in \mathscr{L}(E)$ et $\lambda \in \mathbb{K}$, $Ker(u - \lambda \mathrm{Id}_E)$ est stable par u.

▪ Exemple 2.2.3 – Stabilité d'une droite vectorielle

Soient E un $\mathbb{K}$-espace vectoriel, $x \in E, x \neq 0$ et $u \in \mathscr{L}(E)$. Alors, la droite vectorielle $\mathbb{K}.x$ est stable par u si et seulement si, il existe $\lambda \in \mathbb{K}$ tel que $u(x) = \lambda.x$

Définition 2.2.4 – Endomorphisme induit Soient E un $\mathbb{K}$-espace vectoriel, F un sous-espace vectoriel de E et $u \in \mathscr{L}(E)$. Si F est stable par u, alors l'application

$$\begin{aligned} \widetilde{u}_F : F &\longrightarrow F \\ x &\longmapsto \widetilde{u}_F(x) = u(x) \end{aligned}$$

est un endomorphisme de F appelé endomorphisme induit par u sur F.

▪ Exemple 2.2.5

Pour tous $u \in \mathscr{L}(E)$ et $\lambda \in \mathbb{K}$ l'endomorphisme induit par u sur $Ker(u - \lambda \mathrm{Id}_E)$ est l'homothétie de $Ker(u - \lambda \mathrm{Id}_E)$ de rapport λ.

Proposition 2.2.6 Soient E un $\mathbb{K}$-espace vectoriel et $u, v \in \mathscr{L}(E)$.
Si $u \circ v = v \circ u$, alors $Ker(u)$ et $Im(u)$ sont stables par v et vice versa .

Démonstration. Supposons que $u \circ v = v \circ u$.

— Soit $x \in Ker(u)$, alors $u(v(x)) = v(u(x)) = 0$ et par suite $v(x) \in Ker(u)$.
— Soit $y \in Im(u)$, alors il existe $x \in E$ tel que $y = u(x)$ et par suite

$$v(y) = v(u(x)) = u(v(x)) \in Im(u).$$

■

Remarque 2.2.7 La réciproque de la proposition précédente n'est pas vraie en général, en effet soient $u, v \in \mathscr{L}(\mathbb{R}^2)$ les endomorphismes définis par, $u(x,y) = (y,x)$ et $v(x,y) = (-x,0)$. Alors, $Ker(u) = \{(0,0)\}$ et $Im(u) = \mathbb{R}^2$ sont stables par v, cependant $u \circ v(x,y) = (0,-x)$ et $v \circ u(x,y) = (-y,0)$ et donc

$$u \circ v \neq v \circ u.$$

Néanmoins, la réciproque peut être vrai dans certains cas particuliers notamment quand l'un des endomorphismes est un projecteur, comme le montre l'Exercice 2.1.

Proposition 2.2.8 – Sous-espace stable et représentation matricielle. Soient E un $\mathbb{K}$-espace vectoriel de dimension finie tel que $dim E = n \in \mathbb{N}^*$, $u \in \mathscr{L}(E)$ et F et G deux sous-espaces vectoriels supplémentaires de E. Soit $B_1 = \{e_1, \ldots, e_p\}$ une base de F, $B_2 = \{e_{p+1}, \ldots, e_n\}$ une base de G et $B = \{e_1, \ldots, e_n\}$. Alors, les assertions suivantes sont équivalentes

i) F est stable par u.

2i) La matrice de u dans B est triangulaire par bloc de la forme

$$\mathscr{M}(u,B) = \left(\begin{array}{c|c} \mathscr{M}(\widetilde{u}_F, B_1) & C \\ \hline 0 & D \end{array}\right),$$

où $\widetilde{u}_F$ est l'endomorphisme induit par u sur F.

Démonstration. Trivial. ■

Théorème 2.2.9 Soient E un $\mathbb{K}$-espace vectoriel de dimension finie tel que $dim E = n \in \mathbb{N}^*$, $u \in \mathscr{L}(E)$ et $F_1, \ldots, F_p$ des sous-espaces vectoriel supplémentaires de E de dimensions respectives $n_1, \ldots, n_p$. Soient $B_1, \ldots, B_p$ respectivement des bases de $F_1, \ldots, F_p$ et B la concaténation des bases B_i. Alors, les assertions suivantes sont équivalentes

i) Les sous-espaces $F_1, \ldots, F_p$ sont stables par u.

2i) La matrice de u dans B est diagonale par bloc de la forme

$$M(u,B) = \begin{pmatrix} \boxed{M_1} & & & \\ & \boxed{M_2} & & \\ & & \ddots & \\ & & & \ddots & \\ & & & & \boxed{M_p} \end{pmatrix},$$

où pour tout $1 \leqslant i \leqslant p$, $M_i = M(\widetilde{u}_{F_i}, B_i) \in \mathscr{M}_{n_i}(\mathbb{K})$ et $\widetilde{u}_{F_i}$ est l'endomorphisme induit par u sur F_i.

Démonstration. Trivial. ∎

2.3 Polynômes d'endomorphismes

Définition 2.3.1 – Puissances d'un endomorphisme Soient E un $\mathbb{K}$-espace vectoriel et $u \in \mathscr{L}(E)$. On définit les puissances de u, par $u^0 = \mathrm{Id}_E$ et pour tout $k \in \mathbb{N}^*$, $u^k = u \circ u^{k-1}$.

Définition 2.3.2 – Polynôme d'endomorphisme Soient E un $\mathbb{K}$-espace vectoriel et $u \in \mathscr{L}(E)$. On appelle polynôme d'endomorphisme en u, tout endomorphisme de la forme

$$P(u) = \sum_{k=0}^{n} a_k u^k \in \mathscr{L}(E),$$

où $P = \sum_{k=0}^{n} a_k X^k \in \mathbb{K}[X]$. On note

$$\mathbb{K}[u] = \{P(u) \mid P \in \mathbb{K}[X]\}.$$

Remarque 2.3.3 — Puissances de matrices-polynômes de matrices. Par analogie aux définitions précédentes, on définit les puissances d'une matrice $A \in \mathscr{M}_n(\mathbb{K})$ par $A^0 = I_n$ et pour tout $k \in \mathbb{N}^*$, $A^k = AA^{k-1}$. On appelle polynôme en A toute matrice de la forme

$$P(A) = \sum_{k=0}^{m} a_k A^k \in \mathscr{M}_n(\mathbb{K}),$$

où $P = \sum_{k=0}^{m} a_k X^k \in \mathbb{K}[X]$. On note,

$$\mathbb{K}[A] = \{P(A) \mid P \in \mathbb{K}[X]\}.$$

Proposition 2.3.4 – Polynôme de matrice d'une transposé. Soit $A \in \mathscr{M}_n(\mathbb{K})$, alors pour tout $P \in \mathbb{K}[X]$, on a

$$P({}^tA) = {}^tP(A).$$

Démonstration. Soit $P = \sum_{k=0}^{m} a_k X^k$, alors

$$P({}^tA) = \sum_{k=0}^{m} a_k ({}^tA)^k = \sum_{k=0}^{m} a_k {}^t(A^k) = {}^t\left(\sum_{k=0}^{m} a_k A^k\right) = {}^tP(A)$$

■

Proposition 2.3.5 – Polynôme d'une matrice diagonale. Soit $A = diag(\lambda_1, \ldots, \lambda_n) \in \mathscr{M}_n(\mathbb{K})$ une matrice diagonale, alors pour tout $P \in \mathbb{K}[X]$, $P(A)$ est diagonale et on a

$$P(A) = diag(P(\lambda_1), \ldots, P(\lambda_n)).$$

Démonstration. Trivial. ■

Proposition 2.3.6 – Polynôme de matrice et matrices conjuguées. Soient $A, B \in \mathscr{M}_n(\mathbb{K})$. Si A et B sont conjuguées, c'est à dire $A = QBQ^{-1}$ avec $Q \in GL_n(\mathbb{K})$, alors pour tout $P \in \mathbb{K}[X]$, on a

$$P(A) = QP(B)Q^{-1}.$$

Démonstration. Trivial. ■

■ Exemple 2.3.7

Le but de cet exemple est d'établir que l'inverse d'une matrice $A \in GL_n(\mathbb{K})$ est un polynôme en A. En effet, soit $A \in GL_n(\mathbb{K})$ et $\mathscr{K} = \left\{I_n, A, A^2, \dots, A^{n^2}\right\} \subset \mathscr{M}_n(\mathbb{K})$, alors $Card(\mathscr{K}) = n^2 + 1 > dim\, \mathscr{M}_n(\mathbb{K})$ et par suite $\mathscr{K}$ est liée. Ainsi, il existe $a_0, \dots, a_{n^2} \in \mathbb{K}$, non tous nuls tels que $\sum\limits_{k=0}^{n^2} a_k A^k = 0$. Soit $m = \min\left\{0 \leqslant k \leqslant n^2 \mid a_k \neq 0\right\}$, alors $\sum\limits_{k=m}^{n^2} a_k A^k = 0$ et par suite

$$a_m I_n + \sum_{k=m+1}^{n^2} a_k A^{k-m} = 0$$

ce qui entraîne que

$$A\left(\sum_{k=m+1}^{n^2} -\frac{a_k}{a_m} A^{k-m-1}\right) = I_n$$

et donc $A^{-1} = -\sum\limits_{k=m+1}^{n^2} \dfrac{a_k}{a_m} A^{k-m-1} \in \mathbb{K}[A]$.

Proposition 2.3.8 – Commutativité des polynômes d'endomorphismes. Soient E un $\mathbb{K}$-espace vectoriel et $u \in \mathscr{L}(E)$. Alors, pour tous $P, Q \in \mathbb{K}[X]$, on a

$$P(u) \circ Q(u) = Q(u) \circ P(u) = PQ(u).$$

Démonstration. Soient $P = \sum_{k=0}^{n} a_k X^k$, $Q = \sum_{k=0}^{m} b_k X^k \in \mathbb{K}[X]$, alors

$$\begin{aligned} P(u) \circ Q(u) &= \left(\sum_{k=0}^{n} a_k u^k \right) \circ \left(\sum_{r=0}^{m} b_r u^r \right) \\ &= \sum_{k=0}^{n} \sum_{r=0}^{m} a_k b_r u^{k+r} = \left(\sum_{r=0}^{m} b_r u^r \right) \circ \left(\sum_{k=0}^{n} a_k u^k \right) = Q(u) \circ P(u). \end{aligned}$$

Par ailleurs,

$$P(u) \circ Q(u) = \sum_{k=0}^{n} \sum_{r=0}^{m} a_k b_r u^{k+r} = \sum_{s=0}^{m+n} \sum_{k=0}^{s} a_k b_{s-k} u^s = (PQ)(u).$$

■

Corollaire 2.3.9 Soit E un $\mathbb{K}$-espace vectoriel et $u \in \mathcal{L}(E)$. Alors, pour tous $P, Q \in \mathbb{K}[X]$, $Ker(P(u))$ et $Im(P(u))$ sont stables par $Q(u)$.

Démonstration. Conséquence des Propositions 2.2.6 et 2.3.8. ■

Lemme 2.3.10 Soient E un $\mathbb{K}$-espace vectoriel et $P, Q, R \in \mathbb{K}[X]$ tels que $R = P \wedge Q$. Alors, pour tout $u \in \mathcal{L}(E)$, on a

$$Ker(P(u)) \cap Ker(Q(u)) = Ker(R(u)).$$

Démonstration.

— Soit $x \in Ker(P(u)) \cap Ker(Q(u))$, comme $R = P \wedge Q$ alors d'après le théorème de Bezout, il existe $S, T \in \mathbb{K}[X]$ tels que $R = PT + QS$ et par suite $R(u) = T(u) \circ P(u) + S(u) \circ Q(u)$, ce qui entraîne que

$$R(u)(x) = T(u)\,(P(u)(x)) + S(u)\,(Q(u)(x)) = 0.$$

— Réciproquement, si $x \in Ker(R(u))$, comme $R|P$ et $R|Q$, alors il existe $S, T \in \mathbb{K}[X]$ tels que $P = RT$ et $Q = RS$ et par suite $P(u) = T(u) \circ R(u)$ et $Q(u) = S(u) \circ R(u)$, ce qui entraîne que $P(u)(x) = T(u)\,(R(u)(x)) = 0$ et $Q(u)(x) = S(u)\,(R(u)(x)) = 0$.

■

Théorème 2.3.11 – Décomposition des noyaux Soient E un $\mathbb{K}$-espace vectoriel et $P, Q \in \mathbb{K}[X]$ tels que $P \wedge Q = 1$. Alors, pour tout $u \in \mathscr{L}(E)$, on a

$$Ker(P(u)) \oplus Ker(Q(u)) = Ker((PQ))(u).$$

Démonstration. D'après le Lemme 2.3.10, on sait que

$$Ker(P(u)) \cap Ker(Q(u)) = Ker(\mathrm{Id}_E) = \{0\}.$$

Par ailleurs, soit $x \in Ker(P(u)) \oplus Ker(Q(u))$, alors il existe $x_1 \in Ker(P(u))$ et $x_2 \in Ker(Q(u))$ tels que $x = x_1 + x_2$ ce qui entraîne que

$$(PQ)(u)(x) = Q(u)\left(P(u)(x_1)\right) + P(u)\left(Q(u)(x_2)\right) = 0$$

et donc $x \in Ker((PQ)(u))$. Réciproquement, soit $x \in Ker((PQ)(u))$, comme $P \wedge Q = 1$ alors d'après le théorème de Bezout, il existe $S, T \in \mathbb{K}[X]$ tels que $PS + QT = 1$, en particulier

$$P(u) \circ S(u) + Q(u) \circ T(u) = \mathrm{Id}_E.$$

Soient $x_1 = P(u) \circ S(u)(x)$ et $x_2 = Q(u) \circ T(u)(x)$, alors

$$x = \mathrm{Id}_E(x) = P(u) \circ S(u)(x) + Q(u) \circ T(u)(x) = x_1 + x_2.$$

D'un autre coté, on a $Q(u)(x_1) = S(u)\left(PQ(u)(x)\right) = 0$
et $P(u)(x_2) = T(u)\left(PQ(u)(x)\right) = 0$ ce qui signifie que $x_1 \in Ker(Q(u))$
et $x_2 \in Ker(P(u))$. ■

Corollaire 2.3.12 Soient E un $\mathbb{K}$-espace vectoriel et $P_1, \ldots, P_m \in \mathbb{K}[X]$ vérifiant

$$\forall 1 \leqslant i, j \leqslant m, i \neq j,\ P_i \wedge P_j = 1.$$

Alors, pour tout $u \in \mathscr{L}(E)$, on a

$$\bigoplus_{i=1}^{m} Ker((P_i(u)) = Ker\left(\left(\prod_{i=1}^{m} P_i\right)(u)\right).$$

Démonstration. Conséquence du Théorème 2.3.11 en raisonnant par récurrence sur $m \geqslant 2$. ■

■ **Exemple 2.3.13**

Soient E un $\mathbb{K}$-espace vectoriel et $u \in \mathscr{L}(E)$ vérifiant $u^3 = \mathrm{Id}_E$. Comme les polynômes $P = X - 1$ et $Q = X^2 + X + 1$ sont premiers entre eux, on en déduit d'après le Théorème 2.3.11 (Théorème de décomposition des noyaux) que

$$Ker(u - \mathrm{Id}_E) \oplus Ker(u^2 + u + \mathrm{Id}_E) = Ker((PQ)(u)).$$

Or, $PQ = X^3 - 1$ et donc $(PQ)(u) = u^3 - \mathrm{Id}_E = 0$, ainsi

$$Ker(u - \mathrm{Id}_E) \oplus Ker(u^2 + u + \mathrm{Id}_E) = E.$$

Définition 2.3.14 – Polynôme caractéristique d'un endomorphisme
Soient E un $\mathbb{K}$-espace vectoriel de dimension finie tel que $dim E = n \in \mathbb{N}^*$ et $u \in \mathscr{L}(E)$. On appelle polynôme caractéristique de u, le polynôme $\chi_u \in \mathbb{K}[X]$ défini par

$$\chi_u = \det(X\mathrm{Id}_E - u).$$

Définition 2.3.15 – Polynôme caractéristique d'une matrice
Soit $A \in \mathscr{M}_n(\mathbb{K})$, on appelle polynôme caractéristique de A le polynôme χ_A défini par

$$\chi_A = \det(XI_n - A).$$

Remarque 2.3.16 Il s'en suit des deux définitions précédentes que le polynôme caractéristique d'un endomorphisme $u \in \mathscr{L}(E)$ est celui de sa matrice dans n'importe quelle base de E. Autrement dit

$$\chi_u = \chi_{\mathscr{M}(u,B)}.$$

Remarque 2.3.17 — Polynôme caractéristique d'une matrice triangulaire. Soit $A = (a_{ij})_{1 \leqslant i,j \leqslant n} \in \mathscr{M}_n(\mathbb{K})$, si A est triangulaire, alors

$$\chi_A = \prod_{i=1}^{n}(X - a_{ii}).$$

■ **Exemple 2.3.18**

Soit $u \in \mathscr{L}(\mathbb{R}^2)$ l'endomorphisme défini par $u(x,y) = (2x - 3y, x - 2y)$.
On désigne par B la base canonique de $\mathbb{R}^2$, alors $\mathscr{M}(u,B) = \begin{pmatrix} 2 & -3 \\ 1 & -2 \end{pmatrix}$ et par suite

$$\chi_u = \chi_{\mathscr{M}(u,B)} = \begin{vmatrix} X-2 & 3 \\ -1 & X+2 \end{vmatrix} = X^2 - 1.$$

Exemple 2.3.19

Soit $A = \begin{pmatrix} 1 & 2 & -3 \\ 1 & 4 & -5 \\ 0 & 2 & -2 \end{pmatrix}$, alors

$$\chi_A = \begin{vmatrix} X-1 & -2 & 3 \\ -1 & X-4 & 5 \\ 0 & -2 & X+2 \end{vmatrix} = X(X-1)(X-2).$$

Exemple 2.3.20 – Polynôme caractéristique d'une homothétie

Soient E un $\mathbb{K}$-espace vectoriel de dimension finie tel que $dim E = n \in \mathbb{N}^*$ et $\lambda \in \mathbb{K}$, on désigne par $h_\lambda \in \mathscr{L}(E)$ l'homothétie de rapport λ. Soit B une base de E, alors $\mathscr{M}(h_\lambda, B) = \lambda I_n$ et par suite

$$\chi_{h_\lambda} = \det(XI_n - \lambda I_n) = (X-\lambda)^n \det(I_n) = (X-\lambda)^n.$$

Exemple 2.3.21 – Polynôme caractéristique d'un projecteur

Soient E un $\mathbb{K}$-espace vectoriel de dimension finie telle que $dim E = n \in \mathbb{N}^*$ et $p \in \mathscr{L}(E)$ un projecteur de E tel que $p \neq 0$ et $p \neq \mathrm{Id}_E$. Soit B une base de E adaptée à la décomposition $E = Im(p) \oplus Ker(p)$, on note $r = rg(p)$, alors $\mathscr{M}(p, B) = \left(\begin{array}{c|c} I_r & 0 \\ \hline 0 & 0 \end{array}\right)$ et par suite

$$\chi_p = \left|\begin{array}{c|c} (X-1)I_r & 0 \\ \hline 0 & XI_{n-r} \end{array}\right| = X^{n-r}(X-1)^r.$$

Exemple 2.3.22 – Polynôme caractéristique d'une symétrie

Soient E un $\mathbb{K}$-espace vectoriel de dimension finie tel que $dim E = n \in \mathbb{N}^*$ et $s \in \mathscr{L}(E)$ une symétrie de E telle que $s \neq \pm \mathrm{Id}_E$. Soit B une base de E adaptée à la décomposition $E = Ker(s - \mathrm{Id}_E) \oplus Ker(s + \mathrm{Id}_E)$, on note $r = dim Ker(s - \mathrm{Id}_E)$, alors $\mathscr{M}(s, B) = \left(\begin{array}{c|c} I_r & 0 \\ \hline 0 & -I_{n-r} \end{array}\right)$ et par suite

$$\chi_s = \left|\begin{array}{c|c} (X-1)I_r & 0 \\ \hline 0 & (X+1)I_{n-r} \end{array}\right| = (X-1)^r(X+1)^{n-r}.$$

■ **Exemple 2.3.23 – Polynôme caractéristique d'un endomorphisme de rang** 1 Soient E un $\mathbb{K}$-espace vectoriel de dimension finie tel que $dim E = n \in \mathbb{N}^*$ et $u \in \mathscr{L}(E)$ un endomorphisme de rang 1, ainsi d'après le Théorème du rang, on a $dim Ker(u) = n-1$. Soit $B = \{v_1, \ldots, v_{n-1}\}$ une base de $Ker(u)$, comme B est une famille libre de u, alors d'après le Théorème de la base incomplète il existe $\omega \in E$ tel que $B' = \{\omega, v_1, \ldots, v_{n-1}\}$ soit une base de E et par suite

$$\mathscr{M}(u,B') = \begin{pmatrix} a_{11} & 0 & \cdots & \cdots & 0 \\ a_{21} & \vdots & & & \vdots \\ \vdots & \vdots & & & \vdots \\ \vdots & \vdots & & & \vdots \\ a_{n1} & 0 & \cdots & \cdots & 0 \end{pmatrix}.$$

Cela implique que $\chi_u = X^{n-1}(X - a_{11})$, comme $a_{11} = Tr(u)$, on en déduit que

$$\chi_u = X^{n-1}(X - Tr(u)).$$

Définition 2.3.24 – Endomorphisme nilpotent Soient E un $\mathbb{K}$-espace vectoriel et $u \in \mathscr{L}(E)$. On dit que u est nilpotent, s'il existe $m \in \mathbb{N}^*$ tel que $u^m = 0$. Dans ce cas, on appelle indice de nilpotence de u le plus petit entier $p \in \mathbb{N}^*$ vérifiant $u^p = 0$. Ainsi, on a

$$\begin{cases} u^{p-1} \neq 0 \\ u^p = 0 \end{cases}$$

Définition 2.3.25 – Matrice nilpotente Soit $A \in \mathscr{M}_n(\mathbb{K})$. On dit que A est nilpotente, s'il existe $m \in \mathbb{N}^*$ tel que $A^m = 0$. Dans ce cas, on appelle indice de nilpotence de A le plus petit entier $p \in \mathbb{N}^*$ vérifiant $A^p = 0$. Ainsi, on a

$$\begin{cases} A^{p-1} \neq 0 \\ A^p = 0 \end{cases}$$

Proposition 2.3.26 Soient E un $\mathbb{K}$-espace vectoriel de dimension finie tel que $dim E = n \in \mathbb{N}^*$, B une base de E et $u \in \mathscr{L}(E)$. Alors, les assertions suivantes sont équivalentes

i) u est nilpotent.

2i) $\mathscr{M}(u,B)$ est nilpotente.

Démonstration. Cela découle du fait que pour tout $k \in \mathbb{N}$ et pour toute base B de E, on a

$$\mathscr{M}(u^k, B) = (\mathscr{M}(u,B))^k.$$

■

▪ Exemple 2.3.27

On considère la matrice $N = \begin{pmatrix} 0 & 1 & 0 \\ 0 & 0 & 1 \\ 0 & 0 & 0 \end{pmatrix} \in \mathscr{M}_3(\mathbb{R})$, alors $N^2 = \begin{pmatrix} 0 & 0 & 1 \\ 0 & 0 & 0 \\ 0 & 0 & 0 \end{pmatrix}$ et $N^3 = \begin{pmatrix} 0 & 0 & 0 \\ 0 & 0 & 0 \\ 0 & 0 & 0 \end{pmatrix}$.

Par conséquent, N est nilpotente d'indice 3.

Lemme 2.3.28 Soient E un $\mathbb{K}$-espace vectoriel de dimension finie tel que $dim E = n \in \mathbb{N}^*$ et $u \in \mathscr{L}(E)$. S'il existe une base B de E telle que $\mathscr{M}(u,B)$ est triangulaire stricte, alors u est nilpotent.

Démonstration. On peut supposer sans nuire à la généralité que $\mathscr{M}(u,B)$ est une matrice triangulaire supérieure stricte. Alors, $u(e_1) = 0$ et pour tout $2 \leqslant i \leqslant n$, $u(e_i) \in Vect(e_1, \ldots, e_{i-1})$. Dans la suite, on se propose de montrer par récurrence finie sur $1 \leqslant i \leqslant n$ que $u^i(e_i) = 0$.

En effet,

— Pour $i = 1$, on a $u(e_1) = 0$.

— Soit $1 \leqslant i \leqslant n-1$, supposons que pour tout $1 \leqslant j \leqslant i$, $u^j(e_j) = 0$, alors

$$u^{i+1}(e_{i+1}) = u^i(\sum_{j=1}^{i} a_j e_j) = \sum_{j=1}^{i} a_j u^i(e_j) = \sum_{j=1}^{i} a_j u^{i-j} \circ u^j(e_j) = 0.$$

Par conséquent, pour tout $1 \leqslant i \leqslant n$, $u^i(e_i) = 0$, en particulier

$$\forall 1 \leqslant i \leqslant n,\ u^n(e_i) = 0$$

et donc u est nilpotent.

■

Lemme 2.3.29 Soient E un $\mathbb{K}$-espace vectoriel de dimension finie tel que $dim E = n \in \mathbb{N}^*$ et $u \in \mathscr{L}(E)$. Si u est nilpotent, alors il existe une base B de E telle que $\mathscr{M}(u,B)$ est triangulaire supérieure stricte.

Démonstration. On raisonne par récurrence sur $n \in \mathbb{N}^*$.
– Si $n = 1$, pour toute base B de E, on a $\mathscr{M}(u,B) = (a)$, comme u est nilpotent, on en déduit que $a = 0$.
– HR : Soit $n \in \mathbb{N}^*$, supposons que pour tous $\mathbb{K}$-espace vectoriel de dimension n et $v \in \mathscr{L}(E)$ il existe une base B de E telle que $\mathscr{M}(v,B)$ est triangulaire supérieure stricte. Soient maintenant E un $\mathbb{K}$-espace vectoriel de dimension $n+1$ et $u \in \mathscr{L}(E)$ un endomorphisme nilpotent, ainsi u n'est pas injectif et par suite $Ker(u) \neq \{0\}$. Soit $x \in Ker(u)$ tel que $x \neq 0$, alors d'après le Théorème de la base incomplète il existe une famille $B_1 = \{e_1, \ldots, e_n\}$ de vecteurs de E telle que $B = \{x, e_1, \ldots, e_n\}$ soit une base de E. On a alors

$$\mathscr{M}(u,B) = \left(\begin{array}{c|ccccc} 0 & * & * & * & * & * \\ \hline 0 & & & & & \\ \vdots & & & & & \\ \vdots & & & A & & \\ \vdots & & & & & \\ 0 & & & & & \end{array}\right).$$

Si on désigne par $F = Vect(B_1)$, $p_F : E \longrightarrow F$ la projection sur F parallèlement à la droite vectorielle $Vect(x)$ et $\omega = p_F \circ u_{/F}$, alors $A = \mathscr{M}(\omega, B_1)$. Il est alors facile de voir que pour tout $k \in \mathbb{N}^*$, on a

$$\mathscr{M}(u^k, B) = (\mathscr{M}(u,B))^k = \left(\begin{array}{c|ccccc} 0 & * & * & * & * & * \\ \hline 0 & & & & & \\ \vdots & & & & & \\ \vdots & & & A^k & & \\ \vdots & & & & & \\ 0 & & & & & \end{array}\right)$$

et par suite comme u est nilpotent, il existe $m \in \mathbb{N}^*$ tel que $u^m = 0$ ce qui implique que $\mathscr{M}(u^m, B) = 0$ et par suite $A^m = 0$. Ainsi, $\omega^m = 0$ et donc l'endomorphisme $\omega \in \mathscr{L}(F)$ est nilpotent, comme $dim F = n$, on en déduit d'après l'hypothèse de récurrence qu'il existe une base $B_1' = \{e_1', \ldots, e_n'\}$ de F telle que $\mathscr{M}(\omega, B_1')$ est triangulaire supérieure stricte. Soit $B' = \{x, e_1', \ldots, e_n'\}$, comme $E = F \oplus Vect(x)$, alors B' est une base de E et $\mathscr{M}(u, B')$ est triangulaire supérieure stricte. ∎

Corollaire 2.3.30 Soient E un $\mathbb{K}$-espace vectoriel de dimension finie tel que $dim E = n \in \mathbb{N}^*$ et $u \in \mathscr{L}(E)$. Alors, les assertions suivantes sont équivalentes

i) u est nilpotent.

2i) Il existe une base B de E telle que $\mathscr{M}(u, B)$ est triangulaire stricte.

Démonstration. Conséquence directe des Lemmes 2.3.28 et 2.3.29. ∎

Corollaire 2.3.31 Soit $A \in \mathscr{M}_n(\mathbb{K})$. Alors, les assertions suivantes sont équivalentes

i) A est nilpotente.

2i) A est semblable à une matrice triangulaire stricte.

Démonstration. Conséquence du Corollaire 2.3.30 et du théorème de changement de bases. ∎

Théorème 2.3.32 – Polynôme caractéristique d'un endomorphisme nilpotent Soient E un $\mathbb{K}$-espace vectoriel de dimension finie tel que $dim E = n \in \mathbb{N}^*$ et $u \in \mathscr{L}(E)$ un endomorphisme nilpotent. Alors,

$$\chi_u = X^n.$$

Démonstration. Conséquence du Lemme 2.3.29. ■

Proposition 2.3.33 Soient $A, B \in \mathscr{M}_n(\mathbb{K})$, alors

i) $\chi_A = \chi_{{}^tA}$.

2i) Si A et B sont semblables, alors $\chi_A = \chi_B$.

3i) $\chi_{AB} = \chi_{BA}$.

Démonstration. *i*) On a

$$\chi_{{}^tA} = \det(XI_n - {}^tA) = \det\left({}^t(XI_n - A)\right) = \det(XI_n - A) = \chi_A.$$

2*i*) Supposons que A et B soient semblables, alors il existe $P \in GL_n(\mathbb{K})$ tel que $A = P^{-1}BP$ et par suite

$$\begin{aligned}\chi_A &= \det(XI_n - A)\\ &= \det(P^{-1}(XI_n - B)P)\\ &= \det(P^{-1})\det(XI_n - B)\det(P)\\ &= \det(XI_n - B)\\ &= \chi_B.\end{aligned}$$

3*i*) Soit $M = \left(\begin{array}{c|c} XI_n & -B \\ \hline -A & I_n \end{array}\right)$, $N = \left(\begin{array}{c|c} I_n & B \\ \hline 0_n & XI_n \end{array}\right) \in \mathscr{M}_{2n}(\mathbb{K})$, alors

$$MN = \left(\begin{array}{c|c} XI_n & 0 \\ \hline -A & XI_n - AB \end{array}\right)$$

et

$$NM = \left(\begin{array}{c|c} XI_n - BA & 0 \\ \hline -XA & XI_n \end{array}\right).$$

Comme $\det(MN) = \det(NM)$, on en déduit que

$$X^n \det(XI_n - AB) = X^n \det(XI_n - BA),$$

en particulier $\chi_{AB} = \chi_{BA}$. ■

Théorème 2.3.34 – Expression du polynôme caractéristique Pour tout $A \in \mathcal{M}_n(\mathbb{K})$, on a

$$\chi_A = X^n - Tr(A)X^{n-1} + \cdots + (-1)^n \det(A).$$

Démonstration. On raisonne par récurrence sur $n \geqslant 1$ pour montrer que

$$\chi_A = X^n - Tr(A)X^{n-1} + Q,$$

avec $\deg(Q) \leqslant n-2$. En effet,

— Pour $n = 1$, on a $A = (a)$ et donc

$$\chi_A = \det(XI_1 - A) = X - a = X - Tr(A).$$

— HR : Soit $n \geqslant 1$, supposons que la propriété est vraie à l'ordre n et soit $A = (a_{ij})_{1 \leqslant i,j \leqslant n+1} \in \mathcal{M}_{n+1}(\mathbb{K})$, on pose $(XI_{n+1} - A) = (b_{ij})_{1 \leqslant i,j \leqslant n+1}$ et on désigne par B_{ij}, $1 \leqslant i,j \leqslant n+1$ les cofacteurs de la matrice $XI_{n+1} - A$, alors

$$\begin{aligned}\chi_A = \det(XI_{n+1} - A) &= \sum_{j=1}^{n+1} b_{1j}B_{1j} = b_{11}B_{11} + \sum_{j=2}^{n+1} b_{1j}B_{1j}\\ &= (X - a_{11})B_{11} + \sum_{j=2}^{n+1} b_{1j}B_{1j} = (X - a_{11})B_{11} + Q\end{aligned}$$

où $Q = \sum_{j=2}^{n+1} b_{1j}B_{1j} \in \mathbb{K}_{n-1}[X]$. Par ailleurs, $B_{11} = \chi_C$ où $C = (a_{ij})_{2 \leqslant i,j \leqslant n+1} \in \mathcal{M}_n(\mathbb{K})$ et par suite d'après l'hypothèse de récurrence, on a $B_{11} = X^n - \left(\sum_{i=2}^{n+1} a_{ii}\right) X^{n-1} + R$, avec $\deg(R) \leqslant n-2$, d'où

$$\chi_A = X^{n+1} - \left(\sum_{i=1}^{n+1} a_{ii}\right) X^n + (R + Q),$$

avec $\deg(R+Q) \leqslant n-1$. Enfin, le terme constant du polynôme caractéristique est donné par

$$\chi_A(0) = \det(-A) = (-1)^n \det(A).$$

∎

Théorème 2.3.35 – Polynôme caractéristique d'un endomorphisme induit Soient E un $\mathbb{K}$-espace vectoriel de dimension finie tel que $dim E = n \in \mathbb{N}^*$, $u \in \mathscr{L}(E)$ et F un sous-espace vectoriel de E stable par u. On désigne par $\widetilde{u}_F$ l'endomorphisme induit par u sur F, alors

$$\chi_{\widetilde{u}_F} | \chi_u.$$

Démonstration. Soit G un supplémentaire de F dans E et $B = B_1 \cup B_2$ une base adaptée à la décomposition $E = F \oplus G$. D'après la Proposition 2.2.8, la matrice de u dans cette base est de la forme $A = \left(\begin{array}{c|c} \mathscr{M}(\widetilde{u}_F, B_1) & P \\ \hline 0 & N \end{array}\right)$ et par suite

$$\chi_u = \left|\begin{array}{c|c} XI_p - \mathscr{M}(\widetilde{u}_F, B_1) & P \\ \hline 0 & XI_{n-p} - N \end{array}\right| = \chi_{\widetilde{u}_F} \det(XI_{n-p} - N) = \chi_{\widetilde{u}_F} Q.$$

■

Définition 2.3.36 – Matrice de Frobenius (compagnon) Soit $n \in \mathbb{N}^*$ et

$$P = X^n + \sum_{k=0}^{n-1} a_k X^k \in \mathbb{K}_n[X].$$

On appelle matrice de Frobenius ou matrice compagnon de P, la matrice $C(P)$ définie par

$$C(P) = \begin{pmatrix} 0 & 0 & \cdots & 0 & -a_0 \\ 1 & 0 & \ddots & \vdots & -a_1 \\ 0 & \ddots & \ddots & 0 & \vdots \\ \vdots & \ddots & \ddots & 0 & \vdots \\ 0 & \cdots & 0 & 1 & -a_{n-1} \end{pmatrix} \in \mathscr{M}_n(\mathbb{K}).$$

■ **Exemple 2.3.37**
Soit $P = X^3 + X^2 + X + 1$, alors la matrice compagnon de P est donnée par

$$C(P) = \begin{pmatrix} 0 & 0 & -1 \\ 1 & 0 & -1 \\ 0 & 1 & -1 \end{pmatrix}.$$

En particulier,

$$\chi_{C(P)} = \begin{vmatrix} X & 0 & 1 \\ -1 & X & 1 \\ 0 & -1 & X+1 \end{vmatrix} = X(X^2 + X + 1) + 1 = X^3 + X^2 + X + 1 = P.$$

Proposition 2.3.38 – Polynôme caractéristique d'une matrice compagnon. Soient $n \in \mathbb{N}^*$, $P = X^n + \sum_{k=0}^{n-1} a_k X^k \in \mathbb{K}_n[X]$ et $C(P)$ la matrice compagnon de P. Alors,

$$\chi_{C(P)} = P.$$

Démonstration. On raisonne par récurrence sur $n \in \mathbb{N}^*$.

— Pour $n = 1$, $P = X + a_0$, $C(P) = (-a_0)$ et $\chi_{C(P)} = X + a_0 = P$.

— HR : Soit $n \in \mathbb{N}^*$, supposons que pour tout polynôme P unitaire de degré n, on a $\chi_{C(P)} = P$. Soit $Q = X^{n+1} + \sum_{k=0}^{n} a_k X^k$ un polynôme unitaire de degré $n+1$ et

$$C(Q) = \begin{pmatrix} 0 & 0 & \cdots & 0 & -a_0 \\ 1 & 0 & \ddots & \vdots & -a_1 \\ 0 & \ddots & \ddots & 0 & \vdots \\ \vdots & \ddots & \ddots & 0 & \vdots \\ 0 & \cdots & 0 & 1 & -a_n \end{pmatrix}$$

sa matrice compagnon.

Alors,

$$
\begin{aligned}
\chi_{C(Q)} &= \begin{vmatrix} X & 0 & \cdots & 0 & a_0 \\ -1 & X & \ddots & \vdots & a_1 \\ 0 & \ddots & \ddots & 0 & \vdots \\ \vdots & \ddots & \ddots & X & a_{n-1} \\ 0 & \cdots & 0 & -1 & X+a_n \end{vmatrix} \\
&= X \begin{vmatrix} X & 0 & \cdots & 0 & a_1 \\ -1 & X & \ddots & \vdots & a_2 \\ 0 & \ddots & \ddots & 0 & \vdots \\ \vdots & \ddots & \ddots & X & a_{n-1} \\ 0 & \cdots & 0 & -1 & X+a_n \end{vmatrix} + (-1)^n a_0 \begin{vmatrix} -1 & X & & 0 \\ 0 & -1 & \ddots & \\ \vdots & \ddots & \ddots & X \\ 0 & \cdots & 0 & -1 \end{vmatrix} \\
&= X\left(X^n + \sum_{k=0}^{n-1} a_{k+1}X^k\right) + a_0 = Q.
\end{aligned}
$$

■

Théorème 2.3.39 – Cayley-Hamilton Soient E un $\mathbb{K}$-espace vectoriel de dimension finie tel que $dim E = n \in \mathbb{N}^*$ et $u \in \mathscr{L}(E)$. Alors,

$$\chi_u(u) = 0.$$

Démonstration. Il est clair que $\chi_u(u)(0) = 0$. Soient $x \in E$ tel que $x \neq 0$ et

$$m = \max\left\{k \in \mathbb{N}^* \mid \{x, u(x), \ldots, u^{k-1}(x)\} \text{ est libre}\right\}.$$

Comme la famille $\{x, u(x), \ldots, u^{m-1}(x)\}$ est libre et la famille $\{x, u(x), \ldots, u^m(x)\}$ est liée, alors il existe $a_0, \ldots, a_{m-1} \in \mathbb{K}$, tels que

$$u^m(x) = -\sum_{k=0}^{m-1} a_k u^k(x).$$

Or, d'après le théorème de la base incomplète, il existe $v_{m+1}, \ldots, v_n \in E$ tels que $B = \left\{x, u(x), \ldots, u^{m-1}(x), v_{m+1}, \ldots, v_n\right\}$ soit une base de E.

Ainsi,

$$\mathscr{M}(u,B)=\left(\begin{array}{ccccc|ccc} 0 & 0 & \cdots & 0 & -a_0 & * & \cdots & * \\ 1 & 0 & \ddots & \vdots & -a_1 & \vdots & & \vdots \\ 0 & \ddots & \ddots & 0 & \vdots & \vdots & & \vdots \\ \vdots & \ddots & \ddots & 0 & \vdots & \vdots & & \vdots \\ 0 & \cdots & 0 & 1 & -a_{m-1} & * & \cdots & * \\ \hline 0 & \cdots & \cdots & \cdots & 0 & & & \\ \vdots & & & & \vdots & & M & \\ 0 & \cdots & \cdots & \cdots & 0 & & & \end{array}\right).$$

Soit $P=X^m+\sum_{k=0}^{m-1} a_k X^k$, alors $\mathscr{M}(u,B)=\left(\begin{array}{c|c} C(P) & N \\ \hline 0 & M \end{array}\right)$ et par suite, en vertu de la Proposition 2.3.38, on en déduit que

$$\chi_u=\chi_{C(P)}\chi_M=P\chi_M.$$

En particulier,

$$\chi_u(u)(x)=\chi_M(u)\circ P(u)(x)=\chi_M(u)\left(u^m(x)+\sum_{k=0}^{m-1} a_k u^k(x)\right)=\chi_M(u)(0)=0.$$

■

■ Exemple 2.3.40

On cherche à déterminer une matrice A dont on précisera l'ordre n vérifiant

$$A^5-A^3+3A^2-2A+I_n=0.$$

L'idée est de chercher une matrice A dont le polynôme caractéristique est donné par $P=X^5-X^3+3X^2-2X+1$ et la matrice compagnon suivante répond à la question

$$C(P)=\begin{pmatrix} 0 & 0 & 0 & 0 & -1 \\ 1 & 0 & 0 & 0 & 2 \\ 0 & 1 & 0 & 0 & -3 \\ 0 & 0 & 1 & 0 & 1 \\ 0 & 0 & 0 & 1 & 0 \end{pmatrix}\in\mathscr{M}_5(\mathbb{R}).$$

■ **Exemple 2.3.41**

Soit $A = \begin{pmatrix} -1 & 3 & -1 \\ 0 & -1 & 1 \\ -2 & 1 & 2 \end{pmatrix}$, alors $\chi_A = X^3 - 6X + 1$ et par suite

$$-A^3 + 6A = I_3,$$

ce qui implique que

$$A^{-1} = -A^2 + 6I_3 = \begin{pmatrix} -3 & 7 & -2 \\ 2 & -2 & -1 \\ 2 & 5 & -7 \end{pmatrix} + \begin{pmatrix} 6 & 0 & 0 \\ 0 & 6 & 0 \\ 0 & 0 & 6 \end{pmatrix} = \begin{pmatrix} 3 & 7 & -2 \\ 2 & 4 & -1 \\ 2 & 5 & -1 \end{pmatrix}.$$

Définition 2.3.42 – Polynôme annulateur d'un endomorphisme Soient E un $\mathbb{K}$-espace vectoriel, $u \in \mathscr{L}(E)$ et $P \in \mathbb{K}[X]$. On dit que P est un polynôme annulateur de u si $P(u) = 0$.

Dans la suite, on notera $Ann(u)$ l'ensemble des polynômes annulateurs d'un endomorphisme u.

Remarque 2.3.43 On en déduit d'après le théorème de Cayley-Hamilton que le polynôme caractéristique d'un endomorphisme u est un polynôme annulateur pour u, en particulier $Ann(u) \neq \{0\}$.

Proposition 2.3.44 Soient E un $\mathbb{K}$-espace vectoriel et $u \in \mathscr{L}(E)$, alors l'application

$$\begin{aligned} \Phi_u : (\mathbb{K}[X], +, \times, .) &\longrightarrow (\mathscr{L}(E), +, \circ, .) \\ P &\longmapsto P(u) \end{aligned}$$

est un morphisme d'algèbres.

Démonstration. Pour tous $P, Q \in \mathbb{K}[X]$ et $\alpha, \beta \in \mathbb{K}$, on a

$$\Phi_u(\alpha P + \beta Q) = (\alpha P + \beta Q)(u) = \alpha P(u) + \beta Q(u) = \alpha \Phi_u(P) + \beta \Phi_u(Q),$$

$$\Phi_u(PQ) = (PQ)(u) = P(u) \circ Q(u) = \Phi_u(P) \circ \Phi_u(Q)$$

et

$$\Phi_u(1_{\mathbb{K}[X]}) = 1_{\mathbb{K}[X]}(u) = u^0 = \mathrm{Id}_E.$$

Ainsi, Φ_u est un morphisme d'algèbres. ■

Théorème 2.3.45 – Polynôme minimal d'un endomorphisme Soient E un $\mathbb{K}$-espace vectoriel de dimension finie tel que $dim E = n \in \mathbb{N}^*$ et $u \in \mathscr{L}(E)$. Alors, l'ensemble $Ann(u)$ des polynômes annulateurs de u est un idéal de $\mathbb{K}[X]$ vérifiant $Ann(u) \neq \{0\}$. En particulier, il existe un unique polynôme unitaire $\pi_u \in \mathbb{K}[X]$ appelé polynôme minimal de u vérifiant $Ann(u) = \pi_u \mathbb{K}[X]$.

Démonstration. On sait que l'application Φ_u définie dans la Proposition 2.3.44 est un morphisme d'anneaux, comme $Ann(u) = Ker(\Phi_u)$, on en déduit d'après le Théorème 1.3.10 que $Ann(u)$ est un idéal de $\mathbb{K}[X]$, de plus d'après le Théorème 2.3.39 (Cayley-Hamilton) $\chi_u \in Ann(u)$ et donc $Ann(u) \neq \{0\}$. Le Corollaire 1.3.13 permet alors de conclure qu'il existe un unique polynôme unitaire π_u vérifiant $Ann(u) = \pi_u \mathbb{K}[X]$. ■

Remarque 2.3.46 Soient E un $\mathbb{K}$-espace vectoriel de dimension finie tel que $dim E = n \in \mathbb{N}^*$ et $u \in \mathscr{L}(E)$ un endomorphisme de E. Alors,

1) Pour tout polynôme annulateur P de u, on a $\pi_u | P$, en particulier $\pi_u | \chi_u$.
2) $\deg(\pi_u) \geqslant 1$.

▪ Exemple 2.3.47

Soit $A = \begin{pmatrix} 1 & 1 \\ 0 & 1 \end{pmatrix}$ alors $\chi_u = (X-1)^2$ et par suite $\pi_u = (X-1)$ ou $\pi_u = (X-1)^2$. Comme $A - I_2 \neq 0$, on en déduit que $\pi_u = (X-1)^2$.

▪ Exemple 2.3.48

Soit $A = \begin{pmatrix} 3 & 1 & -1 \\ 0 & 2 & 0 \\ 1 & 1 & 1 \end{pmatrix}$. Alors $\chi_A = (X-2)^3$, comme $A - 2I_3 \neq 0$ et $(A-2I_3)^2 = 0$, on en déduit que $\pi_A = (X-2)^2$.

▪ Exemple 2.3.49 – Polynôme minimal d'une homothétie

Soient E un $\mathbb{K}$-espace vectoriel de dimension finie tel que $dim E = n \in \mathbb{N}^*$, $\lambda \in \mathbb{K}$ et $h_\lambda = \lambda \mathrm{Id}_E$ l'homothétie de rapport λ. On a donc $h_\lambda - \lambda \mathrm{Id}_E = 0$ et par suite $P = X - \lambda$ est un polynôme annulateur de h_λ. Comme $\deg(P) = 1$ et P est unitaire, alors $\pi_{h_\lambda} = P = X - \lambda$.

▪ Exemple 2.3.50 – Polynôme minimal d'un projecteur

Soient E un $\mathbb{K}$-espace vectoriel de dimension finie tel que $dim E = n \in \mathbb{N}^*$ et $p \in \mathscr{L}(E)$ un projecteur tel que $p \neq 0$ et $p \neq \mathrm{Id}_E$. Comme $p^2 = p$, on en déduit que $X^2 - X$ est un polynôme annulateur de p, or $p \neq 0$ et $p \neq \mathrm{Id}_E$ ce qui signifie que les polynômes X et $X-1$ ne sont pas annulateurs et donc $\pi_p = X^2 - X$.

▪ Exemple 2.3.51 – Polynôme minimal d'une symétrie
Soient E un $\mathbb{K}$-espace vectoriel de dimension finie tel que $dim E = n \in \mathbb{N}^*$ et $s \in \mathscr{L}(E)$ une symétrie telle que $s \neq \pm \mathrm{Id}_E$. Comme $s^2 = \mathrm{Id}_E$, on en déduit que $X^2 - 1$ est un polynôme annulateur de s, or $s \neq \pm \mathrm{Id}_E$ ce qui signifie que les polynômes $X - 1$ et $X + 1$ ne sont pas annulateurs et donc $\pi_s = X^2 - 1$.

▪ Exemple 2.3.52 – Polynôme minimal d'un endomorphisme de rang 1
Soient E un $\mathbb{K}$-espace vectoriel de dimension finie tel que $dim E = n \in \mathbb{N}$, $n \geqslant 2$ et $u \in \mathscr{L}(E)$ un endomorphisme de rang 1. D'après l'Exemple 2.3.23, on sait que $\chi_u = X^{n-1}(X - Tr(u))$. Ainsi, en considérant la même base que dans l'Exemple 2.3.23, on en déduit que $\mathscr{M}(u,B)(\mathscr{M}(u,B) - Tr(u)I_n) = 0$, comme $\mathscr{M}(u,B) \neq 0$ et $\mathscr{M}(u,B) \neq Tr(u)I_n$, il s'en suit que $\pi_u = X(X - Tr(u))$.

Théorème 2.3.53 – Polynôme minimal d'un endomorphisme nilpotent
Soient E un $\mathbb{K}$-espace vectoriel de dimension finie tel que $dim E = n \in \mathbb{N}^*$ et $u \in \mathscr{L}(E)$ un endomorphisme nilpotent d'indice p. Alors,

$$\pi_u = X^p.$$

Démonstration. Comme $u^p = 0$ alors le polynôme X^p est annulateur pour u et par suite $\pi_u = X^q$ avec $q \leqslant p$. Or, comme $\pi_u(u) = 0$, $u^q = 0$ ce qui implique que $p \leqslant q$ et donc $p = q$. ■

Théorème 2.3.54 – Polynôme minimal d'un endomorphisme induit
Soient E un $\mathbb{K}$-espace vectoriel de dimension finie tel que $dim E = n \in \mathbb{N}^*$ et $u \in \mathscr{L}(E)$. Soit F un sous-espace vectoriel de E stable par u et $\tilde{u}_F$ l'endomorphisme induit par u sur F. Alors,

$$\pi_{\tilde{u}_F} | \pi_u.$$

Démonstration. Le polynôme π_u est un polynôme annulateur pour $\tilde{u}_F$ et par suite $\pi_{\tilde{u}_F} | \pi_u$. ■

Théorème 2.3.55 Soient E un $\mathbb{K}$-espace vectoriel de dimension finie tel que $dim E = n \in \mathbb{N}^*$, $u \in \mathscr{L}(E)$ et $d = \deg(\pi_u)$. Alors,

$$B = \left\{ \mathrm{Id}_E, u, u^2, \ldots, u^{d-1} \right\}$$

est une base de $\mathbb{K}[u]$, en particulier $dim \mathbb{K}[u] = d$.

Démonstration. Soient $a_0, \ldots, a_{d-1} \in \mathbb{K}$ tels que

$$a_0 \mathrm{Id}_E + a_1 u + \cdots + a_{d-1} u^{d-1} = 0,$$

alors $P = \sum_{k=0}^{d-1} a_k X^k$ est un polynôme annulateur de u, vérifiant $\deg(P) \leqslant d-1 < d = \deg(\pi_u)$, il s'en suit que $P = 0$ et donc

$$a_0 = a_1 = \cdots = a_{d-1} = 0$$

ce qui signifie que la famille $B = \left\{ \mathrm{Id}_E, u, u^2, \ldots, u^{d-1} \right\}$ est libre. Soit maintenant $P(u) \in \mathbb{K}[u]$ et $P = Q\pi_u + R$ la division euclidienne de P par π_u, comme $\deg(R) < d$, alors $R = \sum_{k=0}^{d-1} a_k X^k$ et par suite

$$P(u) = Q(u) \circ \pi_u(u) + R(u) = \sum_{k=0}^{d-1} a_k u^k,$$

ce qui signifie que la famille $B = \left\{ \mathrm{Id}_E, u, u^2, \ldots, u^{d-1} \right\}$ est génératrice. ■

Remarque 2.3.56 — Algorithme de calcul du polynôme minimal. Soit $A \in \mathscr{M}_n(\mathbb{K})$, nous savons alors que le polynôme minimal de A est un polynôme de degré $d \leqslant n$. Ainsi, une manière naturelle de déterminer le polynôme minimal de A consiste à disposer les matrices $I_n, A, A^2, \ldots, A^n$ sous forme de vecteurs de $\mathbb{K}^{n^2}$ dans l'ordre croissant de leur puissance et d'ensuite effectuer la mise sous forme échelonnée en utilisant la méthode du pivot de Gauss en s'interdisant toutefois de permuter des lignes. Quand la mise sous forme échelonnée est finie, la première ligne complètement nulle renferme les coefficients du polynôme minimal. Pour mémoriser les opérations effectuées pendant la mise sous forme échelonnée par la méthode de Gauss, ajoutons une dernière colonne contenant $1, X, X^2, \ldots, X^n$ et effectuons aussi sur cette colonne les opérations élémentaires de la méthode de Gauss. Nous aurons alors dans cette colonne pour la première ligne nulle l'expression du polynôme minimal de A, non factorisé.

■ Exemple 2.3.57

On souhaite déterminer le polynôme minimal de la matrice $A = \begin{pmatrix} 0 & 1 & 0 \\ -1 & 2 & 0 \\ -1 & 1 & 1 \end{pmatrix}$.

On a $A^2 = \begin{pmatrix} -1 & 2 & 0 \\ -2 & 3 & 0 \\ -2 & 2 & 1 \end{pmatrix}$, $A^3 = \begin{pmatrix} -2 & 3 & 0 \\ -3 & 4 & 0 \\ -3 & 3 & 1 \end{pmatrix}$.

On dispose I_3, A, A^2 et A^3 dans l'ordre croissant de leur puissance comme des vecteurs de $\mathbb{R}^9$, ainsi en appliquant la méthode du pivot de Gauss, on obtient

$$\left(\begin{array}{ccccccccc|c} 1 & 0 & 0 & 0 & 1 & 0 & 0 & 0 & 1 & 1 \\ 0 & 1 & 0 & -1 & 2 & 0 & -1 & 1 & 1 & X \\ -1 & 2 & 0 & -2 & 3 & 0 & -2 & 2 & 1 & X^2 \\ -2 & 3 & 0 & -3 & 4 & 0 & -3 & 3 & 1 & X^3 \end{array}\right)$$

$$\underset{\substack{L_3 \leftarrow L_3 + L_1 \\ L_4 \leftarrow L_4 + 2L_1}}{\longrightarrow} \left(\begin{array}{ccccccccc|c} 1 & 0 & 0 & 0 & 1 & 0 & 0 & 0 & 1 & 1 \\ 0 & 1 & 0 & -1 & 2 & 0 & -1 & 1 & 1 & X \\ 0 & 2 & 0 & -2 & 4 & 0 & -2 & 2 & 2 & 1+X^2 \\ 0 & 3 & 0 & -3 & 6 & 0 & -3 & 3 & 3 & 2+X^3 \end{array}\right)$$

$$\underset{\substack{L_3 \leftarrow L_3 - 2L_2 \\ L_4 \leftarrow L_4 - 3L_2}}{\longrightarrow} \left(\begin{array}{ccccccccc|c} 1 & 0 & 0 & 0 & 1 & 0 & 0 & 0 & 1 & 1 \\ 0 & 1 & 0 & -1 & 2 & 0 & -1 & 1 & 1 & X \\ 0 & 0 & 0 & 0 & 0 & 0 & 0 & 0 & 0 & 1+X^2-2X \\ 0 & 0 & 0 & 0 & 0 & 0 & 0 & 0 & 0 & 2+X^3-3X \end{array}\right)$$

La troisième ligne étant la prmière ligne complètement nulle, on en déduit que $\pi_A = (X-1)^2$.

2.4 Valeurs, vecteurs et sous-espaces propres

Définition 2.4.1 – Valeur et vecteur propres Soient E un $\mathbb{K}$-espace vectoriel de dimension finie tel que $dim E = n \in \mathbb{N}^*$ et $u \in \mathscr{L}(E)$. Soit $\lambda \in \mathbb{K}$, on dit que λ est une valeur propre de u, s'il existe $x \in E, x \neq 0$ tel que $u(x) = \lambda x$. Dans ce cas, on dit que x est un vecteur propre de u associé à la valeur propre λ.

■ Exemple 2.4.2

Soit $u \in \mathscr{L}(\mathbb{R}^2)$ l'endomorphisme défini par $u(x,y) = (x+2y, 3x+2y)$. Alors,

— $u(1,-1) = (-1,1) = -(1,-1)$ et par suite -1 est une valeur propre de u et $(1,-1)$ est un vecteur propre associé à la valeur propre -1.

— $u(2,3) = (8,12) = 4(2,3)$ et par suite 4 est une valeur propre de u et $(2,3)$ est un vecteur propre associé à la valeur propre 4.

Définition 2.4.3 – Spectre Soient E un $\mathbb{K}$-espace vectoriel de dimension finie tel que $dim E = n \in \mathbb{N}^*$ et $u \in \mathscr{L}(E)$. On appelle spectre de u qu'on note $Sp(u)$, l'ensemble de toutes les valeurs propres de u.

Proposition 2.4.4 – Caractérisation d'une valeur propre. Soient E un $\mathbb{K}$-espace vectoriel de dimension finie tel que $dim E = n \in \mathbb{N}^*$, $u \in \mathscr{L}(E)$ et $\lambda \in \mathbb{K}$. Alors, les assertions suivantes sont équivalentes

i) $\lambda \in Sp(u)$.

2i) $Ker(u - \lambda \mathrm{Id}_E) \neq \{0\}$.

3i) $u - \lambda \mathrm{Id}_E$ n'est pas injectif.

Démonstration. Soit $\lambda \in \mathbb{K}$, alors

$$\begin{aligned}
\lambda \in Sp(u) &\Longleftrightarrow \exists x \in E, x \neq 0 \quad \text{tel que} \quad u(x) = \lambda x \\
&\Longleftrightarrow \exists x \in E, x \neq 0 \quad \text{tel que} \quad (u - \lambda \mathrm{Id}_E)(x) = 0 \\
&\Longleftrightarrow Ker(u - \lambda \mathrm{Id}_E) \neq \{0\} \\
&\Longleftrightarrow u - \lambda \mathrm{Id}_E \quad \text{n'est pas injectif}
\end{aligned}$$

■

Définition 2.4.5 – Sous-espace propre Soient E un $\mathbb{K}$-espace vectoriel de dimension finie tel que $dim E = n \in \mathbb{N}^*$, $u \in \mathscr{L}(E)$ et $\lambda \in Sp(u)$. On appelle sous-espace propre associé à la valeur propre λ, le sous-espace vectoriel E_λ défini par

$$\begin{aligned}
E_\lambda &= \{x \in E \mid u(x) = \lambda x\} \\
&= Ker(u - \lambda \mathrm{Id}_E)
\end{aligned}$$

Proposition 2.4.6 – Sous-espaces propres en somme directe. Soient E un $\mathbb{K}$-espace vectoriel de dimension finie tel que $dim E = n \in \mathbb{N}^*$ et $u \in \mathscr{L}(E)$. Si $\lambda_1, \ldots, \lambda_p \in \mathbb{K}$ sont des valeurs propres de u deux à deux distinctes, alors leurs sous-espaces propres associés $E_{\lambda_1}, \ldots, E_{\lambda_p}$ sont en somme directe.

Démonstration. Pour tous $1 \leqslant i < j \leqslant p$, on a $(X - \lambda_i) \wedge (X - \lambda_j) = 1$ et par suite d'après le Corollaire 2.3.12, on en déduit que $\bigoplus_{i=1}^{p} E_i$. ■

Corollaire 2.4.7 Soient E un $\mathbb{K}$-espace vectoriel de dimension finie tel que $dim E = n \in \mathbb{N}^*$ et $u \in \mathscr{L}(E)$. Si $\lambda_1, \ldots, \lambda_p \in \mathbb{K}$ sont des valeurs propres de u deux à deux distinctes et si $x_1, \ldots, x_p$ sont des vecteurs propres associés respectivement aux valeurs propres $\lambda_1, \ldots, \lambda_p$, alors la famille $\{x_1, \ldots, x_p\}$ est libre.

Démonstration. Conséquence immédiate de la Proposition 2.4.6. ∎

Remarque 2.4.8 — Stabilité des sous-espaces propres. Soit E un $\mathbb{K}$-espace vectoriel de dimension finie et soit $u, v \in \mathscr{L}(E)$. Si u et v commutent, alors pour tout $\lambda \in \mathbb{K}$, $(u - \lambda \mathrm{Id}_E)$ et v commutent et il en est de même pour $(v - \lambda \mathrm{Id}_E)$ et u et par suite d'après la Proposition 2.2.6 on en déduit que les sous-espaces propres de u sont stables pas v et vis versa. En particulier, les sous-espaces propres de u sont stables par u.

Proposition 2.4.9 Soient E un $\mathbb{K}$-espace vectoriel de dimension finie tel que $dim E = n \in \mathbb{N}^*$, $u \in \mathscr{L}(E)$ et $\lambda \in \mathbb{K}$. Si $\lambda \in Sp(u)$ alors pour tout $P \in \mathbb{K}[X]$, $P(\lambda) \in Sp(P(u))$.

Démonstration. Soient $\lambda \in Sp(u)$ et $x \in E$, $x \neq 0$ un vecteur propre associé à λ. On raisonne par récurrence sur $k \in \mathbb{N}$ pour montrer que $u^k(x) = \lambda^k x$.
En effet,

— Pour $k = 0$, on a $u^0(x) = \mathrm{Id}_E(x) = x = \lambda^0 x$.

— HR : Soit $k \in \mathbb{N}$, supposons que $u^k(x) = \lambda^k x$, alors

$$u^{k+1}(x) = u(u^k(x)) = u(\lambda^k x) = \lambda^k u(x) = \lambda^k \lambda x = \lambda^{k+1} x.$$

Ainsi, pour tout $k \in \mathbb{N}$, $u^k(x) = \lambda^k x$. Soit maintenant $P = \sum_{k=0}^{n} a_k X^k$, alors d'après ce qui précède, on en déduit que

$$P(u)(x) = \sum_{k=0}^{n} a_k u^k(x) = \sum_{k=0}^{n} a_k \lambda^k x = P(\lambda) x.$$

∎

Corollaire 2.4.10 – Valeurs propres et polynômes annulateurs Soient E un $\mathbb{K}$-espace vectoriel tel que $dimE = n \in \mathbb{N}^*$, $u \in \mathscr{L}(E)$, $\lambda \in \mathbb{K}$ et $P \in \mathbb{K}[X]$ un polynôme annulateur de u. Si $\lambda \in Sp(u)$, alors $P(\lambda) = 0$.

Démonstration. Conséquence immédiate de la Proposition 2.4.9. ■

Théorème 2.4.11 – Valeurs propres et racines du polynôme caractéristique Soient E un $\mathbb{K}$-espace vectoriel de dimension finie tel que $dimE = n \in \mathbb{N}^*$, $u \in \mathscr{L}(E)$ et $\lambda \in \mathbb{K}$. Alors, les assertions suivantes sont équivalentes

i) $\lambda \in Sp(u)$.

2i) $\chi_u(\lambda) = 0$.

Démonstration. Soit $\lambda \in \mathbb{K}$, alors en utilisant le théorème du rang, on en déduit que

$$\begin{aligned}\lambda \in Sp(u) &\iff u - \lambda \mathrm{Id}_E \text{ n'est pas injectif}\\ &\iff u - \lambda \mathrm{Id}_E \text{ n'est pas bijectif}\\ &\iff \det(u - \lambda \mathrm{Id}_E) = 0\\ &\iff \chi_u(\lambda) = 0\end{aligned}$$

■

▪ Exemple 2.4.12 – Spectre d'une homothétie

Soit E un $\mathbb{K}$-espace vectoriel de dimension finie tel que $dimE = n \in \mathbb{N}^*$ et soit $\lambda \in \mathbb{K}$ et $h_\lambda = \lambda \mathrm{Id}_E$ l'homothétie de rapport λ. D'après l'Exemple 2.3.20, on sait que $\chi_{h_\lambda} = (X - \lambda)^n$ et par suite $Sp(h_\lambda) = \{\lambda\}$ et $E_\lambda = E$.

▪ Exemple 2.4.13 – Spectre d'un projecteur

Soit E un $\mathbb{K}$-espace vectoriel de dimension finie tel que $dimE = n \in \mathbb{N}^*$ et soit $p \in \mathscr{L}(E)$ un projecteur de E tel que $p \neq 0$ et $p \neq \mathrm{Id}_E$. D'après l'Exemple 2.3.21, on sait que $\chi_p = X^{n-r}(X-1)^r$ où $r = rg(p)$. Comme $r \neq 0$ et $r \neq n$, on en déduit que $Sp(p) = \{0, 1\}$ et on a $E_0 = Ker(p)$ et $E_1 = Im(p)$.

▪ Exemple 2.4.14 – Spectre d'une symétrie

Soit E un $\mathbb{K}$-espace vectoriel de dimension finie tel que $dimE = n \in \mathbb{N}^*$ et soit $s \in \mathscr{L}(E)$ une symétrie de E tel que $s \neq \pm\mathrm{Id}_E$. D'après l'Exemple 2.3.22, on sait que $\chi_s = (X-1)^r(X+1)^{n-r}$ où $r = dimKer(s - \mathrm{Id}_E)$. Comme $r \neq 0$ et $r \neq n$, on en déduit que $Sp(s) = \{-1, 1\}$, $E_1 = Ker(s - \mathrm{Id}_E)$ et $E_{-1} = Ker(s + \mathrm{Id}_E)$.

Exemple 2.4.15 – Spectre d'un endomorphisme de rang 1
Soit E un $\mathbb{K}$-espace vectoriel de dimension finie tel que $dim E = n \in \mathbb{N}^*$ et soit $u \in \mathscr{L}(E)$ un endomorphisme de rang 1. D'après l'Exemple 2.3.23, on sait que $\chi_u = X^{n-1}(X - Tr(u))$ et par suite

— Si $Tr(u) = 0$ alors $Sp(u) = \{0\}$ et on a $E_0 = Ker(u)$.
— Si $Tr(u) \neq 0$ alors $Sp(u) = \{0, Tr(u)\}$ et on a $E_0 = Ker(u)$ et $E_{Tr(u)} = Ker(u - Tr(u)\mathrm{Id}_E)$.

Exemple 2.4.16 – Spectre d'un endomorphisme nilpotent
Soit E un $\mathbb{K}$-espace vectoriel de dimension finie tel que $dim E = n \in \mathbb{N}^*$ et soit $u \in \mathscr{L}(E)$ un endomorphisme nilpotent. D'après le Théorème 2.3.32, on sait que $\chi_u = X^n$, par conséquent $Sp(u) = \{0\}$ et $E_0 = Ker(u)$.

Corollaire 2.4.17 – Cardinal du spectre-cas réel Soit E un $\mathbb{R}$-espace vectoriel de dimension finie tel que $dim E = n \in \mathbb{N}^*$. Alors, tout endomorphisme $u \in \mathscr{L}(E)$ admet au plus n valeurs propres distinctes ou confondues.

Démonstration. D'après le Théorème 2.4.11 on sait que toute valeur propre de u est une racine de χ_u, par ailleurs d'après le Théorème 2.3.34 on sait que $\deg(\chi_u) = n$ et par suite u admet au plus n valeurs propres. ■

Corollaire 2.4.18 – Cardinal du spectre-cas complexe Soit E un $\mathbb{C}$-espace vectoriel de dimension finie tel que $dim E = n \in \mathbb{N}^*$. Alors, tout endomorphisme $u \in \mathscr{L}(E)$ admet exactement n valeurs propres distinctes ou confondues.

Démonstration. La preuve est identique à celle du Corollaire 2.4.17, en utilisant le théorème de D'Alembert-Gauss. ■

Proposition 2.4.19 – Dimension d'un sous-espace propre. Soient E un $\mathbb{K}$-espace vectoriel de dimension finie tel que $dim E = n \in \mathbb{N}^*$, $u \in \mathscr{L}(E)$ et $\lambda \in Sp(u)$. Alors,

$$1 \leqslant dim E_\lambda \leqslant ord(\lambda),$$

où $ord(\lambda)$ est l'ordre de multiplicité de λ comme racine du polynôme caractéristique.

Démonstration. En effet, on sait d'après la Remarque 2.4.8 que E_λ est un sous-espace vectoriel de E stable par u. Soit $\widetilde{u}$ l'endomorphisme induit par u sur E_λ, F un supplémentaire de E_λ dans E et $B = B_1 \cup B_2$ une base adaptée à la décomposition $E = E_\lambda \oplus F$. Alors, $\mathscr{M}(\widetilde{u}, B_1) = \lambda I_p$ où $p = dim E_\lambda$ et par suite $\chi_{\widetilde{u}} = (X-\lambda)^p$. Or, d'après le Théorème 2.3.35 on a $\chi_{\widetilde{u}} | \chi_u$ et donc $p \leqslant ord(\lambda)$. Par ailleurs, comme $E_\lambda \neq \{0\}$, on a $dim E_\lambda \geqslant 1$. ■

Corollaire 2.4.20 – Cas d'une valeur propre simple Soient E un $\mathbb{K}$-espace vectoriel de dimension finie tel que $dim E = n \in \mathbb{N}^*$ et $u \in \mathscr{L}(E)$. Si $\lambda \in Sp(u)$ est une racine simple de χ_u, alors $dim E_\lambda = 1$.

Démonstration. Conséquence de la Proposition 2.4.19. ■

Théorème 2.4.21 – Racines du polynôme minimal Soient E un $\mathbb{K}$-espace vectoriel de dimension finie tel que $dim E = n \in \mathbb{N}^*$, $u \in \mathscr{L}(E)$ et $\lambda \in \mathbb{K}$. Alors, les assertions suivantes sont équivalentes

i) $\lambda \in Sp(u)$.

2i) $\pi_u(\lambda) = 0$.

Démonstration. *i)* $\Longrightarrow$ *2i)* Soit $\lambda \in Sp(u)$, comme π_u est un polynôme annulateur de u, alors d'après le Corollaire 2.4.10, on a $\pi_u(\lambda) = 0$.
2i) $\Longrightarrow$ *i)* Supposons que $\pi_u(\lambda) = 0$, comme $\pi_u | \chi_u$, on en déduit que $\chi_u(\lambda) = 0$ ce qui implique en vertu du Théorème 2.4.11 que $\lambda \in Sp(u)$. ■

Proposition 2.4.22 – Trace, déterminant et valeurs propres. Soient E un $\mathbb{K}$-espace vectoriel de dimension finie tel que $dim E = n \in \mathbb{N}^*$ et $u \in \mathscr{L}(E)$. Soient $\lambda_1, \dots, \lambda_p \in \mathbb{K}$, les valeurs propres de u deux à deux distinctes. Si χ_u est scindé dans $\mathbb{K}[X]$, alors

i) $Tr(u) = \displaystyle\sum_{i=1}^{p} ord(\lambda_i)\lambda_i$.

2i) $\det(u) = \displaystyle\prod_{i=1}^{p} \lambda_i^{ord(\lambda_i)}$.

où $ord(\lambda_i)$ désigne l'ordre de multiplicité de λ_i comme racine du polynôme caractéristique.

Démonstration. Si χ_u est scindé dans $\mathbb{K}[X]$, alors

$$\chi_u = \prod_{i=1}^{p}(X - \lambda_i)^{ord(\lambda_i)}.$$

Ainsi, d'après le Théorème 2.3.34, on en déduit que

$$Tr(u) = \sum_{i=1}^{p} ord(\lambda_i)\lambda_i \quad \text{et} \quad \det(u) = \prod_{i=1}^{p} \lambda_i^{ord(\lambda_i)}.$$

■

Proposition 2.4.23 – Existence d'un sous-espace stable par un endomorphisme-cas complexe. Soient E un $\mathbb{C}$-espace vectoriel tel que $dim E = n \in \mathbb{N}^*$ et $u \in \mathscr{L}(E)$. Alors, u admet au moins une droite vectorielle stable.

Démonstration. Comme $\deg(\chi_u) \geqslant 1$ et χ_u est scindé dans $\mathbb{C}[X]$, on en déduit que χ_u admet au moins une racine λ. Soit $x \in E, x \neq 0$ un vecteur propre associé à la valeur propre λ, alors $Vect(x)$ est une droite vectorielle stable par u. ■

Proposition 2.4.24 – Existence d'un sous-espace stable par un endomorphisme-cas réel. Soient E un $\mathbb{R}$-espace vectoriel tel que $dim E = n \geqslant 2$ et $u \in \mathscr{L}(E)$. Alors,

i) Si $Sp(u) \neq \varnothing$, alors u admet au moins une droite vectorielle stable.

2i) Si $Sp(u) = \varnothing$, alors u admet au moins un plan vectoriel stable.

Démonstration. *i*) Si $Sp(u) \neq \varnothing$, soit $\lambda \in Sp(u)$ et $x \in E$ un vecteur propre associé à λ, alors $Vect(x)$ est une droite vectorielle stable par u.
2*i*) Si $Sp(u) = \varnothing$, alors il existe $P_1, \dots, P_r \in \mathbb{R}_2[X]$ des polynômes unitaires de degré 2, irréductibles, deux à deux premiers entre eux et $\alpha_1, \dots, \alpha_r \in \mathbb{N}^*$ tels que

$$\chi_u = \prod_{i=1}^{r} P_i^{\alpha_i}.$$

Comme les polynômes $P_1, \dots, P_r$ sont deux à deux premiers entre eux dans $\mathbb{R}[X]$, on en déduit d'après le Corollaire 2.3.12 et du Théorème 2.3.39 que

$$\bigoplus_{i=1}^{r} Ker(P_i^{\alpha_i}(u)) = Ker(\chi_u(u)) = E.$$

Ainsi, il existe $1 \leqslant i \leqslant r$ tel que $Ker(P_i^{\alpha_i}(u)) \neq \{0\}$ et par suite $Ker(P_i(u)) \neq \{0\}$. Soit $x \in Ker(P_i(u))$, alors x n'est pas colinéaire à $u(x)$ autrement u aurait une valeur propre et par suite $dim Vect(x, u(x)) = 2$. Par ailleurs, on pose $P_i = X^2 + aX + b$, comme $P_i(u)(x) = 0$, on en déduit que $u^2(x) = -au(x) - bx \in Vect(x, u(x))$ et donc $Vect(x, u(x))$ est stable par u. ■

2.5 Diagonalisation

Définition 2.5.1 – Endomorphisme diagonalisable Soient E un $\mathbb{K}$-espace vectoriel de dimension finie tel que $dim E = n \in \mathbb{N}^*$ et $u \in \mathscr{L}(E)$. On dit que u est diagonalisable, si

$$E = \bigoplus_{\lambda \in Sp(u)} E_\lambda.$$

Définition 2.5.2 – Matrice carrée diagonalisable Soit $A \in \mathscr{M}_n(\mathbb{K})$. On dit que A est diagonalisable dans $\mathscr{M}_n(\mathbb{K})$ si l'endomorphisme u canoniquement associé à A est diagonalisable.

Remarque 2.5.3 Au vu des Définitions 2.5.1 et 2.5.2 on en déduit via le théorème de changement de bases qu'une matrice $A \in \mathscr{M}_n(\mathbb{K})$ est diagonalisable si et seulement si A est semblable à une matrice diagonale. Dans ce qui suit nous allons établir des critères de diagonalisabilité pour les endomorphismes, tous ces résultats sont trivialement valables pour les matrices carrées.

Théorème 2.5.4 – 1re caractérisation d'un endomorphisme diagonalisable Soient E un $\mathbb{K}$-espace vectoriel de dimension finie tel que $dim E = n \in \mathbb{N}^*$ et $u \in \mathscr{L}(E)$. Alors, les assertions suivantes sont équivalentes

i) u est diagonalisable.

2i) $dim E = \sum_{\lambda \in Sp(u)} dim E_\lambda$.

Démonstration. Soient $\lambda_1, \dots, \lambda_p \in \mathbb{K}$ les valeurs propres de u deux à deux distinctes. On sait alors d'après la Proposition 2.4.6 que $\bigoplus_{i=1}^{p} E_{\lambda_i}$ et par suite $dim \bigoplus_{i=1}^{p} E_{\lambda_i} = \sum_{i=}^{p} dim E_{\lambda_i}$. Ainsi, d'après la Définition 2.5.1, on en déduit que

$$u \text{ est diagonalisable} \iff E = \bigoplus_{i=1}^{p} E_{\lambda_i} \iff dim E = dim \bigoplus_{i=1}^{p} E_{\lambda_i}$$
$$\iff dim E = \sum_{i=1}^{p} dim E_{\lambda_i}$$

■

▪ Exemple 2.5.5

Soit $A = \begin{pmatrix} 1 & 2 & 2 \\ 2 & 1 & 2 \\ 2 & 2 & 1 \end{pmatrix}$, alors $\chi_A = (X-5)(X+1)^2$ et par suite $Sp(A) = \{-1, 5\}$. D'une part comme 5 est une valeur propre simple, alors $dim E_5 = 1$, d'autre part $E_{-1} = Vect((1,0,-1),(0,1,-1))$ et donc $dim E_{-1} = 2$. Ainsi, $dim E_5 + dim E_{-1} = 3$ et donc A est diagonalisable.

Théorème 2.5.6 – 2e caractérisation d'un endomorphisme diagonalisable Soient E un $\mathbb{K}$-espace vectoriel de dimension finie tel que tel que $dim E = n \in \mathbb{N}^*$ et $u \in \mathscr{L}(E)$. Alors, les assertions suivantes sont équivalentes

i) u est diagonalisable.

2i) Il existe une base de E formée de vecteurs propres de u.

Démonstration. — $i) \Longrightarrow 2i)$ Si u est diagonalisable, alors $\bigoplus_{\lambda \in Sp(u)} E_\lambda = E$. La base adaptée à cette décomposition est une base de vecteurs propres de u.

— $2i) \Longrightarrow i)$ Réciproquement, supposons qu'il existe une base B de E formée de vecteurs propres de u, alors $E = Vect(B) \subset \bigoplus_{\lambda \in Sp(u)} E_\lambda$ et par suite $E = \bigoplus_{\lambda \in Sp(u)} E_\lambda$.

■

Théorème 2.5.7 – 3e caractérisation d'un endomorphisme diagonalisable Soient E un $\mathbb{K}$-espace vectoriel de dimension finie tel que $dim E = n \in \mathbb{N}^*$ et $u \in \mathscr{L}(E)$. Alors, les assertions suivantes sont équivalentes

i) u est diagonalisable.

2i) Il existe une base B de E telle que $\mathscr{M}(u,B)$ est diagonale.

Démonstration. — $i) \Longrightarrow 2i)$ Si u est diagonalisable, alors d'après le Théorème 2.5.6, il existe une base B formée de vecteurs propres de u et dans ce cas $\mathscr{M}(u,B)$ est diagonale.

— $2i) \Longrightarrow i)$ Si une telle base existe alors elle est nécessairement formée de vecteurs propres et donc u est diagonalisable d'après le Théorème 2.5.6.

■

Théorème 2.5.8 – 4e caractérisation d'un endomorphisme diagonalisable Soient E un $\mathbb{K}$-espace vectoriel de dimension finie tel que $dim E = n \in \mathbb{N}^*$ et $u \in \mathscr{L}(E)$. Alors, les assertions suivantes sont équivalentes

i) u est diagonalisable.

2i) χ_u est scindé dans $\mathbb{K}[X]$ et pour tout $\lambda \in Sp(u)$, on a $dim E_\lambda = ord(\lambda)$.

Démonstration. Soit $n = dim E$ et $\lambda_1, \dots, \lambda_p$ les valeurs propres deux à deux distinctes de u, alors

— $i) \Longrightarrow 2i)$ Si u est diagonalisable, alors en combinant le Théorème 2.3.34, la Proposition 2.4.19 et le Théorème 2.5.4, on en déduit que

$$n = dim E = \sum_{i=1}^{p} dim E_{\lambda_i} \leqslant \sum_{i=1}^{p} ord(\lambda_i) \leqslant \deg(\chi_u) = n.$$

Ainsi, χ_u est scindé dans $\mathbb{K}[X]$ et

$$\forall i \in [\![1,p]\!], dim E_{\lambda_i} = ord(\lambda_i).$$

— $2i) \Longrightarrow i)$ Réciproquement, si χ_u est scindé et

$$\forall i \in [\![1,p]\!], dim E_{\lambda_i} = ord(\lambda_i),$$

alors

$$\sum_{\lambda \in Sp(u)} dim E_\lambda = \sum_{\lambda \in Sp(u)} ord(\lambda) = \deg(\chi_u) = n$$

et par suite d'après le Théorème 2.5.4, u est diagonalisable.

■

Théorème 2.5.9 – 5e caractérisation d'un endomorphisme diagonalisable Soient E un $\mathbb{K}$-espace vectoriel de dimension finie tel que $dim E = n \in \mathbb{N}^*$ et $u \in \mathscr{L}(E)$. Alors, les assertions suivantes sont équivalentes

i) u est diagonalisable.

2i) π_u est scindé dans $\mathbb{K}[X]$ et toutes ses racines sont simples.

Démonstration. Soit $\lambda_1, \ldots, \lambda_p$ les valeurs propres deux à deux distinctes de u.

— $i) \Longrightarrow 2i)$ Si u est diagonalisable, alors d'après le Corollaire 2.3.12, on a

$$Ker\left(\prod_{i=1}^{p}(X-\lambda_i)(u)\right) = \bigoplus_{i=1}^{p} Ker(\lambda_i \mathrm{Id}_E - u) = \bigoplus_{i=1}^{p} E_{\lambda_i} = E.$$

Ainsi, $P = \prod_{i=1}^{p}(X-\lambda_i)$ est un polynôme annulateur de u et donc $\pi_u | P$. Par ailleurs, d'après le Théorème 2.4.21 on sait que pour tout $1 \leqslant i \leqslant p$, $(X-\lambda_i)|\pi$ et comme les polynômes $X-\lambda_1, \ldots, X-\lambda_p$ sont deux à deux premiers entre eux, on en déduit que $P = \prod_{i=1}^{p}(X-\lambda_i)|\pi_u$, par conséquent $\pi_u = P$ et π_u est donc scindé simple.

— $2i) \Longrightarrow i)$ Si π_u est scindé simple, alors $\pi_u = \prod_{i=1}^{p}(X-\lambda_i)$, comme π_u est annulateur, on en déduit d'après le Corollaire 2.3.12, que

$$\bigoplus_{i=1}^{p} Ker(\lambda_i \mathrm{Id}_E - u) = Ker\left(\prod_{i=1}^{p}(X-\lambda_i)(u)\right) = E$$

et u est donc diagonalisable d'après la Définition 2.5.1.

■

Théorème 2.5.10 – 6e caractérisation d'un endomorphisme diagonalisable Soient E un $\mathbb{K}$-espace vectoriel de dimension finie tel que $dim E = n \in \mathbb{N}^*$ et $u \in \mathscr{L}(E)$. Alors, les assertions suivantes sont équivalentes

i) u est diagonalisable.

2i) Il existe un polynôme annulateur de u, scindé dans $\mathbb{K}[X]$ n'ayant que des racines simples.

Démonstration. — $i) \Longrightarrow 2i)$ Si u est diagonalisable, alors d'après le Théorème 2.5.9, π_u est un polynôme annulateur de u scindé simple.

— $2i) \Longrightarrow i)$ Réciproquement, s'il existe un polynôme P annulateur de u, scindé dans $\mathbb{K}[X]$ n'ayant que des racines simples, alors $\pi_u | P$ et par suite π_u est également scindé dans $\mathbb{K}(X]$ et n'admet que des racines simple, par conséquent d'après le Théorème 2.5.9, u est diagonalisable.

■

Corollaire 2.5.11 – Condition suffisante de diagonalisabilité Soient E un $\mathbb{K}$-espace vectoriel de dimension finie tel que $dim E = n \in \mathbb{N}^*$ et $u \in \mathscr{L}(E)$. Si χ_u est scindé dans $\mathbb{K}[X]$ et admet n racines simples distinctes, alors u est diagonalisable.

Démonstration. Conséquence du Théorème 2.5.9. ■

▪ **Exemple 2.5.12**

Soit $A = \begin{pmatrix} 1 & 2 & -3 \\ 1 & 4 & -5 \\ 0 & 2 & -2 \end{pmatrix}$, alors $\chi_A = X(X-1)(X-2)$ et par suite $Sp(A) = \{0,1,2\}$. Ainsi, A admet 3 valeurs propres simples et donc A est diagonalisable. Par ailleurs $E_0 = Vect((1,1,1))$, $E_1 = Vect((1,3,2))$ et $E_2 = Vect((1,2,1))$ et par suite $A = PDP^{-1}$ avec $D = \begin{pmatrix} 0 & 0 & 0 \\ 0 & 1 & 0 \\ 0 & 0 & 2 \end{pmatrix}$

et $P = \begin{pmatrix} 1 & 1 & 1 \\ 1 & 3 & 2 \\ 1 & 2 & 1 \end{pmatrix}$

▪ Exemple 2.5.13 – Diagonalisabilité des homothéties

Soit E un $\mathbb{K}$-espace vectoriel de dimension finie tel que $dim E = n \in \mathbb{N}^*$, alors pour tout $\lambda \in \mathbb{K}$ l'homothétie h_λ de rapport λ est diagonalisable car pour toute base B de E, on a

$$\mathcal{M}(h_\lambda, B) = \lambda I_n.$$

▪ Exemple 2.5.14 – Diagonalisabilité des projecteurs

Soit E un $\mathbb{K}$-espace vectoriel de dimension finie tel que $dim E = n \in \mathbb{N}^*$ et $p \in \mathcal{L}(E)$ un projecteur de E. Le polynôme $P = X^2 - X$ est scindé dans $\mathbb{K}[X]$ et ses racines sont simples. De plus on a $P(p) = p^2 - p = 0$ et par suite p est diagonalisable.

▪ Exemple 2.5.15 – Diagonalisabilité des symétries

Soit E un $\mathbb{K}$-espace vectoriel de dimension finie tel que $dim E = n \in \mathbb{N}^*$ et $s \in \mathcal{L}(E)$ une symétrie de E. Le polynôme $P = X^2 - 1$ est scindé dans $\mathbb{K}[X]$ et ses racines sont simples. De plus on a $P(s) = s^2 - \mathrm{Id}_E = 0$ et par suite s est diagonalisable.

▪ Exemple 2.5.16 – Diagonalisabilité d'un endomorphisme de rang 1 et de trace non nulle

Soit E un $\mathbb{K}$-espace vectoriel de dimension finie tel que $dim E = n \in \mathbb{N}^*$ et $u \in \mathcal{L}(E)$ un endomorphisme de rang 1 tel que $Tr(u) \neq 0$, on sait alors d'après l'Exemple 2.3.52 que $\pi_u = X(X - Tr(u))$ et par suite π_u est scindé simple ce qui implique d'après le Théorème 2.5.9, u est diagonalisable.

Corollaire 2.5.17 – Diagonalisabilité d'un endomorphisme nilpotent
Soient E un $\mathbb{K}$-espace vectoriel de dimension finie tel que $dim E = n \in \mathbb{N}^*$ et $u \in \mathcal{L}(E)$. Si u est nilpotent, alors u est diagonalisable si et seulement si $u = 0$.

Démonstration. Soit p l'indice de nilpotence de u, on sait alors d'après le Théorème 2.3.53 que $\pi_u = X^p$. Ainsi, en vertu du Théorème 2.5.9, on en déduit que u est diagonalisable si et seulement si π_u est scindé simple ce qui signifie que $p = 1$ et donc $u = 0$. ■

Corollaire 2.5.18 Soient E un $\mathbb{K}$-espace vectoriel de dimension finie tel que $dim E = n \in \mathbb{N}^*$ et $u \in \mathcal{L}(E)$. S'il existe $\lambda \in \mathbb{K}$ tel que $\chi_u = (X - \lambda)^n$, alors u est diagonalisable si et seulement si $u = \lambda \mathrm{Id}_E$.

Démonstration. — Il est évident que si $u = \lambda \mathrm{Id}_E$ alors u est diagonalisable.

— Réciproquement, si u est diagonalisable alors π_u est scindé dans $\mathbb{K}[X]$ n'ayant que des racines simples, comme $\pi_u | \chi_u$, on en déduit que $\pi_u = X - \lambda$ et par suite $u = \lambda \mathrm{Id}_E$.

■

Corollaire 2.5.19 – Diagonalisabilité d'un endomorphisme induit Soient E un $\mathbb{K}$-espace vectoriel de dimension finie tel que $dim E = n \in \mathbb{N}^*$ et $u \in \mathscr{L}(E)$. Soit F un sous-espace vectoriel de E stable par u et $\tilde{u}_F$ l'endomorphisme induit par u sur F. Si u est diagonalisable, alors $\tilde{u}_F$ est également diagonalisable.

Démonstration. D'après le Théorème 2.3.54 on sait que $\pi_{\tilde{u}_F} | \pi_u$ et par suite si u est diagonalisable π_u est scindé simple dans $\mathbb{K}[X]$ et il en est de même pour $\pi_{\tilde{u}_F}$ ce qui implique que $\tilde{u}_F$ est diagonalisable. ■

2.6 Trigonalisation

Définition 2.6.1 – Endomorphisme trigonalisable Soient E un $\mathbb{K}$-espace vectoriel de dimension finie tel que $dim E = n \in \mathbb{N}^*$ et $u \in \mathscr{L}(E)$. On dit que u est trigonalisable, s'il existe une base B de E telle que $\mathscr{M}(u, B)$ est triangulaire supérieure.

Définition 2.6.2 – Matrice trigonalisable Soit $A \in \mathscr{M}_n(\mathbb{K})$. On dit que A est trigonalisable dans $\mathscr{M}_n(\mathbb{K})$ si l'endomorphisme u canoniquement associé à A est trigonalisable.

Remarque 2.6.3 Au vu des Définitions 2.6.1 et 2.6.2 on en déduit via le théorème de changement de bases qu'une matrice $A \in \mathscr{M}_n(\mathbb{K})$ est trigonalisable si et seulement si A est semblable à une matrice triangulaire supérieure.

▪ **Exemple 2.6.4**

Soient $A = \begin{pmatrix} 1 & -3 & 4 \\ 4 & -7 & 8 \\ 6 & -7 & 7 \end{pmatrix}$, $P = \begin{pmatrix} 1 & 1 & 1 \\ 2 & 2 & 0 \\ 2 & 1 & 0 \end{pmatrix}$ et $T = \begin{pmatrix} 3 & 0 & 4 \\ 0 & -1 & -2 \\ 0 & 0 & -1 \end{pmatrix}$.

Alors, $A = PTP^{-1}$ et par suite A est trigonalisable.

Dans la suite, nous allons établir des critères de trigonalisabilité pour les endomorphismes, ces résultats seront valables pour les matrices carrées.

Théorème 2.6.5 – 1re caractérisation d'un endomorphisme trigonalisable Soient E un $\mathbb{K}$-espace vectoriel de dimension finie tel que $dim E = n \in \mathbb{N}^*$ et $u \in \mathscr{L}(E)$. Alors, les assertions suivantes sont équivalentes

i) u est trigonalisable.

2i) χ_u est scindé dans $\mathbb{K}[X]$.

Démonstration. — $i) \Longrightarrow 2i)$ Si u est trigonalisable, alors il existe une base B de E telle que $\mathscr{M}(u,B) = (a_{ij})_{1\leqslant i,j\leqslant n}$ est triangulaire supérieure et par suite $\chi_u = \prod_{i=1}^{n}(X - a_{ii})$, qui est scindé dans $\mathbb{K}[X]$.

— $2i) \Longrightarrow i)$ On raisonne par récurrence sur $dim E = n \geqslant 1$.

— Pour $n = 1$, $\mathscr{M}(u,B) \in \mathscr{M}_1(\mathbb{K})$ et elle est donc triangulaire.

— Soit $n \geqslant 1$, supposons que que pour tout $\mathbb{K}$-espace vectoriel E de dimension n et pour tout $u \in \mathscr{L}(E)$, si χ_u est scindé alors u trigonalisable. Soit E un $\mathbb{K}$-espace vectoriel de dimension $n+1$ et $u \in \mathscr{L}(E)$ tel que χ_u est scindé, alors χ_u admet au moins une racine $\lambda \in \mathbb{K}$ en particulier, $\lambda \in Sp(u)$ et par suite il existe $x_0 \in E, x_0 \neq 0$ tel que $u(x_0) = \lambda x_0$, comme $\{x_0\}$ est libre alors d'après le théorème de la base incomplète il existe $e'_1, \dots, e'_n \in E$ tels que $B = \{x_0, e'_1, \dots, e'_n\}$ soit une base de E et par suite

$$\mathscr{M}(u,B') = \begin{pmatrix} \lambda & a_{12} & \cdots & \cdots & a_{1n} \\ 0 & a_{22} & \cdots & \cdots & a_{2n} \\ \vdots & \vdots & & & \vdots \\ \vdots & \vdots & & & \vdots \\ 0 & a_{n2} & \cdots & \cdots & a_{nn} \end{pmatrix}.$$

En particulier, $\chi_u = (X - \lambda)\chi_A$, où

$$A = \begin{pmatrix} a_{22} & \cdots & \cdots & a_{2n} \\ \vdots & & & \vdots \\ \vdots & & & \vdots \\ a_{n2} & \cdots & \cdots & a_{nn} \end{pmatrix}.$$

Soit $B'' = \{e'_1, \dots, e'_n\}$, $F = Vect(B'')$, alors $E = Vect(x_0) \oplus F$, on note p_F la projection sur F parallèlement à $Vect(x_0)$ et $\omega = p_F \circ u_{/F}$ alors $\omega \in \mathscr{L}(F)$ et $\mathscr{M}(\omega, B'') = A$, ainsi $\chi_u = (\lambda - X)\chi_\omega$ en particulier χ_ω est scindé, par conséquent d'après l'hypothèse de récurrence on en déduit qu'il existe $B''' = \{V_1, \ldots, V_n\}$ une base de F telle que $\mathscr{M}(\omega, B''')$ est triangulaire supérieure. Comme $E = Vect(x_0) \oplus F$ alors $B'''' = \{x_0, V_1, \ldots, V_n\}$ est une base de E et $\mathscr{M}(u, B'''')$ est triangulaire supérieure.

■

Corollaire 2.6.6 Si E est un $\mathbb{C}$-espace vectoriel de dimension finie tel que $dim E = n \in \mathbb{N}^*$, alors tout endomorphisme $u \in \mathscr{L}(E)$ est trigonalisable.

Démonstration. Conséquence du Théorème de D'Alembert-Gauss. ■

Corollaire 2.6.7 Toute matrice $A \in \mathscr{M}_n(\mathbb{C})$ est trigonalisable.

Démonstration. Conséquence du Corollaire 2.6.6. ■

Théorème 2.6.8 – 2e caractérisation d'un endomorphisme trigonalisable Soient E un $\mathbb{K}$-espace vectoriel de dimension finie tel que $dim E = n \in \mathbb{N}^*$ et $u \in \mathscr{L}(E)$. Alors, les assertions suivantes sont équivalentes

i) u est trigonalisable.

2i) Le polynôme minimal π_u est scindé dans $\mathbb{K}[X]$.

Démonstration. — $i) \Longrightarrow 2i)$ Si u est trigonalisable alors d'après le Théorème 2.6.5, χ_u est scindé dans $\mathbb{K}[X]$ et donc le polynôme minimal l'est également puisque $\pi_u | \chi_u$.

— $i) \Longrightarrow 2i)$Réciproquement, on raisonne par récurrence sur $dim E = n \geqslant 1$.

  — Pour $n = 1$ tout endomorphisme $u \in \mathscr{L}(E)$ est trigonalisable.

  — Soit $n \in \mathbb{N}^*$, supposons que pour tout $1 \leqslant k \leqslant n$, la propriété est vraie et soit E un $\mathbb{K}$-espace vectoriel de dimension $n+1$. Si u n'admet qu'une seule valeur propre λ, alors $\pi_u = (X - \lambda)^p$ avec $1 \leqslant p \leqslant n$, on pose $v = u - \lambda \mathrm{Id}_E$, alors $v^p = 0$ et donc v est nilpotent, il s'en suit d'après le Lemme 2.3.29 qu'il existe une base B de E telle que $\mathscr{M}(v, B)$ est triangulaire supérieure stricte et par suite

$$\mathscr{M}(u, B) = \mathscr{M}(v, B) + \lambda I_n$$

est triangulaire supérieure.

Supposons maintenant que u admet au moins deux valeurs propres, soient $\lambda_1, \ldots, \lambda_p$ ces valeurs propres deux à deux distinctes, on sait que $\pi_u = \prod_{i=1}^{p}(X-\lambda_i)^{\alpha_i}$, où $\alpha_1, \ldots, \alpha_p \in \mathbb{N}^*$, ainsi en appliquant le Corollaire 2.3.12, on a

$$E = \bigoplus_{i=1}^{p} Ker(u-\lambda_i \mathrm{Id}_E)^{\alpha_i}.$$

Soit $1 \leqslant i \leqslant p$, comme $(u-\lambda_i \mathrm{Id}_E)^{\alpha_i} \in \mathbb{K}[u]$, alors $(u-\lambda_i \mathrm{Id}_E)^{\alpha_i}$ et u commutent et par suite en vertu de la Proposition 2.2.6, on en déduit que $Ker(u-\lambda_i \mathrm{Id}_E)^{\alpha_i}$ est stable par u, on note u_i l'endomorphisme induit par u sur $Ker(u-\lambda_i \mathrm{Id}_E)^{\alpha_i}$. Ainsi, d'après le Théorème 2.3.54, $\pi_{u_i} | \pi_u$ et donc π_{u_i} est scindé dans $\mathbb{K}[X]$, comme $dim Ker(u-\lambda_i \mathrm{Id}_E)^{\alpha_i} \leqslant n$, alors il existe une base B_i telle que $\mathscr{M}(u_i, B_i)$ est triangulaire supérieure. Soit B la concaténation des bases $B_1, \ldots, B_p$, alors $\mathscr{M}(u, B)$ est triangulaire supérieure.

■

Théorème 2.6.9 – 3e caractérisation d'un endomorphisme trigonalisable Soient E un $\mathbb{K}$-espace vectoriel de dimension finie tel que $dim E = n \in \mathbb{N}^*$ et $u \in \mathscr{L}(E)$. Alors, les assertions suivantes sont équivalentes

i) u est trigonalisable.

2i) Il existe un polynôme annulateur P de u scindé dans $\mathbb{K}[X]$.

Démonstration. — $i) \Longrightarrow 2i)$ Si u est trigonalisable, alors d'après les Théorèmes 2.3.39 et 2.6.5, le polynôme caractéristique χ_u est à la fois annulateur de u et scindé dans $\mathbb{K}[X]$.

— $2i) \Longrightarrow i)$ Réciproquement, s'il existe un polynôme annulateur P de u scindé dans $\mathbb{K}[X]$, alors le polynôme minimal π_u est également scindé dans $\mathbb{K}[X]$ et par suite d'après le Théorème 2.6.8, u est trigonalisable.

■

Corollaire 2.6.10 – Trigonalisabilité d'un endomorphisme induit Soient E un $\mathbb{K}$-espace vectoriel de dimension finie tel que $dim E = n \in \mathbb{N}^*$ et $u \in \mathscr{L}(E)$. Soit F un sous-espace vectoriel de E stable par u et $\tilde{u}_F$ l'endomorphisme induit par u sur F. Si u est trigonalisable, alors $\tilde{u}_F$ est également trigonalisable.

Démonstration. D'après le Théorème 2.3.54 on sait que $\pi_{\tilde{u}_F} | \pi_u$. Ainsi, si u est trigonalisable, alors d'après le Théorème 2.6.8 π_u est scindé dans $\mathbb{K}[X]$ et il en est de même pour $\pi_{\tilde{u}_F}$ car $\pi_{\tilde{u}_F} | \pi_u$, ce qui implique que $\tilde{u}_F$ est trigonalisable. ■

2.7 Exponentielle d'un endomorphisme

Définition 2.7.1 – Norme sur un $\mathbb{K}$-espace vectoriel Soit E un $\mathbb{K}$-espace vectoriel. On appelle norme sur E, toute application $\| \,.\, \| : E \longrightarrow \mathbb{R}_+$ vérifiant les trois conditions suivantes :

- Pour tout $x \in E$, $\|x\| = 0$ si et seulement si $x = 0$.
- Pour tous $\lambda \in \mathbb{K}$, $x \in E$, $\|\lambda x\| = |\lambda| \|x\|$.
- Pour tous $x, y \in E$, $\|x + y\| \leqslant \|x\| + \|y\|$.

▪ Exemple 2.7.2 – Norme euclidienne sur $\mathbb{K}^n$

L'application $\| \,.\, \|$ définie sur $\mathbb{K}^n$ par

$$\forall x = (x_1, \ldots, x_n) \in \mathbb{K}^n, \; \|x\| = \left(\sum_{i=1}^{n} |x_i|^2 \right)^{\frac{1}{2}},$$

est une norme sur $\mathbb{K}^n$ dite la norme euclidienne sur $\mathbb{K}^n$.

▪ Exemple 2.7.3 – Norme infinie sur $\mathscr{M}_n(\mathbb{K})$

L'application $\| \,.\, \|_\infty$ définie sur $\mathscr{M}_n(\mathbb{K})$ par

$$\forall A = (a_{ij})_{1 \leqslant i,j \leqslant n} \in \mathscr{M}_n(\mathbb{K}), \; \|A\|_\infty = \sup_{1 \leqslant i,j \leqslant n} |a_{ij}|,$$

est une norme sur $\mathscr{M}_n(\mathbb{K})$ dite la norme infinie.

▪ Exemple 2.7.4 – Norme subordonnée

Soit E un $\mathbb{K}$-espace vectoriel de dimension finie tel que $dim E = n \in \mathbb{N}^*$, $| \,.\, |$ une norme sur E. Alors, l'application $\| \,.\, \|$ définie sur $\mathscr{L}(E)$ par

$$\forall u \in \mathscr{L}(E), \; \|u\| = \sup_{\substack{x \in E \\ |x| = 1}} |u(x)|$$

est une norme sur $\mathscr{L}(E)$ dite la norme subordonnée à la norme $| \,.\, |$.

■ **Exemple 2.7.5**
L'application $\|\,.\,\|$ définie sur $\mathbb{R}[X]$ par

$$\|P\| = \left(\int_0^1 P(x)^2 dx\right)^{\frac{1}{2}}$$

est une norme sur $\mathbb{R}[X]$.

Définition 2.7.6 – Norme d'algèbre Soient $(E, +, \times, .)$ une $\mathbb{K}$-algèbre et $\|\,.\,\|$ une norme sur E. On dit que $\|\,.\,\|$ est une norme d'algèbre, si

$$\forall x, y \in E,\ \|xy\| \leqslant \|x\|\|y\|.$$

Proposition 2.7.7 – Norme d'algèbre sur $\mathscr{M}_n(\mathbb{K})$. L'application $\|\,.\,\|$ définie sur $\mathscr{M}_n(\mathbb{K})$ par

$$\forall A = (a_{ij})_{1\leqslant i,j\leqslant n} \in \mathscr{M}_n(\mathbb{K}),\ \|A\| = \sup_{1\leqslant i\leqslant n} \sum_{j=1}^{n} |a_{ij}|$$

est une norme d'algèbre sur $\mathscr{M}_n(\mathbb{K})$.

Démonstration. Il est clair que $\|\,.\,\|$ est une norme sur $\mathscr{M}_n(\mathbb{K})$.
Soit $A = (a_{ij})_{1\leqslant i,j\leqslant n}, B = (b_{ij})_{1\leqslant i,j\leqslant n} \in \mathscr{M}_n(\mathbb{K})$ On pose $AB = (c_{ij})_{1\leqslant i,j\leqslant n}$, on a alors

$$\begin{aligned}\|AB\| = \sup_{1\leqslant i\leqslant n} \sum_{j=1}^{n} |c_{ij}| = \sup_{1\leqslant i\leqslant n} \sum_{j=1}^{n} \Big|\sum_{k=1}^{n} a_{ik}b_{kj}\Big| &\leqslant \sup_{1\leqslant i\leqslant n} \sum_{k=1}^{n} |a_{ik}| \sum_{j=1}^{n} |b_{kj}| \\ &\leqslant \left(\sup_{1\leqslant k\leqslant n} \sum_{j=1}^{n} |b_{kj}|\right)\left(\sup_{1\leqslant i\leqslant n} \sum_{k=1}^{n} |a_{ik}|\right) = \|A\|\|B\|\end{aligned}$$

■

■ **Exemple 2.7.8**
La norme $\|\,.\,\|_\infty$ n'est pas une norme d'algèbre sur $\mathscr{M}_n(\mathbb{K})$, en revanche l'application

$$\begin{aligned}\|\,.\,\| : \mathscr{M}_n(\mathbb{K}) &\longrightarrow \mathbb{R}_+ \\ A &\longmapsto \|A\| = n\|A\|_\infty\end{aligned}$$

est une norme d'algèbre sur $\mathscr{M}_n(\mathbb{K})$.

Remarque 2.7.9 — Convergence et convergence absolue - Cas de la dimension finie. On sait que dans un $\mathbb{K}$-espace vectoriel E de dimension finie, toutes les normes sont équivalentes et par suite une série $\sum_{n\geqslant 0} u_n$ d'éléments de E est absolument convergente pour une norme si et seulement si elle l'est pour toutes les autres normes, ainsi on peut parler de convergence absolue sans qu'il n'y aie besoin de spécifier la norme. On sait également qu'en dimension finie, toute série absolument convergente est convergente, cela revient au fait que tout $\mathbb{K}$-espace vectoriel E de dimension finie est complet.

Proposition 2.7.10 – Exponentielle d'une matrice carrée. Pour tout $A \in \mathscr{M}_n(\mathbb{K})$, la série $\sum_{k\geqslant 0} \frac{A^k}{k!}$ est absolument convergente. On appelle exponentielle de A, la matrice définie par

$$e^A = \sum_{k=0}^{+\infty} \frac{A^k}{k!} \in \mathscr{M}_n(\mathbb{K}).$$

Démonstration. On munit $\mathscr{M}_n(\mathbb{K})$ d'une norme d'algèbre $\| \,.\, \|$, alors pour toute matrice $A \in \mathscr{M}_n(\mathbb{K})$ et pour tout $k \in \mathbb{N}^*$, on a

$$\|\frac{A^k}{k!}\| \leqslant \frac{\|A^k\|}{k!} \leqslant \frac{\|A\|^k}{k!},$$

comme la série $\sum_{k\geqslant 0} \frac{\|A\|^k}{k!}$ est convergente vers $e^{\|A\|}$, on en déduit que la série $\sum_{k\geqslant 0} \frac{A^k}{k!}$ est absolument convergente et donc convergente dans $\mathscr{M}_n(\mathbb{K})$. ∎

Proposition 2.7.11 – Exponentielle d'un endomorphisme. Soient E un $\mathbb{K}$-espace vectoriel de dimension finie tel que $dim E = n \in \mathbb{N}^*$. Alors, la série $\sum_{k\geqslant 0} \frac{u^k}{k!}$ est absolument convergente dans $\mathscr{L}(E)$. On appelle exponentielle de u, l'endomorphisme défini par

$$e^u = \sum_{k=0}^{+\infty} \frac{u^k}{k!} \in \mathscr{L}(E).$$

Démonstration. La preuve est identique à celle de la Proposition 2.7.10. ■

Remarque 2.7.12 L'hypothèse de la dimension finie dans la proposition précédente est essentielle car si E n'est pas de dimension finie, la convergence absolue de la série $\sum_{k\geqslant 0} \frac{u^k}{k!}$ n'entraîne pas nécessairement sa convergence.

Remarque 2.7.13 — Exponentielle de matrices particulières.
1) Si $D = diag(\lambda_1, \dots, \lambda_n)$ est une matrice diagonale, alors

$$e^A = diag(e^{\lambda_1}, \dots, e^{\lambda_n}).$$

2)$e^0 = I_n$.

3) Si $N \in \mathscr{M}_n(\mathbb{K})$ est une matrice nilpotente d'indice p, alors $e^N = \sum_{k=0}^{p-1} \frac{N^k}{k!}$.

Proposition 2.7.14 Soient $A, B \in \mathscr{M}_n(\mathbb{K})$. Alors,
i) Si $AB = BA$, alors $e^{A+B} = e^A e^B$.
2i) $e^A \in GL_n(\mathbb{K})$ et $(e^A)^{-1} = e^{-A}$.
3i) $e^{{}^tA} = {}^t(e^A)$.
4i) S'il existe $P \in GL_n(\mathbb{K})$ telle que $A = PBP^{-1}$, alors $e^A = Pe^B P^{-1}$.

Démonstration. i) Comme A et B commutent, alors pour tout $m \in \mathbb{N}$, on a

$$\sum_{k=0}^{m} \frac{(A+B)^k}{k!} = \sum_{k=0}^{m}\sum_{i=0}^{k} \frac{\binom{k}{i} A^i B^{k-i}}{k!} = \sum_{k=0}^{m}\sum_{i=0}^{k} \frac{A^i B^{k-i}}{i!(k-i)!}$$

cela montre que la série $\sum_{k \geqslant 0} \frac{(A+B)^k}{k!}$ est le produit de Cauchy des séries $\sum_{k \geqslant 0} \frac{A^k}{k!}$ et $\sum_{k \geqslant 0} \frac{B^k}{k!}$ qui sont absolument convergentes et par suite

$$e^{A+B} = \sum_{k=0}^{+\infty} \frac{(A+B)^k}{k!} = \left(\sum_{k=0}^{+\infty} \frac{A^k}{k!}\right)\left(\sum_{k=0}^{+\infty} \frac{B^k}{k!}\right) = e^A e^B.$$

2i) Comme A et $-A$ commutent alors $I_n = e^0 = e^{A+(-A)} = e^A e^{-A}$.

3i) Évident.

4i) Il suffit de remarquer que pour tout $k \in \mathbb{N}$, on a $A^k = PB^kP^{-1}$ et par suite pour tout $m \in \mathbb{N}$, on a

$$\sum_{k=0}^{m} \frac{A^k}{k!} = P\left(\sum_{k=0}^{m} \frac{B^k}{k!}\right)P^{-1}.$$

Or, l'application $\psi : \mathscr{M}_n(\mathbb{K}) \longrightarrow \mathscr{M}_n(\mathbb{K})$, $X \longmapsto PXP^{-1}$ est une application linéaire au départ d'un espace vectoriel de dimension finie et par suite ψ est continue. Ainsi,

$$\begin{aligned} e^A &= \sum_{k=0}^{+\infty} \frac{A^k}{k!} = \lim_{m\to+\infty} \sum_{k=0}^{m} \frac{A^k}{k!} = \lim_{m\to+\infty} \sum_{k=0}^{m} P\left(\frac{B^k}{k!}\right)P^{-1} \\ &= \lim_{m\to+\infty} \sum_{k=0}^{m} \psi\left(\frac{B^k}{k!}\right) = \lim_{m\to+\infty} \psi\left(\sum_{k=0}^{m} \frac{B^k}{k!}\right) = \psi\left(\lim_{m\to+\infty} \sum_{k=0}^{m} \frac{B^k}{k!}\right) \\ &= \psi(e^B) = Pe^BP^{-1} \end{aligned}$$

■

Corollaire 2.7.15 Soient $A \in \mathscr{M}_n(\mathbb{K})$. Si A est diagonalisable dans $\mathscr{M}_n(\mathbb{K})$, alors il en est de même pour e^A.

Démonstration. Conséquence immédiate de la Proposition 2.7.14. ■

Proposition 2.7.16 Soient $A \in \mathscr{M}_n(\mathbb{K})$ et $\lambda \in \mathbb{K}$. Si $\lambda \in Sp(A)$, alors

$$e^{\lambda} \in Sp(e^{A}).$$

Démonstration. Soit $X \in \mathscr{M}_{n,1}(\mathbb{K})$, $X \neq 0$ tel que $AX = \lambda X$, alors un simple raisonnement par récurrence montre que pour tout $k \in \mathbb{N}$, on a $A^k X = \lambda^k X$ et par suite

$$\forall m \in \mathbb{N}, \ \sum_{k=0}^{m} \frac{A^k}{k!} = \sum_{k=0}^{m} \frac{\lambda^k}{k!},$$

comme les applications $M \longmapsto MX$ et $\alpha \longmapsto \alpha X$ sont linéaires au départ d'un espace vectoriel de dimension finie, elles sont continues et par suite

$$e^A X = \lim_{m \to +\infty} \sum_{k=0}^{m} \frac{A^k}{k!} X = \lim_{m \to +\infty} \sum_{k=0}^{m} \frac{\lambda^k}{k!} X = e^{\lambda} X$$

ce qui implique que $e^{\lambda} \in Sp(e^A)$. ■

2.8 Exercices du chapitre 2

Exercice 2.1

Soient E un $\mathbb{K}$-espace vectoriel, $u \in \mathscr{L}(E)$ et p un projecteur de E. Montrer que $p \circ u = u \circ p$, si et seulement si $Ker(p)$ et $Im(p)$ sont stables par u. ▪

Exercice 2.2

Soient E un $\mathbb{K}$-espace vectoriel et $u \in \mathscr{L}(E)$. Montrer que si u stabilise tous les sous-espaces vectoriels de E, alors u est une homothétie. ▪

Exercice 2.3 – Lemme de Schur

Soient E un $\mathbb{C}$-espace vectoriel de dimension finie tel que $dim E = n \in \mathbb{N}^*$ et $Q \subset \mathscr{L}(E)$. On dit que Q est irréductible si les seuls sous-espaces stables par tous les endomorphismes de Q sont $\{0\}$ et E. On note

$$C(Q) = \{v \in \mathscr{L}(E) \mid u \circ v = v \circ u, \forall u \in Q\}$$

et

$$Hom(E) = \{\lambda \mathrm{Id}_E \mid \lambda \in \mathbb{K}\}.$$

1) Montrer que si Q est irréductible, alors $C(Q) = Hom(E)$.
2) Montrer que $GL(E)$ est irréductible et en déduire $C(GL(E))$.

▪

Exercice 2.4

Soient E un $\mathbb{R}$-espace vectoriel de dimension finie tel que $dim E = n \in \mathbb{N}^*$ et $u \in \mathscr{L}(E)$ un endomorphisme vérifiant

$$u^3 + u = 0.$$

1) Montrer que $Im(u)$ est stable par u.
2) Montrer que pour tout $x \in Im(u)$, $u^2(x) = -x$.
3) Soit $\tilde{u}$ l'endomorphisme induit par u sur $Im(u)$.
   a) Montrer que $\tilde{u}$ est un automorphisme de $Im(u)$.
   b) En déduire que $rg(u)$ est paire.

▪

Exercice 2.5

Soit $A \in \mathscr{M}_n(\mathbb{R})$. Montrer que si A est antisymétrique, alors χ_A a la même parité que n. ▪

Exercice 2.6

Soit $A \in \mathscr{M}_n(\mathbb{K})$. Montrer que si A est inversible, alors $A^{-1} \in \mathbb{K}[A]$. ∎

Exercice 2.7 – Étude d'une matrice tridiagonale

Soit

$$A_n = \begin{pmatrix} 0 & 1 & & 0 \\ 1 & \ddots & \ddots & \\ & \ddots & \ddots & 1 \\ 0 & & 1 & 0 \end{pmatrix} \in M_n(\mathbb{C}).$$

1) Montrer que pour tout $n \in \mathbb{N}^*$, $\chi_{A_{n+2}} = X\chi_{A_{n+1}} - \chi_{A_n}$. Les polynômes χ_{A_n} sont appelés les polynômes de Tchebychev de la second espèce.
2) Calculer χ_{A_1} et χ_{A_2}.
3) Montrer que pour tout $\theta \in]0,\pi[$ et pour tout $n \in \mathbb{N}^*$

$$\chi_{A_n}(2\cos(\theta)) = \frac{\sin((n+1)\theta)}{\sin(\theta)}.$$

4) En déduire que χ_{A_n} admet n racines distinctes et expliciter χ_{A_n}.

∎

Exercice 2.8 – Polynôme caractéristique de la matrice de Weilandt

Pour tout $n \in \mathbb{N}$ tel que $n \geqslant 2$ soit $W_n = (\omega_{ij})_{1 \leqslant i,j \leqslant n} \in \mathscr{M}_n(\mathbb{R})$ la matrice de Weilandt définie par

$$\forall 1 \leqslant i,j \leqslant n,\ \omega_{ij} = \begin{cases} 1 & \text{Si } 1 \leqslant i < n \text{ et } j = i+1; \\ 1 & \text{Si } i = n \text{ et } j \in \{1,2\}; \\ 0 & \text{Sinon.} \end{cases}$$

Montrer que,

$$\forall n \geqslant 2,\ \chi_{W_n} = X^n - X - 1.$$

∎

Exercice 2.9

Soient $n \in \mathbb{N}$ tel que $n \geqslant 2$ et $a_1, \dots, a_{n-1}, b_1, \dots, b_{n-1} \in \mathbb{R}$ et soit

$$A_n = \begin{pmatrix} 0 & \cdots & \cdots & 0 & b_1 \\ \vdots & & & \vdots & \vdots \\ \vdots & & & \vdots & \vdots \\ 0 & \cdots & \cdots & 0 & b_{n-1} \\ a_1 & \cdots & \cdots & a_{n-1} & 0 \end{pmatrix}.$$

Montrer que,

$$\forall n \geqslant 2,\ \chi_{A_n} = X^{n-2}\left(X^2 - \sum_{i=1}^{n-1} a_i b_i\right).$$

■

Exercice 2.10

Soient $n \in \mathbb{N}^*$, B la base canonique de $\mathbb{R}_n[X]$ et ψ_n l'endomorphisme de $\mathbb{R}_n[X]$ défini par

$$\psi_n(P) = XP'' + (X-4)P' - 3P.$$

1) Calculer $\psi_n(X^k)$ pour tout $k \in [\![0, n]\!]$.
2) Déterminer la matrice $A_n = \mathscr{M}(\psi_n, B)$.
3) Déterminer le polynôme caractéristique χ_{ψ_n} et en déduire $Sp(\psi_n)$.

■

Exercice 2.11 – Théorème de Peron-Frobenius - Cas particulier

Soit $A = (a_{ij})_{1 \leqslant i,j \leqslant 2} \in \mathscr{M}_2(\mathbb{R})$ une matrice strictement positive, c'est à dire vérifiant

$$\forall 1 \leqslant i, j \leqslant 2,\ a_{ij} > 0.$$

1) Montrer que A admet deux valeurs propres réelles distinctes $\lambda_1 < \lambda_2$.
2) Montrer que $\lambda_2 > 0$.
3) Montrer qu'il existe $X = \begin{pmatrix} x_1 \\ x_2 \end{pmatrix} \in \mathscr{M}_{2,1}(\mathbb{R})$ un vecteur propre associé à la valeur propre λ_2 tel que $x_1, x_2 > 0$.

■

Exercice 2.12 – Théorème de Hadamard-Gershgorin
Soit $A = (a_{ij})_{1\leqslant i,j\leqslant n} \in \mathscr{M}_n(\mathbb{C})$. On dit que A est à diagonale strictement dominante, si

$$\forall 1 \leqslant i \leqslant n,\ |a_{ii}| > \sum_{\substack{j=1\\ j\neq i}}^{n} |a_{ij}|$$

1) Montrer que si A est à diagonale strictement dominante, alors A est inversible.
2) Pour tout $1 \leqslant i \leqslant n$, on note

$$D_i = \left\{ z \in \mathbb{C} \mid |z - a_{ii}| \leqslant \sum_{\substack{j=1\\ j\neq i}}^{n} |a_{ij}| \right\}.$$

Montrer que $Sp(A) \subset \bigcup_{i=1}^{n} D_i$.

■

Exercice 2.13 – Théorème de Cayley-Hamilton revisité
Soient E un $\mathbb{K}$-espace vectoriel de dimension finie tel que $dim E = n \in \mathbb{N}^*$ et $u \in \mathscr{L}(E)$. Pour tout $x \in E$, on appelle sous-espace vectoriel cyclique associé à u et engendré par x, le sous-espace

$$E_{u,x} = Vect((u^k(x))_{k\in\mathbb{N}}).$$

1) Montrer que pour tout $x \in E$, $E_{u,x}$ est le plus petit sous-espace vectoriel de E (au sens de l'inclusion) stable par u et contenant x.
2) Soit $x \in E$, $x \neq 0$ et $m_x = \max\left\{k \in \mathbb{N} \mid \{x, u(x), \ldots, u^k(x)\} \text{ est libre}\right\}$. Montrer que $B_{u,x} = \{x, u(x), \ldots, u^{m_x}(x)\}$ est une base de $E_{u,x}$.
3) Soit $x \in E$, $x \neq 0$, on note $\widetilde{u}_x$ l'endomorphisme induit par u sur $E_{u,x}$. Soit
$$I_{u,x} = \{P \in \mathbb{K}[X] \mid P(u)(x) = 0\}.$$
   a) Montrer que $I_{u,x} = \pi_{\widetilde{u}_x}\mathbb{K}[X]$.
   b) Montrer que $\pi_{\widetilde{u}_x} = \chi_{\widetilde{u}_x}$.
4) En déduire que $\chi_u(u) = 0$ (Théorème de Cayley-Hamilton).

■

Exercice 2.14

Soit $A = \begin{pmatrix} 0 & 2 & -1 \\ 3 & -2 & 0 \\ -2 & 2 & 1 \end{pmatrix}$.

1) Montrer que la matrice A est diagonalisable dans $\mathcal{M}_3(\mathbb{R})$.
2) Déterminer une matrice $P \in GL_3(\mathbb{R})$ et une matrice diagonale $D \in \mathcal{M}_3(\mathbb{R})$ telles que $A = PDP^{-1}$.

■

Exercice 2.15

Soit $A = \begin{pmatrix} 0 & -2 & 0 \\ 1 & 0 & -1 \\ 0 & 2 & 0 \end{pmatrix}$.

1) Montrer que A n'est pas diagonalisable dans $\mathcal{M}_3(\mathbb{R})$.
2) Montrer que A est diagonalisable dans $\mathcal{M}_3(\mathbb{C})$.
3) Déterminer une matrice $P \in GL_3(\mathbb{C})$ et une matrice diagonale $D \in \mathcal{M}_3(\mathbb{C})$ telles que $A = PDP^{-1}$.

■

Exercice 2.16

Soit $A = \begin{pmatrix} 0 & -i & -1-2i \\ -i & 1-i & -3i \\ i & i & 1+3i \end{pmatrix}$.

1) Montrer que A est diagonalisable dans $\mathcal{M}_3(\mathbb{C})$.
2) Déterminer une matrice $P \in GL_3(\mathbb{C})$ et une matrice diagonale $D \in \mathcal{M}_3(\mathbb{C})$ telles que $A = PDP^{-1}$.

■

Exercice 2.17

Soit $A = \begin{pmatrix} 3 & -1 & 1 & -7 \\ 9 & -3 & -7 & -1 \\ 0 & 0 & 4 & -8 \\ 0 & 0 & 2 & -4 \end{pmatrix}$

1) Calculer χ_A.
2) En déduire que A n'est pas diagonalisable.

■

Exercice 2.18

Soit $A = \begin{pmatrix} -2 & -1 & 1 & 2 \\ 1 & -4 & 1 & 2 \\ 0 & 0 & -5 & 4 \\ 0 & 0 & -1 & -1 \end{pmatrix}$

1) Calculer χ_A.
2) En déduire que A n'est pas diagonalisable.

■

Exercice 2.19

Soit $A = \begin{pmatrix} 0 & 1 & \cdots & \cdots & \cdots & 1 \\ 1 & \ddots & \ddots & & & \vdots \\ \vdots & \ddots & \ddots & \ddots & & \vdots \\ \vdots & & \ddots & \ddots & \ddots & \vdots \\ \vdots & & & \ddots & \ddots & 1 \\ 1 & \cdots & \cdots & \cdots & 1 & 0 \end{pmatrix} \in \mathscr{M}_n(\mathbb{R}),\ n \geqslant 2.$

1) Calculer A^2.
2) En déduire que A est diagonalisable dans $\mathscr{M}_n(\mathbb{R})$.

■

Exercice 2.20

Soit $N = \begin{pmatrix} 0 & 1 & 0 \\ 0 & 0 & 1 \\ 0 & 0 & 0 \end{pmatrix}$.

Montrer que l'équation $(E)\ :\ X^2 = N$, n'a pas de solution dans $\mathscr{M}_3(\mathbb{C})$. ■

Exercice 2.21

Soit $A = \begin{pmatrix} 1 & 1 & 1 \\ 3 & -1 & -5 \\ -3 & 1 & 5 \end{pmatrix}$.

Résoudre dans $\mathscr{M}_3(\mathbb{R})$ l'équation $(E)\ :\ X^2 = A$. ■

Exercice 2.22 – Diagonalisation avec paramètre

Soient m un paramètre réel et

$$A_m = \begin{pmatrix} 1 & 0 & 1 \\ -1 & 2 & 1 \\ 2-m & m-2 & m \end{pmatrix} \in \mathscr{M}_3(\mathbb{R}).$$

1) Calculer χ_{A_m} et en déduire $Sp(A_m)$.
2) Déterminer les valeurs de m pour lesquelles A_m est diagonalisable dans $\mathscr{M}_3(\mathbb{R})$.
3) Pour $m = 2$. Calculer A_2^k pour tout $k \in \mathbb{N}$.

■

Exercice 2.23 – Matrice à diagonale propre

Soit $A = (a_{ij})_{1\leqslant i,j\leqslant n} \in \mathscr{M}_n(\mathbb{R})$. On dit que A est à diagonale propre, si

$$\chi_A = \prod_{i=1}^{n}(X - a_{ii}).$$

Soit $m \in \mathbb{R}$ un paramètre réel et $A_m = \begin{pmatrix} 1 & -1 & m \\ 0 & 2 & -m \\ 1 & 1 & 2-m \end{pmatrix}$.

1) Calculer χ_{A_m} et en déduire $Sp(A_m)$.
2) Déterminer les valeurs de m pour lesquels A_m est à diagonale propre.
3) Déterminer les valeurs de m pour lesquels A_m est diagonalisable.
4) Soit $C = \begin{pmatrix} 0 & 0 & -1 \\ 0 & 0 & 0 \\ 1 & 0 & 0 \end{pmatrix}$ La matrice C est-elle à diagonale propre ?

■

Exercice 2.24 – Récurrence linéaire-Suite de Fibonacci

Soit $(f_n)_{n\in\mathbb{N}}$ la suite dite de Fibonacci définie par $f_0 = 0$, $f_1 = 1$ et

$$\forall n \in \mathbb{N},\ f_{n+2} = f_{n+1} + f_n.$$

Déterminer le terme général de la suite $(f_n)_{n\in\mathbb{N}}$. ■

Exercice 2.25 – Récurrence linéaire croisée

Soit $A = \begin{pmatrix} 2 & -1 & 0 \\ -1 & 0 & 2 \\ -1 & -2 & 4 \end{pmatrix}$.

1) Montrer que A est diagonalisable dans $\mathscr{M}_3(\mathbb{R})$.
2) Déterminer une matrice $D \in \mathscr{M}_3(\mathbb{R})$ diagonale et une matrice $P \in GL_3(\mathbb{R})$ telles que $A = PDP^{-1}$.
3) Calculer A^n pour tout $n \in \mathbb{N}$.
4) Soient $(x_n)_{n\in\mathbb{N}}$, $(y_n)_{n\in\mathbb{N}}$ et $(z_n)_{n\in\mathbb{N}}$ trois suites réelles définies par $x_0 = 1$, $y_0 = 0$, $z_0 = -1$ et

$$\forall n \in \mathbb{N}, \quad \begin{cases} x_{n+1} = 2x_n - y_n \\ y_{n+1} = -x_n + 2z_n \\ z_{n+1} = -x_n - 2y_n + 4z_n \end{cases}$$

Pour tout $n \in \mathbb{N}$, on pose $X_n = \begin{pmatrix} x_n \\ y_n \\ z_n \end{pmatrix}$

a) Pour tout $n \in \mathbb{N}$, exprimer X_{n+1} en fonction de X_n.
b) Montrer que pour tout $n \in \mathbb{N}$, $X_n = A^n X_0$.
c) En déduire les termes généraux des suites $(x_n)_{n\in\mathbb{N}}$, $(y_n)_{n\in\mathbb{N}}$ et $(z_n)_{n\in\mathbb{N}}$.

∎

Exercice 2.26 – Transposition

Soit $n \in \mathbb{N}$ tel que $n \geqslant 2$ et

$$\psi : \mathscr{M}_n(\mathbb{R}) \longrightarrow \mathscr{M}_n(\mathbb{R})$$
$$A \longmapsto {}^tA$$

1) Montrer que $Sp(\psi) = \{\pm 1\}$.
2) En déduire que ψ est diagonalisable.
3) Montrer que $dim E_{-1} = \dfrac{n(n-1)}{2}$ et $dim E_1 = \dfrac{n(n+1)}{2}$.

∎

Exercice 2.27 – Matrice de Hankel

Soit $A = \begin{pmatrix} 0 & 1 & 0 & 0 \\ 0 & 0 & 1 & 0 \\ 0 & 0 & 0 & 1 \\ 1 & 0 & 0 & 0 \end{pmatrix}$.

1) Calculer A^2 et A^3.
2) Montrer que la matrice A est diagonalisable dans $\mathcal{M}_4(\mathbb{C})$ et diagonaliser A.
3) Soient $a,b,c,d \in \mathbb{C}$ et $C(a,b,c,d) = \begin{pmatrix} a & b & c & d \\ d & a & b & c \\ c & d & a & b \\ b & c & d & a \end{pmatrix}$.
   a) Exprimer $C(a,b,c,d)$ en fonction de a,b,c,d,I_4,A,A^2 et A^3.
   b) En déduire que $C(a,b,c,d)$ est diagonalisable et diagonaliser $C(a,b,c,d)$.

■

Exercice 2.28

Soit φ l'application définie sur $\mathbb{R}_n[X]$ par

$$\varphi(P) = (X^2-1)P'' + 2XP'.$$

1) Montrer que $\varphi \in \mathcal{L}(\mathbb{R}_n[X])$.
2) Déterminer la matrice de φ dans la base canonique de $\mathbb{R}_n[X]$.
3) Calculer le polynôme caractéristique χ_φ.
4) En déduire que $Sp(\varphi) = \{k(k+1) \mid 0 \leqslant k \leqslant n\}$.
5) En déduire que φ est diagonalisable.
6) Montrer qu'il existe une base $B = \{P_0, P_1, \dots, P_n\}$ de vecteurs propres de φ tels que pour tout $0 \leqslant k \leqslant n$, P_k est unitaire de degré k.

■

Exercice 2.29
Soit E un $\mathbb{K}$-espace vectoriel de dimension finie tel que $dim E = n \in \mathbb{N}^*$, $f \in \mathscr{L}(E)$ et

$$\begin{aligned} \psi : \mathscr{L}(E) &\longrightarrow \mathscr{L}(E) \\ g &\longmapsto \psi(g) = f \circ g \end{aligned}$$

1) Montrer que $\psi \in \mathscr{L}(\mathscr{L}(E))$.
2) Montrer que $Sp(\psi) = Sp(f)$.
3) Montrer que pour tout $\lambda \in Sp(\psi)$, $dim E_\lambda(\psi) = dim E \times dim E_\lambda(f)$.
4) Montrer que f est diagonalisable si et seulement si ψ est diagonalisable.

■

Exercice 2.30
Soit $M \in \mathscr{M}_n(\mathbb{R})$ une matrice vérifiant $M^2 + M + I_n = 0$.

1) Montrer que M n'est pas diagonalisable dans $\mathscr{M}_n(\mathbb{R})$.
2) Montrer que M est diagonalisable dans $\mathscr{M}_n(\mathbb{C})$.
3) Montrer que $Sp_{\mathbb{C}}(M) = \{j, \bar{j}\}$ où $j = e^{\frac{2i\pi}{3}}$.
4) Montrer que n est paire et calculer $Tr(M)$ et $\det(M)$.

■

Exercice 2.31 – Diagonalisation simultanée ou endomorphismes co-diagonalisables
Soient E un $\mathbb{K}$-espace vectoriel de dimension finie tel que $dim E = n \in \mathbb{N}^*$ et $u_1, \ldots, u_p \in \mathscr{L}(E)$ des endomorphismes de E. Montrer que si les endomorphismes $u_1, \ldots, u_p$ sont diagonalisables et commutent deux à deux, alors il existe une base B de E telle que pour tout $1 \leqslant i \leqslant p$, la matrice $\mathscr{M}(u_i, B)$ est diagonale. On dit dans ce cas que les endomorphismes $u_1, \ldots, u_p$ sont co-diagonalisables. ■

Exercice 2.32 – Diagonalisabilité de M et M^p
Soient $M \in \mathscr{M}_n(\mathbb{C})$ et $p \in \mathbb{N}^*$. Montrer que les assertions suivantes sont équivalentes
i) M est diagonalisable.
2i) M^p est diagonalisable et $Ker(M) = Ker(M^p)$.

■

Exercice 2.33 – Densité de $GL_n(\mathbb{R})$ dans $\mathcal{M}_n(\mathbb{R})$
Soit $n \in \mathbb{N}^*$.

1) Montrer que $GL_n(\mathbb{R})$ est un ouvert dense dans $\mathcal{M}_n(\mathbb{R})$.
2) Montrer que $\mathcal{M}_n(\mathbb{R}) \backslash GL_n(\mathbb{R})$ est un fermé non compact.

■

Exercice 2.34 – Densité des matrices diagonalisables dans $\mathcal{M}_n(\mathbb{C})$
On munit $\mathcal{M}_n(\mathbb{C})$ de la norme $\| \,.\, \|$ définie par

$$\forall A = (a_{ij})_{1 \leqslant i,j \leqslant n} \in \mathcal{M}_n(\mathbb{C}), \ \|A\| = \sup_{1 \leqslant i \leqslant n} \sum_{j=1}^{n} |a_{ij}|$$

et de la norme infinie $\| \,.\, \|_\infty$ définie par

$$\forall A = (a_{ij})_{1 \leqslant i,j \leqslant n} \in \mathcal{M}_n(\mathbb{C}), \ \|A\|_\infty = \sup_{1 \leqslant i,j \leqslant n} |a_{ij}|.$$

On sait alors que la norme $\| \,.\, \|$ vérifie

$$\forall A, B \in \mathcal{M}_n(\mathbb{C}), \ \|AB\| \leqslant \|A\| \|B\|.$$

1) Justifier qu'il existe une constante $C > 0$ telle que pour tout $A \in \mathcal{M}_n(\mathbb{C})$, on a
$$\|A\| \leqslant C \|A\|_\infty.$$
2) Soit $A \in \mathcal{M}_n(\mathbb{C})$ et $\varepsilon > 0$
   a) Montrer que pour tout $A \in \mathcal{M}_n(\mathbb{C})$ il existe $P \in GL_n(\mathbb{C})$ et $T \in \mathcal{M}_n(\mathbb{C})$ une matrice triangulaire telles que $A = PTP^{-1}$.
   b) Soient $\lambda_1, \dots, \lambda_n$ les valeurs propres de A (distinctes ou confondues). Montrer qu'il existe $\varepsilon_1, \dots, \varepsilon_n \in [0, \dfrac{\varepsilon}{C\|P^{-1}\| \|P\|}]$ tels que pour tous $1 \leqslant k, k' \leqslant n$, $k \neq k'$, on a $\lambda_k + \varepsilon_k \neq \lambda_{k'} + \varepsilon_{k'}$.
   c) Soit $D = (d_{ij})_{1 \leqslant i,j \leqslant n} \in \mathcal{M}_n(\mathbb{C})$ la matrice diagonale définie par $d_{ii} = \varepsilon_i$ pour tout $1 \leqslant i \leqslant n$. Montrer que la matrice
   $$A' = P(D+T)P^{-1}$$
   est diagonalisable.
3) Montrer que l'ensemble des matrices diagonalisables dans $\mathcal{M}_n(\mathbb{C})$ est dense dans $\mathcal{M}_n(\mathbb{C})$.

■

Exercice 2.35 – Endomorphisme semi-simple

Soient E un $\mathbb{C}$-espace vectoriel de dimension finie tel que $dim E \in \mathbb{N}^*$ et $u \in \mathscr{L}(E)$. On dit que u est semi-simple si tout sous-espace vectoriel de E stable par u admet un supplémentaire stable par u. Le but de cet exercice est de montrer qu'un endomorphisme u est semi-simple si et seulement si, u est diagonalisable. Dans la suite on désigne par $\lambda_1, \ldots, \lambda_p$ les valeurs propres de u deux à deux distinctes.

1) On suppose que u est semi-simple.

   a) Montrer que le sous-espace vectoriel $F = \bigoplus_{i=1}^{p} E_{\lambda_i}$ admet un supplémentaire G dans E, stable par u.

   b) Montrer que si $G \neq \{0\}$, alors G contient un vecteur propre de u.

   c) En déduire que u est diagonalisable.

2) On suppose maintenant que u est diagonalisable. Soit F un sous-espace vectoriel de E stable par u et $\tilde{u}_F$ l'endomorphisme induit par u sur F.

   a) Montrer que $F = \bigoplus_{i=1}^{p} Ker(\tilde{u}_F - \lambda_i \mathrm{Id}_F)$.

   b) Montrer que pour tout $1 \leqslant i \leqslant p$, $Ker(\tilde{u}_F - \lambda_i \mathrm{Id}_F) = F \cap E_{\lambda_i}$.

   c) Pour tout $1 \leqslant i \leqslant p$, soit G_i un supplémentaire de $F \cap E_{\lambda_i}$ dans E_{λ_i} et

$$G = \bigoplus_{i=1}^{p} G_i.$$

   Montrer que G est un supplémentaire de F dans E, stable par u.

   d) Conclure.

■

Exercice 2.36 – Diagonalisabilité et sous-espaces stables

Soit E un $\mathbb{K}$-espace vectoriel de dimension finie tel que $dim E = n \in \mathbb{N}^*$ et soit $u \in \mathscr{L}(E)$. Montrer que u est diagonalisable, si et seulement si tout sous-espace vectoriel de E possède un supplémentaire stable par u. ■

Exercice 2.37 – Dimension d'un Commutant

Soient E un $\mathbb{C}$-espace vectoriel de dimension finie tel que $dim E = n \geqslant 2$ et $u \in \mathscr{L}(E)$ un endomorphisme diagonalisable. On note $\lambda_1, \ldots, \lambda_p$ les valeurs propres de u deux à deux distinctes de multiplicités respectives $m_1, \ldots, m_p$

et $\mathscr{C}(u)$ le sous-ensemble de $\mathscr{L}(E)$ défini par

$$\mathscr{C}(u) = \{v \in \mathscr{L}(E) \mid u \circ v = v \circ u\}.$$

1) Montrer que $\mathscr{C}(u)$ est un sous-espace vectoriel de $\mathscr{L}(E)$.
2) Montrer que pour tout $v \in \mathscr{L}(E)$, $v \in \mathscr{C}(u)$ si et seulement si pour tout $1 \leqslant i \leqslant p$, E_{λ_i} est stable par v.
3) Soit B une base de E adaptée à la décomposition

$$E = E_{\lambda_1} \oplus \cdots \oplus E_{\lambda_p}.$$

Montrer que pour tout $v \in \mathscr{L}(E)$, $v \in \mathscr{C}(u)$ si et seulement si $\mathscr{M}(v,B)$ est diagonale par bloc de la forme

$$\mathscr{M}(v,B) = \begin{pmatrix} \boxed{V_1} & & & & \\ & \boxed{V_2} & & & \\ & & \ddots & & \\ & & & \ddots & \\ & & & & \boxed{V_p} \end{pmatrix},$$

où pour chaque $1 \leqslant i \leqslant p$, $V_i \in \mathscr{M}_{n_i}(\mathbb{C})$.

4) Montrer que $dim \mathscr{C}(u) = \sum_{i=1}^{p} n_i^2$.
5) Montrer que $dim \mathscr{C}(u) \geqslant n$.
6) Montrer qu'il existe $u \in \mathscr{L}(E)$ tel que $dim \mathscr{C}(u) = n$.

■

Exercice 2.38 – Théorème de Burnside

Soit G un groupe d'élément neutre e. On dit que G est d'exposant fini s'il existe $k \in \mathbb{N}^*$ tel que

$$\forall x \in G, x^k = e.$$

Dans ce cas, on appelle exposant de G le plus petit entier naturel non nul p vérifiant

$$\forall x \in G, x^p = e.$$

Il est clair que tout groupe fini est d'exposant fini. Le but de cet exercice est de montrer que tout sous-groupe d'exposant fini de $GL_n(\mathbb{C})$ est fini.

1) Soit $A \in \mathscr{M}_n(\mathbb{C})$. Montrer que si pour tout $k \in \mathbb{N}^*$, $Tr(A^k) = 0$, alors A est nilpotente.

2) On pose $m = dim Vect(G)$. Montrer qu'il existe $M_1, \ldots, M_m \in G$ tels que $B = \{M_1, \ldots, M_m\}$ est une base de $Vect(G)$.
3) Soit

$$\begin{aligned} \psi : G &\longrightarrow \mathbb{C}^m \\ X &\longmapsto (Tr(XM_1), \ldots, Tr(XM_m)) \end{aligned}$$

et soient $A, B \in G$ telles que $\psi(A) = \psi(B)$.
   a) Montrer que $Tr(AM) = Tr(BM)$ pour tout $M \in G$.
   b) On pose $D = AB^{-1}$. Montrer que pour tout $k \in \mathbb{N}$, $Tr(D^k) = n$.
   c) En déduire que pour tout $k \in \mathbb{N}^*$, $Tr((D - I_n)^k) = 0$.
   d) En déduire que la matrice $D - I_n$ est nilpotente.
   e) Montrer que la matrice D est diagonalisable.
   f) En déduire que ψ est injective.
4) Montrer que l'ensemble $Tr(G) = \{Tr(M) \mid M \in G\}$ est fini.
5) En déduire que G est fini.

■

Exercice 2.39 – Endomorphisme cyclique

Soient E un $\mathbb{C}$-espace vectoriel de dimension finie tel que $dim E = n \in \mathbb{N}^*$, $u \in \mathscr{L}(E)$ un endomorphisme de E et $p \in \mathbb{N}^*$. On dit que u est cyclique d'ordre p s'il existe $x_0 \in E$ vérifiant les trois conditions suivantes

— $u^p(x_0) = x_0$.
— La famille $\{x_0, u(x_0), \ldots, u^{p-1}(x_0)\}$ est génératrice de E.
— La famille $\{x_0, u(x_0), \ldots, u^{p-1}(x_0)\}$ est constituée d'éléments deux à deux distincts.

Dans ce cas la famille $\{x_0, u(x_0), \ldots, u^{p-1}(x_0)\}$ est appelée cycle de u.
Soit $u \in \mathscr{L}(E)$ un endomorphisme cyclique de E d'ordre p et soit $\{x_0, u(x_0), \ldots, u^{p-1}(x_0)\}$ un cycle de u.

1) Montrer que $p \geqslant n$.
2) Montrer que $u^p = \mathrm{Id}_E$ et en déduire que u est bijective.
3) Soit $m = \max\left\{k \in \mathbb{N}^* \mid (x_0, u(x_0), \ldots, u^{k-1}(x_0)) \text{ est libre}\right\}$.
   a) Montrer que $u^m(x_0) \in Vect(x_0, u(x_0), \ldots, u^{m-1}(x_0))$.
   b) Montrer que

$$\forall q \geqslant m,\ u^q(x_0) \in Vect(x_0, u(x_0), \ldots, u^{m-1}(x_0)).$$

   c) Montrer que $m = n$ et que $B' = \left\{x_0, u(x_0), \ldots, u^{n-1}(x_0)\right\}$ est une base de E.

4) On pose $u^n(x_0) = \sum_{k=0}^{n-1} a_k u^k(x_0)$ et on considère l'endomorphisme

$$g = \sum_{k=0}^{n-1} a_k u^k.$$

a) Montrer que pour tout $q \in \mathbb{N}$, $g(u^q(x_0)) = u^{n+q}(x_0)$.
b) En déduire que $u^n = g$.

c) Déterminer la matrice $\mathscr{M}(u, B')$.

d) Montrer que pour tout $\lambda \in \mathbb{C}$, $rg(u - \lambda \mathrm{Id}_E) \geqslant n-1$.
e) En déduire que tous les sous-espaces propres de u sont de dimension 1.

5) On suppose maintenant que u est cyclique d'ordre n et que $(x_0, u(x_0), \dots, u^{n-1}(x_0))$ est un cycle de u.
a) Montrer que si $\lambda \in Sp(u)$ alors $\lambda^n = 1$.
b) Déterminer $\mathscr{M}(u, B')$.
c) Montrer que u est diagonalisable.

■

Exercice 2.40 – Sous-espaces caractéristiques

Soient E un $\mathbb{C}$-espace vectoriel de dimension finie tel que $dim E = n \in \mathbb{N}^*$, $u \in \mathscr{L}(E)$ un endomorphisme de E et $\lambda_1, \dots, \lambda_p \in \mathbb{C}$ ses valeurs propres deux à deux distinctes de multiplicités respectives $m_1, \dots, m_p \in \mathbb{N}^*$. Pour tout $1 \leqslant i \leqslant p$, on note E_{λ_i} le sous-espace propre associé à la valeur propre λ_i, $C_{\lambda_i} = Ker(u - \lambda_i \mathrm{Id}_E)^{m_i}$ le sous-espace vectoriel de E appelé sous-espace caractéristique de u associé à la valeur propre λ_i et $q_i = dim C_{\lambda_i}$. Le but de cet exercice est de montrer que pour tout $1 \leqslant i \leqslant p, dim C_{\lambda_i} = ord(\lambda_i)$.

1) Montrer que pour tout $1 \leqslant i \leqslant p$, $E_{\lambda_i} \subset C_{\lambda_i}$.
2) Montrer que pour tout $1 \leqslant i \leqslant p$, C_{λ_i} est stable par u. Dans la suite on note u_i l'endomorphisme induit par u sur C_{λ_i}.
3) Montrer que $E = \bigoplus_{i=1}^{p} C_{\lambda_i}$.

4) Pour tout $1 \leqslant i \leqslant p$, soient $F_i = \bigoplus_{\substack{j=1 \\ j\neq i}}^{p} C_{\lambda_j}$, B une base adaptée à la décomposition $E = C_{\lambda_i} \oplus F_i$ et $Q_i = \prod_{\substack{j=1 \\ j\neq i}}^{p} (X-\lambda_j)^{m_j}$.

a) Justifier que $A = \mathscr{M}(u,B)$ est diagonale par bloc.
b) Montrer que pour tout $1 \leqslant i \leqslant p$, il existe un polynôme $R_i \in \mathbb{C}[X]$ tel que $\chi_u = (X-\lambda_i)^{q_i} R_i$ et $R_i(\lambda_i) \neq 0$.
c) En déduire que pour tout $1 \leqslant i \leqslant p$, $dim C_{\lambda_i} = m_i$.

■

Exercice 2.41 – Projecteurs spectraux

Soient E un $\mathbb{C}$-espace vectoriel de dimension finie tel que $dim E = n \in \mathbb{N}^*$, $u \in \mathscr{L}(E)$ un endomorphisme de E et $\lambda_1, \dots, \lambda_p \in \mathbb{C}$ ses valeurs propres deux à deux distinctes de multiplicités respectives $m_1, \dots, m_p \in \mathbb{N}^*$. Pour tout $1 \leqslant i \leqslant p$, on note respectivement E_{λ_i} et $C_{\lambda_i} = Ker(u - \lambda_i \mathrm{Id}_E)^{m_i}$ le sous-espace propre et le sous-espace caractéristique (Voir Exercice 2.40) de u associé à la valeur propre λ_i et $Q_i = \prod_{\substack{j=1 \\ j\neq i}}^{p} (X-\lambda_j)^{m_j}$.

1) Montrer que $E = \bigoplus_{i=1}^{p} C_{\lambda_i}$. Pour tout $1 \leqslant i \leqslant p$, on appelle projecteur spectral p_i, la projection sur C_{λ_i} parallèlement à $F_i = \bigoplus_{\substack{j=1 \\ j\neq i}}^{p} C_{\lambda_j}$. Le but de cet exercice est de montrer que pour tout $1 \leqslant i \leqslant p$, $p_i \in \mathbb{C}[u]$.
2) Montrer que $\sum_{i=1}^{p} p_i = \mathrm{Id}_E$.
3) Montrer que pour tous $1 \leqslant i, j \leqslant p$, $p_i \circ p_j = \delta_{ij} p_i$ où δ_{ij} désigne le symbole de Kronecker.
4) Montrer que pour tout $1 \leqslant i \leqslant p$, il existe $T_i, S_i \in \mathbb{C}[X]$ tels que

$$(u - \lambda_i \mathrm{Id}_E)^{m_i} \circ T_i(u) + S_i(u) \circ Q_i(u) = \mathrm{Id}_E.$$

5) Montrer que pour tout $1 \leqslant i \leqslant p$ on a $\forall x \in C_{\lambda_i}$, $p_i(x) = S_i(u) \circ Q_i(u)(x)$.
6) En déduire que pour tout $1 \leqslant i \leqslant p$, $p_i = S_i(u) \circ Q_i(u)$.
7) En déduire que pour tout $1 \leqslant i \leqslant p$, $p_i \in \mathbb{C}[u]$.

■

Exercice 2.42 – Décomposition de Dunford-Jordan

Soient E un $\mathbb{C}$-espace vectoriel de dimension finie tel que $dim E = n \in \mathbb{N}^*$, $u \in \mathscr{L}(E)$ et $\lambda_1, \dots, \lambda_p \in \mathbb{C}$ ses valeurs propres deux à deux distinctes de multiplicités respectives $m_1, \dots, m_p \in \mathbb{N}^*$. Pour tout $1 \leqslant i \leqslant p$, on note respectivement E_{λ_i} et $C_{\lambda_i} = Ker(u - \lambda_i \mathrm{Id}_E)^{m_i}$ le sous-espace propre et le sous-espace caractéristique de u associé à la valeur propre λ_i (Voir Exercice 2.40). Le but de cet exercice est de montrer le théorème de Dunford-Jordan à savoir qu'il existe un endomorphisme diagonalisable $d \in \mathscr{L}(E)$ et un endomorphisme nilpotent $n \in \mathscr{L}(E)$ uniques, vérifiant $u = d + n$ et $d \circ n = n \circ d$. Cette décomposition s'appelle la décomposition de Dunford-Jordan de u.

1) Montrer que pour tout $1 \leqslant i \leqslant p$, C_{λ_i} est stable par u. Dans la suite on note u_i l'endomorphisme induit par u sur C_{λ_i}.
2) Montrer que $E = \bigoplus_{i=1}^{p} C_{\lambda_i}$. Pour tout $1 \leqslant i \leqslant p$, on désigne par p_i, la projection sur C_{λ_i} parallèlement à $F_i = \bigoplus_{\substack{j=1 \\ j \neq i}}^{p} C_{\lambda_j}$, p_i est appelé la projecteur spectral associé à la valeur propre λ_i (Voir Exercice 2.41).
3) Soit $B' = \bigcup_{i=1}^{p} B'_i$ une base adaptée à la décomposition $E = \bigoplus_{i=1}^{p} C_{\lambda_i}$. Justifier que la matrice $\mathscr{M}(u, B')$ est diagonale par bloc ayant exactement p blocs carrés $M_1, \dots, M_p$ définis par
$$\forall 1 \leqslant i \leqslant p,\ M_i = \mathscr{M}(u_i, B'_i).$$
4) Montrer que pour tout $1 \leqslant i \leqslant p$, l'endomorphisme $n_i \in \mathscr{L}(C_{\lambda_i})$ défini par $n_i = u_i - \lambda_i \mathrm{Id}_{C_{\lambda_i}}$ est nilpotent.
5) Soit $d = \sum_{i=1}^{p} \lambda_i p_i$ et $n = \sum_{i=1}^{p} n_i \circ p_i$.
   a) Montrer que $u = d + n$ (On pourra utiliser la question 1) de l'Exercice 2.41).
   b) Montrer que d est diagonalisable et que n est nilpotent.
   c) Montrer que $d \circ n = n \circ d$.
   d) Montrer que $d, n \in \mathbb{C}[u]$. (On pourra utiliser la question 6) de l'Exercice 2.41)

6) Soient $d' \in \mathscr{L}(E)$ un endomorphisme diagonalisable et $n' \in \mathscr{L}(E)$ un endomorphisme nilpotent vérifiant $u = d' + n'$ et $d' \circ n' = n' \circ d'$.
   a) Montrer que $d \circ d' = d' \circ d$ et $n \circ n' = n' \circ n$.
   b) Montrer que $d - d'$ est diagonalisable et que $n' - n$ est nilpotent. (On pourra utiliser les résultats de l'Exercice 2.31)
   c) En déduire que $d = d'$ et $n = n'$.
7) En suivant la démarche adoptée dans les questions précédentes, déterminer la décomposition de Dunford-Jordan de l'endomorphisme $u \in \mathscr{L}(\mathbb{R}^3)$ canoniquement associé à la matrice $A = \begin{pmatrix} 3 & -1 & 1 \\ 2 & 0 & 1 \\ 1 & -1 & 2 \end{pmatrix}$.

■

Exercice 2.43

Soit

$$A = \begin{pmatrix} 2 & -1 & -1 \\ 2 & 1 & -2 \\ 3 & -1 & -2 \end{pmatrix}.$$

1) Montrer que A est trigonalisable.
2) Déterminer une matrice $P \in GL_3(\mathbb{R})$ et une matrice $T \in \mathscr{M}_3(\mathbb{R})$ triangulaire supérieure telle que $A = PTP^{-1}$.

■

Exercice 2.44

Soit $A \in \mathscr{M}_3(\mathbb{R})$ une matrice non nulle vérifiant $A^3 = -A$. Le but de cet exercice est de montrer que A est semblable à la matrice $T = \begin{pmatrix} 0 & 0 & 0 \\ 0 & 0 & -1 \\ 0 & 1 & 0 \end{pmatrix}$.

Dans la suite on désigne par B la base canonique de $\mathbb{R}^3$ et u l'endomorphisme canoniquement associé à A.

1) Montrer que $Ker(u) \oplus Ker(u^2 + \mathrm{Id}_{\mathbb{R}^3}) = \mathbb{R}^3$.
2) Montrer que $dim Ker(u) = 1$ et $dim Ker(u^2 + \mathrm{Id}_{\mathbb{R}^3}) = 2$.
3) Soient $v_1 \in Ker(u)$ et $v_2 \in Ker(u^2 + \mathrm{Id}_{\mathbb{R}^3})$ tels que $v_1 \neq 0$, $v_2 \neq 0$ et soit $v_3 = u(v_2)$.
   a) Montrer que $v_3 \in Ker(u^2 + \mathrm{Id}_{\mathbb{R}^3})$.
   b) Montrer que la famille $\{v_2, v_3\}$ est libre.
   c) En déduire que $B' = \{v_1, v_2, v_3\}$ est une base de $\mathbb{R}^3$.
4) Montrer que A est semblable à la matrice T.

■

Exercice 2.45 – Endomorphismes co-trigonalisables Soient E un $\mathbb{C}$-espace vectoriel de dimension finie tel que $dim E = n \in \mathbb{N}^*$ et $u, v \in \mathscr{L}(E)$. Montrer que si $u \circ v = v \circ u$, alors il existe une base B de E telle que les matrices $\mathscr{M}(u,B)$ et $\mathscr{M}(v,B)$ soient triangulaires. On dit alors que u et v sont co-trigonalisables. ∎

Exercice 2.46

Soient $t \in \mathbb{R}$ et $A = \begin{pmatrix} 0 & -t \\ t & 0 \end{pmatrix}$.

1) Montrer que pour tout $k \in \mathbb{N}$, on a

$$A^{2k} = \begin{pmatrix} (-1)^k t^{2k} & 0 \\ 0 & (-1)^k t^{2k} \end{pmatrix}$$

et

$$A^{2k+1} = \begin{pmatrix} 0 & -(-1)^k t^{2k+1} \\ (-1)^k t^{2k+1} & 0 \end{pmatrix}.$$

2) En déduire que $e^A = \begin{pmatrix} \cos(t) & -\sin(t) \\ \sin(t) & \cos(t) \end{pmatrix}$

∎

Exercice 2.47 – Exponentielle d'une matrice diagonalisable

Soit $A = \begin{pmatrix} 3 & 0 & -1 \\ 2 & 4 & 2 \\ -1 & 0 & 3 \end{pmatrix}$.

1) Montrer que A est diagonalisable et diagonaliser A.
2) En déduire e^A.

∎

Exercice 2.48 – $e^A = P(A)$

Soient $A \in \mathscr{M}_n(\mathbb{R})$ une matrice diagonalisable et $\lambda_1, \lambda_2, \ldots, \lambda_p$ les valeurs propres de A deux à deux distinctes.

1) En utilisant le procédé d'interpolation de Lagrange, déterminer un polynôme Q vérifiant

$$\forall 1 \leqslant j \leqslant p,\ Q(\lambda_j) = e^{\lambda_j}.$$

2) Montrer que $e^A = Q(A)$.

∎

Exercice 2.49 – Diagonalisabilité de e^A

Soit $A \in \mathcal{M}_n(\mathbb{C})$.

1) Montrer que si A est diagonalisable dans $\mathcal{M}_n(\mathbb{C})$, alors e^A l'est également.
2) On suppose dans cette question que e^A est diagonalisable.
   a) Montrer qu'il existe une matrice diagonale $D \in \mathcal{M}_n(\mathbb{C})$ et une matrice nilpotente $N \in \mathcal{M}_n(\mathbb{C})$ telles que $A = D + N$ et $DN = ND$. (On pourra utiliser la décomposition de Dunford-Jordan de l'Exercice 2.42)
   b) Montrer que e^N est unipotente, c'est à dire que $e^N - I_n$ est nilpotente.
   c) En déduire que A est diagonalisable.

∎

Exercice 2.50 – Surjectivité de la fonction exponentielle

Le but de cet exercice est de montrer que l'application exponentielle

$$\begin{aligned} exp : \mathcal{M}_n(\mathbb{R}) &\longrightarrow GL_n(\mathbb{R}) \\ A &\longmapsto e^A \end{aligned}$$

n'est pas surjective.

1) Justifier que la matrice $A = \begin{pmatrix} -1 & 0 & \cdots & \cdots & 0 \\ 0 & -2 & \ddots & & \vdots \\ \vdots & \ddots & \ddots & \ddots & \vdots \\ \vdots & & \ddots & -n+1 & 0 \\ 0 & \cdots & \cdots & 0 & -n \end{pmatrix}$ est inversible.
2) Soit $M \in \mathcal{M}_n(\mathbb{R})$. Montrer que si $\lambda \in Sp(M)$ alors $e^\lambda \in Sp(e^M)$.
3) Montrer qu'il n'existe aucune matrice $M \in \mathcal{M}_n(\mathbb{R})$ telle que $e^M = A$.
4) Conclure.

∎

2.9 Solutions des exercices du chapitre 2

▪ Solution de l'exercice 2.1

Si $u \circ p = p \circ u$ alors l'image et le noyau de l'un sont stables par l'autre. Réciproquement, supposons que $Ker(p)$ et $Im(p)$ sont stables par u, comme p est un projecteur de E on en déduit que $E = Ker(p) \oplus Im(p)$. Soit $x \in E$, alors il existe $x_1 \in Ker(p), x_2 \in Im(p)$ uniques tels que $x = x_1 + x_2$. Par suite, d'une part

$$u \circ p(x) = u \circ p(x_1) + u \circ p(x_2) = u(x_2)$$

et d'autre part, puisque $Ker(p)$ et $Im(p)$ sont stables par u, on a $u(x_1) \in Ker(p)$ et $u(x_2) \in Im(p)$ et par conséquent

$$p \circ u(x) = p \circ u(x_1) + p \circ u(x_2) = u(x_2).$$

Ainsi, pour tout $x \in E$, $u \circ p(x) = p \circ u(x)$ et donc $u \circ p = p \circ u$.

▪ Solution de l'exercice 2.2

Si u stabilise tous les sous-espaces vectoriels, alors pour tout $x \in E$, il existe $\lambda_x \in \mathbb{K}$ tel que $u(x) = \lambda_x.x$. Soient $x, y \in E$ tels que $x \neq 0$ et $y \neq 0$, on distingue alors deux cas

— Si la famille $\{x, y\}$ est liée, alors il existe $\alpha \neq 0$ tel que $y = \alpha x$ et par suite

$$u(y) = \lambda_y.y = \alpha\lambda_y.x$$

et

$$u(y) = u(\alpha.x) = \alpha.u(x) = \alpha\lambda_x.x$$

d'où $\alpha(\lambda_y - \lambda_x).x = 0$, comme $\alpha \neq 0$, on en déduit que $\lambda_x = \lambda_y$.

— Si la famille $\{x, y\}$ est libre, alors

$$u(x+y) = \lambda_{x+y}(x+y) = \lambda_{x+y}.x + \lambda_{x+y}.y$$

et

$$u(x+y) = u(x) + u(y) = \lambda_x.x + \lambda_y.y$$

et par suite $(\lambda_{x+y} - \lambda_x).x + (\lambda_{x+y} - \lambda_y).y = 0$, comme la famille $\{x, y\}$ est libre, on en déduit que $\lambda_{x+y} = \lambda_x = \lambda_y$.

Ainsi, il existe $\lambda \in \mathbb{K}$ tel que $u = \lambda \mathrm{Id}_E$.

▪ Solution de l'exercice 2.3

1) Il est clair que $Hom(E) \subset C(Q)$. Réciproquement, soit $u \in C(Q)$, comme E est un $\mathbb{C}$-espace vectoriel alors $Sp(u) \neq \varnothing$. Soit $\lambda \in Sp(u)$, comme u commute avec tout élément $v \in Q$ alors E_λ est stable par tout élément $v \in Q$ et par suite étant donné que Q est irréductible, on en déduit que $E_\lambda = E$ et donc $u = \lambda \mathrm{Id}_E$.

2) Soit F un sous-espace vectoriel de E tel que $F \neq \{0\}$ et $F \neq E$, alors il existe $x \in F, x \neq 0$ et $y \in E,\ y \neq 0$ tel que $y \notin F$. D'après le théorème de la base incomplète, on sait qu'il existe $e_2, \dots, e_n, e'_2, \dots, e'_n \in E$ tels que $B = \{x, e_2, \dots, e_n\}$ et $B' = \{y, e'_2, \dots, e'_n\}$ soient des bases de E. Soit $u \in \mathscr{L}(E)$ l'endomorphisme vérifiant $u(x) = y$ et

$$\forall 2 \leqslant i \leqslant n,\ u(e_i) = e'_i.$$

Alors, $u \in GL(E)$ et $u(F) \not\subset F$, par conséquent $GL(E)$ est irréductible et donc en vertu de la question 1), on en déduit que $C(GL(E)) = Hom(E)$.

■ Solution de l'exercice 2.4

1) Comme $u \circ u = u \circ u$, alors $Ker(u)$ et $Im(u)$ sont stables par u.
2) Soit $x \in Im(u)$, alors il existe $z \in E$ tel que $x = u(z)$ et par suite

$$u^2(x) = u^3(z) = -u(z) = -x.$$

3) *a*) La question 2) implique que $(\tilde{u})^2 = -\mathrm{Id}_{Im(u)}$ et par suite $\tilde{u}$ est un automorphisme de $Im(u)$ et $\tilde{u}^{-1} = -\tilde{u}$.
b) D'après la question précédente, on a $(\tilde{u})^2 = -\mathrm{Id}_{Im(u)}$ et par suite

$$(\det(\tilde{u}))^2 = \det\left(\tilde{u}^2\right) = \det(-\mathrm{Id}_{Im(u)}) = (-1)^{rg(u)} \det(\mathrm{Id}_{Im(u)}) = (-1)^{rg(u)},$$

en particulier, $(-1)^{rg(u)} \geqslant 0$ ce qui implique que $rg(u)$ est paire.

■ Solution de l'exercice 2.5

Soit $A \in \mathscr{M}_n(\mathbb{R})$. Alors,

$$\chi_{-A}(X) = \det(XI_n + A) = (-1)^n \det(-XI_n - A) = (-1)^n \chi_A(-X).$$

Ainsi, si A est antisymétrique, alors ${}^tA = -A$, par suite $\chi_{-A} = \chi_{{}^tA} = \chi_A$ et donc $\chi_A(-X) = (-1)^n \chi_A(X)$.

■ Solution de l'exercice 2.6

Soit $A \in GL_n(\mathbb{K})$ et $\chi_A = \sum\limits_{k=0}^{n} a_k X^k$ le polynôme caractéristique de A, comme A est inversible on en déduit que $a_0 \neq 0$. Par ailleurs, d'après le théorème de Cayley-Hamilton on a $\sum\limits_{k=0}^{n} a_k A^k = 0$ et par suite

$$A\left(-\sum_{k=1}^{n} \frac{a_k}{a_0} A^{k-1}\right) = I_n,$$

ce qui implique que

$$A^{-1} = -\sum_{k=1}^{n} \frac{a_k}{a_0} A^{k-1} \in \mathbb{K}[A].$$

▪ Solution de l'exercice 2.7

1) Pour tout $n \in \mathbb{N}^*$, on a

$$\chi_{A_{n+2}} = \begin{vmatrix} X & -1 & 0 & \cdots & 0 \\ -1 & X & -1 & \ddots & \vdots \\ 0 & -1 & \ddots & \ddots & 0 \\ \vdots & \ddots & \ddots & \ddots & -1 \\ 0 & \cdots & 0 & -1 & X \end{vmatrix}$$

$$= X \begin{vmatrix} X & -1 & 0 & \cdots & 0 \\ -1 & X & -1 & \ddots & \vdots \\ 0 & -1 & \ddots & \ddots & 0 \\ \vdots & \ddots & \ddots & \ddots & -1 \\ 0 & \cdots & 0 & -1 & X \end{vmatrix} + \begin{vmatrix} -1 & -1 & 0 & \cdots & 0 \\ 0 & X & -1 & \ddots & \vdots \\ 0 & -1 & \ddots & \ddots & 0 \\ \vdots & \ddots & \ddots & \ddots & -1 \\ 0 & \cdots & 0 & -1 & X \end{vmatrix}$$

$$= X\chi_{A_{n+1}} - \chi_{A_n}$$

2) $\chi_{A_1} = X$ et $\chi_{A_2} = X^2 - 1$.

3) On fixe $\theta \in]0, \pi[$ et on raisonne par récurrence sur $n \in \mathbb{N}^*$. En effet,

– Pour $n = 1$, $\chi_{A_1}(2\cos(\theta)) = 2\cos(\theta) = \dfrac{2\cos(\theta)\sin(\theta)}{\sin(\theta)} = \dfrac{\sin(2\theta)}{\sin(\theta)}$.

– Pour $n = 2$

$$\begin{aligned}\chi_{A_2}(2\cos(\theta)) &= 4\cos^2(\theta) - 1 = \cos(2\theta) + 2\cos^2(\theta) \\ &= \frac{\cos(2\theta)\sin(\theta) + 2\cos^2(\theta)\sin(\theta)}{\sin(\theta)} \\ &= \frac{\cos(2\theta)\sin(\theta) + \cos(\theta)\sin(2\theta)}{\sin(\theta)} = \frac{\sin(3\theta)}{\sin(\theta)}\end{aligned}$$

– HR : Soit $n \in \mathbb{N}^*$, supposons que $\chi_{A_n}(2\cos(\theta)) = \dfrac{\sin((n+1)\theta)}{\sin(\theta)}$ et $\chi_{A_{n+1}}(2\cos(\theta)) = \dfrac{\sin((n+2)\theta)}{\sin(\theta)}$, alors

$$\begin{aligned}\chi_{A_{n+2}}(2\cos(\theta)) &= 2\cos(\theta)\chi_{A_{n+1}}(2\cos(\theta)) - \chi_{A_n}(2\cos(\theta)) \\ &= 2\cos(\theta)\frac{\sin((n+2)\theta)}{\sin(\theta)} - \frac{\sin((n+1)\theta)}{\sin(\theta)} \\ &= \frac{2\cos(\theta)\sin((n+2)\theta) - \sin((n+1)\theta)}{\sin(\theta)} = \frac{\sin((n+3)\theta)}{\sin(\theta)}\end{aligned}$$

4) Cherchons les racines de χ_{A_n} sous la forme $2\cos(\theta)$. Ainsi, $\chi_{A_n}(2\cos(\theta)) = 0$ si et seulement si $\dfrac{\sin((n+1)\theta)}{\sin(\theta)} = 0$ ce qui est équivalent à $\sin((n+1)\theta) = 0$. Cela signifie qu'il existe $k \in \mathbb{Z}$ tel que $(n+1)\theta = k\pi$ et par suite $\theta = \dfrac{k\pi}{n+1}$. Pour tout $1 \leqslant k \leqslant n$ on pose $\theta_k = \dfrac{k\pi}{n+1}$, comme la fonction cos est une bijection de $]0,\pi[$ sur $]-1,1[$, on en déduit que $2\cos(\theta_1),\dots,2\cos(\theta_n)$ sont n racines deux à deux distinctes de χ_{A_n}, cependant $\deg(\chi_{A_n}) = n$ et donc $2\cos(\theta_1),\dots,2\cos(\theta_n)$ sont les seules racines de χ_{A_n}. Enfin, comme χ_{A_n} est unitaire, on obtient

$$\chi_{A_n} = \prod_{k=1}^{n}(X - 2\cos(\frac{k\pi}{n+1})).$$

■ Solution de l'exercice 2.8

On a ${}^tW_n = \begin{pmatrix} 0 & 0 & 0 & \cdots & \cdots & 1 \\ 1 & 0 & 0 & \ddots & & 1 \\ 0 & \ddots & \ddots & \ddots & \ddots & 0 \\ \vdots & \ddots & \ddots & \ddots & \ddots & \vdots \\ \vdots & & \ddots & \ddots & 0 & 0 \\ 0 & 0 & \cdots & 0 & 1 & 0 \end{pmatrix}$ et par suite ${}^tW_n$ est la matrice compagnon de $P = X^n - X - 1$ en particulier

$$\chi_{W_n} = \chi_{{}^tW_n} = X^n - X - 1.$$

■ Solution de l'exercice 2.9

On raisonne par récurrence sur $n \geqslant 2$. En effet,

— Pour $n = 2$, $\chi_{A_2} = \begin{vmatrix} X & -b_1 \\ -a_1 & X \end{vmatrix} = X^2 - a_1 b_1.$

— HR : Soit $n \geqslant 2$ et supposons que $\chi_{A_n} = X^{n-2}(X^2 - \sum_{i=1}^{n-1} a_i b_i)$, alors

$$\chi_{A_{n+1}} = \begin{vmatrix} X & 0 & \cdots & 0 & -b_1 \\ 0 & \ddots & \ddots & \vdots & \vdots \\ \vdots & \ddots & \ddots & 0 & \vdots \\ 0 & \cdots & 0 & X & -b_n \\ -a_1 & \cdots & \ldots & -a_n & X \end{vmatrix}$$

$$= X \begin{vmatrix} X & 0 & \cdots & 0 & -b_2 \\ 0 & \ddots & \ddots & \vdots & \vdots \\ \vdots & \ddots & \ddots & 0 & \vdots \\ 0 & \cdots & 0 & X & -b_n \\ -a_2 & \cdots & \ldots & -a_n & X \end{vmatrix} + (-1)^{n+1} b_1 \begin{vmatrix} 0 & X & \cdots & 0 & 0 \\ 0 & \ddots & \ddots & \vdots & \vdots \\ \vdots & \ddots & \ddots & X & \vdots \\ 0 & \cdots & 0 & 0 & X \\ -a_1 & \cdots & \ldots & \cdots & -a_n \end{vmatrix}$$

$$= X \left(X^{n-2}(X^2 - \sum_{i=2}^{n} a_i b_i) \right) - a_1 b_1 X^{n-1}$$

$$= X^{n-1}(X^2 - \sum_{i=1}^{n} a_i b_i).$$

▪ Solution de l'exercice 2.10

1) $\psi(1) = -3$, $\psi(X) = -2X - 4$ et pour tout $k \geqslant 2$, on a

$$\begin{aligned} \psi(X^k) &= k(k-1)X^{k-2}X + kX^{k-1}(X-4) - 3X^k \\ &= k^2 X^{k-1} - kX^{k-1} + kX^k - 4kX^{k-1} - 3X^k \\ &= (k-3)X^k + k(k-5)X^{k-1} \end{aligned}$$

2) On a

$$\mathscr{M}(\psi_n, B) = \begin{pmatrix} -3 & -4 & 0 & \cdots & \cdots & \cdots & 0 \\ 0 & -2 & -6 & \ddots & & & \vdots \\ \vdots & 0 & -1 & \ddots & \ddots & & \vdots \\ \vdots & \vdots & 0 & \ddots & \ddots & \ddots & \vdots \\ \vdots & \vdots & \vdots & \ddots & \ddots & \ddots & 0 \\ \vdots & \vdots & \vdots & & \ddots & \ddots & n(n-5) \\ 0 & 0 & 0 & \cdots & \cdots & 0 & (n-3) \end{pmatrix}.$$

3) On a

$$\chi_{A_n} = \prod_{k=0}^{n} (X - (k-3))$$

et par suite $Sp(A_n) = \{k - 3 \mid 0 \leqslant k \leqslant n\}$.

Solution de l'exercice 2.11

1) On a $\chi_A = X^2 - (a_{11}+a_{22})X + (a_{11}a_{22} - a_{12}a_{21})$ et par suite le discriminant est donné par

$$\Delta = (a_{11}+a_{22})^2 - 4(a_{11}a_{22} - a_{12}a_{21}) = (a_{11}-a_{22})^2 + 4a_{12}a_{21} > 0$$

ce qui signifie que χ_A admet deux racines réelles distinctes $\lambda_1 < \lambda_2$.

2) Si $\lambda_2 \leqslant 0$, alors $\lambda_1 < 0$ et par suite $a_{11}+a_{22} = Tr(A) = \lambda_1 + \lambda_2 < 0$ ce qui est absurde puisque $a_{11}, a_{22} > 0$. Ainsi, $\lambda_2 > 0$.

3) Soit $X = \begin{pmatrix} 1 \\ \dfrac{\lambda_2 - a_{11}}{a_{12}} \end{pmatrix}$, alors

$$AX = \begin{pmatrix} a_{11} & a_{12} \\ a_{21} & a_{22} \end{pmatrix} \begin{pmatrix} 1 \\ \dfrac{\lambda_2 - a_{11}}{a_{12}} \end{pmatrix} = \begin{pmatrix} \lambda_2 \\ \dfrac{a_{21}a_{12} + a_{22}\lambda_2 - a_{11}a_{22}}{a_{12}} \end{pmatrix}$$

$$= \begin{pmatrix} \lambda_2 \\ \dfrac{a_{22}\lambda_2 - \lambda_1\lambda_2}{a_{12}} \end{pmatrix} = \lambda_2 \begin{pmatrix} 1 \\ \dfrac{a_{22} - \lambda_1}{a_{12}} \end{pmatrix} = \lambda_2 X$$

Par conséquent, X est un vecteur propre associé à la valeur propre λ_2, il reste juste à prouver que $\dfrac{\lambda_2 - a_{11}}{a_{12}} > 0$. En effet, on a $\chi_A(\lambda_1) = \chi_A(\lambda_2) = 0$ et $\chi_A(a_{11}) = -a_{12}a_{21} < 0$, en particulier $\lambda_1 < a_{11} < \lambda_2$.

Solution de l'exercice 2.12

1) Raisonnons par contraposée et supposons que A ne soit pas inversible, alors $0 \in Sp(A)$ et par suite il existe $X = \begin{pmatrix} x_1 \\ \vdots \\ \vdots \\ x_n \end{pmatrix} \in \mathcal{M}_{n,1}(\mathbb{C})$, $X \neq 0$ tel que $AX = 0$.

Soient $\alpha = \sup\limits_{1 \leqslant i \leqslant n} |x_i|$ et $1 \leqslant i_0 \leqslant n$ tel que $\alpha = |x_{i_0}|$, comme $AX = 0$, on en déduit que $\sum\limits_{j=1}^{n} a_{i_0 j} x_j = 0$ ce qui implique que $a_{i_0 i_0} x_{i_0} = -\sum\limits_{\substack{j=1 \\ j \neq i_0}}^{n} a_{i_0 j} x_j$, en divisant par x_{i_0} on obtient que $a_{i_0 i_0} = -\sum\limits_{\substack{j=1 \\ j \neq i_0}}^{n} a_{i_0 j} \dfrac{x_j}{x_{i_0}}$ et par suite

$$|a_{i_0 i_0}| = |-\sum_{\substack{j=1 \\ j \neq i_0}}^{n} a_{i_0 j} \frac{x_j}{x_{i_0}}| \leqslant \sum_{\substack{j=1 \\ j \neq i_0}}^{n} |a_{i_0 j}| |\frac{x_j}{x_{i_0}}| = \sum_{\substack{j=1 \\ j \neq i_0}}^{n} |a_{i_0 j}| \frac{|x_j|}{|x_{i_0}|} \leqslant \sum_{\substack{j=1 \\ j \neq i_0}}^{n} |a_{i_0 j}|.$$

Ainsi, A n'est pas à diagonale strictement dominante.

2) Soit $\lambda \in Sp(A)$, on sait alors que $A-\lambda I_n$ n'est pas inversible et par suite d'après la question 1), $A-\lambda I_n$ n'est pas à diagonale strictement dominante, en d'autres termes, il existe $1 \leqslant i_0 \leqslant n$ tel que

$$|\lambda - a_{i_0 i_0}| \leqslant \sum_{\substack{j=1 \\ j\neq i_0}}^{n} |a_{i_0 j}|.$$

Ainsi, $\lambda \in D_{i_0}$ et donc $Sp(A) \subset \bigcup_{i=1}^{n} D_i$.

▪ Solution de l'exercice 2.13

1) Il est évident que $E_{u,x}$ est un sous-espace vectoriel de E stable par u et contenant x. Soit F un sous-espace vectoriel de E stable par u et contenant x, on va alors montrer par récurrence sur $k \in \mathbb{N}$ que pour tout $k \in \mathbb{N}$, $u^k(x) \in F$. En effet,

— Pour $k=0$, $u^0(x) = x \in F$.

— Soit $k \in \mathbb{N}$, supposons que $u^k(x) \in F$, comme F est stable par u, on en déduit que $u^{k+1}(x) \in F$.

Ainsi,

$$\forall k \in \mathbb{N},\ u^k(x) \in F$$

et par suite $E_{u,x} = Vect(u^k(x)_{k\in\mathbb{N}}) \subset F$.

2) Il est clair que $B_{u,x}$ est une famille libre de $E_{u,x}$, on se propose de montrer qu'elle est également génératrice, pour cela il suffit de montrer que pour tout $k \in \mathbb{N}$, $u^k(x) \in Vect(B_{u,x})$. En effet, si $1 \leqslant k \leqslant m_x$, $u^k(x) \in B_{u,x}$, pour montrer que la propriété reste vraie pour tout $k \geqslant m_x+1$ on raisonne par récurrence sur k. On a alors

— Pour $k = m_x+1$, comme la famille $\{x, u(x), \dots, u^{m_x}(x)\}$ est libre et que la famille $\{x, u(x), \dots, u^{m_x}(x), u^{m_x+1}(x)\}$ est liée, on en déduit que $u^{m_x+1}(x) \in Vect(B_{u,x})$.

— Soit $k \geqslant m_x+1$ et supposons que $u^k(x) \in Vect(B_{u,x})$, alors il existe $\alpha_{0,k}, \dots, \alpha_{m_x,k} \in \mathbb{K}$ tels que $u^k(x) = \sum_{j=0}^{m_x} \alpha_{j,k} u^j(x)$ et par suite

$$\begin{aligned} u^{k+1}(x) &= u(\sum_{j=0}^{m_x} \alpha_{j,k} u^j(x)) = \sum_{j=0}^{m_x} \alpha_{j,k} u^{j+1}(x) \\ &= \sum_{j=1}^{m_x} \alpha_{j-1,k} u^j(x) + \alpha_{m_x,k} u^{m_x+1}(x) \in Vect(B_{u,x}). \end{aligned}$$

3) *a*) Il est facile de voir que $I_{u,x}$ est un idéal de $\mathbb{K}[X]$ qui est principal, par conséquent il existe un unique polynôme unitaire $P_{u,x} \in \mathbb{K}[X]$ tel que $I_{u,x} = P_{u,x}\mathbb{K}[X]$. D'une part, on sait que $\pi_{\widetilde{u}_x}$ est un polynôme annulateur de $\widetilde{u}_x$ et par suite comme $x \in E_{u,x}$, on en déduit que $\pi_{\widetilde{u}_x}(\widetilde{u}_x)(x) = 0$ ce qui implique que $\pi_{\widetilde{u}_x} \in I_{u,x}$ et donc $P_{u,x}|\pi_{\widetilde{u}_x}$. D'autre part on sait que $P_{u,x}(u)(x) = 0$ et par suite

$$\forall k \in \mathbb{N},\ P_{u,x}(u)(u^k(x)) = P_{u,x}(u) \circ u^k(x) = u^k \circ P_{u,x}(u)(x) = u^k(P_{u,x}(u)(x)) = 0.$$

Cela implique que

$$\forall z \in E_{u,x},\ P_{u,x}(u)(z) = 0$$

et donc $P_{u,x}(\widetilde{u}_x) = 0$, en particulier $\pi_{\widetilde{u}_x}|P_{u,x}$. Les polynômes $\pi_{\widetilde{u}_x}$ et $P_{u,x}$ étant tous les deux unitaires et associés, on en déduit que $P_{u,x} = \pi_{\widetilde{u}_x}$.

b) Soient $a_0, \ldots, a_{m_x} \in \mathbb{K}$ tels que

$$u^{m_x+1}(x) = \sum_{k=0}^{m_x} a_k u^k(x)$$

et

$$Q = X^{m_x+1} - \sum_{k=0}^{m_x} a_k X^k.$$

On a alors, $\mathscr{M}(\widetilde{u}_x, B_{u,x}) = C(Q)$ (matrice compagnon associée à Q) et donc

$$\chi_{\widetilde{u}_x} = \chi_{\mathscr{M}(\widetilde{u}_x, B_{u,x})} = \chi_{C(Q)} = Q.$$

Par ailleurs, on a $\deg(Q) = m_x + 1$ et

$$Q(u)(x) = u^{m_x+1}(x) - \sum_{k=0}^{m_x} a_k u^k(x) = 0$$

et par suite $Q \in I_{u,x}$ et donc $\pi_{\widetilde{u}_x}|Q$. Or, comme la famille $B_{u,x}$ est libre, on en déduit que $\deg(\pi_{\widetilde{u}_x}) \geqslant m_x + 1$, enfin comme $I_{u,x} = \pi_{\widetilde{u}_x}\mathbb{K}[X]$ et que Q et $\pi_{\widetilde{u}_x}$ sont tous les deux unitaires ,on conclut que $Q = \pi_{\widetilde{u}_x}$. Ainsi, $\chi_{\widetilde{u}_x} = \pi_{\widetilde{u}_x}$.

4) On sait que pour tout $x \in E$, $\chi_{\widetilde{u}_x}|\chi_u$, par conséquent il existe $Q_x \in \mathbb{K}[X]$ tel que $\chi_u = Q_x\chi_{\widetilde{u}_x}$, par conséquent pour tout $x \in E$, on a

$$\chi_u(u)(x) = Q_x(u) \circ \chi_{\widetilde{u}_x}(u)(x) = Q_x(u) \circ \chi_{\widetilde{u}_x}(\widetilde{u}_x)(x) = Q_x(u) \circ \pi_{\widetilde{u}_x}(\widetilde{u}_x)(x) = 0.$$

Ainsi, $\chi_u(u) = 0$.

▪ Solution de l'exercice 2.14

1) $\chi_A = (X-1)(X-2)(X+4)$ et $Sp(A) = \{-4, 1, 2\}$. Comme χ_A est scindé simple dans $\mathbb{R}[X]$, on en déduit que A est diagonalisable dans $\mathcal{M}_3(\mathbb{R})$.

2) $E_1 = Vect((1,1,1))$, $E_2 = Vect((4,3,-2))$ et $E_{-4} = Vect((2,-3,2))$. Soit B la base canonique de $\mathbb{R}^3$ et u l'endomorphisme canoniquement associé à A. Soit $v_1 = (1,1,1)$, $v_2 = (4,3,-2)$, $v_3 = (2,-3,2)$ et $B' = \{v_1, v_2, v_3\}$, comme A est diagonalisable, B' est une base $\mathbb{R}^3$ et on a

$$D = \mathcal{M}(u, B') = \begin{pmatrix} 1 & 0 & 0 \\ 0 & 2 & 0 \\ 0 & 0 & -4 \end{pmatrix}.$$

En utilisant le théorème de changement de bases, on en déduit que

$$\mathcal{M}(u, B') = P^{-1}\mathcal{M}(u, B)P,$$

où $P = P_{B \to B'} = \begin{pmatrix} 1 & 4 & 2 \\ 1 & 3 & -3 \\ 1 & -2 & 2 \end{pmatrix} \in GL_3(\mathbb{R})$. Ainsi,

$$A = PDP^{-1}.$$

▪ Solution de l'exercice 2.15

1) $\chi_A = X(X^2+4) = X(X-2i)(X+2i)$ et on a, $Sp_{\mathbb{R}}(A) = \{0\}$ et $Sp_{\mathbb{C}} = \{-2i, 0, 2i\}$. Le polynôme caractéristique χ_A n'est pas scindé dans $\mathbb{R}[X]$ et par suite A n'est pas diagonalisable dans $\mathcal{M}_3(\mathbb{R})$.

2) χ_A est scindé simple dans $\mathbb{C}[X]$, par conséquent A est diagonalisable dans $\mathcal{M}_3(\mathbb{C})$.

3) $E_0 = Vect((1,0,1))$, $E_{2i} = Vect((1,-i,-1))$ et $E_{-2i} = Vect((1,i,-1))$. Soit B la base canonique de $\mathbb{C}^3$ et u l'endomorphisme canoniquement associé à A. Soit $v_1 = (1,0,1)$, $v_2 = (1,-i,-1)$, $v_3 = (1,i,-1)$ et $B' = \{v_1, v_2, v_3\}$, comme A est diagonalisable, B' est une base $\mathbb{C}^3$ et on a

$$D = \mathcal{M}(u, B') = \begin{pmatrix} 0 & 0 & 0 \\ 0 & 2i & 0 \\ 0 & 0 & -2i \end{pmatrix}.$$

En utilisant le théorème de changement de bases, on en déduit que

$$\mathcal{M}(u, B') = P^{-1}\mathcal{M}(u, B)P,$$

où $P = P_{B \to B'} = \begin{pmatrix} 1 & 1 & 1 \\ 0 & -i & i \\ 1 & -1 & -1 \end{pmatrix} \in GL_3(\mathbb{C})$. Ainsi,

$$A = PDP^{-1}.$$

Solution de l'exercice 2.16

1) On a $\chi_A = X^3 - 2(1+i) + 3iX + 1 - i = (X-1)(X-i)(X-(1+i))$ est scindé simple dans $\mathbb{C}[X]$ et par suite A est diagonalisable dans $\mathscr{M}_3(\mathbb{C})$.
2) On a $E_1 = Vect((1,2,-1))$, $E_{1+i} = Vect((1,1,-1))$ et

$E_i = Vect((2,1+i,-1-i))$ et par suite $A = PDP^{-1}$ avec $D = \begin{pmatrix} 1 & 0 & 0 \\ 0 & i & 0 \\ 0 & 0 & 1+i \end{pmatrix}$

et $P = \begin{pmatrix} 1 & 2 & 1 \\ 2 & 1+i & 1 \\ -1 & -1-i & -1 \end{pmatrix}$.

Solution de l'exercice 2.17

1) $\chi_A = X^4$.
2) Comme $\chi_A = X^4$, on en déduit que A est nilpotente et par suite A est diagonalisable si et seulement si $A = 0$ ce qui n'est pas le cas.

Solution de l'exercice 2.18

1) $\chi_A = (X+3)^4$.
2) Comme $\chi_A = (X+3)^4$, on en déduit que $(A+3I_4)$ est nilpotente et par suite A est diagonalisable si et seulement si $(A+3I_4)$ est diagonalisable si et seulement si $A = -3I_4$, ce qui n'est pas le cas.

Solution de l'exercice 2.19

1) $A^2 = (n-2)A + (n-1)I_n$.
2) Le polynôme $P = X^2 - (n-2)X - (n-1)$ est donc un polynôme annulateur de A, or $P = (X+1)(X-(n-1))$ et par suite P est scindé simple dans $\mathbb{R}[X]$ ce qui entraîne que A est diagonalisable.

Solution de l'exercice 2.20

Remarquons que la matrice N est nilpotente d'indice 3, par conséquent si $A \in \mathscr{M}_3(\mathbb{C})$ est une solution de (E), alors $A^2 = N$ et par suite $A^6 = N^3 = 0$. Ainsi, A est nilpotente, en particulier $\chi_A = X^3$ et donc en vertu du théorème de Cayley-Hamilton, on a $A^3 = 0$, cela implique donc que $N^2 = A^4 = A^3A = 0$ ce qui absurde puisque $N^2 = \begin{pmatrix} 0 & 0 & 1 \\ 0 & 0 & 0 \\ 0 & 0 & 0 \end{pmatrix} \neq \begin{pmatrix} 0 & 0 & 0 \\ 0 & 0 & 0 \\ 0 & 0 & 0 \end{pmatrix}$.

■ Solution de l'exercice 2.21

On a $\chi_A = X^3 - 5X^2 + 4X = X(X-1)(X-4)$ et par suite A est diagonalisable dans $\mathcal{M}_3(\mathbb{R})$. On a $E_0 = Vect((1,-2,1)), E_1 = Vect((1,-1,1))$ et $E_4 = Vect((0,1,-1))$ et par suite

$$A = PDP^{-1}$$

avec $P = \begin{pmatrix} 1 & 1 & 0 \\ -2 & -1 & 1 \\ 1 & 1 & -1 \end{pmatrix}$ et $D = \begin{pmatrix} 0 & 0 & 0 \\ 0 & 1 & 0 \\ 0 & 0 & 4 \end{pmatrix}$.

On pose $\omega_1 = (1,-2,1)$, $\omega_2 = (1,-1,1)$, $\omega_3 = (0,1,-1)$ et $B' = \{\omega_1, \omega_2, \omega_3\}$. Soit X une solution de (E) alors $X^2 = A$ et par suite X et A commutent, en particulier E_0, E_1 et E_4 sont stables par X, comme

$$dim E_0 = dim E_1 = dim E_4 = 1,$$

alors E_0, E_1 et E_4 sont des sous-espaces propres de X associés à des valeurs propres μ_1, μ_2 et μ_3 et X est nécessairement diagonalisable et on a

$$X = P\Delta P^{-1}$$

où $\Delta = \begin{pmatrix} \mu_1 & 0 & 0 \\ 0 & \mu_2 & 0 \\ 0 & 0 & \mu_3 \end{pmatrix}$ mais alors cela implique que

$$A = X^2 = P\Delta^2 P^{-1}.$$

Par conséquent, $\Delta^2 = D$ ce qui signifie que $\mu_1^2 = 0$, $\mu_2^2 = 1$ et $\mu_3^2 = 4$.
Ainsi, les solutions de (E) sont données par

$$X_1 = \begin{pmatrix} 1 & 1 & 0 \\ -2 & -1 & 1 \\ 1 & 1 & -1 \end{pmatrix} \begin{pmatrix} 0 & 0 & 0 \\ 0 & 1 & 0 \\ 0 & 0 & 2 \end{pmatrix} \begin{pmatrix} 0 & -1 & -1 \\ 1 & 1 & 1 \\ 1 & 0 & -1 \end{pmatrix} = \begin{pmatrix} 1 & 1 & 1 \\ 1 & -1 & -3 \\ -1 & 1 & 3 \end{pmatrix}$$

$$X_2 = \begin{pmatrix} 1 & 1 & 0 \\ -2 & -1 & 1 \\ 1 & 1 & -1 \end{pmatrix} \begin{pmatrix} 0 & 0 & 0 \\ 0 & -1 & 0 \\ 0 & 0 & 2 \end{pmatrix} \begin{pmatrix} 0 & -1 & -1 \\ 1 & 1 & 1 \\ 1 & 0 & -1 \end{pmatrix} = \begin{pmatrix} -1 & -1 & -1 \\ 3 & 1 & -1 \\ -3 & -1 & 1 \end{pmatrix}$$

$$X_3 = \begin{pmatrix} 1 & 1 & 0 \\ -2 & -1 & 1 \\ 1 & 1 & -1 \end{pmatrix} \begin{pmatrix} 0 & 0 & 0 \\ 0 & 1 & 0 \\ 0 & 0 & -2 \end{pmatrix} \begin{pmatrix} 0 & -1 & -1 \\ 1 & 1 & 1 \\ 1 & 0 & -1 \end{pmatrix}$$
$$= \begin{pmatrix} 1 & 1 & 1 \\ -3 & -1 & 1 \\ 3 & 1 & -1 \end{pmatrix}$$

et

$$X_4 = \begin{pmatrix} 1 & 1 & 0 \\ -2 & -1 & 1 \\ 1 & 1 & -1 \end{pmatrix} \begin{pmatrix} 0 & 0 & 0 \\ 0 & -1 & 0 \\ 0 & 0 & -2 \end{pmatrix} \begin{pmatrix} 0 & -1 & -1 \\ 1 & 1 & 1 \\ 1 & 0 & -1 \end{pmatrix}$$
$$= \begin{pmatrix} -1 & -1 & -1 \\ -1 & 1 & 3 \\ 1 & -1 & -3 \end{pmatrix}$$

▪ Solution de l'exercice 2.22

1) $\chi_{A_m} = (X-1)(X-2)(X-m)$ et par suite $Sp(A_m) = \{1,2,m\}$.
2)

— Si $m \in \mathbb{R}\backslash\{1,2\}$, alors χ_{A_m} est scindé simple dans $\mathbb{R}[X]$ et par suite A_m est diagonalisable dans $\mathcal{M}_3(\mathbb{R})$.

— Si $m = 1$, alors $\chi_{A_1} = (X-1)^2(X-2)$ et donc $Sp(A_1) = \{1,2\}$. Cependant, $E_1 = Vect((1,1,0))$ et donc $dim E_1 = 1 \neq 2 = ord(1)$ ce qui implique que A_1 n'est pas diagonalisable.

— Si $m = 2$, alors $\chi_{A_2} = (X-1)(X-2)^2$ et donc $Sp(A_2) = \{1,2\}$. Comme, $E_2 = Vect((1,0,1),(0,1,0))$ alors $dim E_2 = 2 = ord(2)$ ce qui implique que A_2 est diagonalisable.

En conclusion, A_m est diagonalisable, si et seulement si $m \neq 1$.
3) Pour $m = 2$, on a $\chi_{A_2} = (X-1)(X-2)^2$, $E_2 = Vect((1,0,1),(0,1,0))$ et $E_1 = Vect((1,1,0))$. Soit B la base canonique de $\mathbb{R}^3$ et u l'endomorphisme canoniquement associé à A_2. Soit $v_1 = (1,0,1)$, $v_2 = (0,1,0)$, $v_3 = (1,1,0)$ et $B' = \{v_1, v_2, v_3\}$, comme A_2 est diagonalisable, B' est une base $\mathbb{R}^3$ et on a

$$D = \mathcal{M}(u, B') = \begin{pmatrix} 2 & 0 & 0 \\ 0 & 2 & 0 \\ 0 & 0 & 1 \end{pmatrix}.$$

En utilisant le théorème de changement de bases, on en déduit que

$$\mathscr{M}(u,B') = P^{-1}\mathscr{M}(u,B)P,$$

où $P = P_{B\to B'} = \begin{pmatrix} 1 & 0 & 1 \\ 0 & 1 & 1 \\ 1 & 0 & 0 \end{pmatrix} \in GL_3(\mathbb{R})$. Ainsi,

$$A_2 = PDP^{-1}.$$

En particulier, pour tout $k \in \mathbb{N}$

$$\begin{aligned} A_2^k &= PD^kP^{-1} \\ &= \begin{pmatrix} 1 & 0 & 1 \\ 0 & 1 & 1 \\ 1 & 0 & 0 \end{pmatrix} \begin{pmatrix} 2^k & 0 & 0 \\ 0 & 2^k & 0 \\ 0 & 0 & 1 \end{pmatrix} \begin{pmatrix} 0 & 0 & 1 \\ -1 & 1 & 1 \\ 1 & 0 & -1 \end{pmatrix} \\ &= \begin{pmatrix} 2^k & 0 & 1 \\ 0 & 2^k & 1 \\ 2^k & 0 & 0 \end{pmatrix} \begin{pmatrix} 0 & 0 & 1 \\ -1 & 1 & 1 \\ 1 & 0 & -1 \end{pmatrix} \\ &= \begin{pmatrix} 1 & 0 & 2^k-1 \\ 1-2^k & 2^k & 2^k-1 \\ 0 & 0 & 2^k \end{pmatrix} \end{aligned}$$

■ Solution de l'exercice 2.23

1) $\chi_{A_m} = (X-1)(X-2)(X-(2-m))$ et par suite $Sp(A_m) = \{1,2,2-m\}$.
2) D'après la question précédente, on en déduit que pour tout $m \in \mathbb{R}$, A_m est à diagonale propre.
3) On distingue trois cas

— Si $m \neq 0$ et $m \neq 1$, alors χ_{A_m} est scindé simple dans $\mathbb{R}[X]$ et par suite A_m est diagonalisable.

— Si $m = 0$, alors $\chi_{A_0} = (X-1)(X-2)^2$ et $E_2 = Vect((1,-1,0),(0,0,1))$. Ainsi, χ_{A_0} est scindé dans $\mathbb{R}[X]$, $dim E_2 = 2 = ord(2)$, par conséquent A_0 est diagonalisable.

— Si $m = 1$ alors $\chi_{A_1} = (X-1)^2(X-2)$, $E_1 = Vect((1,-1,-1))$ et donc $dim E_1 = 1 \neq 2 = ord(1)$, par conséquent A_1 n'est pas diagonalisable.

En conclusion, A_m est diagonalisable si et seulement si $m \neq 1$.
4) $\chi_C = X(X^2+1) \neq X^3$ et par suite C n'est pas à diagonale propre.

Solution de l'exercice 2.24

Pour tout $n \in \mathbb{N}$, on pose $X_n = \begin{pmatrix} f_{n+1} \\ f_n \end{pmatrix}$, alors $X_0 = \begin{pmatrix} 1 \\ 0 \end{pmatrix}$ et

$$\forall n \in \mathbb{N},\ X_{n+1} = \begin{pmatrix} 1 & 1 \\ 1 & 0 \end{pmatrix} X_n.$$

Soit $A = \begin{pmatrix} 1 & 1 \\ 1 & 0 \end{pmatrix}$, on souhaite montrer par récurrence sur $n \in \mathbb{N}$ que $X_n = A^n X_0$.

En effet,

— Pour $n = 0$, on a $X_0 = A^0 X_0$.
— HR : Soit $n \in \mathbb{N}$, supposons que $X_n = A^n X_0$, alors

$$X_{n+1} = AX_n = AA^n X_0 = A^{n+1} X_0.$$

Dans la suite on se propose donc de calculer A^n pour tout $n \in \mathbb{N}$. On a,

$$\chi_A = \begin{vmatrix} X-1 & -1 \\ -1 & X \end{vmatrix} = X^2 - X - 1 = (X - \frac{1-\sqrt{5}}{2})(X - \frac{1+\sqrt{5}}{2}).$$

Ainsi, χ_A est scindé simple dans $\mathbb{R}[X]$ et par suite A est diagonalisable dans $\mathcal{M}_2(\mathbb{R})$. On a $E_{\frac{1-\sqrt{5}}{2}} = Vect((1, \frac{-1-\sqrt{5}}{2}))$ et $E_{\frac{1+\sqrt{5}}{2}} = Vect((1, \frac{-1+\sqrt{5}}{2}))$ et par suite

$$A = PDP^{-1},$$

avec $D = \begin{pmatrix} \frac{1-\sqrt{5}}{2} & 0 \\ 0 & \frac{1+\sqrt{5}}{2} \end{pmatrix}$, $P = \begin{pmatrix} 1 & 1 \\ \frac{-1-\sqrt{5}}{2} & \frac{-1+\sqrt{5}}{2} \end{pmatrix}$ et

$P^{-1} = \begin{pmatrix} \frac{-1+\sqrt{5}}{2\sqrt{5}} & \frac{-1}{\sqrt{5}} \\ \frac{1+\sqrt{5}}{2\sqrt{5}} & \frac{1}{\sqrt{5}} \end{pmatrix}.$

Par conséquent, pour tout $n \in \mathbb{N}$, on a

$$\begin{aligned}
A^n &= PD^nP^{-1}\\
&= \begin{pmatrix} 1 & 1 \\ \frac{-1-\sqrt{5}}{2} & \frac{-1+\sqrt{5}}{2} \end{pmatrix} \begin{pmatrix} \frac{(1-\sqrt{5})^n}{2^n} & 0 \\ 0 & \frac{(1+\sqrt{5})^n}{2^n} \end{pmatrix} \begin{pmatrix} \frac{-1+\sqrt{5}}{2\sqrt{5}} & \frac{-1}{\sqrt{5}} \\ \frac{1+\sqrt{5}}{2\sqrt{5}} & \frac{1}{\sqrt{5}} \end{pmatrix}\\
&= \frac{1}{2^{n+2}\sqrt{5}} \begin{pmatrix} 2(1-\sqrt{5})^n & 2(1+\sqrt{5})^n \\ -(1+\sqrt{5})(1-\sqrt{5})^n & (-1+\sqrt{5})(1+\sqrt{5})^n \end{pmatrix} \begin{pmatrix} -1+\sqrt{5} & -2 \\ 1+\sqrt{5} & 2 \end{pmatrix}\\
&= \frac{1}{2^{n+2}\sqrt{5}} \begin{pmatrix} 2(1+\sqrt{5})^{n+1} - 2(1-\sqrt{5})^{n+1} & 4(1+\sqrt{5})^n - 4(1-\sqrt{5})^n \\ -4(1-\sqrt{5})^n + 4(1+\sqrt{5})^n & 8(1+\sqrt{5})^{n-1} - 8(1-\sqrt{5})^{n-1} \end{pmatrix}
\end{aligned}$$

En particulier, on en déduit que pour tout $n \in \mathbb{N}$

$$\begin{aligned}
f_n &= \frac{-4(1-\sqrt{5})^n + 4(1+\sqrt{5})^n}{2^{n+2}\sqrt{5}}\\
&= \frac{1}{\sqrt{5}}\left(\frac{1+\sqrt{5}}{2}\right)^n - \frac{1}{\sqrt{5}}\left(\frac{1-\sqrt{5}}{2}\right)^n
\end{aligned}$$

■ Solution de l'exercice 2.25

1) $\chi_A = (X-1)(X-2)(X-3)$ est scindé simple dans $\mathbb{R}[X]$, par conséquent A est diagonalisable.

2) $A = PDP^{-1}$ avec $D = \begin{pmatrix} 1 & 0 & 0 \\ 0 & 2 & 0 \\ 0 & 0 & 3 \end{pmatrix}$ et $P = \begin{pmatrix} 1 & 2 & 1 \\ 1 & 0 & -1 \\ 1 & 1 & -1 \end{pmatrix}$.

3) Pour tout $n \in \mathbb{N}$, on a

$$\begin{aligned}
A^n &= PD^nP^{-1}\\
&= \frac{1}{2}\begin{pmatrix} 1 & 2 & 1 \\ 1 & 0 & -1 \\ 1 & 1 & -1 \end{pmatrix} \begin{pmatrix} 1 & 0 & 0 \\ 0 & 2^n & 0 \\ 0 & 0 & 3^n \end{pmatrix} \begin{pmatrix} 1 & 3 & -2 \\ 0 & -2 & 2 \\ 1 & 1 & -2 \end{pmatrix}\\
&= \frac{1}{2}\begin{pmatrix} 1 & 2^{n+1} & 3^n \\ 1 & 0 & -3^n \\ 1 & 2^n & -3^n \end{pmatrix} \begin{pmatrix} 1 & 3 & -2 \\ 0 & -2 & 2 \\ 1 & 1 & -2 \end{pmatrix}\\
&= \frac{1}{2}\begin{pmatrix} 1+3^n & 3-2^{n+2}+3^n & 2(-1+2^{n+1}-3^n) \\ 1-3^n & 3-3^n & 2(-1+3^n) \\ 1-3^n & 3-2^{n+1}-3^n & 2(-1+2^n+3^n) \end{pmatrix}
\end{aligned}$$

4) *a*) Pour tout $n \in \mathbb{N}$, on a $X_{n+1} = AX_n$.
b) On raisonne par récurrence sur $n \in \mathbb{N}$. En effet,
– Pour $n = 0$, on a $X_0 = A^0 X_0$.
– HR : Soit $n \in \mathbb{N}$, supposons que $X_n = A^n X_0$, alors $X_{n+1} = AX_n = AA^n X_0$ et par suite $X_{n+1} = A^{n+1} X_0$.
c) On en déduit de la question précédente que pour tout $n \in \mathbb{N}$, on a

$$\begin{pmatrix} x_n \\ y_n \\ z_n \end{pmatrix} = \frac{1}{2} \begin{pmatrix} 1+3^n & 3-2^{n+2}+3^n & 2(-1+2^{n+1}-3^n) \\ 1-3^n & 3-3^n & 2(-1+3^n) \\ 1-3^n & 3-2^{n+1}-3^n & 2(-1+2^n+3^n) \end{pmatrix} \begin{pmatrix} 1 \\ 0 \\ -1 \end{pmatrix}$$

et par suite

$$\begin{pmatrix} x_n \\ y_n \\ z_n \end{pmatrix} = \frac{1}{2} \begin{pmatrix} 3-2^{n+2}+3^{n+1} \\ 3-3^{n+1} \\ 3-2^{n+1}-3^{n+1} \end{pmatrix}$$

▪ Solution de l'exercice 2.26

1) On vérifie facilement que $\psi^2 = \mathrm{Id}_{\mathcal{M}_n(\mathbb{R})}$ ce qui implique que $P = X^2 - 1$ est un polynôme annulateur et par suite $\pi_\psi | X^2 - 1$. Or, $\psi \neq \pm \mathrm{Id}_{\mathcal{M}_n(\mathbb{R})}$ par conséquent $\pi_\psi \neq X - 1$ et $\pi_\psi \neq X + 1$ et donc $\pi_\psi = X^2 - 1$ ce qui signifie que $Sp(\psi) = \{\pm 1\}$.
2) Comme π_ψ est scindé simple, on en déduit que ψ est diagonalisable.
3) Soient $B = \{E_{i,j} \mid 1 \leqslant i, j \leqslant n\}$ la base canonique de $\mathcal{M}_n(\mathbb{R})$ et $A = (a_{ij})_{1 \leqslant i,j \leqslant n} \in E_{-1}$ alors ${}^tA = -A$ et par suite pour tout $1 \leqslant i, j \leqslant n$, on a $a_{ji} = -a_{ij}$ en particulier $a_{ii} = 0$. Ainsi,

$$\begin{aligned} A = \sum_{1 \leqslant i,j \leqslant n} a_{ij} E_{i,j} &= \sum_{\substack{1 \leqslant i,j \leqslant n \\ i \neq j}} a_{ij} E_{i,j} = \sum_{1 \leqslant i < j \leqslant n} a_{ij} E_{i,j} + \sum_{1 \leqslant i < j \leqslant n} a_{ji} E_{j,i} \\ &= \sum_{1 \leqslant i < j \leqslant n} a_{ij} E_{i,j} + \sum_{1 \leqslant i < j \leqslant n} -a_{ij} E_{j,i} = \sum_{1 \leqslant i < j \leqslant n} a_{ij} (E_{i,j} - E_{j,i}) \end{aligned}$$

par conséquent la famille $B' = \{E_{i,j} - E_{j,i} \mid 1 \leqslant i < j \leqslant n\}$ est une famille génératrice de E_{-1}. Soit $\alpha_{ij} \in \mathbb{R}$, $1 \leqslant i < j \leqslant n$ tels que

$$\sum_{1 \leqslant i < j \leqslant n} \alpha_{ij} (E_{i,j} - E_{j,i}) = 0,$$

comme B est une base de $\mathcal{M}_n(\mathbb{R})$, on en déduit que $\alpha_{ij} = 0$ pour tout $1 \leqslant i < j \leqslant n$ et par suite la famille B' est libre, c'est donc une base de E_{-1} ce qui implique que $dim E_{-1} = Card(B') = \dfrac{n^2 - n}{2} = \dfrac{n(n-1)}{2}$. Enfin, comme $E_{-1} \oplus E_1 = \mathcal{M}_n(\mathbb{R})$, on en déduit que $dim E_1 = n^2 - \dfrac{n(n-1)}{2} = \dfrac{n(n+1)}{2}$.

■ **Solution de l'exercice 2.27**

1) $A^2 = \begin{pmatrix} 0 & 0 & 1 & 0 \\ 0 & 0 & 0 & 1 \\ 1 & 0 & 0 & 0 \\ 0 & 1 & 0 & 0 \end{pmatrix}$ et $A^3 = \begin{pmatrix} 0 & 0 & 0 & 1 \\ 1 & 0 & 0 & 0 \\ 0 & 1 & 0 & 0 \\ 0 & 0 & 1 & 0 \end{pmatrix}$.

2) $\chi_A = X^4 - 1 = (X-1)(X+1)(X-i)(X+i)$ est scindé simple dans $\mathbb{C}[X]$ et par suite A est diagonalisable dans $\mathscr{M}_4(\mathbb{C})$. On a

$$A = PDP^{-1},$$

avec $D = \begin{pmatrix} 1 & 0 & 0 & 0 \\ 0 & -1 & 0 & 0 \\ 0 & 0 & i & 0 \\ 0 & 0 & 0 & -i \end{pmatrix}$ et $P = \begin{pmatrix} 1 & 1 & 1 & 1 \\ 1 & -1 & i & -i \\ 1 & 1 & -1 & -1 \\ 1 & -1 & -i & i \end{pmatrix}$.

3) *a*) $C(a,b,c,d) = aI_4 + bA + cA^2 + dA^3$.

b) Soit $Q = a + bX + cX^2 + dX^3$, alors

$$C(a,b,c,d) = Q(A) = Q(PDP^{-1}) = PQ(D)P^{-1},$$

où

$$Q(D) = \begin{pmatrix} Q(1) & 0 & 0 & 0 \\ 0 & Q(-1) & 0 & 0 \\ 0 & 0 & Q(i) & 0 \\ 0 & 0 & 0 & Q(-i) \end{pmatrix}$$

$$= \begin{pmatrix} a+b+c+d & 0 & 0 & 0 \\ 0 & a-b+c-d & 0 & 0 \\ 0 & 0 & a+ib-c-id & 0 \\ 0 & 0 & 0 & a-ib-c+id \end{pmatrix}$$

■ **Solution de l'exercice 2.28**

1) Pour tous $P, Q \in \mathbb{R}[X]$ et pour tous $\alpha, \beta \in \mathbb{R}$, on a

$$\begin{aligned}\varphi(\alpha P + \beta Q) &= (X^2-1)(\alpha P + \beta Q)'' + 2X(\alpha P + \beta Q)' \\ &= \alpha(X^2-1)P'' + \beta(X^2-1)Q'' + 2X(\alpha P') + 2X(\beta Q') \\ &= \alpha\left((X^2-1)P'' + 2XP'\right) + \beta\left((X^2-1)Q'' + 2XQ'\right) \\ &= \alpha\varphi(P) + \beta\varphi(Q)\end{aligned}$$

Ainsi, φ est linéaire. Par ailleurs, on a $\varphi(1) = 0$, $\varphi(X) = 2X$ et pour tout $k \in \mathbb{N}$ tel que $k \geqslant 2$

$$\begin{aligned}\varphi(X^k) &= k(k-1)(X^2-1)X^{k-2} + 2XkX^{k-1} \\ &= (k^2-k)X^k - k(k-1)X^{k-2} + 2kX^k \\ &= k(k+1)X^k - k(k-1)X^{k-2}\end{aligned}$$

Soit $P = \sum_{k=0}^{n} a_k X^k \in \mathbb{R}_n[X]$, alors

$$\begin{aligned}
\varphi(P) &= \varphi\left(\sum_{k=0}^{n} a_k X^k\right) = \sum_{k=0}^{n} a_k \varphi(X^k) \\
&= 2a_1 X + \sum_{k=2}^{n} a_k \left(k(k+1)X^k - k(k-1)X^{k-2}\right) \\
&= \sum_{k=0}^{n} a_k k(k+1)X^k - \sum_{k=2}^{n} a_k k(k-1)X^{k-2} \\
&= \sum_{k=0}^{n} a_k k(k+1)X^k - \sum_{k=0}^{n-2} a_{k+2}(k+2)(k+1)X^k \\
&= a_n n(n+1)X^n + a_{n-1} n(n-1)X^{n-1} \\
&+ \sum_{k=0}^{n-2} \left(a_k k(k+1) - a_{k+2}(k+2)(k+1)\right) X^k \in \mathbb{R}_n[X]
\end{aligned}$$

Par suite $\varphi(P) \in \mathbb{R}_n[X]$ et donc $\varphi \in \mathscr{L}(\mathbb{R}_n[X])$.
2) On rappelle que la base canonique de $\mathbb{R}_n[X]$ est donnée par

$$B = \left\{1, X, X^2, \ldots, X^n\right\}.$$

Ainsi, d'après ce qui précède, on en déduit que

$$\mathscr{M}(\varphi, B) = \begin{pmatrix}
0 & 0 & -2 & 0 & \cdots & \cdots & 0 \\
0 & 2 & 0 & \ddots & \ddots & & \vdots \\
0 & 0 & 6 & \ddots & -k(k-1) & \ddots & \vdots \\
0 & 0 & 0 & \ddots & 0 & & 0 \\
0 & 0 & 0 & \ddots & k(k+1) & \ddots & -n(n-1) \\
0 & 0 & 0 & & \ddots & \ddots & 0 \\
0 & 0 & 0 & \cdots & \cdots & 0 & n(n+1)
\end{pmatrix}$$

3) $\chi_\varphi = \prod_{k=0}^{n} (X - k(k+1))$.
4) Évident.
5) Soient $0 \leqslant k, k' \leqslant n$ tels que $k < k'$, alors $k(k+1) < k'(k'+1)$ et par suite χ_φ est scindé simple dans $\mathbb{R}[X]$ en particulier φ est diagonalisable.

6) Soit $0 \leqslant k \leqslant n$ et $Q_k = \sum_{i=0}^{m} a_i X^i \in \mathbb{R}_n[X]$ un vecteur propre associé à la valeur propre $k(k+1)$, on suppose que $\deg(Q_k) = m$, autrement dit $a_m \neq 0$, alors d'après la question 1), on en déduit que $\varphi(Q_k) = a_m m(m+1)X^m + R_k$ avec $\deg(R_k) \leqslant m-1$ et par suite

$$a_m m(m+1)X^m + R_k = k(k+1)\sum_{i=0}^{m} a_i X^i.$$

Par conséquent, $a_m m(m+1) = a_m k(k+1)$, ce qui implique nécessairement que $m = k$. Ainsi, pour tout $0 \leqslant k \leqslant n$, le polynôme $P_k = \frac{1}{dom(Q_k)} Q_k$ est un polynôme unitaire de degré k qui est un vecteur propre pour la valeur propre $k(k+1)$. Enfin, puisque toutes les valeurs propres sont simples, on en déduit que $E_{k(k+1)} = Vect(P_k)$ et puisque φ est diagonalisable, on a

$$\bigoplus_{k=0}^{n} E_{k(k+1)} = \mathbb{R}_n[X]$$

et donc $B = \{P_0, P_1, \dots, P_n\}$ est une base de $\mathbb{R}_n[X]$ formée de de vecteurs propres de φ unitaires vérifiant pour tout $0 \leqslant k \leqslant n$, $\deg(P_k) = P_k$.

■ Solution de l'exercice 2.29

1) Pour tous $g, h \in \mathscr{L}(E)$, $\alpha, \beta \in \mathbb{K}$ et $x \in E$, on a

$$\begin{aligned}\psi(\alpha g + \beta h)(x) &= f \circ (\alpha g + \beta h)(x) = f(\alpha g(x) + \beta h(x)) \\ &= \alpha f \circ g(x) + \beta f \circ h(x) = (\alpha \psi(g) + \beta \psi(h))(x)\end{aligned}$$

et par suite $\psi(\alpha g + \beta h) = \alpha \psi(g) + \beta \psi(h)$.

2) Soit $\lambda \in Sp(\psi)$, alors il existe $g \in \mathscr{L}(E)$, $g \neq 0$ tel que $\psi(g) = \lambda g$, autrement dit

$$\forall x \in E,\ f(g(x)) = \lambda g(x).$$

Or, comme $g \neq 0$, alors il existe $x_0 \in E$ tel que $x_0 \neq 0$ et on a $f(g(x_0)) = \lambda g(x_0)$. Ainsi, $\lambda \in Sp(f)$ et donc $Sp(\psi) \subset Sp(f)$. Réciproquement, soit $\lambda \in Sp(f)$, alors il existe $x_0 \in E$, $x_0 \neq 0$ tel que $f(x_0) = \lambda x_0$. Soit G un supplémentaire de $Vect(x_0)$ dans E et p la projection sur $Vect(x_0)$ parallèlement à G, alors pour tout $x \in E$, on a

$$\psi(p)(x) = f(p(x)) = f(\alpha_x x_0) = \alpha_x f(x_0) = \alpha_x \lambda x_0 = \lambda p(x),$$

par conséquent $\psi(p) = \lambda p$, comme $p \neq 0$, alors $\lambda \in Sp(\psi)$ et donc $Sp(f) \subset Sp(\psi)$ ce qui implique naturellement que $Sp(f) = Sp(\psi)$.

3) On a

$$\begin{aligned}E_\lambda(\psi) &= \{g \in \mathscr{L}(E) \mid \psi(g) = \lambda g\}\\ &= \{g \in \mathscr{L}(E) \mid (f - \lambda \mathrm{Id}_E) \circ g = 0\}\\ &= \{g \in \mathscr{L}(E) \mid Im(g) \subset E_\lambda(f)\}\end{aligned}$$

par conséquent

$$dim E_\lambda(\psi) = dim \mathscr{L}(E, E_\lambda(f)) = dim E \times dim E_\lambda(f).$$

4) On pose $Sp(\psi) = Sp(f) = \{\lambda_1, \ldots, \lambda_p\}$, alors

$$\begin{aligned}f \text{ est diagonalisable} &\iff dim E = \sum_{i=1}^{p} dim E_{\lambda_i}(f)\\ &\iff (dim E)^2 = \sum_{i=1}^{p} dim E \times dim E_{\lambda_i}(f)\\ &\iff dim\,(\mathscr{L}(E)) = \sum_{i=1}^{p} dim E_{\lambda_i}(\psi)\\ &\iff \psi \text{ est diagonalisable}\end{aligned}$$

Solution de l'exercice 2.30

1) Le polynôme $P = X^2 + X + 1 = (X - j)(X - \bar{j})$ est un polynôme annulateur de M, par conséquent M n'admet aucune valeur propre réelle et par suite χ_M n'est pas scindé dans $\mathbb{R}[X]$ et M n'est pas diagonalisable dans $\mathscr{M}_n(\mathbb{R})$.
2) Le polynôme $P = X^2 + X + 1 = (X - j)(X - \bar{j})$ est un polynôme annulateur de M scindé simple dans $\mathbb{C}[X]$, par conséquent M est diagonalisable dans $\mathscr{M}_n(\mathbb{C})$.
3) D'une part on sait que $Sp_{\mathbb{C}}(M) \neq \varnothing$. D'autre part d'après la question 2) on en déduit que $Sp_{\mathbb{C}}(M) \subset \{j, \bar{j}\}$, cependant comme $\pi_M \in \mathbb{R}[X]$ et $\deg(\pi_N) \geqslant 1$, alors $Sp_{\mathbb{C}}(M) = \{j, \bar{j}\}$.
4) Soit $r = ord(j) = ord(\bar{j})$, alors

$$\chi_M = (X - j)^r (X - \bar{j})^r$$

et par suite $n = 2r$ et n est paire. Par ailleurs, comme χ_M est scindé dans $\mathbb{C}[X]$, alors

$$Tr(M) = rj + r\bar{j} = -r = -\frac{n}{2},$$

et

$$\det(M) = j^r \times \bar{j}^r = |j|^{2r} = 1.$$

▪ Solution de l'exercice 2.31

On raisonne par récurrence sur $n = dimE \in \mathbb{N}^*$. En effet,

— Pour $n = 1$, pour toute base B de E et pour tout $1 \leqslant i \leqslant p$, on a $\mathscr{M}(u_i, B) = (a_i)$ est diagonale.

— Soit $n \in \mathbb{N}^*$, supposons que pour tout $\mathbb{K}$-espace vectoriel E de dimension finie tel que $1 \leqslant dimE \leqslant n$, si $u_1, \ldots, u_p \in \mathscr{L}(E)$ sont des endomorphismes diagonalisables de E qui commutent deux à deux, alors il existe une base B de E telle que pour tout $1 \leqslant i \leqslant p$, la matrice $\mathscr{M}(u_i, B)$ est diagonale. Soient E un $\mathbb{K}$-espace vectoriel de dimension $n+1$ et $u_1, \ldots, u_p \in \mathscr{L}(E)$ sont des endomorphismes diagonalisables de E qui commutent deux à deux. On distingue alors deux cas

— Si pour tout $1 \leqslant i \leqslant p$, u_i est une homothétie, autrement dit $u_i = \lambda_i \mathrm{Id}_E$, alors pour toute base B de E, on a $\mathscr{M}(u_i, B) = \lambda_i I_{n+1}$ est diagonale.

— Supposons qu'il existe $1 \leqslant j \leqslant p$ tel que u_j n'est pas une homothétie. Soient $\lambda_1, \ldots, \lambda_q$ les valeurs propres de u_j deux à deux distinctes, alors

$$\forall 1 \leqslant k \leqslant q,\ 1 \leqslant dimE_{\lambda_k}(u_j) \leqslant n.$$

De plus, comme u_j est diagonalisable, alors

$$\bigoplus_{k=1}^{q} E_{\lambda_k}(u_j) = E.$$

Par ailleurs, comme $u_i \circ u_j = u_j \circ u_i$ pour tout $1 \leqslant i \leqslant p$, alors les sous-espaces propres $E_{\lambda_1}(u_j), \ldots, E_{\lambda_q}(u_j)$ sont stables par u_i. Pour tous $1 \leqslant i \leqslant p$ et $1 \leqslant k \leqslant q$, on note $\tilde{u}_{i,k}$ l'endomorphisme induit par u_i sur $E_{\lambda_k}(u_j)$, alors pour tout $1 \leqslant k \leqslant q$ fixé, les endomorphismes $\tilde{u}_{1,k}, \ldots, \tilde{u}_{p,k}$ sont diagonalisables et commutent deux à deux et par suite d'après l'hypothèse de récurrence, il existe une base B_k de $E_{\lambda_k}(u_j)$ telle que pour tout $1 \leqslant i \leqslant p, \mathscr{M}(u_i, B_k)$ est diagonale.

Soit B la concaténation des bases B_k, alors B est une base de E et pour tout $1 \leqslant i \leqslant p$, on a

$$\mathcal{M}(u_i, B) = \begin{pmatrix} \boxed{\mathcal{M}(\tilde{u}_{i,1}, B_1)} & & & & \\ & \ddots & & & \\ & & \ddots & & \\ & & & \ddots & \\ & & & & \boxed{\mathcal{M}(\tilde{u}_{i,q}, B_q)} \end{pmatrix}$$

qui est diagonale.

Solution de l'exercice 2.32

– $i) \Longrightarrow 2i)$ Si M est diagonalisable, alors il existe une matrice $P \in GL_n(\mathbb{C})$ et une matrice $D \in \mathcal{M}_n(\mathbb{C})$ diagonale telles que

$$M = PDP^{-1}$$

et par suite

$$M^p = PD^pP^{-1},$$

ce qui implique que M^p est diagonalisable. Par ailleurs, on sait que $Ker(M) \subset Ker(M^p)$, ainsi d'après le théorème de l'invariance du rang, on en déduit que

$$rg(M^p) = rg\left(PD^pP^{-1}\right) = rg(D^p) = rg(D) = rg\left(PDP^{-1}\right) = rg(M),$$

par conséquent d'après le théorème du rang, on en déduit que $dim Ker(M) = dim Ker(M^p)$ et donc $Ker(M) = Ker(M^p)$.

– $2i) \Longrightarrow i)$ Supposons que M^p est diagonalisable et que $Ker(M) = Ker(M^p)$. Comme, M^p est diagonalisable alors π_{M^p} est scindé simple dans $\mathbb{C}[X]$. On distingue alors deux cas

— Si $0 \notin Sp_{\mathbb{C}}(M^p)$, alors $\pi_{M^p} = \prod_{i=1}^{q}(X - \lambda_i)$ où tous les λ_i sont non nuls et deux à deux distincts. Pour tout $1 \leqslant i \leqslant q$, soient $\omega_{i,1}, \ldots, \omega_{i,p}$ les solutions de l'équation $z^p = \lambda_i$ et

$$Q = \prod_{i=1}^{q}\prod_{k=1}^{p}(X - \omega_{i,k}),$$

alors Q est scindé simple dans $\mathbb{C}[X]$. De plus, on a

$$Q(M) = \prod_{i=1}^{q}\prod_{k=1}^{p}(M - \omega_{i,k}I_n) = \prod_{i=1}^{q}(M^p - \lambda_i I_n) = \pi_{M^p}(M^p) = 0$$

et par conséquent M est diagonalisable.

— Si $0 \in Sp_{\mathbb{C}}(M^p)$, alors $\pi_{M^p} = X\prod_{i=1}^{q}(X - \lambda_i)$ où tous les λ_i sont non nuls et deux à deux distincts. Pour tout $1 \leqslant i \leqslant q$, soient $\omega_{i,1}, \ldots, \omega_{i,p}$ les solutions de l'équation $z^p = \lambda_i$ et

$$Q = X^p\prod_{i=1}^{q}\prod_{k=1}^{p}(X - \omega_{i,k}),$$

alors

$$Q(M) = M^p\prod_{i=1}^{q}(M^p - \lambda_i I_n) = \pi_{M^p}(M^p) = 0$$

en particulier $Im\left(\prod_{i=1}^{q}\prod_{k=1}^{p}(M - \omega_{i,k}I_n)\right) \subset Ker(M^p) = Ker(M)$
et par suite

$$M\prod_{i=1}^{q}\prod_{k=1}^{p}(M - \omega_{i,k}I_n) = 0.$$

Soit $R = X^p\prod_{i=1}^{q}\prod_{k=1}^{p}(X - \omega_{i,k})$, alors R est scindé simple dans $\mathbb{C}[X]$ et $R(M) = 0$ ce qui implique que M est diagonalisable.

■ Solution de l'exercice 2.33

1) Pour montrer que $GL_n(\mathbb{R})$ est un ouvert de $\mathcal{M}_n(\mathbb{R})$, on considère l'application

$$\begin{aligned} \varphi : \mathcal{M}_n(\mathbb{R}) &\longrightarrow \mathbb{R} \\ A &\longmapsto \varphi(A) = \det(A) \end{aligned}$$

En identifiant $\mathcal{M}_n(\mathbb{R})$ à $\underbrace{\mathbb{R}^n \times \cdots \times \mathbb{R}^n}_{\text{n fois}}$, on sait que l'application φ est multilinéaire au départ d'un espace vectoriel de dimension finie, elle est donc continue, comme $\mathbb{R}^*$ est un ouvert de $\mathbb{R}$, on en déduit que $GL_n(\mathbb{R}) = \varphi^{-1}(\mathbb{R}^*)$ est un ouvert de $\mathcal{M}_n(\mathbb{R})$. Par ailleurs, $\mathcal{M}_n(\mathbb{R})$ étant de dimension finie, toutes les normes sont équivalentes. On muni $\mathcal{M}_n(\mathbb{R})$ de la norme $\|\,.\,\|_\infty$ définie par

$$\forall A = (a_{ij})_{1 \leqslant i,j \leqslant n} \in \mathcal{M}_n(\mathbb{R}), \ \|A\|_\infty = \sup_{1 \leqslant i,j \leqslant n} |a_{ij}|.$$

Soit $A \in \mathcal{M}_n(\mathbb{R})$ et $\varepsilon > 0$, on distingue alors trois cas

– Si $A \in GL_n(\mathbb{R})$, alors $\|A - A\|_\infty = \|0\|_\infty = 0 \leqslant \varepsilon$.

– Si $A \notin GL_n(\mathbb{R})$ et A n'a pas de valeur propre strictement positive, alors $A - \varepsilon I_n \in GL_n(\mathbb{R})$ et on a

$$\|A - (A - \varepsilon I_n)\|_\infty = \|\varepsilon I_n\|_\infty = \varepsilon \|I_n\|_\infty = \varepsilon.$$

– Si $A \notin GL_n(\mathbb{R})$ et A admet une valeur propre strictement positive. Comme le spectre de A est fini, alors l'ensemble $Sp(A) \cap \mathbb{R}_+^*$ admet un plus petit élément λ_0, soit $\eta \in]0, \min(\varepsilon, \lambda_0)[$, alors $A - \eta I_n \in GL_n(\mathbb{R})$ et on a

$$\|A - (A - \eta I_n)\|_\infty = \|\eta I_n\|_\infty = \eta \|I_n\|_\infty = \eta \leqslant \varepsilon.$$

Ainsi, $GL_n(\mathbb{R})$ est dense dans $\mathcal{M}_n(\mathbb{R})$.

2) Comme $GL_n(\mathbb{R})$ est un ouvert de $\mathcal{M}_n(\mathbb{R})$, alors $\mathcal{M}_n(\mathbb{R}) \backslash GL_n(\mathbb{R})$ est un fermé. Cependant, $\mathcal{M}_n(\mathbb{R}) \backslash GL_n(\mathbb{R})$ n'est pas compact car il n'est pas borné, en effet pour tout $p \in \mathbb{N}^*$, $pE_{11} \in \mathcal{M}_n(\mathbb{R}) \backslash GL_n(\mathbb{R})$ et $\|pE_{11}\|_\infty = p \xrightarrow[p \to +\infty]{} +\infty$.

■ Solution de l'exercice 2.34

1) $\mathcal{M}_n(\mathbb{C})$ étant de dimension finie, toutes les normes sont équivalentes et par suite il existe une constante $C > 0$ telle que pour tout $A \in \mathcal{M}_n(\mathbb{C})$, on a

$$\|A\| \leqslant C \|A\|_\infty.$$

2) *a*) On sait que toute matrice de $\mathcal{M}_n(\mathbb{C})$ est trigonalisable et par suite il existe $P \in GL_n(\mathbb{C})$ et $T \in \mathcal{M}_n(\mathbb{C})$ une matrice triangulaire telles que $A = PTP^{-1}$.

$b)$ La construction se fait de proche en proche, en effet on choisit $\varepsilon_1 = 0$ et pour $2 \leqslant k \leqslant n$, $\varepsilon_k \in [0, \frac{\varepsilon}{C\|P^{-1}\|\|P\|}]$ tel que $\varepsilon_k \neq \lambda_{k-1} - \lambda_k + \varepsilon_{k-1}$. Le choix est toujours possible car l'intervalle $[0, \frac{\varepsilon}{C\|P^{-1}\|\|P\|}]$ est infini.

$c)$ La matrice $D+T$ est triangulaire et par suite

$$Sp(D+T) = \{\lambda_k + \varepsilon_k \mid 1 \leqslant k \leqslant n\}.$$

Ainsi, $D+T$ admet n valeurs propres distinctes, elle est donc diagonalisable et il en est de même pour toute matrice qui lui est semblable, en particulier A'.

3) Soit $A \in \mathscr{M}_n(\mathbb{C})$ et A' la matrice définie dans la question 2) $c)$, alors A' est diagonalisable et on a

$$\begin{aligned} \|A' - A\| &= \|P(D+T)P^{-1} - PTP^{-1}\| \\ &= \|PDP^{-1}\| \leqslant \|P\|\|D\|\|P^{-1}\| \\ &\leqslant C\|P\|\|D\|_\infty\|P^{-1}\| \\ &\leqslant \varepsilon \end{aligned}$$

▪ Solution de l'exercice 2.35

1) $a)$ On sait que pour tout $1 \leqslant i \leqslant p$, E_{λ_i} est stable par u et par suite $F = \bigoplus_{i=1}^{p} E_{\lambda_i}$ est stable par u, comme u est semi-simple, alors il existe un sous-espace vectoriel G supplémentaire de F dans E et stable par u.

$b)$ Supposons que $G \neq \{0\}$ autrement dit $dim G \geqslant 1$. On désigne par $\tilde{u}_G$ l'endomorphisme induit par u sur G, comme $\deg(\chi_{\tilde{u}_G}) \geqslant 1$, alors $\chi_{\tilde{u}_G}$ admet au moins une racine λ dans $\mathbb{C}$ et donc il existe $x \in G$, $x \neq 0$ tel que $u(x) = \tilde{u}_G(x) = \lambda x$.

$c)$ D'après la question précédente, on sait que si $G \neq \{0\}$ alors G contient un vecteur propre de u et par suite

$$\bigoplus_{i=1}^{p} E_{\lambda_i} \cap G \neq \{0\},$$

ce qui contredit le fait que $\bigoplus_{i=1}^{p} E_{\lambda_i}$ et G soient supplémentaires. Ainsi, $G = \{0\}$ et

$$\bigoplus_{i=1}^{p} E_{\lambda_i} = E$$

et donc u est diagonalisable.

2) *a*) Le polynôme minimal π_u étant annulateur pour u il l'est également pour $\tilde{u}_F$, or comme u est diagonalisable, on en déduit que π_u est scindé simple dans $\mathbb{C}[X]$ et par conséquent

$$\pi_u = \prod_{i=1}^{p}(X - \lambda_i).$$

Ainsi, en utilisant le théorème de décomposition des noyaux, on obtient

$$\bigoplus_{i=1}^{p} Ker(\tilde{u}_F - \lambda_i \mathrm{Id}_F) = Ker(\pi_u(\tilde{u}_F)) = F.$$

b) Pour tout $1 \leqslant i \leqslant p$, on a

$$\begin{aligned} x \in Ker(\tilde{u}_F - \lambda_i \mathrm{Id}_F) &\iff x \in F \text{ et } \tilde{u}_F(x) = \lambda_i x \\ &\iff x \in F \text{ et } u(x) = \lambda_i x \\ &\iff x \in F \text{ et } x \in E_{\lambda_i} \\ &\iff x \in F \cap E_{\lambda_i} \end{aligned}$$

c) Soit $x \in F \cap G$, alors il existe $x_1 \in F \cap E_{\lambda_1}, \dots, x_p \in F \cap E_{\lambda_p}$ tels que $x = \sum_{i=1}^{p} x_i$, de la même façon $x \in G$ implique qu'il existe $y_1 \in G_1, \dots, y_p \in G_p$ tels que $x = \sum_{i=1}^{p} y_i$. Comme $G_i \subset E_{\lambda_i}$ pour tout $1 \leqslant i \leqslant p$ et comme $\bigoplus_{i=1}^{p} E_{\lambda_i}$, on en déduit alors que $x_i = y_i$ pour tout $1 \leqslant i \leqslant p$ et par suite $x_i \in G_i \cap (F \cap E_{\lambda_i}) = \{0\}$ en particulier, $x = 0$ et donc $F \cap G = \{0\}$. Soit $x \in E$, comme u est diagonalisable, alors $E = \bigoplus_{i=1}^{p} E_{\lambda_i}$ et par suite il existe $x_1 \in E_{\lambda_1}, \dots, x_p \in E_{\lambda_p}$ tels que $x = \sum_{i=1}^{p} x_i$. Cependant, pour tout $1 \leqslant i \leqslant p$, $E_{\lambda_i} = (F \cap E_{\lambda_i}) \oplus G_i$ et par suite il existe $z_i \in F \cap E_{\lambda_i}$ et $y_i \in G_i$ uniques tels que $x_i = z_i + y_i$. Cela implique que

$$x = \underbrace{\sum_{i=1}^{p} z_i}_{\in F} + \underbrace{\sum_{i=1}^{p} y_i}_{\in G},$$

et donc $E = F \oplus G$. Il reste à montrer que G est stable par u, pour cela il suffit de montrer que tous les G_i sont stables, en effet pour tout $1 \leqslant i \leqslant p$, $G_i \subset E_{\lambda_i}$ et par suite pour tout $x \in G_i$, on a $u(x) = \lambda_i x \in G_i$ et donc $u(G_i) \subset G_i$.
d) Comme tout sous-espace vectoriel de E stable par u admet un supplémentaire stable par u, on en déduit que u est semi-simple.

Solution de l'exercice 2.36

– Supposons que u est diagonalisable, on sait alors qu'il existe une base $B = \{e_1, \ldots, e_n\}$ de E, formée de vecteurs propres de u. Soit F un sous-espace vectoriel de E, si $F = \{0\}$ alors E est un supplémentaire de F et E est stable par u et de la même façon, si $F = E$, alors $\{0\}$ est un supplémentaire de F et $\{0\}$ est stable par u. Supposons dans la suite que $F \neq \{0\}$ et $F \neq E$ et soit $p = dim F$. Alors, il existe $1 \leqslant i_1 \leqslant n$ tel que $e_{i_1} \notin F$ et par suite on a $F \oplus Vect(e_{i_1})$. Si $F \oplus Vect(e_{i_1}) = E$, alors $Vect(e_{i_1})$ est le supplémentaire recherché car il est stable par u. Si non, si $F \oplus Vect(e_{i_1}) \neq E$, alors il existe $1 \leqslant i_2 \leqslant n$ tel que $i_2 \neq i_1$ et $e_{i_2} \notin F \oplus Vect(e_{i_1})$ et par suite

$$F \oplus Vect(e_{i_1}) \oplus Vect(e_{i_2})$$

et donc $Vect(e_{i_1}) \oplus Vect(e_{i_2})$ est le supplémentaire recherché. Ainsi, par le même procédé, on en déduit qu'il existe $1 \leqslant i_1, \ldots, i_{n-p} \leqslant n$ tels que

$$E = F \oplus Vect(e_{i_1}) \oplus Vect(e_{i_2}) \oplus \cdots \oplus Vect(e_{i_{n-p}})$$

et le sous-espace vectoriel $G = Vect(e_{i_1}) \oplus Vect(e_{i_2}) \oplus \cdots \oplus Vect(e_{i_{n-p}})$ est évidement stable par u.

– Réciproquement, supposons que tout sous-espace vectoriel F de E admet un supplémentaire stable par u. Si $dim E = 1$ alors évidement u est diagonalisable, supposons que $dim E \geqslant 2$ et soit F_1 un hyperplan de E, alors il existe $e_1 \in E$, $e_1 \neq 0$ tel que $E = F_1 \oplus Vect(e_1)$ et $Vect(e_1)$ est stable par u et le fait que $Vect(e_1)$ soit stable signifie que e_1 est un vecteur propre de u. Soit F_2 un hyperplan de F_1, alors de la même façon il existe un vecteur propre $e_2 \in E$ tel que $F_1 = F_2 \oplus Vect(e_2)$ et par suite $E = F_2 \oplus Vect(e_2) \oplus Vect(e_1)$. En répétant ce procédé $n-1$ fois,
on en déduit qu'il existe des vecteurs propres $e_1, \ldots, e_{n-1} \in E$ tels que $E = Vect(e_1) \oplus \cdots \oplus Vect(e_{n-1}) \oplus F_{n-1}$ et $dim F_{n-1} = 1$.
Or, $dim Vect(e_1) \oplus \cdots \oplus Vect(e_{n-1}) = n-1$ et donc il existe un vecteur propre $e_n \in E$ tel que

$$E = Vect(e_1) \oplus \cdots \oplus Vect(e_n).$$

Ainsi, $B = \{e_1, \ldots, e_n\}$ est une base de vecteurs propres de u et u est par conséquent diagonalisable.

■ Solution de l'exercice 2.37

1) On sait que $\mathscr{C}(u) \subset \mathscr{L}(E)$ et que $\mathscr{C}(u) \neq \varnothing$ puisque $\mathrm{Id}_E \in \mathscr{C}(u)$. Soient $v, w \in \mathscr{C}(u)$ et $\alpha, \beta \in \mathbb{C}$, alors pour tout $x \in E$, on a

$$\begin{aligned}(\alpha v+\beta w)\circ u(x) &= (\alpha v+\beta w)(u(x))\\ &= \alpha v(u(x))+\beta w(u(x))\\ &= \alpha v\circ u(x)+\beta w\circ u(x)\\ &= \alpha u\circ v(x)+\beta u\circ w(x)\\ &= \alpha u(v(x))+\beta u(w(x))\\ &= u(\alpha v(x)+\beta w(x))\\ &= u\circ(\alpha v+\beta w)(x)\end{aligned}$$

et par suite $(\alpha v+\beta w) \in \mathscr{C}(u)$.

2) Si $v \in \mathscr{C}(u)$, alors $u\circ v = v\circ u$ et par suite les sous-espaces propres $E_{\lambda_1}, \dots, E_{\lambda_p}$ sont stables par v. Réciproquement, supposons que les sous-espaces propres $E_{\lambda_1}, \dots, E_{\lambda_p}$ sont stables par v. Comme u est diagonalisable, alors

$$E = E_{\lambda_1} \oplus \cdots \oplus E_{\lambda_p}.$$

Soit $x \in E$, alors il existe $x_1 \in E_{\lambda_1}, \dots, x_p \in E_{\lambda_p}$ tels que $x = \sum_{i=1}^{p} x_i$ et par suite

$$\begin{aligned}u\circ v(x) &= u(v(\sum_{i=1}^{p} x_i)) = \sum_{i=1}^{p} u(v(x_i)) = \sum_{i=1}^{p} \lambda_i v(x_i)\\ &= \sum_{i=1}^{p} v(\lambda_i x_i) = \sum_{i=1}^{p} v(u(x_i)) = v(u(\sum_{i=1}^{p} x_i))\\ &= v(u(x)) = v\circ u(x)\end{aligned}$$

3) D'après ce qui précède $v \in \mathscr{C}(u)$ si et seulement si les sous-espaces propres $E_{\lambda_1}, \dots, E_{\lambda_p}$ sont stables par v et cela est équivalent à

$$\mathscr{M}(v,B) = \begin{pmatrix} \boxed{V_1} & & & & \\ & \boxed{V_2} & & & \\ & & \ddots & & \\ & & & \ddots & \\ & & & & \boxed{V_p} \end{pmatrix},$$

avec pour tout $1 \leqslant i \leqslant p$, $V_i \in \mathscr{M}_{n_i}(\mathbb{C})$.

4) La question précédente montre que $\mathscr{C}(u)$ est isomorphe à l'espace vectoriel des matrices diagonales par bloc de la forme

$$\begin{pmatrix} \boxed{V_1} & & & & \\ & \boxed{V_2} & & & \\ & & \ddots & & \\ & & & \ddots & \\ & & & & \boxed{V_p} \end{pmatrix},$$

avec pour tout $1 \leqslant i \leqslant p$, $V_i \in \mathscr{M}_{n_i}(\mathbb{C})$ qui est de dimension $\sum_{i=1}^{p} n_i^2$.

5) Pour tout $1 \leqslant i \leqslant p$, $n_i \geqslant 1$ et par suite $n_i^2 \geqslant n_i$, d'où

$$dim \mathscr{C}(u) = \sum_{i=1}^{p} n_i^2 \geqslant \sum_{i=1}^{p} n_i = n.$$

6) On considère un endomorphisme $u \in \mathscr{L}(E)$ ayant n valeurs propres distinctes, alors pour tout $1 \leqslant i \leqslant n$, $n_i = 1$ et donc

$$dim \mathscr{C}(u) = \sum_{i=1}^{n} n_i^2 = \sum_{i=1}^{n} 1 = n.$$

▪ Solution de l'exercice 2.38

1) Si $Sp(A) = \{0\}$ alors $\chi_A = X^n$ et donc A est nilpotente. Supposons que $Sp(A) \neq \{0\}$ et soient $\lambda_1, \ldots, \lambda_p$ les valeurs propres non nulles deux à deux distinctes de A de multiplicités respectives $\omega_1, \ldots, \omega_p$, comme A est trigonalisable, alors il existe $P \in GL_n(\mathbb{C})$ telle que $A = PTP^{-1}$ où

$$T = \begin{pmatrix} 0 & * & * & * & * & * \\ 0 & \ddots & * & * & * & * \\ \vdots & \ddots & 0 & * & * & * \\ \vdots & & \ddots & \lambda_1 & * & * \\ \vdots & & & \ddots & \ddots & * \\ 0 & \cdots & \cdots & \cdots & 0 & \lambda_p \end{pmatrix}.$$

Par conséquent pour tout $k \in \mathbb{N}^*$, on a $A^k = PT^kP^{-1}$, en particulier $\lambda_1^k, \ldots, \lambda_p^k$ sont les valeurs propres non nulles deux à deux distinctes de A^k de multiplicités respectives $\omega_1, \ldots, \omega_p$. Comme $Tr(A^k) = 0$ pour tout $k \in \mathbb{N}^*$, on en déduit alors que

$$\forall k \in \mathbb{N}^*, \sum_{i=1}^{p} \omega_i \lambda_i^k = 0.$$

Ainsi, la relation précédente pour $1 \leqslant k \leqslant p$ se traduit par

$$\begin{pmatrix} \lambda_1 & \lambda_2 & \lambda_3 & \cdots & \lambda_{p-1} & \lambda_p \\ \lambda_1^2 & \lambda_2^2 & \lambda_3^2 & \cdots & \lambda_{p-1}^2 & \lambda_p^2 \\ \lambda_1^3 & \lambda_2^3 & \lambda_3^3 & \cdots & \lambda_{p-1}^3 & \lambda_p^3 \\ \vdots & \vdots & \vdots & \vdots & \vdots & \vdots \\ \vdots & \vdots & \vdots & \vdots & \vdots & \vdots \\ \lambda_1^p & \lambda_2^p & \lambda_3^p & \cdots & \lambda_{p-1}^p & \lambda_p^p \end{pmatrix} \begin{pmatrix} \omega_1 \\ \omega_2 \\ \omega_3 \\ \vdots \\ \vdots \\ \omega_p \end{pmatrix} = \begin{pmatrix} 0 \\ 0 \\ 0 \\ \vdots \\ \vdots \\ 0 \end{pmatrix}.$$

D'autre part, on rappelle que le déterminant de Vundermonde

$$V(\lambda_1, \ldots, \lambda_p) = \begin{vmatrix} 1 & \lambda_1 & \lambda_2 & \cdots & \lambda_{p-1} & \lambda_p \\ 1 & \lambda_1^2 & \lambda_2^2 & \cdots & \lambda_{p-1}^2 & \lambda_p^2 \\ 1 & \lambda_1^3 & \lambda_2^3 & \cdots & \lambda_{p-1}^3 & \lambda_p^3 \\ \vdots & \vdots & \vdots & \vdots & \vdots & \vdots \\ \vdots & \vdots & \vdots & \vdots & \vdots & \vdots \\ 1 & \lambda_1^p & \lambda_2^p & \cdots & \lambda_{p-1}^p & \lambda_p^p \end{vmatrix},$$

est donné par

$$V(\lambda_1, \ldots, \lambda_p) = \prod_{1 \leqslant i < j \leqslant p} (\lambda_j - \lambda_i).$$

Cela entraîne que

$$\begin{vmatrix} \lambda_1 & \lambda_2 & \lambda_3 & \cdots & \lambda_{p-1} & \lambda_p \\ \lambda_1^2 & \lambda_2^2 & \lambda_3^2 & \cdots & \lambda_{p-1}^2 & \lambda_p^2 \\ \lambda_1^3 & \lambda_2^3 & \lambda_3^3 & \cdots & \lambda_{p-1}^3 & \lambda_p^3 \\ \vdots & \vdots & \vdots & \vdots & \vdots & \vdots \\ \vdots & \vdots & \vdots & \vdots & \vdots & \vdots \\ \lambda_1^p & \lambda_2^p & \lambda_3^p & \cdots & \lambda_{p-1}^p & \lambda_p^p \end{vmatrix} = \prod_{i=1}^{p} \lambda_i \prod_{1 \leqslant i < j \leqslant p} (\lambda_j - \lambda_i) \neq 0$$

En particulier on a $\omega_1 = \cdots = \omega_p = 0$ ce qui signifie que $Sp(A) = \{0\}$ et donc A est nilpotente.

2) Comme G est une famille génératrice pour $Vect(G)$, alors on peut en extraire une base.

3) *a*) Si $\psi(A) = \psi(B)$, alors $Tr(AM_i) = Tr(BM_i)$ pour tout $1 \leqslant i \leqslant m$. Soit $M \in G$, alors il existe $\alpha_1, \ldots, \alpha_m \in \mathbb{C}$ tels que $M = \sum_{i=1}^{m} \alpha_i M_i$, par conséquent

$$\begin{aligned}
Tr(AM) &= Tr(A\sum_{i=1}^{m}\alpha_i M_i) = Tr(\sum_{i=1}^{m}\alpha_i AM_i) = \sum_{i=1}^{m}\alpha_i Tr(AM_i)\\
&= \sum_{i=1}^{m}\alpha_i Tr(BM_i) = Tr(\sum_{i=1}^{m}\alpha_i BM_i) = Tr(B\sum_{i=1}^{m}\alpha_i M_i)\\
&= Tr(BM)
\end{aligned}$$

b) On a $Tr(D^0) = Tr(I_n) = n$ et pour tout $k \in \mathbb{N}^*$, on a

$$Tr(D^k) = Tr(DD^{k-1}) = Tr(AB^{-1}D^{k-1}),$$

comme $B^{-1}D^{k-1} \in G$, on en déduit d'après la question précédente que

$$Tr(D^k) = Tr(BB^{-1}D^{k-1}) = Tr(D^{k-1}).$$

Une récurrence immédiate nous donne alors que pour tout $k \in \mathbb{N}$,
on a $Tr(D^k) = Tr(I_n) = n$.
c) Au vu de la question précédente, pour tout $k \in \mathbb{N}^*$, on a

$$\begin{aligned}
Tr((D-I_n)^k) &= Tr(\sum_{i=0}^{k}(-1)^{k-i}D^i) = \sum_{i=1}^{k}(-1)^{k-i}Tr(D^i) = \sum_{i=1}^{k}(-1)^{k-i}n\\
&= n(1+(-1))^k = 0.
\end{aligned}$$

d) Comme $Tr((D-I_n)^k) = 0$ pour tout $k \in \mathbb{N}^*$, on en déduit d'après la question 1) que $D - I_n$ est nilpotente.
e) Comme G est d'exposant fini, alors il existe $m \in \mathbb{N}^*$ tel que pour tout $M \in G$, $M^m = I_n$ et par suite $P = X^m - 1$ est un polynôme annulateur de toute matrice $M \in G$, comme P est scindé simple dans $\mathbb{C}[X]$, on en déduit que toute matrice $M \in G$ est diagonalisable, en particulier D est diagonalisable.
f) D'après la question *e*) on sait que D est diagonalisable et par suite $D - I_n$ est également diagonalisable, or d'après la question *d*) on sait que $D - I_n$ est nilpotente, il s'en suit alors que $D - I_n = 0$ et donc $A = B$ ce qui montre que ψ est injective.

4) Dans la suite on désigne par $\mathbb{U}_m = \{z \in \mathbb{C} \mid z^m = 1\}$. Par ailleurs, on a déjà vu que pour tout $M \in G$, le polynôme $P = X^m - 1$ est annulateur pour M, cela implique en particulier que pour tout $M \in G$, $Sp(M) \subset \mathbb{U}_m$. D'autre part, soit $M \in G$ et $\lambda_1, \ldots, \lambda_p$ les valeurs propres de M deux à deux distinctes, comme M est diagonalisable, alors

$$Tr(M) = \sum_{i=1}^{p} ord(\lambda_i)\lambda_i,$$

et par suite

$$Tr(G) = \{Tr(M) \mid M \in G\} \subset \left\{ \sum_{i=1}^{n} z_i \mid z_i \in \mathbb{U}_m \right\}.$$

Comme $\left\{ \sum_{i=1}^{n} z_i \mid z_i \in \mathbb{U}_m \right\}$ est fini de cardinal m^n, il s'en suit que

$$Tr(G) = \{Tr(M) \mid M \in G\}$$

est également fini.

5) D'après la question précédente, on sait que l'ensemble $Tr(G)$ est fini et par suite $(Tr(G))^m = \underbrace{Tr(G) \times \cdots \times Tr(G)}_{\text{m fois}}$ est également fini. Comme l'application $\psi : G \longrightarrow \mathbb{C}^m$ est injective et comme $Im(\psi) \subset (Tr(G))^m$, il s'en suit alors que G est également fini.

▪ Solution de l'exercice 2.39

1) Évident car $dim E = n$ et $\{x_0, u(x_0), \ldots, u^{p-1}(x_0)\}$ est une famille génératrice de cardinal p, on a donc $p \geqslant n$.

2) Soit $x \in E$, comme la famille $\{x_0, u(x_0), \ldots, u^{p-1}(x_0)\}$ est génératrice, on en déduit qu'il existe $\alpha_0, \ldots, \alpha_{p-1} \in \mathbb{C}$ tels que

$$x = \sum_{k=0}^{p-1} \alpha_k u^k(x_0),$$

comme $u^p(x_0) = x_0$, on en déduit que

$$u^p(x) = \sum_{k=0}^{p-1} \alpha_k u^{p+k}(x_0) = \sum_{k=0}^{p-1} \alpha_k u^k(u^p(x_0)) = \sum_{k=0}^{p-1} \alpha_k u^k(x_0) = x$$

Ainsi, $u^p = \mathrm{Id}_E$ et donc $u \circ u^{p-1} = \mathrm{Id}_E$ ce qui implique en particulier que u est bijective et $u^{-1} = u^{p-1}$.

3) *a*) Comme $m = \max\left\{k \in \mathbb{N}^* \mid \{x_0, u(x_0), \ldots, u^{k-1}(x_0)\} \text{est libre}\right\}$, il s'en suit que la famille $\{x_0, u(x_0), \ldots, u^m(x_0)\}$ est liée et par suite il existe $\alpha_0, \ldots, \alpha_m \in \mathbb{C}$ non tous nuls tels que

$$\sum_{k=0}^{m} \alpha_k u^k(x_0) = 0.$$

Or, si $\alpha_m = 0$ alors $\alpha_0, \ldots, \alpha_{m-1}$ sont non tous nuls et vérifient

$$\sum_{k=0}^{m-1} \alpha_k u^k(x_0) = 0$$

et cela contredit le fait que la famille $\{x_0, u(x_0), \ldots, u^{m-1}(x_0)\}$ est libre. Par conséquent, $\alpha_m \neq 0$ et donc

$$u^m(x_0) = -\sum_{k=0}^{m-1} \frac{\alpha_k}{\alpha_m} u^k(x_0) \in Vect(x_0, u(x_0), \ldots, u^{m-1}(x_0)).$$

b) On raisonne par récurrence sur $q \geqslant m$. En effet,
– Pour $q = m$ on a $u^m(x_0) \in Vect(x_0, u(x_0), \ldots, u^{m-1}(x_0))$.
– HR : Soit $q \geqslant m$, supposons que $u^q(x_0) \in Vect(x_0, u(x_0), \ldots, u^{m-1}(x_0))$, alors il existe $\beta_0, \ldots, \beta_{m-1} \in \mathbb{C}$ tels que $u^q(x_0) = \sum_{k=0}^{m-1} \beta_k u^k(x_0)$, par conséquent

$$\begin{aligned} u^{q+1}(x_0) &= u(u^q(x_0)) \\ &= u\left(\sum_{k=0}^{m-1} \beta_k u^k(x_0)\right) = \sum_{k=0}^{m-1} \beta_k u^{k+1}(x_0) = \sum_{k=1}^{m} \beta_{k-1} u^k(x_0) \\ &= \sum_{k=1}^{m-1} \beta_{k-1} u^k(x_0) + u^m(x_0) \in Vect(x_0, u(x_0), \ldots, u^{m-1}(x_0)) \end{aligned}$$

c) Tout d'abords le fait que la famille $\{x_0, u(x_0), \ldots, u^{m-1}(x_0)\}$ soit libre implique que $m \leqslant n$. Par ailleurs, d'après la question précédente, on en déduit que pour tout $k \in \mathbb{N}$, $u^k(x_0) \in Vect(x_0, u(x_0), \ldots, u^{m-1}(x_0))$ et par suite

$$Vect(x_0, u(x_0), \ldots, u^{p-1}(x_0)) \subset Vect(x_0, u(x_0), \ldots, u^{m-1}(x_0)),$$

donc la famille $\{x_0, u(x_0), \ldots, u^{m-1}(x_0)\}$ est génératrice et $m \geqslant n$. Ainsi, $n = m$ et $B' = \{x_0, u(x_0), \ldots, u^{n-1}(x_0)\}$ est une base de E.

4) *a*) Pour tout $q \in \mathbb{N}$, g et u^q étant des polynômes en u, ils commutent et par suite

$$g(u^q(x_0)) = u^q(g(x_0)) = u^q(u^n(x_0)) = u^{q+n}(x_0).$$

b) D'après la question précédente on en déduit que

$$\forall q \in \mathbb{N},\ g(u^q(x_0)) = u^n(u^q(x_0)),$$

en particulier g et u^n coincident sur les éléments de la base $B' = (x_0, u(x_0), \ldots, u^{n-1}(x_0))$, ils sont donc égaux.

c)

$$\mathcal{M}(u,B') = \begin{pmatrix} 0 & 0 & \cdots & 0 & a_0 \\ 1 & 0 & \ddots & \vdots & a_1 \\ 0 & \ddots & \ddots & 0 & \vdots \\ \vdots & \ddots & \ddots & 0 & \vdots \\ 0 & \cdots & 0 & 1 & a_{n-1} \end{pmatrix}.$$

d) Pour tout $\lambda \in \mathbb{C}$, on a

$$\mathcal{M}(u-\lambda \mathrm{Id}_E,B') = \begin{pmatrix} -\lambda & 0 & \cdots & 0 & a_0 \\ 1 & -\lambda & \ddots & \vdots & a_1 \\ 0 & \ddots & \ddots & 0 & \vdots \\ \vdots & \ddots & \ddots & -\lambda & \vdots \\ 0 & \cdots & 0 & 1 & a_{n-1}-\lambda \end{pmatrix}.$$

Les $n-1$ premières colonnes de cette matrice sont clairement linéairement indépendants, par conséquent $rg(u-\lambda \mathrm{Id}_E) \geqslant n-1$.

e) Soit $\lambda \in Sp(u)$, on sait alors que $dim E_\lambda \geqslant 1$. D'un autre coté d'après la question précédente $rg(u-\lambda \mathrm{Id}_E) \geqslant n-1$ ce qui implique que $dim E_\lambda \leqslant 1$ et donc $dim E_\lambda = 1$.

5) *a*) D'après la question 2) on en déduit que le polynôme $P = X^n - 1$ est un polynôme annulateur de u et par suite $P(\lambda) = 0$ en particulier $\lambda^n = 1$.

b) On a

$$\mathcal{M}(u,B') = \begin{pmatrix} 0 & 0 & \cdots & 0 & 1 \\ 1 & 0 & \ddots & \vdots & 0 \\ 0 & \ddots & \ddots & 0 & \vdots \\ \vdots & \ddots & \ddots & 0 & \vdots \\ 0 & \cdots & 0 & 1 & 0 \end{pmatrix}.$$

c) Le polynôme P est un polynôme annulateur de u qui est scindé simple dans $\mathbb{C}[X]$ et par suite u est diagonalisable.

▪ Solution de l'exercice 2.40

1) Soient $1 \leqslant i \leqslant p$ et $x \in E_{\lambda_i}$, alors $(u - \lambda_i \mathrm{Id}_E)(x) = 0$ et par suite $(u - \lambda_i \mathrm{Id}_E)^{m_i}(x) = (u - \lambda_i \mathrm{Id}_E)^{m_i - 1} \circ (u - \lambda_i \mathrm{Id}_E)(x) = 0$, en particulier $x \in C_{\lambda_i}$ et donc $E_{\lambda_i} \subset C_{\lambda_i}$.

2) Comme $(u - \lambda_i \mathrm{Id}_E)^{m_i} \in \mathbb{C}[u]$, alors $(u - \lambda_i \mathrm{Id}_E)^{m_i}$ et u commutent, en particulier $C_{\lambda_i} = Ker(u - \lambda_i \mathrm{Id}_E)^{m_i}$ est stable par u.

3) Comme $\chi_u = \prod_{i=1}^{p}(X - \lambda_i)^{m_i}$ et comme $(X - \lambda_i)^{m_i} \wedge (X - \lambda_j)^{m_j}$ pour tous $1 \leqslant i, j \leqslant p, i \neq j$, alors d'après le théorème de décomposition des noyaux, on en déduit que $\bigoplus_{i=1}^{p} C_{\lambda_i} = Ker(\chi_u(u))$, or d'après le théorème de Cayley-Hamilton, on sait que $\chi_u(u) = 0$ et par suite

$$E = \bigoplus_{i=1}^{p} C_{\lambda_i}.$$

4) *a*) Soit $1 \leqslant i \leqslant p$. Étant donné que B est une base adaptée à la décomposition $E = C_{\lambda_i} \oplus F_i$ et étant donné que C_{λ_i} et F_i sont stables par u, on en déduit que la matrice $\mathscr{M}(u, B)$ est diagonale par bloc sous la forme

$$\left(\begin{array}{c|c} \mathscr{M}(u_i, B_{i,1}) & 0 \\ \hline 0 & \mathscr{M}(\widetilde{u}_i, B_{i,2}) \end{array}\right)$$

où $B_{i,1}$ est une base de C_{λ_i}, $B_{i,2}$ est une base de F_i et $\widetilde{u}_i$ est l'endomorphisme induit par u sur F_i.

b) D'après ce qui précède on sait que la matrice $\mathscr{M}(u, B)$ est diagonale par bloc sous la forme $\left(\begin{array}{c|c} \mathscr{M}(u_i, B_{i,1}) & 0 \\ \hline 0 & \mathscr{M}(\widetilde{u}_i, B_{i,2}) \end{array}\right)$ et par suite le polynôme caractéristique χ_u est donné par

$$\chi_u = \chi_{\mathscr{M}(u_i, B_{i,1})} \chi_{\mathscr{M}(\widetilde{u}_i, B_{i,2})}.$$

Or, pour tout $x \in C_{\lambda_i} = Ker(u - \lambda_i \mathrm{Id}_E)^{m_i}$, on a

$$(u_i - \lambda_i \mathrm{Id}_E)^{m_i}(x) = (u - \lambda_i \mathrm{Id}_E)^{m_i}(x) = 0.$$

En d'autres termes, l'endomorphisme $(u_i - \lambda_i \mathrm{Id}_E)$ est nilpotent, en particulier $\chi_{u_i} = (X - \lambda_i)^{q_i}$. Ainsi, en posant $\chi_{\mathscr{M}(\widetilde{u}_i, B_{i,2})} = R_i$, on en déduit que

$$\chi_u = (X - \lambda_i)^{q_i} R_i.$$

Supposons maintenant que $R_i(\lambda_i) = 0$, cela implique que λ_i est une valeur propre de $\widetilde{u}_i$ et par suite qu'il existe un vecteur propre $x \in F_i$ associé à λ_i ce qui absurde puisque $E_{\lambda_i} \subset C_{\lambda_i}$ et $C_{\lambda_i} \cap F_i = \{0\}$.
$c)$ Soit $1 \leqslant i \leqslant p$. D'une part, on a $\chi_u = (X-\lambda_i)^{m_i} Q_i$ et d'autre part $\chi_u = (X-\lambda_i)^{q_i} R_i$ et par suite

$$\chi_u = (X-\lambda_i)^{m_i} Q_i = (X-\lambda_i)^{q_i} R_i,$$

comme $(X-\lambda_i)^{m_i} \wedge R_i = (X-\lambda_i)^{q_i} \wedge Q_i = 1$, on en déduit d'après le théorème de Gauss que $(X-\lambda_i)^{m_i} | (X-\lambda_i)^{q_i}$ et $(X-\lambda_i)^{q_i} | (X-\lambda_i)^{m_i}$ et donc

$$(X-\lambda_i)^{m_i} = (X-\lambda_i)^{q_i},$$

en particulier on a $m_i = q_i$.

■ Solution de l'exercice 2.41

1) Comme $\chi_u = \prod_{i=1}^{p} (X-\lambda_i)^{m_i}$ et comme $(X-\lambda_i)^{m_i} \wedge (X-\lambda_j)^{m_j}$ pour tous $1 \leqslant i,j \leqslant p, i \neq j$, alors d'après le théorème de décomposition des noyaux, on en déduit que $\bigoplus_{i=1}^{p} C_{\lambda_i} = Ker(\chi_u(u))$, or d'après le théorème de Cayley-Hamilton, on sait que $\chi_u(u) = 0$ et par suite $E = \bigoplus_{i=1}^{p} C_{\lambda_i}$.
2) Soit $1 \leqslant i \leqslant p$ et $x_i \in C_{\lambda_i}$, alors

$$\sum_{j=1}^{p} p_j(x_i) = p_i(x_i) = x_i$$

et par suite comme $E = \bigoplus_{i=1}^{p} C_{\lambda_i}$, on en déduit que $\sum_{j=1}^{p} p_j = \mathrm{Id}_E$.
3) Soient $1 \leqslant i,j \leqslant p$.
– Si $i \neq j$, alors pour tout $x \in E$, $p_j(x) \in C_{\lambda_j}$ et par suite $p_i(p_j(x)) = 0$.
– Si $i = j$, alors $p_i^2 = p_i$ car p_i est un projecteur.
4)Soit $1 \leqslant i \leqslant p$, comme $(X-\lambda_i)^{m_i} \wedge Q_i = 1$, alors d'après le théorème de Bezout, on en déduit qu'il existe $T_i, S_i \in \mathbb{C}[X]$ tels que

$$(X-\lambda_i)^{m_i} T_i + S_i Q_i = 1$$

et par suite

$$(u-\lambda_i \mathrm{Id}_E)^{m_i} \circ T_i(u) + S_i(u) \circ Q_i(u) = \mathrm{Id}_E.$$

5) Soit $1 \leqslant i \leqslant p$ et $x \in C_{\lambda_i}$. Alors, d'une part $p_i(x) = x$ et d'autre part

$$S_i(u) \circ Q_i(u)(x) = x - T_i(u) \circ (u - \lambda_i \mathrm{Id}_E)^{m_i}(x) = x.$$

6) Soit $1 \leqslant i \leqslant p$, on sait déjà d'après ce qui précède que

$$\forall x \in C_{\lambda_i},\ p_i(x) = S_i(u) \circ Q_i(u)(x).$$

Soit maintenant $x \in F_i$, alors $p_i(x) = 0$ et $S_i(u) \circ Q_i(u)(x) = 0$. Ainsi, comme $E = C_{\lambda_i} \oplus F_i$, on en déduit que $p_i = S_i(u) \circ Q_i(u)$.
7) Soit $1 \leqslant i \leqslant p$, alors d'après la question précédente

$$p_i = S_i(u) \circ Q_i(u) = (S_i Q_i)(u) \in \mathbb{C}[u].$$

■ **Solution de l'exercice 2.42**

1) Pour tout $1 \leqslant i \leqslant p$, $(u - \lambda_i \mathrm{Id}_E)^{m_i} \in \mathbb{C}[u]$ et donc commute avec u, par conséquent $C_{\lambda_i} = Ker(u - \lambda_i \mathrm{Id}_E)^{m_i}$ est stable par u.

2) On a $\chi_u = \prod_{i=1}^{p} (X - \lambda_i)^{m_i}$ et pour tous $1 \leqslant i, j \leqslant p$, $i \neq j$, on a $(X - \lambda_i)^{m_i} \wedge (X - \lambda_j)^{m_j} = 1$, par conséquent en vertu du théorème de décomposition des noyaux et du Théorème de Cayley-Hamilton, on en déduit que

$$\bigoplus_{i=1}^{p} C_{\lambda_i} = Ker(\chi_u(u)) = E.$$

3) Comme $B' = \bigcup_{i=1}^{p} B'_i$ est une base adaptée à la décomposition $E = \bigoplus_{i=1}^{p} C_{\lambda_i}$ et comme les sous-espaces caractéristiques $C_{\lambda_1}, \ldots, C_{\lambda_p}$ sont stables par u, on en déduit que la matrice $\mathscr{M}(u, B')$ est diagonale par bloc ayant exactement p blocs carrés $M_1, \ldots, M_p$ définis par

$$\forall 1 \leqslant i \leqslant p,\ M_i = \mathscr{M}(u_i, B'_i).$$

4) Soit $1 \leqslant i \leqslant p$, alors pour tout $x \in C_{\lambda_i} = Ker(u - \lambda_i \mathrm{Id}_E)^{m_i}$, on a

$$n_i^{m_i}(x) = (u_i - \lambda_i \mathrm{Id}_{C_{\lambda_i}})^{m_i}(x) = (u - \lambda_i \mathrm{Id}_E)^{m_i}(x) = 0.$$

Ainsi, $n_i^{m_i} = 0$ et donc n_i est nilpotent.
5) *a*) D'après la question 1) de l'Exercice 2.41, on en déduit que

$$\begin{aligned} d + n &= \sum_{i=1}^{p} \lambda_i p_i + \sum_{i=1}^{p} n_i \circ p_i = \sum_{i=1}^{p} (\lambda_i \mathrm{Id}_E + n_i) \circ p_i \\ &= \sum_{i=1}^{p} u_i \circ p_i = u \circ \left(\sum_{i=1}^{p} p_i \right) = u \end{aligned}$$

$b)$ Comme $\mathscr{M}(d,B') = \begin{pmatrix} \lambda_1 & 0 & \cdots & \cdots & \cdots & 0 & \\ 0 & \ddots & \ddots & & & & \vdots \\ \vdots & \ddots & \lambda_1 & \ddots & & & \vdots \\ \vdots & & \ddots & \ddots & \ddots & & \vdots \\ \vdots & & & \ddots & \lambda_p & \ddots & \vdots \\ \vdots & & & & \ddots & \ddots & 0 \\ 0 & \cdots & \cdots & \cdots & \cdots & 0 & \lambda_p \end{pmatrix}$ est diagonale,

on déduit que d est diagonalisable.
De même, on a

$$\mathscr{M}(n,B') = \begin{pmatrix} \boxed{\mathscr{M}(n_1,B'_1)} & 0 & \cdots & \cdots & \cdots & \cdots & 0 \\ 0 & \ddots & \ddots & & & & \vdots \\ \vdots & \ddots & \ddots & \ddots & & & \vdots \\ \vdots & & \ddots & \ddots & \ddots & & \vdots \\ \vdots & & & \ddots & \ddots & \ddots & \vdots \\ \vdots & & & & \ddots & \ddots & 0 \\ 0 & \cdots & \cdots & \cdots & \cdots & 0 & \boxed{\mathscr{M}(n_p,B'_p)} \end{pmatrix}.$$

On pose $m = \max(m_1,\ldots,m_p)$ alors

$$\begin{aligned} \mathscr{M}(n^m,B') &= \left(\mathscr{M}(n,B')\right)^m \\ &= \begin{pmatrix} \boxed{\left(\mathscr{M}(n_1,B'_1)\right)^m} & 0 & \cdots & \cdots & \cdots & \cdots & 0 \\ 0 & \ddots & \ddots & & & & \vdots \\ \vdots & \ddots & \ddots & \ddots & & & \vdots \\ \vdots & & \ddots & \ddots & \ddots & & \vdots \\ \vdots & & & \ddots & \ddots & \ddots & \vdots \\ \vdots & & & & \ddots & \ddots & 0 \\ 0 & \cdots & \cdots & \cdots & \cdots & 0 & \boxed{\left(\mathscr{M}(n_p,B'_p)\right)^m} \end{pmatrix} \\ &= 0. \end{aligned}$$

c) On a

$$
\begin{aligned}
&\mathcal{M}(d,B')\mathcal{M}(n,B')\\
&=\begin{pmatrix} \boxed{\lambda_1 I_{m_1}} & 0 & \cdots & 0\\ 0 & \ddots & \ddots & \vdots\\ \vdots & \ddots & \ddots & 0\\ 0 & \cdots & 0 & \boxed{\lambda_p I_{m_p}} \end{pmatrix}\begin{pmatrix} \boxed{\mathcal{M}(n_1,B'_1)} & 0 & \cdots & 0\\ 0 & \ddots & \ddots & \vdots\\ \vdots & \ddots & \ddots & 0\\ 0 & \cdots & 0 & \boxed{\mathcal{M}(n_p,B'_p)} \end{pmatrix}\\
&=\begin{pmatrix} \boxed{\lambda_1\mathcal{M}(n_1,B'_1)} & 0 & \cdots & 0\\ 0 & \ddots & \ddots & \vdots\\ \vdots & \ddots & \ddots & 0\\ 0 & \cdots & 0 & \boxed{\lambda_p\mathcal{M}(n_p,B'_p)} \end{pmatrix}\\
&=\begin{pmatrix} \boxed{\mathcal{M}(n_1,B'_1)} & 0 & \cdots & 0\\ 0 & \ddots & \ddots & \vdots\\ \vdots & \ddots & \ddots & 0\\ 0 & \cdots & 0 & \boxed{\mathcal{M}(n_p,B'_p)} \end{pmatrix}\begin{pmatrix} \boxed{\lambda_1 I_{m_1}} & 0 & \cdots & 0\\ 0 & \ddots & \ddots & \vdots\\ \vdots & \ddots & \ddots & 0\\ 0 & \cdots & 0 & \boxed{\lambda_p I_{m_p}} \end{pmatrix}\\
&=\mathcal{M}(n,B')\mathcal{M}(d,B')
\end{aligned}
$$

d) D'après la question 6) de l'Exercice 2.41, on sait que pour tout $1 \leqslant i \leqslant p$, $p_i \in \mathbb{C}[u]$, par conséquent $d = \sum_{i=1}^{p} \lambda_i p_i \in \mathbb{C}[u]$ et $n = u - d \in \mathbb{C}[u]$.

6) *a*) Puisque $d' \circ n' = n' \circ d'$, alors $d' \circ u = u \circ d'$, mais comme $d \in \mathbb{C}[u]$ alors $d' \circ d = d \circ d'$. De la même façon, $d' \circ n' = n' \circ d'$ implique que $n' \circ u = u \circ n'$ et comme $n \in \mathbb{C}[u]$ alors $n' \circ n = n \circ n'$.

b) On sait que d et d' sont tous les deux diagonalisables, comme $d \circ d' = d' \circ d$ alors d'après l'Exercice 2.31, on en déduit que d et d' sont co-diagonalisables, en particulier $d - d'$ est diagonalisable. Par ailleurs, on sait que n et n' sont tous les deux nilpotents, soient q et q' respectivement leur indice de nilpotence.

Comme n et n' commutent alors

$$\begin{aligned}(n'-n)^{q+q'} &= \sum_{k=0}^{q+q'} \binom{q+q'}{k} n'^k (-1)^{q+q'-k} n^{q+q'-k} \\ &= \sum_{k=0}^{q} \binom{q+q'}{k} n'^k (-1)^{q+q'-k} n^{q+q'-k} \\ &+ \sum_{k=q+1}^{q+q'} \binom{q+q'}{k} (-1)^{q+q'-k} n'^k n^{q+q'-k} \\ &= 0\end{aligned}$$

et par suite $n'-n$ est nilpotent.
$c)$ Comme $u = d+n = d'+n'$, alors $d-d' = n'-n$. Or, $d-d'$ est diagonalisable et $n'-n$ est nilpotent, comme l'unique endomorphisme à la fois diagonalisable et nilpotent est l'endomorphisme nul, on en déduit que $d = d'$ et $n = n'$.
7) Soit B la base canonique de $\mathbb{C}^3$ et u l'endomorphisme canoniquement associé à A. On a $Sp(u) = \{1,2\}$, $C_1 = E_1 = Vect((0,1,1))$, $E_2 = Vect((1,1,0))$ et $C_2 = Vect((1,1,0),(0,0,1))$. Comme $\mathbb{C}^3 = C_1 \oplus C_2$,
alors $B' = \{(0,1,1),(1,1,0),(0,0,1)\}$ est une base de $\mathbb{C}^3$ et on a

$$\mathscr{M}(u,B') = \begin{pmatrix} 1 & 0 & 0 \\ 0 & 2 & 1 \\ 0 & 0 & 2 \end{pmatrix}.$$

Soit $P = P_{B\to B'} = \begin{pmatrix} 0 & 1 & 0 \\ 1 & 1 & 0 \\ 1 & 0 & 1 \end{pmatrix}$, alors d'après le théorème de changement de bases, on a

$$\begin{aligned} A = P\mathscr{M}(u,B')P^{-1} &= P\begin{pmatrix} 1 & 0 & 0 \\ 0 & 2 & 1 \\ 0 & 0 & 2 \end{pmatrix}P^{-1} \\ &= P\begin{pmatrix} 1 & 0 & 0 \\ 0 & 2 & 0 \\ 0 & 0 & 2 \end{pmatrix}P^{-1} + P\begin{pmatrix} 0 & 0 & 0 \\ 0 & 0 & 1 \\ 0 & 0 & 0 \end{pmatrix}P^{-1} \\ &= \begin{pmatrix} 2 & 0 & 0 \\ 1 & 1 & 0 \\ 1 & -1 & 2 \end{pmatrix} + \begin{pmatrix} 1 & -1 & 1 \\ 1 & -1 & 1 \\ 0 & 0 & 0 \end{pmatrix} \end{aligned}$$

où $D = \begin{pmatrix} 2 & 0 & 0 \\ 1 & 1 & 0 \\ 1 & -1 & 2 \end{pmatrix}$ est diagonalisable et $N = \begin{pmatrix} 1 & -1 & 1 \\ 1 & -1 & 1 \\ 0 & 0 & 0 \end{pmatrix}$ est nilpotente.

■ **Solution de l'exercice 2.43**

1) $\chi_A = (X+1)(X-1)^2$ est scindé dans $\mathbb{R}[X]$ et par suite A est trigonalisable dans $\mathscr{M}_n(\mathbb{R})$.

2) On a $E_{-1} = Vect((1,1,2))$ et $E_1 = Vect((1,0,1))$. Soient B la base canonique de $\mathbb{R}^3$ et u l'endomorphisme canoniquement associé à A et soient $v_1 = ((1,1,2))$, $v_2 = ((1,0,1))$ et $v_3 = ((0,0,1))$ et $B' = \{v_1, v_2, v_3\}$, alors

$$\det(B') = \begin{vmatrix} 1 & 1 & 0 \\ 1 & 0 & 0 \\ 2 & 1 & 1 \end{vmatrix} = -1 \neq 0,$$

et donc B' est une base de $\mathbb{R}^3$. On a $u(v_1) = -v_1$, $u(v_2) = v_2$ et

$$u(v_3) = (-1,-2,-2) = -2v_1 + v_2 + v_3,$$

par conséquent $T = \mathscr{M}(u,B') = \begin{pmatrix} -1 & 0 & -2 \\ 0 & 1 & 1 \\ 0 & 0 & 1 \end{pmatrix}$.

Ainsi, d'après le théorème de changement de bases, on en déduit que

$$A = PTP^{-1},$$

avec $P = \begin{pmatrix} 1 & 1 & 0 \\ 1 & 0 & 0 \\ 2 & 1 & 1 \end{pmatrix}$.

Solution de l'exercice 2.44

1) Les polynômes X et X^2+1 sont premiers entre eux et par suite d'après le théorème de décomposition des noyaux, on en déduite que

$$Ker(u)\oplus Ker(u^2+\mathrm{Id}_{\mathbb{R}^3}) = Ker(u^3+u) = Ker(0) = \mathbb{R}^3.$$

2) Comme le polynôme $P = X(X^2+1)$ est un polynôme annulateur de u, on en déduit alors que $Sp_{\mathbb{C}}(u) \subset \{0,-i,i\}$. Si $0 \notin Sp_{\mathbb{C}}(u)$, comme $\chi_u \in \mathbb{R}[X]$, alors χ_u est nécessairement de la forme $\chi_u = (X-i)^r(X+i)^r = (X^2+1)^r$ ce qui absurde car $\deg(\chi_u) = 3$ et donc $0 \in Sp_{\mathbb{C}}(u)$. Par ailleurs, si $Sp_{\mathbb{C}}(u) = \{0\}$ alors $\chi_u = X^3$, en particulier d'après le théorème de Cayley-Hamilton $u^3 = 0$ et donc $u = 0$, ce qui est contraire aux hypothèses. En conclusion, $Sp_{\mathbb{C}}(u) = \{0,-i,i\}$ et par suite $\pi_u = \chi_u = X(X^2+1)$, en particulier $Ker(u) = E_0$ et donc $dim Ker(u) = 1$. Comme $Ker(u)\oplus Ker(u^2+\mathrm{Id}_{\mathbb{R}^3}) = \mathbb{R}^3$, on en déduit que $dim Ker(u^2+\mathrm{Id}_{\mathbb{R}^3}) = 2$.

3) *a*) $u^2(v_3) = u^3(v_2) = -u(v_2) = -v_3$ et par suite $v_3 \in Ker(u^2+\mathrm{Id}_{\mathbb{R}^3})$.

b) Supposons que v_2 et v_3 soient colinéaires, alors il existe $\alpha \in \mathbb{R}$ tel que $v_3 = \alpha v_2$ et par suite $u(v_2) = v_3 = \alpha v_2$, comme $v_2 \neq 0$ il s'en suit que $\alpha \in Sp_{\mathbb{C}}(u)$ et donc $\alpha = 0$, mais cela entraîne que $v_2 \in Ker(u)$ et donc $v_2 \in Ker(u)\cap Ker(u^2+\mathrm{Id}_{\mathbb{R}^3}) = \{0\}$ ce qui contredit le fait que $v_2 \neq 0$. Ainsi, v_2 et v_3 ne sont pas colinéaires et la famille $\{v_2, v_3\}$ est donc libre.

c) Comme v_1 est une base de $Ker(u)$ et $\{v_2, v_3\}$ est une base de $Ker(u^2+\mathrm{Id}_{\mathbb{R}^3})$ et comme $Ker(u)\oplus Ker(u^2+\mathrm{Id}_{\mathbb{R}^3}) = \mathbb{R}^3$, on en déduit que B' est une base de $\mathbb{R}^3$.

4) On a

$$\mathscr{M}(u,B') = \begin{pmatrix} 0 & 0 & 0 \\ 0 & 0 & -1 \\ 0 & 1 & 0 \end{pmatrix} = T$$

et par suite d'après le théorème de changement de bases on en déduit que A et T sont semblables.

Solution de l'exercice 2.45

On raisonne par récurrence sur $dim E = n \in \mathbb{N}^*$. En effet,

— Pour $n = 1$ toutes les matrices de $\mathscr{M}_1(\mathbb{C})$ sont triangulaires et donc le résultat est vrai.

— Soit $n \in \mathbb{N}^*$, supposons que la propriété est vraie, c'est à dire que pour tout $\mathbb{C}$-espace vectoriel de dimension n si u et v sont des endomorphismes de E qui commutent alors il existe une base B de E telle que $\mathscr{M}(u,B)$ et $\mathscr{M}(v,B)$ soient triangulaires. Soient maintenant un $\mathbb{C}$-espace vectoriel E de dimension $n+1$ et u et v deux endomorphismes de E tels que $u\circ v = v\circ u$, alors u et v ont au moins un vecteur propre en commun.

En effet, u admet au moins une valeur propre $\lambda \in \mathbb{C}$, comme u et v commutent alors $E_\lambda(u)$ est stable par v et par suite v induit sur $E_\lambda(u)$ un endomorphisme v_λ. Comme $dim E_\lambda \geqslant 1$ et χ_{v_λ} est scindé dans $\mathbb{C}[X]$, on en déduit que v_λ admet au moins une valeur propre $\mu \in \mathbb{C}$ et donc un vecteur propre $x \in E_\lambda(u)$ qui au fait un vecteur propre commun à u et v. Comme $\{x\}$ est une famille libre de E, on en déduit d'après le théorème de la base incomplète qu'il existe $e_1, \dots, e_n \in E$ tels que $B = \{x, e_1, \dots, e_n\}$ soit une base de E et par suite $\mathscr{M}(u,B) = \left(\begin{array}{c|cccc} \lambda & * & * & * & * \\ \hline 0 & & & & \\ \vdots & & & M_1 & \\ \vdots & & & & \\ 0 & & & & \end{array}\right)$

et $\mathscr{M}(v,B) = \left(\begin{array}{c|cccc} \mu & * & * & * & * \\ \hline 0 & & & & \\ \vdots & & & N_1 & \\ \vdots & & & & \\ 0 & & & & \end{array}\right)$.

Comme u et v commutent il en est de même de leurs matrices, il s'en suit alors que

$$\mathscr{M}(u,B)\mathscr{M}(v,B) = \mathscr{M}(v,B)\mathscr{M}(u,B)$$

ce qui implique en particulier que $M_1N_1 = N_1M_1$. Soit $F = Vect(e_1, \dots, e_n)$, P_F la projection sur F parallèlement à $Vect(x)$ et $B_F = \{e_1, \dots, e_n\}$. Soient $\tilde{u}, \tilde{v} \in \mathscr{L}(F)$ les endomorphismes définis respectivement par $\tilde{u} = P_F \circ u_{/F}$ et $\tilde{v} = P_F \circ v_{/F}$, alors $\mathscr{M}(\tilde{u}, B_F) = M_1$ et $\mathscr{M}(\tilde{v}, B_F) = N_1$ et comme $M_1N_1 = N_1M_1$, on en déduit que $\tilde{u} \circ \tilde{v} = \tilde{v} \circ \tilde{u}$ et par suite comme $dim F = n$, on en déduit d'après l'hypothèse de récurrence qu'il existe une base $B'_F = \{e'_1, \dots, e'_n\}$ de F telle que $\mathscr{M}(\tilde{u}, B'_F)$ et $\mathscr{M}(\tilde{v}, B'_F)$ soient triangulaires, soit alors $B' = \{x, e'_1, \dots, e'_n\}$ alors B' est bien entendue une base de E et les matrices $\mathscr{M}(u, B')$ et $\mathscr{M}(v, B')$ sont triangulaires.

▪ Solution de l'exercice 2.46

1) On a $A^2 = -t^2 I_2$ et par suite

$$\forall k \in \mathbb{N},\ A^{2k} = \left(A^2\right)^k = \left(-t^2 I_2\right)^k = (-1)^k t^{2k} I_2$$

et

$$A^{2k+1} = A^{2k}A = (-1)^k t^{2k} I_2 A = (-1)^k t^{2k} A = \begin{pmatrix} 0 & -(-1)^k t^{2k+1} \\ (-1)^k t^{2k+1} & 0 \end{pmatrix}.$$

2) Comme les séries $\sum_{k\geqslant 0}\frac{A^k}{k!}$, $\sum_{k\geqslant 0}\frac{A^{2k}}{(2k)!}$, $\sum_{k\geqslant 0}\frac{A^{2k+1}}{(2k+1)!}$ sont absolument convergentes, on en déduit que

$$\begin{aligned}
e^A &= \sum_{k=0}^{+\infty}\frac{A^k}{k!} = \sum_{k=0}^{+\infty}\frac{A^{2k}}{(2k)!} + \sum_{k=0}^{+\infty}\frac{A^{2k+1}}{(2k+1)!}\\
&= \begin{pmatrix} \sum_{k=0}^{+\infty}\frac{(-1)^k t^{2k}}{(2k)!} & 0 \\ 0 & \sum_{k=0}^{+\infty}\frac{(-1)^k t^{2k}}{(2k)!}\end{pmatrix} + \begin{pmatrix} 0 & -\sum_{k=0}^{+\infty}\frac{(-1)^k t^{2k+1}}{(2k+1)!} \\ \sum_{k=0}^{+\infty}\frac{(-1)^k t^{2k+1}}{(2k+1)!} & 0\end{pmatrix}\\
&= \begin{pmatrix} \cos(t) & -\sin(t) \\ \sin(t) & \cos(t)\end{pmatrix}.
\end{aligned}$$

■ Solution de l'exercice 2.47

1) On a $\chi_A = (X-2)(X-4)^2$, $E_2 = Vect((1,-2,1))$ et $E_4 = Vect((1,0,-1),(0,1,0))$, par conséquent A est diagonalisable dans $\mathscr{M}_3(\mathbb{R})$ et on a $A = PDP^{-1}$ avec $D = \begin{pmatrix} 2 & 0 & 0 \\ 0 & 4 & 0 \\ 0 & 0 & 4\end{pmatrix}$ et $P = \begin{pmatrix} 1 & 1 & 0 \\ -2 & 0 & 1 \\ 1 & -1 & 0\end{pmatrix}$.

2) Comme $A = PDP^{-1}$, alors

$$e^A = Pe^DP^{-1} = \begin{pmatrix} \frac{e^2+e^4}{2} & 0 & \frac{e^2-e^4}{2} \\ e^4-e^2 & e^4 & e^4-e^2 \\ \frac{e^2-e^4}{2} & 0 & \frac{e^2+e^4}{2}\end{pmatrix}.$$

■ Solution de l'exercice 2.48

1) Pour tout $1\leqslant i\leqslant p$, soit $L_i = \dfrac{\prod_{\substack{j=1\\ j\neq i}}^{p}(X-\lambda_j)}{\prod_{\substack{j=1\\ j\neq i}}^{p}(\lambda_i-\lambda_j)}$. On sait alors que pour tout $1\leqslant i,j\leqslant p$, $L_i(\lambda_j) = \delta_{ij}$ où δ_{ij} désigne le symbole de Kronecker. Soit Q le polynôme interpolateur de Lagrange défini par $Q = \sum_{i=1}^{p} e^{\lambda_i}L_i$, alors

$$\forall 1\leqslant j\leqslant p,\ Q(\lambda_j) = e^{\lambda_j}.$$

2) Soit $P \in GL_n(\mathbb{R})$ et $D \in \mathcal{M}_n(\mathbb{R})$ une matrice diagonale telles que $A = PDP^{-1}$, alors $Q(A) = PQ(D)P^{-1}$, comme $Q(D) = e^D$, on en déduit que

$$Q(A) = Pe^D P^{-1} = e^A.$$

▪ Solution de l'exercice 2.49

1) Si A est diagonalisable dans $\mathcal{M}_n(\mathbb{C})$ alors il existe $P \in GL_n(\mathbb{C})$ et une matrice $D \in \mathcal{M}_n(\mathbb{C})$ diagonale telle que $A = PDP^{-1}$ par conséquent en utilisant un simple raisonnement par récurrence, on en déduit que

$$\forall k \in \mathbb{N},\ A^k = PD^k P^{-1}.$$

Soit

$$\begin{aligned} \psi_P : \mathcal{M}_n(\mathbb{C}) &\longrightarrow \mathcal{M}_n(\mathbb{C}) \\ X &\longmapsto PXP^{-1} \end{aligned}$$

Comme ψ_P est linéaire au départ d'un espace vectoriel de dimension finie, on en déduit que ψ_P est continue. On a alors,

$$\begin{aligned} e^A = \sum_{k=0}^{+\infty} \frac{A^k}{k!} &= \lim_{m \to +\infty} \sum_{k=0}^{m} \psi_P\left(\frac{D^k}{k!}\right) \\ &= \psi_P\left(\lim_{m \to +\infty} \sum_{k=0}^{m} \frac{D^k}{k!}\right) = \psi_P(e^D) = Pe^D P^{-1} \end{aligned}$$

2) *a*) En vertu de l'Exercice 2.42, on sait qu'il existe une matrice $D \in \mathcal{M}_n(\mathbb{C})$ diagonalisable et une matrice $N \in \mathcal{M}_n(\mathbb{C})$ nilpotente telles que $A = D + N$ et $DN = ND$.

b) Soit $m \in \mathbb{N}$ l'indice de nilpotence de N, alors $e^N = \displaystyle\sum_{k=0}^{m-1} \frac{N^k}{k!}$ et par suite

$$(e^N - I_n)^m = \left(\sum_{k=1}^{m-1} \frac{N^k}{k!}\right)^m = N^m \left(\sum_{k=1}^{m-1} \frac{N^{k-1}}{k!}\right)^m = 0$$

et donc $e^N - I_n$ est nilpotente.

c) Comme $N = A - D$ et $AD = DA$, alors $e^N = e^{A-D} = e^A e^{-D}$. Or, d'une part e^A est diagonalisable par hypothèse et d'autre part $-D$ est diagonalisable et par suite en vertu de la question 1), e^{-D} est également diagonalisable. Notons de plus, que comme $e^A e^{-D} = e^{-D} e^A$, on en déduit d'après l'Exercice 2.31 que les matrices e^{-D} et e^A sont co-diagonalisables, en particulier $e^N = e^A e^{-D}$ est diagonalisable et donc $e^N - I_n$ est diagonalisable.

En somme, la matrice $e^N - I_n$ est à la fois nilpotente et diagonalisable, on a donc $e^N = I_n$. Si $N \neq 0$, on aurait $\sum_{k=1}^{m-1} \frac{N^k}{k!} = e^N - I_n = 0$ et par suite $X^m | \sum_{k=1}^{m-1} \frac{X^k}{k!}$ ce qui est absurde. Ainsi, $N = 0$ et $A = D$ est diagonalisable.

Solution de l'exercice 2.50

1) $\det(A) = (-1)^n n! \neq 0$ et par suite A est inversible.

2) Soit $M \in \mathcal{M}_n(\mathbb{R})$ telle que $e^M = A$ et $\lambda \in Sp(M)$, alors il existe $X \in \mathcal{M}_{n,1}(\mathbb{R})$, $X \neq 0$ tel que $MX = \lambda X$. Il est alors facile de vérifier que, pour tout $m \in \mathbb{N}$, on a

$$\sum_{k=0}^{m} \frac{M^k X}{k!} = \sum_{k=0}^{m} \frac{\lambda^k X}{k!}.$$

Soient

$$\begin{aligned} \varphi : \mathcal{M}_n(\mathbb{R}) &\longrightarrow \mathcal{M}_{n,1}(\mathbb{R}) \\ N &\longmapsto NX \end{aligned}$$

et

$$\begin{aligned} \psi : \mathbb{R} &\longrightarrow \mathcal{M}_{n,1}(\mathbb{R}) \\ \alpha &\longmapsto \alpha X \end{aligned}$$

Alors, φ et ψ sont deux applications linéaires au départ d'un $\mathbb{R}$-espace vectoriel de dimension finie et par suite elles sont continues. Or,

$$\forall m \in \mathbb{N},\ \varphi\left(\sum_{k=0}^{m} \frac{M^k}{k!}\right) = \psi\left(\sum_{k=0}^{m} \frac{\lambda^k}{k!}\right),$$

et par suite

$$\begin{aligned} e^M X &= \left(\lim_{m\to+\infty} \sum_{k=0}^{m} \frac{M^k}{k!}\right) X = \varphi\left(\lim_{m\to+\infty} \sum_{k=0}^{m} \frac{M^k}{k!}\right) \\ &= \lim_{m\to+\infty} \varphi\left(\sum_{k=0}^{m} \frac{M^k}{k!}\right) = \lim_{m\to+\infty} \psi\left(\sum_{k=0}^{m} \frac{\lambda^k}{k!}\right) \\ &= \psi\left(\lim_{m\to+\infty} \sum_{k=0}^{m} \frac{\lambda^k}{k!}\right) = \psi(e^\lambda) \\ &= e^\lambda . X \end{aligned}$$

Ainsi, $e^\lambda \in Sp(e^M)$.

3) Soit $M \in \mathcal{M}_n(\mathbb{R})$ telle que $e^M = A$, notons que $Sp_{\mathbb{C}}(A) = \{-1, \dots, -n\}$, on distingue alors deux cas.

— Si $Sp_{\mathbb{R}}(M) \neq \varnothing$, alors M admet une valeur propre réelle λ et par suite d'après la question précédente, on en déduit que $e^{\lambda} \in \{-1,\ldots,-n\}$ ce qui est absurde.

— Si $Sp_{\mathbb{R}}(M) = \varnothing$, alors $Sp_{\mathbb{C}}(M)$ qui est toujours non vide, ne contient que des valeurs propres complexes non réelles deux à deux conjuguées. Soit $\lambda \in Sp_{\mathbb{C}}(M)$, alors il existe $1 \leqslant p,q \leqslant n$, $p \neq q$ tels que $e^{\lambda} = -p$ et $e^{\bar{\lambda}} = -q$, en particulier $e^{Re(\lambda)} = |e^{\lambda}| = p$ et $e^{Re(\lambda)} = |e^{\bar{\lambda}}| = q$ ce qui est absurde.

4) Il découle de la question 3) que l'application $exp : \mathscr{M}_n(\mathbb{R}) \longrightarrow GL_n(\mathbb{R})$ n'est pas surjective.

Chapitre 3

Espaces euclidiens

Ce chapitre est un approfondissement des connaissances acquises en première année sur les espaces préhilbertiens réels et les espaces euclidiens. On s'intéressera également de près aux endomorphismes orthogonaux et symétriques ainsi qu'à l'étude de leur réduction.

3.1 Produit scalaire

Définition 3.1.1 – Forme bilinéaire Soient E un $\mathbb{R}$-espace vectoriel et $\varphi : E \times E \longrightarrow \mathbb{R}$ une application. On dit que φ est une forme bilinéaire si

$$\forall x, y, z \in E,\ \alpha, \beta \in \mathbb{R},\ \varphi(\alpha x + \beta y, z) = \alpha\varphi(x,z) + \beta\varphi(y,z)$$

et

$$\forall x, y, z \in E,\ \alpha, \beta \in \mathbb{R},\ \varphi(x, \alpha y + \beta z) = \alpha\varphi(x,y) + \beta\varphi(x,z).$$

L'ensemble des applications bilinéaires sur E est noté $BL(E)$.

Remarque 3.1.2 On peut montrer sans difficulté que si $\varphi : E \times E \longrightarrow \mathbb{R}$ est une forme bilinéaire, alors pour tous $x, y \in E$, on a $\varphi(x,0) = 0$ et $\varphi(0,y) = 0$ et donc $\varphi(0,0) = 0$. Cela implique en particulier que si φ est à la fois linéaire et bilinéaire, alors $\varphi = 0$.

Définition 3.1.3 – Forme bilinéaire symétrique Soient E *un* $\mathbb{R}$-espace vectoriel et $\varphi : E \times E \longrightarrow \mathbb{R}$ une forme bilinéaire. On dit que φ est symétrique si

$$\forall x, y \in E,\ \varphi(x,y) = \varphi(y,x).$$

L'ensemble des applications bilinéaires symétriques de E est noté $BS(E)$.

Remarque 3.1.4 — Structure de $BL(E)$ et $BS(E)$. On peut voir sans difficulté que si E est un $\mathbb{R}$-espace vectoriel alors $BL(E)$ est un $\mathbb{R}$-espace vectoriel et $BS(E)$ est un sous-espace vectoriel de $BL(E)$.

Définition 3.1.5 – Forme bilinéaire positive Soient E *un* $\mathbb{R}$-espace vectoriel et $\varphi : E \times E \longrightarrow \mathbb{R}$ une forme bilinéaire. On dit que φ est positive si

$$\forall x \in E,\ \varphi(x,\ x) \geqslant 0.$$

Définition 3.1.6 – Forme bilinéaire définie Soient E *un* $\mathbb{R}$- espace vectoriel et $\varphi : E \times E \longrightarrow \mathbb{R}$ une forme bilinéaire. On dit que φ est définie si

$$\forall x \in E,\ \varphi(x,x) = 0 \Leftrightarrow x = 0.$$

Définition 3.1.7 – Produit scalaire Soit E un $\mathbb{R}$-espace vectoriel. On appelle produit scalaire sur E toute forme bilinéaire symétrique définie positive.

Remarque 3.1.8 — Méthode. Pour montrer qu'une application $\varphi : E \times E \longrightarrow \mathbb{R}$ est bilinéaire symétrique, il suffit de montrer que φ est symétrique et qu'elle est linéaire pa rapport à l'une de ses variables.

- **Exemple 3.1.9 – Produit scalaire canonique sur $\mathbb{R}^n$**

L'application

$$\varphi : \mathbb{R}^n \times \mathbb{R}^n \longrightarrow \mathbb{R}$$
$$((x_1,\ldots,x_n),(y_1,\ldots,y_n)) \longmapsto \sum_{i=1}^{n} x_i y_i$$

est un produit scalaire sur $\mathbb{R}^n$.

- **Exemple 3.1.10 – Produit scalaire sur $\mathscr{C}([a,b],\mathbb{R})$**

Dans la suite on désigne par $\mathscr{C}([a,b],\mathbb{R})$ le $\mathbb{R}$-espace vectoriel des fonctions continues sur l'intervalle $[a,b]$ à valeurs dans $\mathbb{R}$ et on considère l'application

$$\varphi : \mathscr{C}([a,b],\mathbb{R}) \times \mathscr{C}([a,b],\mathbb{R}) \longrightarrow \mathbb{R}$$
$$(f,g) \longmapsto \int_a^b f(t)g(t)dt$$

Alors,

- Pour tous $f,g \in \mathscr{C}([a,b],\mathbb{R})$, on a

$$\varphi(f,g) = \int_a^b f(t)g(t)dt = \int_a^b g(t)f(t)dt = \varphi(g,f)$$

- Pour tous $f, g, h \in \mathscr{C}([a,b],\mathbb{R})$ et $\alpha, \beta \in \mathbb{R}$, on a

$$\begin{aligned}\varphi(\alpha f+\beta g, h) &= \int_a^b (\alpha f+\beta g)(t)h(t)dt \\ &= \int_a^b (\alpha f(t)h(t)+\beta g(t)h(t))dt \\ &= \alpha \int_a^b f(t)h(t)dt + \beta \int_a^b g(t)h(t)dt \\ &= \alpha\varphi(f,h)+\beta\varphi(g,h)\end{aligned}$$

et par suite $\varphi \in BS(\mathscr{C}([a,b],\mathbb{R}))$.

- Pour tout $f \in \mathscr{C}([a,b],\mathbb{R})$, on a

$$\varphi(f,f) = \int_a^b f(t)^2 dt \geqslant 0$$

et par suite φ est positive.

- Pour tout $f \in \mathscr{C}([a,b],\mathbb{R})$, on a

$$\begin{aligned}\varphi(f,f)=0 &\iff \int_a^b f(t)^2 dt = 0 \\ &\iff \forall t \in [a,b],\ f(t)=0 \\ &\iff f=0\end{aligned}$$

car la fonction f^2 est continue et positive sur $[a,b]$ et par suite φ est définie. Par conséquent, φ est un produit scalaire sur $\mathscr{C}([a,b],\mathbb{R})$.

■ **Exemple 3.1.11 – Produit scalaire sur $\mathbb{R}[X]$**
On considère l'application

$$\begin{aligned}\varphi : \mathbb{R}[X]\times\mathbb{R}[X] &\longrightarrow \mathbb{R} \\ (P,Q) &\longmapsto \int_a^b P(t)Q(t)dt\end{aligned}$$

Alors,

- Pour tous $P, Q \in \mathbb{R}[X]$, on a

$$\varphi(P,Q) = \int_a^b P(t)Q(t)dt = \int_a^b Q(t)P(t)dt = \varphi(Q,P)$$

- Pour tous $P, Q, R \in \mathbb{R}[X]$ et $\alpha, \beta \in \mathbb{R}$, on a

$$\begin{aligned}\varphi(\alpha P+\beta Q, R) &= \int_a^b (\alpha P+\beta Q)(t)R(t)dt \\ &= \int_a^b (\alpha P(t)R(t)+\beta Q(t)R(t))dt \\ &= \alpha \int_a^b P(t)R(t)dt + \beta \int_a^b Q(t)R(t)dt \\ &= \alpha\varphi(P,R)+\beta\varphi(Q,R)\end{aligned}$$

et par suite $\varphi \in BS(\mathbb{R}[X])$.

- Pour tout $P \in \mathbb{R}[X]$, on a

$$\varphi(P,P) = \int_a^b P(t)^2 dt \geqslant 0$$

et par suite φ est positive.

- Pour tout $P \in \mathbb{R}[X]$, on a

$$\begin{aligned}\varphi(P,P)=0 &\iff \int_a^b P(t)^2dt = 0 \\ &\iff \forall t \in [a,b],\ P(t)=0 \\ &\iff P \text{ admet une infinité de racines} \\ &\iff P=0\end{aligned}$$

et par suite φ est définie. Par conséquent, φ est un produit scalaire sur $\mathbb{R}[X]$.

▪ **Exemple 3.1.12 – Produit scalaire sur $\mathbb{R}_n[X]$**

Soit $a_0, \ldots, a_n \in \mathbb{R}$ des réels deux à deux distincts, on considère alors l'application

$$\begin{aligned}\varphi : \mathbb{R}_n[X]\times\mathbb{R}_n[X] &\longrightarrow \mathbb{R} \\ (P,Q) &\longmapsto \varphi(P,Q) = \sum_{k=0}^{n} P(a_k)Q(a_k)\end{aligned}$$

Alors,

- Pour tous $P, Q \in \mathbb{R}_n[X]$, on a

$$\varphi(P,Q) = \sum_{k=0}^{n} P(a_k)Q(a_k) = \sum_{k=0}^{n} Q(a_k)P(a_k) = \varphi(Q,P)$$

- Pour tous $P,Q,R \in \mathbb{R}_n[X]$ et $\alpha,\beta \in \mathbb{R}$, on a

$$\begin{aligned}
\varphi(\alpha P+\beta Q,R) &= \sum_{k=0}^{n}(\alpha P+\beta Q)(a_k)R(a_k)\\
&= \sum_{k=0}^{n}(\alpha P(a_k)+\beta Q(a_k))R(a_k)\\
&= \sum_{k=0}^{n}\alpha P(a_k)R(a_k)+\beta Q(a_k)R(a_k)\\
&= \alpha\sum_{k=0}^{n}P(a_k)R(a_k)+\beta\sum_{k=0}^{n}Q(a_k)R(a_k)\\
&= \alpha\varphi(P,R)+\beta\varphi(Q,R)
\end{aligned}$$

et par suite $\varphi \in BS(\mathbb{R}_n[X])$.

- Pour tout $P \in \mathbb{R}_n[X]$, on a

$$\varphi(P,P) = \sum_{k=0}^{n}(P(a_k))^2 \geqslant 0$$

et par suite φ est positive.

- Pour tout $P \in \mathbb{R}_n[X]$, on a

$$\begin{aligned}
\varphi(P,P)=0 &\iff \sum_{k=0}^{n}(P(a_k))^2=0\\
&\iff \forall 0\leqslant k\leqslant n,\ P(a_k)=0\\
&\Longrightarrow P \text{ admet au moins } n+1 \text{ racines}\\
&\Longrightarrow P=0
\end{aligned}$$

et par suite φ est définie. Par conséquent, φ est un produit scalaire sur $\mathbb{R}_n[X]$.

■ **Exemple 3.1.13 – Produit scalaire canonique sur $\mathbb{R}_n[X]$**

On considère l'application

$$\begin{aligned}
\varphi : \mathbb{R}_n[X]\times\mathbb{R}_n[X] &\longrightarrow \mathbb{R}\\
\left(P=\sum_{k=0}^{n}a_kX^k, Q=\sum_{k=0}^{n}b_kX^k\right) &\longmapsto \varphi(P,Q)=\sum_{k=0}^{n}a_kb_k
\end{aligned}$$

Alors,

- Pour tous $P = \sum_{k=0}^{n} a_k X^k, Q = \sum_{k=0}^{n} b_k X^k \in \mathbb{R}_n[X]$, on a

$$\varphi(P,Q) = \sum_{k=0}^{n} a_k b_k = \sum_{k=0}^{n} b_k a_k = \varphi(Q,P)$$

- Pour tous $P = \sum_{k=0}^{n} a_k X^k, Q = \sum_{k=0}^{n} b_k X^k$, $R = \sum_{k=0}^{n} c_k X^k \in \mathbb{R}_n[X]$ et $\alpha, \beta \in \mathbb{R}$, on a

$$\begin{aligned}
\varphi(\alpha P + \beta Q, R) &= \sum_{k=0}^{n} (\alpha a_k + \beta b_k) c_k \\
&= \sum_{k=0}^{n} \alpha a_k c_k + \beta b_k c_k \\
&= \sum_{k=0}^{n} \alpha a_k c_k + \sum_{k=0}^{n} \beta b_k c_k \\
&= \alpha \varphi(P,R) + \beta \varphi(Q,R)
\end{aligned}$$

et par suite $\varphi \in BS(\mathbb{R}_n[X])$.

- Pour tout $P = \sum_{k=0}^{n} a_k X^k \in \mathbb{R}_n[X]$, on a

$$\varphi(P,P) = \sum_{k=0}^{n} a_k^2 \geqslant 0$$

et par suite φ est positive.

- Pour tout $P = \sum_{k=0}^{n} a_k X^k \in \mathbb{R}_n[X]$, on a

$$\begin{aligned}
\varphi(P,P) = 0 &\iff \sum_{k=0}^{n} a_k^2 = 0 \\
&\iff \forall 0 \leqslant k \leqslant n,\ a_k = 0 \\
&\iff P = 0
\end{aligned}$$

et par suite φ est définie. Par conséquent, φ est un produit scalaire sur $\mathbb{R}_n[X]$.

■ Exemple 3.1.14 – Produit scalaire sur $\mathcal{M}_n(\mathbb{R})$
On considère l'application

$$\begin{aligned}\varphi : \mathcal{M}_n(\mathbb{R}) \times \mathcal{M}_n(\mathbb{R}) &\longrightarrow \mathbb{R}\\ (A,B) &\longmapsto \varphi(A,B) = Tr({}^tAB)\end{aligned}$$

Alors,

- Pour tous $A,B \in \mathcal{M}_n(\mathbb{R})$, on a

$$\varphi(A,B) = Tr({}^tAB) = Tr({}^t({}^tAB)) = Tr({}^tBA) = \varphi(B,A).$$

- Pour tous $A,B,C \in \mathcal{M}_n(\mathbb{R})$ et $\alpha,\beta \in \mathbb{R}$, on a

$$\begin{aligned}\varphi(\alpha A+\beta B,C) &= Tr({}^t(\alpha A+\beta B)C)\\ &= Tr((\alpha{}^tA+\beta{}^tB)C)\\ &= Tr(\alpha{}^tAC+\beta{}^tBC)\\ &= \alpha\varphi(A,C)+\beta\varphi(B,C)\end{aligned}$$

et par suite $\varphi \in BS(\mathcal{M}_n(\mathbb{R}))$.

- Pour tout $A = (a_{ij})_{1\leqslant i,j\leqslant n} \in \mathcal{M}_n(\mathbb{R})$, on pose ${}^tAA = (c_{ij})_{1\leqslant i,j\leqslant n}$ et par suite

$$\varphi(A,A) = Tr({}^tAA) = \sum_{i=1}^{n} c_{ii} = \sum_{i=1}^{n}\sum_{k=1}^{n} a_{ik}^2 \geqslant 0$$

et par suite φ est positive.

- Pour tout $A = (a_{ij})_{1\leqslant i,j\leqslant n} \in \mathcal{M}_n(\mathbb{R})$, on a

$$\begin{aligned}\varphi(A,A) = 0 &\Longleftrightarrow \sum_{i=1}^{n}\sum_{j=1}^{n} a_{ij}^2 = 0\\ &\Longleftrightarrow \forall 0 \leqslant i,j \leqslant n,\ a_{ij} = 0\\ &\Longleftrightarrow A = 0\end{aligned}$$

et par suite φ est définie.
Par conséquent, φ est un produit scalaire sur $\mathcal{M}_n(\mathbb{R})$.

■ Exemple 3.1.15 – Produit scalaire canonique sur $\mathcal{M}_n(\mathbb{R})$
Montrer que l'application

$$\begin{aligned}\varphi : \mathcal{M}_n(\mathbb{R}) \times \mathcal{M}_n(\mathbb{R}) &\longrightarrow \mathbb{R}\\ (A = (a_{ij})_{1\leqslant i,j\leqslant n}, B = (b_{ij})_{1\leqslant i,j\leqslant n}) &\longmapsto \varphi(A,B) = \sum_{1\leqslant i,j\leqslant n} a_{ij}b_{ij}\end{aligned}$$

est un produit scalaire sur $\mathcal{M}_n(\mathbb{R})$.

Remarque 3.1.16 — Notation. Dans la suite et sauf mention du contraire on notera en général un produit comme suit $\langle \mid \rangle$.

Définition 3.1.17 - Espace préhilbertien On appelle espace préhilbertien réel tout espace vectoriel réel muni d'un produit scalaire. Un tel espace sera noté $(E, \langle \mid \rangle)$.

Théorème 3.1.18 - Inégalité de Cauchy-Schwarz Soit $(E, \langle \mid \rangle)$ un espace préhilbertien réel, alors pour tous $x, y \in E$, on a

$$|\langle x|y\rangle| \leqslant \sqrt{\langle x|x\rangle}\sqrt{\langle y|y\rangle},$$

avec égalité si et seulement si, x et y sont colinéaires.

Démonstration. Soient $x, y \in E$ et ψ la fonction polynomiale définie par

$$\forall t \in \mathbb{R},\ \psi(t) = \langle x+ty|x+ty\rangle.$$

Comme le produit scalaire est positif, alors

$$\forall t \in \mathbb{R},\ \psi(t) = t^2\langle y|y\rangle + 2t\langle x|y\rangle + \langle x|x\rangle \geqslant 0$$

et par suite $\Delta = 4\langle x|y\rangle^2 - 4\langle x|x\rangle\langle y|y\rangle \leqslant 0$, ce qui implique que

$$|\langle x|y\rangle| \leqslant \sqrt{\langle x|x\rangle}\sqrt{\langle y|y\rangle}.$$

Supposons maintenant que $\langle x|y\rangle^2 = \langle x|x\rangle\langle y|y\rangle$, alors

$$\Delta = 4\langle x|y\rangle^2 - 4\langle x|x\rangle\langle y|y\rangle = 0$$

et par suite la fonction polynomiale, $\psi(t)$ admet une racine double $t_0 \in \mathbb{R}$. Ainsi, $\langle x+t_0y|x+t_0y\rangle = 0$ et donc $x+t_0y = 0$ ce qui signifie que x et y sont colinéaires. Réciproquement, si x et y sont colinéaires, alors il existe $\alpha \in \mathbb{R}$ tel que $x = \alpha y$ ou $y = \alpha x$ et dans les deux cas, on a

$$\langle x|y\rangle^2 = \langle x|x\rangle\langle y|y\rangle.$$

■

Théorème 3.1.19 – Inégalité de Minkowski Soit $(E, \langle\,|\,\rangle)$ un espace préhilbertien réel, alors pour tous $x, y \in E$, on a

$$\sqrt{\langle x+y|x+y\rangle} \leqslant \sqrt{\langle x|x\rangle} + \sqrt{\langle y|y\rangle}.$$

Démonstration. Soient $x, y \in E$, alors d'après le Théorème 3.1.18, on en déduit que

$$\begin{aligned}\langle x+y|x+y\rangle &= \langle x|x\rangle + \langle y|y\rangle + 2\langle x|y\rangle \leqslant \langle x|x\rangle + \langle y|y\rangle + 2\sqrt{\langle x|x\rangle}\sqrt{\langle y|y\rangle} \\ &= \left(\sqrt{\langle x|x\rangle} + \sqrt{\langle y|y\rangle}\right)^2\end{aligned}$$

■

Théorème 3.1.20 – Norme euclidienne Soit $(E, \langle|\rangle)$ un espace préhilbertien réel. Alors, l'application

$$\begin{aligned} N : E &\longrightarrow \mathbb{R}_+ \\ x &\mapsto N(x) = \sqrt{\langle x|x\rangle} \end{aligned}$$

est une norme sur E, dite la norme euclidienne associée au produit scalaire.

Démonstration. Notons tout d'abord que N est bien définie puisque $\langle x|x\rangle \geqslant 0$ pour tout $x \in E$. Par ailleurs, on a

— $\forall x \in E, N(x) = 0 \iff \langle x|x\rangle = 0 \iff x = 0.$

— $\forall x \in E,\ \lambda \in \mathbb{R},\ N(\lambda x) = \sqrt{\langle \lambda x|\lambda x\rangle} = \sqrt{\lambda^2\langle x|x\rangle} = |\lambda| N(x).$

— D'après le Théorème 3.1.19, on en déduit que pour tous $x, y \in E$, on a

$$N(x+y) \leqslant N(x) + N(y).$$

■

Remarque 3.1.21 Soit $(E, \langle\,|\,\rangle)$ un espace préhilbertien réel et $\|\,.\,\|$ la norme euclidienne, alors les inégalités de Cauchy-Schwarz et Minkowski peuvent s'exprimer comme suit

$$\forall x, y \in E,\ |\langle x|y\rangle| \leqslant \|x\|\|y\| \quad \text{(Cauchy-Schwarz)}$$

et

$$\forall x, y \in E,\ \|x+y\| \leqslant \|x\| + \|y\| \quad \text{(Minkowski)}.$$

Théorème 3.1.22 – Identité de polarisation Soient $(E,\langle | \rangle)$ un espace préhilbertien réel et $\| \,.\, \|$ sa norme euclidienne. Alors,

$$\forall x,y\in E,\ \langle x|y\rangle = \frac{1}{2}(\|x+y\|^2-\|x\|^2-\|y\|^2) = \frac{1}{4}(\|x+y\|^2-\|x-y\|^2).$$

Démonstration. En effet, pour tous $x,y\in E$, on a

$$\|x+y\|^2 = \|x\|^2+\|y\|^2+2\langle x|y\rangle$$

et

$$\|x-y\|^2 = \|x\|^2+\|y\|^2-2\langle x|y\rangle$$

et par suite

$$\|x+y\|^2-\|x\|^2-\|y\|^2 = 2\langle x|y\rangle$$

et

$$\|x+y\|^2-\|x-y\|^2 = 4\langle x|y\rangle.$$

■

Théorème 3.1.23 – Identité du parallélogramme Soient $(E,\langle \,|\, \rangle)$ un espace préhilbertien réel et $\| \,.\, \|$ sa norme euclidienne. Alors, pour tous $x,y\in E$, on a

$$\|x+y\|^2+\|x-y\|^2 = 2\left(\|x\|^2+\|y\|^2\right).$$

Démonstration. Pour tous $x,y\in E$, on a

$$\|x+y\|^2+\|x-y\|^2 = \|x\|^2+2\langle x|y\rangle+\|y\|^2+\|x\|^2-2\langle x|y\rangle+\|y\|^2.$$

■

▪ Exemple 3.1.24 – Identité de la médiane

Soient $(E,\langle \,|\, \rangle)$ un espace préhilbertien réel et $\| \,.\, \|$ sa norme euclidienne. Alors, pour tous $x,y\in E$, on a

$$\|x\|^2+\|y\|^2 = 2\left(\left\|\frac{x+y}{2}\right\|^2+\left\|\frac{x-y}{2}\right\|^2\right).$$

Définition 3.1.25 – Vecteurs unitaires/orthgonaux Soient $(E, \langle | \rangle)$ un espace préhilbertien réel, $\| \cdot \|$ sa norme euclidienne et $x, y \in E$.

i) On dit que x est unitaire, si $\|x\| = 1$.

2i) On dit que x et y sont orthogonaux et on note $x \perp y$, si $\langle x|y \rangle = 0$.

▪ Exemple 3.1.26 – Identité du losange

Soient $(E, \langle \mid \rangle)$ un espace préhilbertien réel et $\| \cdot \|$ sa norme euclidienne. Alors, pour tous $x, y \in E$, on a

$$\|x\| = \|y\| \text{ si et seulement si } (x-y) \perp (x+y).$$

En effet, cela découle du fait que $\langle x-y|x+y \rangle = \|x\|^2 - \|y\|^2$.

Définition 3.1.27 – Famille orthogonale/orthonormale Soient $(E, \langle | \rangle)$ un espace préhilbertien réel et $\| \cdot \|$ sa norme euclidienne. Soient I un ensemble non vide et $B = (e_i)_{i \in I}$ une famille de vecteurs de E.

i) On dit que B est une famille orthogonale, si pour tous $i, j \in I$ tels que $i \neq j$, on a $e_i \perp e_j$.

2i) On dit que B est une famille orthonormale, si B est une famille orthogonale et si tous ses vecteurs sont unitaires.

Remarque 3.1.28 — Caractérisation d'une famille orthonormale. Au vu de la Définition 3.1.27, on en déduit qu'une famille $B = (e_i)_{i \in I}$ d'une espace préhilbertien réel $(E, \langle \mid \rangle)$ est orthonormale, si et seulement si

$$\forall i, j \in I, \ \langle e_i | e_j \rangle = \delta_{ij}.$$

▪ Exemple 3.1.29

Soit $\mathscr{C}([0, 2\pi], \mathbb{R})$ le $\mathbb{R}$-espace vectoriel des fonctions continues sur $[0, 2\pi]$ à valeurs dans $\mathbb{R}$, muni du produit scalaire

$$\langle f|g \rangle = \int_0^{2\pi} f(t)g(t)dt.$$

Pour tout $n \in \mathbb{N}$, soient f_n et g_n les fonctions définies respectivement par

$$\forall x \in [0, 2\pi], \ f_n(x) = \cos(nx)$$

et

$$\forall x \in [0, 2\pi], \ g_n(x) = \sin(nx).$$

On rappelle que pour tous $a, b \in \mathbb{R}$, on a

$$\cos(a)\cos(b) = \frac{1}{2}(\cos(a+b) + \cos(a-b))$$

et

$$\sin(a)\sin(b) = \frac{1}{2}\left(\cos(a-b) - \cos(a+b)\right).$$

Alors, pour tous $m, n \in \mathbb{N}$, $m \neq n$, on a

$$\begin{aligned}
\langle f_n | f_m \rangle &= \int_0^{2\pi} f_n(t) f_m(t) dt \\
&= \int_0^{2\pi} \cos(nt)\cos(mt) dt \\
&= \frac{1}{2}\int_0^{2\pi} \cos((n+m)t) dt + \frac{1}{2}\int_0^{2\pi} \cos((n-m)t) dt \\
&= \frac{1}{2}\left[\frac{\sin((n+m)t)}{n+m}\right]_0^{2\pi} + \frac{1}{2}\left[\frac{\sin((n-m)t)}{n-m}\right]_0^{2\pi} \\
&= 0
\end{aligned}$$

$$\begin{aligned}
\langle g_n | g_m \rangle &= \int_0^{2\pi} g_n(t) g_m(t) dt \\
&= \int_0^{2\pi} \sin(nt)\sin(mt) dt \\
&= \frac{1}{2}\int_0^{2\pi} \cos((n-m)t) dt + \frac{1}{2}\int_0^{2\pi} \cos((n+m)t) dt \\
&= \frac{1}{2}\left[\frac{\sin((n-m)t)}{n-m}\right]_0^{2\pi} + \frac{1}{2}\left[\frac{\sin((n+m)t)}{n+m}\right]_0^{2\pi} \\
&= 0
\end{aligned}$$

et

$$\begin{aligned}
\langle f_n | g_m \rangle &= \int_0^{2\pi} f_n(t) g_m(t) dt \\
&= \int_0^{2\pi} \cos(nt)\sin(mt) dt \\
&= \frac{1}{2}\int_0^{2\pi} \sin((n+m)t) dt + \frac{1}{2}\int_0^{2\pi} \sin((m-n)t) dt \\
&= -\frac{1}{2}\left[\frac{\cos((n+m)t)}{n+m}\right]_0^{2\pi} - \frac{1}{2}\left[\frac{\cos((m-n)t)}{m-n}\right]_0^{2\pi} \\
&= 0.
\end{aligned}$$

Enfin, pour tout $n \in \mathbb{N}$, on a

$$\begin{aligned}\langle f_n | g_n \rangle &= \int_0^{2\pi} f_n(t) g_n(t) dt \\ &= \int_0^{2\pi} \cos(nt)\sin(nt) dt \\ &= \frac{1}{2}\int_0^{2\pi} \sin(2nt) dt \\ &= \frac{-1}{4n}[\cos(2nt)]_0^{2\pi} \\ &= 0.\end{aligned}$$

Ainsi, la famille $B = \{f_n \mid n \in \mathbb{N}\} \cup \{g_n \mid n \in \mathbb{N}\}$ est une famille orthogonale de $\mathscr{C}([0, 2\pi], \mathbb{R})$.

▪ Exemple 3.1.30

On munit $\mathscr{M}_n(\mathbb{R})$ du produit scalaire

$$\langle A | B \rangle = Tr({}^t AB).$$

Soit $B = \{E_{i,j} \mid 1 \leqslant i, j \leqslant n\}$ la base canonique de $\mathscr{M}_n(\mathbb{R})$ et $B' = \{E_{i,i} \mid 1 \leqslant i \leqslant n\}$. Alors, pour tous $1 \leqslant i, j \leqslant n$ tels que $i \neq j$, on a

$$\langle E_{i,i} | E_{j,j} \rangle = Tr({}^t E_{i,i} E_{j,j}) = Tr(E_{i,i} E_{j,j}) = Tr(0) = 0$$

et par suite la famille B' est orthogonale. Par ailleurs, pour tout $1 \leqslant i \leqslant n$, on a

$$\|E_{i,i}\|^2 = \langle E_{i,i} | E_{i,i} \rangle = Tr({}^t E_{i,i} E_{i,i}) = Tr((E_{i,i})^2) = Tr(E_{i,i}) = 1$$

et par suite la famille B' est orthonormale.

Proposition 3.1.31 Soient $(E, \langle\,|\,\rangle)$ un espace préhilbertien réel et $B = \{e_1, \ldots, e_m\}$ une famille de vecteurs de E.

i) Si B est une famille orthogonale ne contenant pas 0, alors B est libre.

2i) Si B est une famille orthonormale, alors B est libre.

Démonstration. *i*) Supposons que B est orthogonale et ne contient pas 0 et soit $\alpha_1, \ldots, \alpha_m \in \mathbb{R}$ tels que $\sum_{i=1}^{m} \alpha_i e_i = 0$, alors pour tout $1 \leqslant j \leqslant m$, $\langle \sum_{i=1}^{m} \alpha_i e_i | e_j \rangle = 0$ et par suite $\alpha_j \|e_j\|^2 = 0$, comme $e_j \neq 0$, on en déduit que $\alpha_j = 0$ et donc la famille est libre.

2*i*) Toute famille orthonormale est orthogonale et ne contient pas 0. ■

Théorème 3.1.32 – Pythagore Soient $(E, \langle | \rangle)$ un espace préhilbertien réel et soit $\| \,.\, \|$ sa norme euclidienne. Alors, pour tous $x, y \in E$, on a

$$x \perp y \iff \|x+y\|^2 = \|x\|^2 + \|y\|^2.$$

Démonstration. Pour tous $x, y \in E$, on a $\|x+y\|^2 = \|x\|^2 + \|y\|^2 + 2\langle x|y \rangle$ et par suite

$$\|x+y\|^2 = \|x\|^2 + \|y\|^2 \iff \langle x|y \rangle = 0 \iff x \perp y.$$

■

Théorème 3.1.33 – Pythagore Soient $(E, \langle | \rangle)$ un espace préhilbertien réel, $\| \,.\, \|$ sa norme euclidienne et $B = \{e_1, \ldots, e_m\}$ une famille de vecteurs de E. Si la famille B est orthogonale, alors

$$\|\sum_{i=1}^{m} e_i\|^2 = \sum_{i=1}^{m} \|e_i\|^2.$$

Démonstration.

$$\|\sum_{i=1}^{m} e_i\|^2 = \sum_{i=1}^{m} \|e_i\|^2 + 2 \sum_{1 \leqslant i < j \leqslant m} \langle e_i | e_j \rangle = \sum_{i=1}^{m} \|e_i\|^2.$$

■

Remarque 3.1.34 Contrairement au cas de deux vecteurs, si une famille contient 3 vecteurs ou plus, alors il n'y a pas d'équivalence en générale dans le Théorème 3.1.33. En effet, on considère l'espace préhilbertien $\mathbb{R}^3$ muni du produit scalaire canonique et soient $u = (0,1,1)$, $v = (1,0,1)$ et $\omega = (1,2,-2)$. Alors, $\|u\|^2 = 2$, $\|v\|^2 = 2$, $\|\omega\|^2 = 9$ et par suite

$$\|u+v+\omega\|^2 = \|(2,3,0)\|^2 = 13 = \|u\|^2 + \|v\|^2 + \|\omega\|^2,$$

cependant, il facile de vérifier que la famille $\{u, v, \omega\}$ n'est pas orthogonale.

Définition 3.1.35 – Parties orthogonales Soient $(E, \langle | \rangle)$ un espace préhilbertien réel et $A, B \in \mathscr{P}(E)$. On dit que les parties A et B sont orthogonales et on notes $A \perp B$, si

$$\forall x \in A, y \in B, \ x \perp y.$$

Définition 3.1.36 – Orthogonal d'une partie Soient $(E, \langle | \rangle)$ un espace préhilbertien réel et $A \in \mathscr{P}(E)$. On appelle orthogonal de A l'ensemble

$$A^{\perp} = \{x \in E \mid x \perp y, \forall y \in A\}.$$

Proposition 3.1.37 – Structure de $A^{\perp}$. Soient $(E, \langle | \rangle)$ un espace préhilbertien réel et $A \subset E$ une partie non vide de E. Alors, $A^{\perp}$ est un sous-espace vectoriel fermé de E pour la topologie associée à la norme euclidienne.

Démonstration. On sait que $A^{\perp} \subset E$ par ailleurs on sait aussi que $\langle x|0\rangle = 0$ pour tout $x \in A$ et par suite $0 \in A^{\perp}$ en particulier $A^{\perp} \neq \varnothing$. Soient $x, y \in A^{\perp}$ et $\alpha, \beta \in \mathbb{R}$, alors pour tout $z \in A$, on a $\langle \alpha x + \beta y|z\rangle = \alpha\langle x|z\rangle + \beta\langle y|z\rangle = 0$ et par suite $\alpha x + \beta y \in A^{\perp}$ et donc $A^{\perp}$ est un sous-espace vectoriel. On souhaite maintenant montrer que $A^{\perp}$ est fermé, en effet soit $(x_n)_{n\in\mathbb{N}}$ une suite d'éléments de $A^{\perp}$ qui converge vers $x \in E$, alors $\lim\limits_{n\to+\infty} \|x - x_n\| = 0$. Soit $y \in A$, alors en utilisant l'inégalité de Cauchy-Schwarz, on en déduit que pour tout $n \in \mathbb{N}$, on a

$$|\langle x|y\rangle| = |\langle x - x_n|y\rangle + \langle x_n|y\rangle| = |\langle x - x_n|y\rangle| \leqslant \|x - x_n\|\|y\| \underset{n\to+\infty}{\longrightarrow} 0$$

et par suite $x \in A^{\perp}$. ■

Proposition 3.1.38 Soient $(E, \langle | \rangle)$ un espace préhilbertien réel et $A, B \subset E$ deux parties non vides de E. Alors

i) $A^{\perp} = Vect(A)^{\perp}$.
2i) Si $A \subset B$, alors $B^{\perp} \subset A^{\perp}$.
3i) Si $A \perp B$, alors $A \subset B^{\perp}$ et $B \subset A^{\perp}$.
4i) $A \subset (A^{\perp})^{\perp}$.
5i) Si F un sous-espace vectoriel de E, alors $(F^{\perp})^{\perp} = \overline{F}$, où $\overline{F}$ désigne l'adhérence de F pour la topologie associée à la norme euclidienne.
6i) Si $A \perp B$ alors $Vect(A) \perp Vect(B)$.
7i) Si $A \perp B$ alors $A \cap B \subset \{0\}$, en particulier si A et B sont des sous-espaces vectoriels alors $A \cap B = \{0\}$ et par suite $A \oplus B$, on note dans ce cas $A \oplus^{\perp} B$.
8i) $E^{\perp} = \{0\}$ et $\{0\}^{\perp} = E$.

Démonstration. La preuve étant élémentaire, elle est laissée au lecteur. ■

▪ Exemple 3.1.39
On munit $\mathbb{R}_2[X]$ du produit scalaire

$$\langle P|Q\rangle = P(0)Q(0) + P(1)Q(1) + P(2)Q(2).$$

Soit $Q = a_2X^2 + a_1X + a_0$, alors

$$\begin{aligned} Q \in (Vect(X-1))^{\perp} &\iff Q \in (X-1)^{\perp} \iff Q \perp X-1 \\ &\iff \langle Q|X-1\rangle = 0 \iff \langle a_2X^2 + a_1X + a_0|X-1\rangle = 0 \\ &\iff -a_0 + 4a_2 + 2a_1 + a_0 = 0 \iff a_1 = -2a_2 \\ &\iff Q = a_2(X^2 - 2X) + a_0 \end{aligned}$$

et par suite $(Vect(X-1))^{\perp} = Vect(X^2 - 2X, 1)$.

Définition 3.1.40 – Supplémentaires orthogonaux Soient $(E, \langle\,|\,\rangle)$ un espace préhilbertien réel et F et G deux sous-espaces vectoriels de E. On dit que F et G sont des supplémentaires orthogonaux et on note $E = F \oplus^{\perp} G$, si $E = F \oplus G$ et $F \perp G$.

▪ Exemple 3.1.41
On munit $\mathscr{M}_n(\mathbb{R})$ du produit scalaire

$$\langle A|B\rangle = Tr({}^tAB).$$

D'une part on sait que $\mathscr{M}_n(\mathbb{R}) = S_n(\mathbb{R}) \oplus \mathscr{A}_n(\mathbb{R})$. D'autre part, soient $A \in S_n(\mathbb{R})$ et $B \in \mathscr{A}_n(\mathbb{R})$, alors ${}^tA = A$ et ${}^tB = -B$ et par suite

$$\langle A|B\rangle = Tr({}^tAB) = Tr(AB) = Tr(BA) = Tr(-{}^tBA) = -\langle B|A\rangle = -\langle A|B\rangle$$

ce qui implique que $\langle A|B\rangle = 0$ et donc $S_n(\mathbb{R}) \perp \mathscr{A}_n(\mathbb{R})$, d'où

$$\mathscr{M}_n(\mathbb{R}) = S_n(\mathbb{R}) \oplus^{\perp} \mathscr{A}_n(\mathbb{R}).$$

Théorème 3.1.42 Soient $(E, \langle\,|\,\rangle)$ un espace préhilbertien réel et F un sous-espace vectoriel de E. Si F admet un supplémentaire orthogonal G, alors $G = F^{\perp}$ et $F = (F^{\perp})^{\perp}$.

Démonstration. Il est clair que $G \subset F^{\perp}$. Soit $x \in F^{\perp}$, comme $E = F \oplus G$ alors il existe $x_1 \in F$ et $x_2 \in G$ tels que $x = x_1 + x_2$ et par suite $x_1 = x - x_2 \in F \cap F^{\perp} = \{0\}$ ce qui implique que $x = x_2 \in G$. Ainsi, $G = F^{\perp}$ et F est donc un supplémentaire orthogonal de $F^{\perp}$ ce qui implique au vu de ce qui précède que $F = (F^{\perp})^{\perp}$. ∎

Définition 3.1.43 – Projection et Symétrie orthogonales Soient $(E, \langle \, | \, \rangle)$ un espace préhilbertien et F un sous-espace vectoriel de E tels que $E = F \oplus F^{\perp}$.

i) On appelle projection orthogonale sur F la projection p_F sur F parallèlement à $F^{\perp}$.

2i) On appelle symétrie orthogonale par rapport à F, la symétrie S_F par rapport à F parallèlement à $F^{\perp}$.

■ **Exemple 3.1.44**

On munit $\mathscr{M}_n(\mathbb{R})$ du produit scalaire

$$\langle A|B\rangle = Tr({}^tAB).$$

D'après l'Exemple 3.1.41, on sait que $\mathscr{M}_n(\mathbb{R}) = S_n(\mathbb{R}) \oplus^{\perp} \mathscr{A}_n(\mathbb{R})$. On désigne alors par $P_{S_n(\mathbb{R})}$ la projection orthogonale sur $S_n(\mathbb{R})$ et $S_{S_n(\mathbb{R})}$ la symétrie orthogonale par rapport à $S_n(\mathbb{R})$. Alors, pour tout $A \in \mathscr{M}_n(\mathbb{R})$, on a

$$P_{S_n(\mathbb{R})}(A) = \frac{A + {}^tA}{2} \text{ et } S_{S_n(\mathbb{R})}(A) = \frac{A + {}^tA}{2} - \frac{A - {}^tA}{2} = {}^tA.$$

Définition 3.1.45 – Distance d'un vecteur à un sous-espace vectoriel Soient $(E, \langle \, | \, \rangle)$ un espace préhilbertien réel et $\| \, . \, \|$ sa norme euclidienne. Soient $x \in E$ et F un sous-espace vectoriel de E, on appelle distance de x à F, le réel

$$d(x,F) = \inf_{y \in F} \|x - y\|.$$

Remarque 3.1.46 Étant donné que dans la définition précédente, l'ensemble $\{\|x-y\| \mid y \in F\}$ est une partie minorée de $\mathbb{R}$, sa borne inférieure est bien définie en vertu du théorème de la borne inférieure sur $\mathbb{R}$.

Théorème 3.1.47 – Distance d'un vecteur à un sous-espace vectoriel Soient $(E, \langle \, | \, \rangle)$ un espace préhilbertien réel et $\| \, . \, \|$ sa norme euclidienne. Soient F un sous-espace vectoriel de E tel que $E = F \oplus F^{\perp}$ et P_F la projection orthogonale sur F. Alors,

$$\forall x \in E, \; d(x,F) = \|x - P_F(x)\| = \|P_{F^{\perp}}(x)\|.$$

De plus, $P_F(x)$ est l'unique vecteur de F vérifiant $d(x,F) = \|x - P_F(x)\|$ et c'est également l'unique vecteur de F vérifiant $x - P_F(x) \in F^{\perp}$.

Démonstration. D'une part, comme $P_F(x) \in F$, alors

$$d(x,F) = \inf_{y \in F} \|x-y\| \leqslant \|x - P_F(x)\|.$$

D'autre part, on sait que $x - P_F(x) \in F^\perp$, soit $y \in F$ alors d'après le théorème de Pythagore,

$$\begin{aligned} \|x-y\|^2 &= \|x - P_F(x) + P_F(x) - y\|^2 \\ &= \|x - P_F(x)\|^2 + \|P_F(x) - y\|^2 \\ &\geqslant \|x - P_F(x)\|^2 \end{aligned}$$

et par suite

$$d(x,F) = \inf_{y \in F} \|x-y\| \geqslant \|x - P_F(x)\|.$$

Ainsi,

$$d(x,F) = \|x - P_F(x)\|.$$

Soit $z \in F$ tel que $d(x,F) = \|x-z\|$, alors

$$d(x,F)^2 = \|x-z\|^2 = \|x-P_F(x)\|^2 + \|P_F(x)-z\|^2 = d(x,F)^2 + \|P_F(x)-z\|^2,$$

ce qui implique que $z = P_F(x)$. Soit maintenant $z \in F$ tel que $x - z \in F^\perp$, alors d'une part $z - P_F(x) \in F$ et d'autre part $z - P_F(x) = (x - P_F(x)) - (x - z) \in F^\perp$, par conséquent $z - P_F(x) \in F \cap F^\perp = \{0\}$ et donc $z = P_F(x)$. ∎

Exemple 3.1.48

On munit $\mathscr{M}_n(\mathbb{R})$ du produit scalaire

$$\langle A|B\rangle = Tr({}^tAB)$$

et de la norme euclidienne associée $\|\,.\,\|$. D'après l'Exemple 3.1.41, on sait que

$$\mathscr{M}_n(\mathbb{R}) = S_n(\mathbb{R}) \oplus^\perp \mathscr{A}_n(\mathbb{R}).$$

Par conséquent pour tout $A \in \mathscr{M}_n(\mathbb{R})$, on a

$$d(A, S_n(\mathbb{R})) = \|P_{\mathscr{A}_n(\mathbb{R})}(A)\| = \left\|\frac{A - {}^tA}{2}\right\|.$$

À titre d'exemple pour $n = 3$, si on considère $A = \begin{pmatrix} 2 & -1 & 0 \\ 3 & 1 & 2 \\ 1 & 1 & -1 \end{pmatrix}$ on obtient

$\dfrac{A - {}^tA}{2} = \dfrac{1}{2}\begin{pmatrix} 0 & -4 & -1 \\ 4 & 0 & 1 \\ 1 & -1 & 0 \end{pmatrix}$ et donc $d(A, S_3(\mathbb{R})) = \left\|\dfrac{A - {}^tA}{2}\right\| = 3.$

■ Exemple 3.1.49

On souhaite calculer $\inf_{a\in\mathbb{R}} \int_0^1 (t^2-at)^2dt$, pour cela on considère le produit scalaire sur $\mathscr{C}([0,1],\mathbb{R})$ défini par

$$\langle f|g\rangle = \int_0^1 f(t)g(t)t^2dt.$$

Ainsi

$$\begin{aligned}\inf_{a\in\mathbb{R}} \int_0^1 (t^2-at)^2dt &= \inf_{a\in\mathbb{R}} \int_0^1 (t-a)^2t^2dt\\ &= \inf_{Q\in\mathbb{R}_0[X]} \|X-Q\|^2\\ &= (d(X,\mathbb{R}_0[X]))^2\\ &= \|X-P_{\mathbb{R}_0[X]}(X)\|^2\end{aligned}$$

où $P_{\mathbb{R}_0[X]}$ désigne la projection orthogonale sur $\mathbb{R}_0[X]$. On sait par ailleurs que $P_{\mathbb{R}_0[X]}(X)$ est l'unique polynôme Q vérifiant $Q\in\mathbb{R}_0[X]$ et $X-Q\in(\mathbb{R}_0[X])^\perp$, on pose $Q=a\in\mathbb{R}_0[X]$ alors $\langle X-a|1\rangle=0$ implique que $\frac{1}{4}-\frac{a}{3}=0$ et par suite $a=\frac{3}{4}$. Ainsi,

$$\inf_{a\in\mathbb{R}} \int_0^1 (t^2-at)^2dt = \|X-\frac{3}{4}\|^2 = \int_0^1 t^4-\frac{3}{2}t^3+\frac{9}{16}t^2dt = \frac{1}{80}.$$

Théorème 3.1.50 – Orthogonalisation de Gram-Schmidt Soient $(E,\langle|\rangle)$ un espace préhilbertien réel et $B=\{e_1,\ldots,e_n\}$ une famille libre de E. Soit $B'=\{\omega_1,\cdots,\omega_n\}$ la famille de vecteurs de E définie par $\omega_1=\frac{e_1}{\|e_1\|}$ et pour tout $2\leqslant k\leqslant n$, $\omega_k=\frac{v_k}{\|v_k\|}$, où

$$v_k = e_k - \sum_{i=1}^{k-1} \langle e_k|\omega_i\rangle\omega_i.$$

Alors, B' est l'unique famille orthonormale de E, vérifiant

i) Pour tout $1\leqslant k\leqslant n$, $Vect(e_1,\ldots,e_k)=Vect(\omega_1,\ldots,\omega_k)$.

2i) Pour tout $1\leqslant k\leqslant n$, $\langle e_k|\omega_k\rangle>0$.

Démonstration. L'idée est de raisonner par récurrence sur $1 \leqslant k \leqslant n$ pour montrer que la famille $B'_k = \{\omega, \dots, \omega_k\}$ est orthonormale. En effet,
– Pour $k = 1$ la famille $B'_1 = \{\omega_1\}$ est orthonormale.
– HR : Soit $1 \leqslant k \leqslant n-1$ et supposons que B'_k est orthonormale, alors pour tout $1 \leqslant i \leqslant k$, on a

$$\begin{aligned}\langle \omega_{k+1} | \omega_i \rangle &= \frac{1}{\|v_{k+1}\|} \langle e_{k+1} - \sum_{j=1}^{k} \langle e_{k+1} | \omega_j \rangle \omega_j | \omega_i \rangle \\ &= \frac{1}{\|v_{k+1}\|} \left(\langle e_{k+1} | \omega_i \rangle - \sum_{j=1}^{k} \langle e_{k+1} | \omega_j \rangle \langle \omega_j | \omega_i \rangle \right) \\ &= \frac{1}{\|v_{k+1}\|} \left(\langle e_{k+1} | \omega_i \rangle - \langle e_{k+1} | \omega_i \rangle \|\omega_i\|^2 \right) \\ &= 0\end{aligned}$$

Ainsi, la famille B' est une famille orthonormale.
Pour montrer que pour tout $1 \leqslant k \leqslant n$, on a $Vect(e_1, \dots, e_k) = Vect(\omega_1, \dots, \omega_k)$ on raisonne également par récurrence sur $1 \leqslant k \leqslant n$. En effet,
– Pour $k = 1$, $Vect(\omega_1) = Vect(\frac{e_1}{\|e_1\|}) = Vect(e_1)$.
– HR : Soit $1 \leqslant k \leqslant n-1$ et supposons que

$$Vect(e_1, \dots, e_k) = Vect(\omega_1, \dots, \omega_k).$$

Comme $\omega_{k+1} = \dfrac{1}{\|v_{k+1}\|} \left(e_{k+1} - \sum_{i=1}^{k} \langle e_{k+1} | \omega_i \rangle \omega_i \right)$, on en déduit que

$$Vect(\omega_1, \dots, \omega_{k+1}) \subset Vect(e_1, \dots, e_{k+1}).$$

Or, les familles $\{\omega_1, \dots, \omega_{k+1}\}$ et $\{e_1, \dots, e_{k+1}\}$ sont libres, par suite

$$dim Vect(\omega_1, \dots, \omega_{k+1}) = k+1 = dim Vect(e_1, \dots, e_{k+1})$$

et donc

$$Vect(\omega_1, \dots, \omega_{k+1}) = Vect(e_1, \dots, e_{k+1}).$$

Une fois de plus, on raisonne par récurrence sur $1 \leqslant k \leqslant n$ pour montrer que $\langle e_k | \omega_k \rangle > 0$. En effet,
– Pour $k = 1$, $\langle e_1 | \omega_1 \rangle = \dfrac{\langle e_1 | e_1 \rangle}{\|e_1\|} = \|e_1\| > 0$.
– HR : Soit $1 \leqslant k \leqslant n-1$ et supposons que $\langle e_i | \omega_i \rangle > 0$ pour tout $1 \leqslant i \leqslant k$.

On sait que $e_{k+1} \in Vect(e_1, \ldots, e_{k+1}) = Vect(\omega_1, \ldots, \omega_{k+1})$ et par suite il existe $\alpha_1, \ldots, \alpha_{k+1} \in \mathbb{K}$ tels que $e_{k+1} = \sum_{i=1}^{k+1} \alpha_i \omega_i$, comme la famille B' est orthonormale, on en déduit alors d'après le théorème de Pythagore que

$$\|e_{k+1}\|^2 = \|\sum_{i=1}^{k+1} \alpha_i \omega_i\|^2 = \sum_{i=1}^{k+1} \alpha_i^2 \|\omega_i\|^2 = \sum_{i=1}^{k+1} \alpha_i^2.$$

Par ailleurs, on a

$$\begin{aligned}
\langle e_{k+1}|\omega_{k+1}\rangle &= \frac{1}{\|v_{k+1}\|^2}\langle e_{k+1}|e_{k+1} - \sum_{i=1}^{k}\langle e_{k+1}|\omega_i\rangle \omega_i\rangle \\
&= \frac{1}{\|v_{k+1}\|^2}(\|e_{k+1}\|^2 - \sum_{i=1}^{k}\langle e_{k+1}|\omega_i\rangle^2) \\
&= \frac{1}{\|v_{k+1}\|^2}(\|e_{k+1}\|^2 - \sum_{i=1}^{k}\sum_{j=1}^{k+1}\alpha_j^2\langle \omega_j|\omega_i\rangle^2) \\
&= \frac{1}{\|v_{k+1}\|^2}(\|e_{k+1}\|^2 - \sum_{i=1}^{k}\alpha_i^2) = \frac{\alpha_{k+1}^2}{\|v_{k+1}\|^2} \geqslant 0
\end{aligned}$$

Supposons que $\langle e_{k+1}|\omega_{k+1}\rangle = 0$, alors $\alpha_{k+1} = 0$ et donc

$$e_{k+1} \in Vect(\omega_1, \ldots, \omega_k) = Vect(e_1, \ldots, e_k)$$

ce qui absurde car B est libre.
Pour montrer l'unicité,supposons l'existence de deux famille orthonormales $B = \{\omega_1, \ldots, \omega_n\}$ et $B = \{\omega_1', \ldots, \omega_n'\}$ vérifiant
– Pour tout $1 \leqslant k \leqslant n$, $Vect(e_1, \ldots, e_k) = Vect(\omega_1, \ldots, \omega_k) = Vect(\omega_1', \ldots, \omega_k')$.
– Pour tout $1 \leqslant k \leqslant n$, $\langle e_k|\omega_k\rangle > 0$ et $\langle e_k|\omega_k'\rangle > 0$.
On raisonne par récurrence sur $1 \leqslant k \leqslant n$. En effet,

— Pour $k = 1$, on a $Vect(\omega_1) = Vect(\omega_1')$ et $\|\omega_1\| = 1 = \|\omega_1'\|$, par conséquent $\omega_1 = \pm\omega_1'$, comme $\langle e_1|\omega_1\rangle > 0$ et $\langle e_1|\omega_1'\rangle > 0$, alors $\omega_1 = \omega_1'$.
— Soit $1 \leqslant k \leqslant n-1$ et supposons que pour tout $1 \leqslant i \leqslant k$, on a $\omega_i = \omega_i'$. Alors, $\omega_{k+1} \in \{\omega_1, \ldots, \omega_k\}^\perp = \{\omega_1', \ldots, \omega_k'\}^\perp$ et par suite comme $\omega_{k+1} \in Vect(\omega_1, \ldots, \omega_{k+1}) = Vect(\omega_1', \ldots, \omega_{k+1}')$, on en déduit que ω_{k+1} et ω_{k+1}' sont colinéaires, comme $\|\omega_{k+1}\| = 1 = \|\omega_{k+1}'\|$, alors $\omega_{k+1} = \pm\omega_{k+1}'$ et par suite comme $\langle e_{k+1}|\omega_{k+1}\rangle > 0$ et $\langle e_{k+1}|\omega_{k+1}'\rangle > 0$, on obtient que $\omega_{k+1} = \omega_{k+1}'$.

■

■ Exemple 3.1.51

On munit $\mathbb{R}_1[X]$ du produit scalaire

$$\langle P|Q\rangle = P(0)Q(0) + P(1)Q(1).$$

Soit $B = \{1, X\}$ la base canonique de $\mathbb{R}_1[X]$. on pose $e_1 = 1$ et $e_2 = X$, en appliquant le procédé d'orthonormalisation de Gram-Schmidt, on a

$\|e_1\|^2 = \langle e_1|e_1\rangle = 2$ et donc $\omega_1 = \dfrac{e_1}{\|e_1\|} = \dfrac{1}{\sqrt{2}}$. On a $v_2 = e_2 - \langle e_2|\omega_1\rangle\omega_1$, or $\langle e_2|\omega_1\rangle = \langle X|\dfrac{1}{\sqrt{2}}\rangle = \dfrac{1}{\sqrt{2}}\langle X|1\rangle = \dfrac{1}{\sqrt{2}}$ et par suite $v_2 = X - \dfrac{1}{2}$.

On a $\|v_2\|^2 = \langle v_2|v_2\rangle = \langle X - \frac{1}{2}|X - \frac{1}{2}\rangle = \frac{1}{2}$ et donc $\omega_2 = \dfrac{v_2}{\|v_2\|} = \sqrt{2}X - \dfrac{1}{\sqrt{2}}$.

Ainsi, $B' = \left\{\dfrac{1}{\sqrt{2}}, \sqrt{2}X - \dfrac{1}{\sqrt{2}}\right\}$ est une base orthonormale de $\mathbb{R}_1[X]$.

■ Exemple 3.1.52

Soit φ l'application définie sur $\mathbb{R}[X] \times \mathbb{R}[X]$ par $\varphi(P,Q) = \displaystyle\int_0^{+\infty} P(t)Q(t)e^{-t}dt$. Pour tous $P,Q \in \mathbb{R}[X]$ l'application $f(t) = |P(t)Q(t)e^{-t}|$ est continue sur $\mathbb{R}$ et $f(t) \underset{+\infty}{=} o(\frac{1}{t^2})$, par conséquent f est intégrable sur $[0,+\infty[$ et l'intégrale $\displaystyle\int_0^{+\infty} P(t)Q(t)e^{-t}dt$ est donc convergente. Ainsi, φ est bien définie, on peut également montrer facilement que φ est un produit scalaire sur $\mathbb{R}[X]$. Soit $B = \{1, X, X^2\}$ la base canonique de $\mathbb{R}_2[X]$. Alors, en appliquant le procédé d'orthonormalisation de Gram-Schmidt, on en déduit que

$B' = \left\{1, X - 1, \dfrac{1}{2}X^2 - 2X + 1\right\}$ est une base orthonormale de $\mathbb{R}_2[X]$.

3.2 Espaces euclidiens

Définition 3.2.1 – Espace euclidien On appelle espace euclidien tout espace préhilbertien réel de dimension finie.

Définition 3.2.2 – Base orthogonale/orthonormale Soit $(E, \langle\ |\ \rangle)$ un espace euclidien tel que $dimE = n \in \mathbb{N}^*$ et B une famille de vecteurs de E.

i) On dit que B est une base orthogonale de E si B est à la fois une famille orthogonale et une base de E.

2i) On dit que B est une base orthonormale de E si B est à la fois une famille orthonormale et une base de E.

Remarque 3.2.3 — Méthode. Soit $(E, \langle\ |\ \rangle)$ un espace euclidien tel que $dim E = n \in \mathbb{N}^*$ et $B = \{e_1, \ldots, e_n\}$ une famille de vecteurs de E, étant donné que toute famille orthonormale de E est libre, pour montrer que B est une base orthonormale de E, il suffit de montrer que B est une famille orthonormale.

■ Exemple 3.2.4

Soit $a_1, \ldots, a_{n+1} \in \mathbb{R}$ des réels deux à deux distincts. On munit $\mathbb{R}_n[X]$ du produit scalaire défini par

$$\langle P|Q\rangle = \sum_{k=1}^{n+1} P(a_k)Q(a_k).$$

Soit $L_1, \ldots, L_{n+1}$ les polynômes d'interpolation de Lagrange définis par

$$\forall 1 \leqslant i \leqslant n+1,\ L_i(X) = \frac{\prod\limits_{\substack{j=1 \\ j\neq i}}^{n+1}(X - a_j)}{\prod\limits_{\substack{j=1 \\ j\neq i}}^{n+1}(a_i - a_j)}.$$

Alors, $B = \{L_1, \ldots, L_{n+1}\}$ est une base orthonormale de $\mathbb{R}_n[X]$.

Théorème 3.2.5 – Existence d'une base orthonormale Soit $(E, \langle\ |\ \rangle)$ un espace euclidien tel que $dim E = n \in \mathbb{N}^*$. Alors, E admet une base orthonormale.

Démonstration. Cela découle du fait que tout espace vectoriel de dimension finie tel que $dim E = n \in \mathbb{N}^*$ admet une base et du Théorème 3.1.50 (Gram-Schmidt). ■

Théorème 3.2.6 – Base orthonormale incomplète Soient $(E, \langle|\rangle)$ un espace euclidien tel que $dim E = n \in \mathbb{N}^*$ et $B = \{e_1,\ \ldots,\ e_p\}$ une famille orthonormale de E. Alors, il existe $e_{p+1}, \ldots, e_n \in E$ tels que $B = \{e_1,\ \ldots,\ e_p, e_{p+1}, \ldots, e_n\}$ est une base orthonormale de E. Autrement dit toute famille orthonormale peut être complétée en une base orthonormale.

Démonstration. Cela découle du théorème de la base incomplète et du fait que l'orthonormalisation de Gram-Schmidt d'une famille orthonormale produit la même famille. ■

Théorème 3.2.7 – Expressions dans une base orthonormale
Soit $(E, \langle | \rangle)$ un espace euclidien tel que $dim E = n \in \mathbb{N}^*$ et $\| \, . \, \|$ la norme euclidienne et soit $B = \{e_1, \ldots, e_n\}$ une base orthonormale de E. Alors, pour tous $x, y \in E$, on a

i) $x = \sum_{k=1}^{n} \langle x|e_k \rangle e_k$.

2i) $\langle x|y \rangle = \sum_{k=1}^{n} \langle x|e_k \rangle \langle y|e_k \rangle$.

3i) $\|x\|^2 = \sum_{k=1}^{n} \langle x|e_k \rangle^2$.

Démonstration. $i)$ Soit $x \in E$, on sait alors qu'il existe $\alpha_1, \ldots, \alpha_n \in \mathbb{R}$ tels que $x = \sum_{i=1}^{n} \alpha_i e_i$ par conséquent pour tout $1 \leqslant j \leqslant n$, on a

$$\langle x|e_j \rangle = \langle \sum_{i=1}^{n} \alpha_i e_i | e_j \rangle = \sum_{i=1}^{n} \alpha_i \langle e_i|e_j \rangle = \alpha_j,$$

et par suite

$$x = \sum_{i=1}^{n} \langle x|e_i \rangle e_i.$$

$2i)$ D'après $i)$, on en déduit que pour tous $x, y \in E$ on a

$$\langle x|y \rangle = \langle \sum_{i=1}^{n} \langle x|e_i \rangle e_i | \sum_{j=1}^{n} \langle y|e_j \rangle e_j \rangle = \sum_{i=1}^{n} \sum_{j=1}^{n} \langle x|e_i \rangle \langle y|e_j \rangle \langle e_i|e_j \rangle = \sum_{i=1}^{n} \langle x|e_i \rangle \langle y|e_i \rangle.$$

$3i)$ Pour tout $x \in E$, on a $\|x\|^2 = \langle x|x \rangle = \sum_{i=1}^{n} \langle x|e_i \rangle^2$. ∎

Proposition 3.2.8 – Existence d'un supplémentaire orthogonale d'un sev de dimension finie. Soient $(E, \langle | \rangle)$ un espace préhilbertien réel et F un sous-espace vectoriel de E. Si F est de dimension finie alors

$$E = F \oplus^{\perp} F^{\perp}.$$

Démonstration. Si $F = \{0\}$ le résultat est évident, supposons que $F \neq \{0\}$, alors d'après le Théorème 3.1.50, F admet une base orthonormale $B = \{e_1, \dots, e_p\}$. Soit $x \in E$, alors $x = \sum_{i=1}^{p} \langle x|e_i\rangle e_i + (x - \sum_{i=1}^{p} \langle x|e_i\rangle e_i)$ et pour tout $1 \leqslant j \leqslant p$, on a

$$\langle x - \sum_{i=1}^{p} \langle x|e_i\rangle e_i | e_j\rangle = \langle x|e_j\rangle - \sum_{i=1}^{p} \langle x|e_i\rangle \langle e_i|e_j\rangle = 0$$

et par suite $E = F + F^{\perp}$, or $F \cap F^{\perp} = \{0\}$ par conséquent $E = F \oplus^{\perp} F^{\perp}$. ■

Théorème 3.2.9 – Expression d'une projection et d'une symétrie orthogonales Soient $(E, \langle\ |\ \rangle)$ un espace préhilbertien réel, F un sous-espace vectoriel de E de dimension $p \in \mathbb{N}^*$, P_F la projection orthogonale sur F et S_F la symétrie orthogonale sur F. Si $B = \{e_1, \dots, e_p\}$ est une base orthonormale de F, alors pour tout $x \in E$, on a

i) $P_F(x) = \sum_{k=1}^{p} \langle x|e_k\rangle e_k$.

2i) $S_F(x) = 2\sum_{k=1}^{p} \langle x|e_k\rangle e_k - x$.

Démonstration. *i*) D'après le Théorème 3.2.7, pour tout $x \in E$, on a

$$\begin{aligned} \sum_{k=1}^{p} \langle x|e_k\rangle e_k &= \sum_{k=1}^{p} \langle P_F(x)|e_k\rangle e_k + \sum_{k=1}^{p} \langle x - P_F(x)|e_k\rangle e_k \\ &= P_F(x) \end{aligned}$$

2*i*) Il suffit de remarquer que $S_F = 2P_F - \mathrm{Id}_E$. ■

Corollaire 3.2.10 – Inégalité de Bessel Soient $(E, \langle\ |\ \rangle)$ un espace préhilbertien réel et $B = \{e_1, \dots, e_p\}$ une famille orthonormale de E. Alors, pour tout $x \in E$, on a

$$\sum_{k=1}^{p} \langle x|e_k\rangle^2 \leqslant \|x\|^2.$$

Démonstration. Soit $F = Vect(B)$ alors F est de dimension finie, comme F est de dimension finie, on en déduit d'après la Proposition 3.2.8 que $E = F \oplus^{\perp} F^{\perp}$. Soit P_F la projection orthogonale sur F, par conséquent en utilisant le théorème de Pythagore et la Proposition 3.2.9, on en déduit que pour tout $x \in E$,

$$\begin{aligned} \|x\|^2 &= \|P_F(x) + (x - P_F(x))\|^2 = \|P_F(x)\|^2 + \|x - P_F(x)\|^2 \\ &= \sum_{i=1}^{p} \langle x|e_i\rangle^2 + \|x - P_F(x)\|^2 \geqslant \sum_{i=1}^{p} \langle x|e_i\rangle^2. \end{aligned}$$

■

Théorème 3.2.11 – Représentation de Riesz Soit $(E, \langle\ |\ \rangle)$ un espace euclidien tel que $dim E = n \in \mathbb{N}^*$ et $\varphi : E \longrightarrow \mathbb{R}$ une forme linéaire. Alors, il existe un vecteur $a \in E$ unique, tel que

$$\forall x \in E,\ \varphi(x) = \langle a|x\rangle.$$

Démonstration. Pour tout $a \in E$, soit ψ_a l'application définie sur E par

$$\psi_a(x) = \langle a|x\rangle.$$

Il est alors clair que pour tout $a \in E$, ψ_a est une forme linéaire sur E. On note E^* le dual de E c'est à dire l'espace vectoriel des formes linéaires sur E et soit $\Psi : E \longrightarrow E^*$ l'application définie par $\Psi(a) = \psi_a$, il est alors facile d'établir que Ψ est linéaire. Soit $a \in Ker(\Psi)$, alors ψ_a est la forme linéaire nulle et par suite

$$\forall x \in E,\ \langle a|x\rangle = 0,$$

ce qui entraîne que $a = 0$ et donc $Ker(\Psi) = \{0\}$, en particulier Ψ est injective. Comme $dim E^* = dim \mathscr{L}(E, \mathbb{R}) = dim E \times dim \mathbb{R} = dim E$, on en déduit d'après le théorème du rang que Ψ est un isomorphisme, autrement dit, pour toute forme linéaire $\psi \in E^*$, il existe un unique vecteur $a \in E$, tel que $\psi = \psi_a$, ainsi

$$\forall x \in E,\ \psi(x) = \langle a|x\rangle.$$

■

3.3 Suites totales

Définition 3.3.1 – Suite totale Soient $(E, \langle \mid \rangle)$ un espace préhilbertien de dimension infinie et $B = (e_n)_{n\in\mathbb{N}}$ une suite de vecteurs de E. On dit que la suite B est totale si $E = \overline{Vect(B)}$ où $\overline{Vect(B)}$ désigne l'adhérence de $Vect(B)$.

■ **Exemple 3.3.2**

Soit $a, b \in \mathbb{R}$ tels que $a < b$. On munit $\mathscr{C}([a,b],\mathbb{R})$ du produit scalaire $\langle f|g\rangle = \int_a^b f(t)g(t)dt$ et de la norme euclidienne associée $\| \,.\, \|$. Pour tout $n \in \mathbb{N}$ soit p_n la fonction polynomiale définie sur $[a,b]$ par $p_n(t) = t^n$. Alors, la suite $(p_n)_{n\in\mathbb{N}}$ est totale. En effet d'après le théorème de Weierstrass $Vect(B)$ est une partie dense de $\mathscr{C}([a,b],\mathbb{R})$ pour la norme uniforme, autrement dit pour tout $f \in \mathscr{C}([a,b],\mathbb{R})$ il existe une suite $(f_n)_{n\in\mathbb{N}}$ de $Vect(B)$ telle que $\|f_n - f\|_\infty \underset{n\to+\infty}{\longrightarrow} 0$. Or pour tout $h \in \mathscr{C}([a,b],\mathbb{R})$, on a

$$\|h\| = \left(\int_a^b h(t)^2 dt\right)^{\frac{1}{2}} \leqslant (b-a)^{\frac{1}{2}} \|h\|_\infty.$$

Ainsi

$$\|f_n - f\| \leqslant (b-a)^{\frac{1}{2}} \|f_n - f\|_\infty \underset{n\to+\infty}{\longrightarrow} 0.$$

Proposition 3.3.3 Soient $(E, \langle \mid \rangle)$ un espace préhilbertien réel de dimension infinie, $\| \,.\, \|$ sa norme euclidienne et $B = (e_n)_{n\in\mathbb{N}}$ une suite totale de vecteurs de E. Pour tout $n \in \mathbb{N}$, on note $F_n = Vect(e_0, \ldots, e_n)$ et P_{F_n} la projection orthogonale sur F_n. Alors,

$$\forall x \in E, \quad \lim_{n\longrightarrow+\infty} \|x - P_{F_n}(x)\| = 0.$$

Démonstration. Soient $x \in E$ et $\varepsilon > 0$, comme $\overline{Vect(B)} = E$ alors il existe $y \in Vect(B)$ tel que $\|x - y\| < \varepsilon$, comme $Vect(B) = \bigcup_{n\in\mathbb{N}} F_n$ et comme la suite $(F_n)_{n\in\mathbb{N}}$ est croissante au sens de l'inclusion, on en déduit qu'il existe $n_0 \in \mathbb{N}$ tel que pour tout $n \geqslant n_0$, $y \in F_n$. Ainsi, pour tout $n \geqslant n_0$, on a

$$\|x - P_{F_n}(x)\| = d(x, F_n) = \inf_{z\in F_n} \|x - z\| \leqslant \|x - y\| < \varepsilon.$$

■

Corollaire 3.3.4 Soient $(E, \langle | \rangle)$ un espace préhilbertien réel de dimension infinie et $B = (e_n)_{n\in\mathbb{N}}$ une suite orthonormale totale de vecteurs de E. Alors,

$$\forall x \in E,\ x = \sum_{n=0}^{+\infty} \langle x|e_n\rangle e_n.$$

Démonstration. D'après la Proposition 3.3.3, on en déduit que

$$\lim_{m\to+\infty} \sum_{n=0}^{m} \langle x|e_n\rangle e_n = \lim_{m\to+\infty} P_{F_m}(x) = x.$$

■

3.4 Automorphismes orthogonaux

Théorème 3.4.1 – Matrices orthogonales Soit $A \in \mathscr{M}_n(\mathbb{R})$. Alors, les assertions suivantes sont équivalentes

i) ${}^tAA = I_n$.

2i) $A \in GL_n(\mathbb{R})$ et $A^{-1} = {}^tA$.

3i) Les vecteurs colonnes de A forment une base orthonormale de $\mathscr{M}_{n,1}(\mathbb{R})$ pour le produit scalaire canonique.

Si ces conditions sont réalisées, on dit que A est une matrice orthogonale. L'ensemble des matrices orthogonales est noté $\mathscr{O}(n)$.

Démonstration. — $i) \Longleftrightarrow 2i)$ Évident.

— $i \Longleftrightarrow 3i)$ Soit $A = (a_{ij})_{1\leqslant i,j\leqslant n} \in \mathscr{M}_n(\mathbb{R})$, on pose ${}^tAA = (c_{ij})_{1\leqslant i,j\leqslant n}$, alors pour tout $1 \leqslant i, j \leqslant n$, on a $c_{ij} = \sum_{k=1}^{n} a_{ki}a_{kj}$, comme ${}^tAA = I_n$, on en déduit que pour tout $1 \leqslant i, j \leqslant n$, $\sum_{k=1}^{n} a_{ki}a_{kj} = \delta_{ij}$ ce qui est équivalent au fait que les vecteurs colonnes de A forment une base orthonormale de $\mathscr{M}_{n,1}(\mathbb{R})$.

■

■ **Exemple 3.4.2**

1) Pour tout $\theta \in \mathbb{R}$, la matrice $R_\theta = \begin{pmatrix} \cos\theta & -\sin\theta \\ \sin\theta & \cos\theta \end{pmatrix}$ est une matrice orthogonale de de $\mathcal{M}_2(\mathbb{R})$.

2) Pour tout $\theta \in \mathbb{R}$, les matrices $Q_\theta = \begin{pmatrix} \cos\theta & -\sin\theta & 0 \\ \sin\theta & \cos\theta & 0 \\ 0 & 0 & 1 \end{pmatrix}$

et $S_\theta = \begin{pmatrix} \cos\theta & -\sin\theta & 0 \\ \sin\theta & \cos\theta & 0 \\ 0 & 0 & -1 \end{pmatrix}$ sont des matrices orthogonales de $\mathcal{M}_3(\mathbb{R})$.

Proposition 3.4.3 – Groupe orthogonal. Pour tout $n \in \mathbb{N}^*$, $(\mathcal{O}(n), \times)$ est un groupe, appelé groupe orthogonal.

Démonstration. On sait que $\mathcal{O}(n) \subset GL_n(\mathbb{R})$, par ailleurs $I_n \in \mathcal{O}(n)$ en particulier $\mathcal{O}(n) \neq \varnothing$. Soit $A, B \in \mathcal{O}(n)$, alors $A^{-1} = {}^tA$ et $B^{-1} = {}^tB$ et par suite

$$(AB^{-1})^{-1} = BA^{-1} = B^tA = {}^t(A^tB) = {}^t(AB^{-1})$$

et par suite $AB^{-1} \in \mathcal{O}(n)$. Ainsi, $\mathcal{O}(n)$ est un sous-groupe de $GL_n(\mathbb{R})$ et donc un groupe. ■

Proposition 3.4.4 – Déterminant d'une matrice orthogonale. Pour tout $A \in \mathcal{O}(n)$, on a

$$\det(A) = \pm 1.$$

Démonstration. Pour tout $A \in \mathcal{O}(n)$, on a $A^tA = I_n$ et par suite $(\det(A))^2 = 1$. ■

Remarque 3.4.5 La réciproque de la proposition précédente est fausse, en effet soit $A = I_n + E_{1,n}$, alors $\det(A) = 1$, cependant ${}^tA = I_n + E_{n,1}$ et par suite

$$\begin{aligned} {}^tAA &= (I_n + E_{n,1})(I_n + E_{1,n}) \\ &= I_n + E_{n,1} + E_{1,n} + E_{n,1}E_{1,n} \\ &= I_n + E_{n,1} + E_{1,n} + E_{n,n} \neq I_n \end{aligned}$$

ce qui implique que $A \notin \mathcal{O}(n)$.

Proposition 3.4.6 – Groupe spécial orthogonal. Soit

$$SO(n) = \{A \in \mathcal{O}(n) \mid \det(A) = 1\}.$$

Alors, $(SO(n), \times)$ est un groupe appelé groupe spécial orthogonal.

Démonstration. L'application $\Delta : \mathcal{O}(n) \longrightarrow \{\pm 1\}$, $A \longmapsto \det(A)$ est un morphisme de groupes et par suite $SO(n) = Ker(\Delta)$ est un sous-groupe de $\mathcal{O}(n)$. ∎

Définition 3.4.7 – Endomorphisme orthogonal Soient $(E, \langle \mid \rangle)$ un espace préhilbertien réel et $\| \, . \, \|$ sa norme euclidienne. Soit $u \in \mathcal{L}(E)$, on dit que u est un endomorphisme orthogonal (ou une isométrie vectorielle) de E, si

$$\forall x \in E, \ \|u(x)\| = \|x\| \quad \text{(Conservation de la norme).}$$

L'ensemble des endomorphismes orthogonaux de E est noté $\mathcal{O}(E)$.

Remarque 3.4.8 1) Si E est un espace préhilbertien réel, alors $\pm \mathrm{Id}_E \in \mathcal{O}(E)$.
2) Si E est un espace préhilbertien réel, alors tout endomorphisme $u \in \mathcal{O}(E)$ est injectif, en particulier si E est un espace euclidien, alors tout endomorphisme orthogonal $u \in \mathcal{O}(E)$ est un automorphisme.

Théorème 3.4.9 – caractérisation d'un endomorphisme orthogonal dans un espace préhilbertien Soit E un espace préhilbertien réel et $u \in \mathcal{L}(E)$, alors les assertions suivantes sont équivalentes

i) $u \in \mathcal{O}(E)$.

2i) $\forall x, y \in E$, $\langle u(x) | u(y) \rangle = \langle x | y \rangle$. (Conservation du produit scalaire).

Démonstration. $i) \Longrightarrow 2i)$ Si u est orthogonal alors pour tout $x \in E$, on a $\|u(x)\| = \|x\|$ et par suite en utilisant l'identité de polarisation, on a

$$\begin{aligned}\langle u(x) | u(y) \rangle &= \frac{1}{2}\left(\|u(x+y)\|^2 - \|u(x)\|^2 - \|u(y)\|^2\right) \\ &= \frac{1}{2}\left(\|x+y\|^2 - \|x\|^2 - \|y\|^2\right) = \langle x | y \rangle.\end{aligned}$$

$2i) \Longrightarrow i)$ Si u conserve le produit scalaire, alors pour tout $x \in E$, on a

$$\|u(x)\|^2 = \langle u(x) | u(x) \rangle = \langle x | x \rangle = \|x\|^2.$$

∎

Théorème 3.4.10 – Homothétie, projection et Symétrie Soit $(E, \langle \mid \rangle)$ un espace préhilbertien réel et soient $p, s, h_\lambda \in \mathscr{L}(E)$ respectivement un projecteur de E, une symétrie de E et l'homothétie de rapport λ. Alors,

i) $p \in \mathscr{O}(E)$ si et seulement si $p = \mathrm{Id}_E$.

2i) $s \in \mathscr{O}(E)$ si et seulement si s est une symétrie orthogonale.

3i) $h_\lambda \in \mathscr{O}(E)$ si et seulement si $\lambda = \pm 1$.

Démonstration. *i*) Si $p \in \mathscr{O}(E)$ alors $Ker(p) = G = \{0\}$ et par suite $p = \mathrm{Id}_E$. Réciproquement, $\mathrm{Id}_E \in \mathscr{O}(E)$.
2*i*) Si $s \in \mathscr{O}(E)$. Soient $x \in E$ et $x_1 \in Ker(s - \mathrm{Id}_E)$, $x_2 \in Ker(s + \mathrm{Id}_E)$, tels que $x = x_1 + x_2$. Alors,

$$\|x\|^2 = \|x_1\|^2 + \|x_2\|^2 + 2\langle x_1 | x_2 \rangle$$

et

$$\|s(x)\|^2 = \|x_1 - x_2\|^2 = \|x_1\|^2 + \|x_2\|^2 - 2\langle x_1 | x_2 \rangle$$

et par suite $\|s(x)\|^2 = \|x\|^2$ si et seulement si $\langle x_1 | x_2 \rangle = 0$ si et seulement si $Ker(s - \mathrm{Id}_E) \perp Ker(s + \mathrm{Id}_E)$.
3*i*) Évident. ∎

Théorème 3.4.11 – Caractérisation d'un automorphisme orthogonal dans un espace euclidien Soient $(E, \langle \mid \rangle)$ un espace euclidien et $u \in \mathscr{L}(E)$. Alors, les assertions suivantes sont équivalentes

i) $u \in \mathscr{O}(E)$.

2i) u transforme toute base orthonormale de E en une base orthonormale de E.

3i) u transforme une base orthonormale de E en une base orthonormale de E.

Démonstration. — *i*) $\Longrightarrow$ 2*i*) Supposons que $u \in \mathscr{O}(E)$ et soit $B = \{e_1, \dots, e_n\}$ une base orthonormale de E, alors pour tout $1 \leqslant i, j \leqslant n$, on a

$$\langle u(e_i) | u(e_j) \rangle = \langle e_i | e_j \rangle = \delta_{ij}$$

et par suite $u(B)$ est une base orthonormale de E.

— (2*i*) $\Longrightarrow$ 3*i*)) Évident.

— $(3i) \Longrightarrow i)$) Soit $B = \{e_1, \ldots, e_n\}$ une base orthonormale de E telle que $u(B) = \{u(e_1), \ldots, u(e_n)\}$ soit également une base orthonormale de E. Alors, pour tous $x = \sum_{i=1}^{n} x_i e_i, y = \sum_{i=1}^{n} y_i e_i \in E$, on a

$$\begin{aligned}
\langle u(x)|u(y)\rangle &= \langle \sum_{i=1}^{n} x_i u(e_i) | \sum_{j=1}^{n} y_j u(e_j)\rangle \\
&= \sum_{i=1}^{n}\sum_{j=1}^{n} x_i y_j \langle u(e_i)|u(e_j)\rangle \\
&= \sum_{i=1}^{n} x_i y_i
\end{aligned}$$

et

$$\langle x|y\rangle = \langle \sum_{i=1}^{n} x_i e_i | \sum_{j=1}^{n} y_j e_j\rangle = \sum_{i=1}^{n}\sum_{j=1}^{n} x_i y_j \langle e_i|e_j\rangle = \sum_{i=1}^{n} x_i y_i.$$

Ainsi, pour tous $x, y \in E$, $\langle u(x)|u(y)\rangle = \langle x|y\rangle$ et par suite $u \in \mathcal{O}(E)$.

■

Théorème 3.4.12 - Matrice d'un automorphisme orthogonal dans une base orthonormale Soient $(E, \langle\ |\ \rangle)$ un espace euclidien tel que $dim E = n \in \mathbb{N}^*$, $u \in \mathcal{L}(E)$ et B une base orthonormale de E. Alors, les assertions suivantes sont équivalentes

i) $u \in \mathcal{O}(E)$.

2i) $\mathcal{M}(u, B) \in \mathcal{O}(n)$.

Démonstration. Soit $B = \{e_1, \ldots, e_n\}$ une base orthonormale de E, on pose $\mathcal{M}(u, B) = (m_{ij})_{1 \leqslant i,j \leqslant n}$, alors

$$\forall 1 \leqslant i, j \leqslant n,\ m_{ij} = \langle u(e_j)|e_i\rangle.$$

Soit ${}^t\mathcal{M}(u,B)\mathcal{M}(u,B) = (a_{ij})_{1 \leqslant i,j \leqslant n}$, alors d'après la Proposition 3.2.7, on en déduit que pour tous $1 \leqslant i, j \leqslant n$, on a

$$a_{ij} = \sum_{k=1}^{n} m_{ki} m_{kj} = \sum_{k=1}^{n} \langle u(e_i)|e_k\rangle\langle u(e_j)|e_k\rangle = \langle u(e_i)|u(e_j)\rangle.$$

Par suite, au vu du Théorème 3.4.9, on en déduit que

$$\begin{aligned} u \in \mathscr{O}(E) &\iff \forall x, y \in E,\ \langle u(x)|u(y)\rangle = \langle x|y\rangle \\ &\iff \forall 1 \leqslant i, j \leqslant n,\ \langle u(e_i)|u(e_j)\rangle = \langle e_i|e_j\rangle \\ &\iff \forall 1 \leqslant i, j \leqslant n,\ \langle u(e_i)|u(e_j)\rangle = \delta_{ij} \iff \forall 1 \leqslant i, j \leqslant n,\ a_{ij} = \delta_{ij} \\ &\iff {}^t\mathscr{M}(u,B)\mathscr{M}(u,B) = I_n \iff \mathscr{M}(u,B) \in \mathscr{O}(n) \end{aligned}$$

■

Corollaire 3.4.13 Soient $(E, \langle\,|\,\rangle)$ un espace euclidien tel que $dim E = n \in \mathbb{N}^*$ et $u \in \mathscr{L}(E)$. Si $u \in \mathscr{O}(E)$, alors $\det(u) = \pm 1$.

Démonstration. Soit B une base orthonormale de E, alors d'après la Proposition 3.4.4 et le Théorème 3.4.12, on en déduit que

$$\det(u) = \det(\mathscr{M}(u,B)) = \pm 1.$$

■

Proposition 3.4.14 – Groupe orthogonal. Soit $(E, \langle\,|\,\rangle)$ un espace euclidien alors $(\mathscr{O}(E), \circ)$ est un groupe appelé groupe orthogonal de E.

Démonstration. On a $\mathscr{O}(E) \subset GL(E)$ et $\mathrm{Id}_E \in \mathscr{O}(E)$ en particulier $\mathscr{O}(E) \neq \varnothing$. Soient $u, v \in \mathscr{O}(E)$, alors pour tout $x \in E$, on a

$$\|u \circ v^{-1}(x)\| = \|v^{-1}(x)\| = \|v \circ v^{-1}(x)\| = \|x\|$$

ce qui implique que $u \circ v^{-1} \in \mathscr{O}(E)$ et donc $\mathscr{O}(E)$ est un sous-groupe de $GL(E)$. ■

Proposition 3.4.15 – Groupe spécial orthogonal. Soient $(E, \langle\,|\,\rangle)$ un espace euclidien et

$$SO(E) = \{u \in \mathscr{O}(E) \mid \det(u) = 1\}.$$

Alors, $(SO(E), \circ)$ est un sous-groupe de $(\mathscr{O}(E), \circ)$ appelé groupe spécial orthogonal de E.

Démonstration. Il est clair que $SO(E) \subset \mathcal{O}(E)$ et que $SO(E) \neq \varnothing$ puisque $\mathrm{Id}_E \in SO(E)$. Par ailleurs, soient $u, v \in SO(E)$, alors $u \circ v^{-1} \in \mathcal{O}(E)$ et

$$\det(u \circ v^{-1}) = \frac{\det(u)}{\det(v)} = 1$$

et par conséquent $u \circ v^{-1} \in SO(E)$. ■

Proposition 3.4.16 – Spectre d'un automorphisme orthogonal. Soient $(E, \langle \mid \rangle)$ un espace euclidien tel que $dim E = n \in \mathbb{N}^*$ et $u \in \mathcal{L}(E)$.
Si $u \in \mathcal{O}(E)$, alors $Sp(u) \subset \{-1, 1\}$.

Démonstration. Soit $\lambda \in Sp(u)$, alors il existe $x \in E, x \neq 0$ tel que $u(x) = \lambda x$ et par suite on a

$$\|x\| = \|u(x)\| = \|\lambda . x\| = |\lambda| \|x\|,$$

ainsi $|\lambda| = 1$. ■

Théorème 3.4.17 – Stabilité de l'orthogonal d'un sous-espace stable par un automorphisme orthogonal Soient $(E, \langle \mid \rangle)$ un espace euclidien tel que $dim E = n \in \mathbb{N}^*$, $u \in \mathcal{O}(E)$ et F un sous-espace vectoriel de E. Alors, F est stable par u si et seulement si $F^{\perp}$ est stable par u. Dans ce cas, u induit sur F et $F^{\perp}$ des automorphismes orthogonaux.

Démonstration. Supposons que F soit stable par u c'est à dire $u(F) \subset F$, comme u est un automorphisme de E on en déduit que $u(F) = F$. Soit $x \in F^{\perp}$ alors pour tout $y \in F$ il existe $z \in F$ tel que $y = u(z)$ et par suite

$$\langle u(x) | y \rangle = \langle u(x) | u(z) \rangle = \langle x | z \rangle = 0.$$

Enfin les endomorphismes induits par u conservent la norme, ils sont donc orthogonaux. ■

Définition 3.4.18 – Reflexion/Retournement Soient $(E, \langle \mid \rangle)$ un espace euclidien de dimension $n \in \mathbb{N}^*$, F un sous-espace vectoriel de E et $S_F \in \mathcal{L}(E)$ la symétrie orthogonale par rapport à F.

i) On dit que S_F est une réflexion si F est un hyperplan de E.

2i) On dit que S_F est un retournement, si $n \geqslant 2$ et $dim F = n - 2$. Si $n = 3$ un retournement est également appelé un demi-tour.

Définition 3.4.19 – Rotation Soient $(E, \langle | \rangle)$ un espace euclidien de dimension 2 et $u \in \mathscr{L}(E)$. On dit que u est une rotation s'il existe $\theta \in [0, 2\pi[$ et une base orthonormale B de E tels que

$$\mathscr{M}(u,B) = \begin{pmatrix} \cos(\theta) & -\sin(\theta) \\ \sin(\theta) & \cos(\theta) \end{pmatrix}.$$

Théorème 3.4.20 – Classification des automorphismes orthogonaux en dimension 1 et 2 Soient $(E, \langle | \rangle)$ un espace euclidien et $u \in \mathscr{O}(E)$. Alors,

i) Si $dim E = 1$, alors $u = \pm \mathrm{Id}_E$, autrement dit $\mathscr{O}(E) = \{\pm \mathrm{Id}_E\}$.

2i) Si $dim E = 2$, alors u est soit une rotation soit une réflexion.

Démonstration. *i*) Évident.

2*i*) Soit B une base orthonormale de E et $A = \mathscr{M}(u,B) = \begin{pmatrix} a & b \\ c & d \end{pmatrix}$. D'après la Proposition 3.4.12, on sait que $A \in \mathscr{O}(2)$ et par suite d'après le Théorème 3.4.1, on en déduit que $\begin{cases} a^2 + c^2 = 1 \\ b^2 + d^2 = 1 \\ ab + cd = 0 \end{cases}$.

Ainsi il existe $\theta_1, \theta_2 \in \mathbb{R}$ telles que $a = \cos(\theta_1)$, $c = \sin(\theta_1)$, $b = \cos(\theta_2)$ et $d = \sin(\theta_2)$, il s'en suit alors que $\cos(\theta_1)\cos(\theta_2) + \sin(\theta_1)\sin(\theta_2) = 0$ et par suite $\cos(\theta_2 - \theta_1) = 0$.

— Si $\det(A) = 1$, alors $\cos(\theta_1)\sin(\theta_2) - \cos(\theta_2)\sin(\theta_1) = 1$ et par suite $\sin(\theta_2 - \theta_1) = 1$, cela entraîne que $\theta_2 = \theta_1 + \dfrac{\pi}{2} + 2k\pi$, $k \in \mathbb{Z}$ et donc $A = R(\theta_1)$.

— Si $\det(A) = -1$, alors en adoptant le même raisonnement on obtient qu'il existe $\theta \in \mathbb{R}$ tel que $A = \begin{pmatrix} \cos(\theta) & \sin(\theta) \\ \sin(\theta) & -\cos(\theta) \end{pmatrix}$.

Ainsi $\chi_u = X^2 - 1$ et u est donc une symétrie, nécessairement orthogonale d'après le Théorème 3.4.10. Par ailleurs, comme $u \neq \pm \mathrm{Id}_E$ alors u est une réflexion.

■

Remarque 3.4.21 — Classification des automorphismes orthogonaux en dimension 2.
Soit $(E,\langle \mid \rangle)$ un espace euclidien de dimension 2 et $u \in \mathscr{O}(E)$. On a alors la classification suivante

Nature de u	$u = \mathbf{Id}_E$	$u = -\mathbf{Id}_E$	u est la rotation dangle $\theta \not\equiv 0[\pi]$	u est une réflexion par rapport à E_1
Spectre de u	$Sp(u) = \{1\}$	$Sp(u) = \{-1\}$	$Sp(u) = \varnothing$	$Sp(u) = \{-1,1\}$
Déterminant de u	$\det(u) = 1$	$\det(u) = 1$	$\det(u) = 1$	$\det(u) = -1$
Trace de u	$Tr(u) = 2$	$Tr(u) = -2$	$Tr(u) = 2\cos(\theta) \in]-2,2[$	$Tr(u) = 0$
Espace des vecteurs invariants	E	$\{0\}$	$\{0\}$	E_1

Théorème 3.4.22 – Réduction des endomorphismes orthogonaux
Soient $(E,\langle \mid \rangle)$ un espace euclidien tel que $dim E = n \in \mathbb{N}^*$ et $u \in \mathscr{L}(E)$. Alors, $u \in \mathscr{O}(E)$ si et seulement si il existe une base orthonormale B de E dans laquelle la matrice de u est une matrice diagonale par blocs du type

$$\mathscr{M}(u,B) = \begin{pmatrix} \boxed{R(\theta_1)} & & & & & \\ & \boxed{R(\theta_2)} & & & 0 & \\ & & \ddots & & & \\ & & & \boxed{R(\theta_k)} & & \\ & 0 & & & \boxed{I_p} & \\ & & & & & \boxed{-I_q} \end{pmatrix} \quad (1),$$

où pour tout $1 \leqslant k \leqslant r$, $R(\theta_k) = \begin{pmatrix} \cos(\theta_k) & -\sin(\theta_k) \\ \sin(\theta_k) & \cos(\theta_k) \end{pmatrix}$ et I_p, I_q désignent respectivement les matrices unités de $\mathscr{M}_p(\mathbb{R})$ et $\mathscr{M}_q(\mathbb{R})$.

Démonstration. Une matrice du type

$$A = \begin{pmatrix} R(\theta_1) & & & & & \\ & R(\theta_2) & & & 0 & \\ & & \ddots & & & \\ & & & R(\theta_k) & & \\ & 0 & & & I_p & \\ & & & & & -I_q \end{pmatrix}$$

est orthogonale car ses colonnes forment une base orthonormale de $\mathscr{M}_{n,1}(\mathbb{R})$ muni du produit scalaire canonique.

Réciproquement, on raisonne par récurrence sur $dim E = n \in \mathbb{N}^*$.

Si $n = 1$ et $n = 2$ le résultat est vrai d'après le Théorème 3.4.20

Soit $n \geqslant 2$. Supposons le résultat acquis pour tout espace vectoriel de dimension k avec $1 \leqslant k \leqslant n$, soit E un espace vectoriel de dimension $n+1$ et soit $u \in \mathscr{O}(E)$.

1er **cas**. Si u admet une valeur propre λ, alors $\lambda \in \{-1, 1\}$. Alors il existe un vecteur propre unitaire e_1 associé à cette valeur propre λ. Puisque $D = Vect(e_1)$ est stable par u, on en déduit d'après le Théorème 3.4.17 que $D^\perp$ est stable par u et la restriction de u à $D^\perp$ induit un automorphisme orthogonal de $D^\perp$. Puisque $dim D^\perp = n$, l'hypothèse de récurrence nous fournit une base orthonormale $B' = (e_2, \dots, e_{n+1})$ de $D^\perp$ dans laquelle la matrice de cette restriction est du type (1). Quite à réordonner les vecteurs de la base orthonormale $(e_1, e_2, \dots, e_{n+1})$, on obtient une base orthonormale de E dans laquelle la matrice de u est du type (1).

2e **cas**. Si u n'admet pas de valeur propre, alors d'après la Proposition 2.4.24, u admet au moins un plan stable P et par suite u induit sur P un automorphisme orthogonale u_P qui n'a pas de valeur propre (car χ_{u_P} divise χ_u). Les automorphismes orthogonaux d'un plan euclidien sont les rotations et les réflexions. Puisque qu'une réflexion admet une valeur propre, u est une rotation. Soit (e_1, e_2) une base orthonormale de P. La matrice de u dans (e_1, e_2) est $R(\theta)$ pour un certain $\theta \in \mathbb{R}$. D'après le Théorème 3.4.17, $P^\perp$ est stable par u et l'endomorphisme induit de u à $P^\perp$ est un automorphisme orthogonal de $P^\perp$. Puisque $dim P^\perp = n-1$, l'hypothèse de récurrence nous fournit une base orthonormale $(e_3, \dots, e_{n+1})$ de $P^\perp$ dans laquelle la matrice de l'automorphisme orthogonal induit par u est du type (1). Mais alors $(e_1, e_2, \dots, e_{n+1})$ est une base orthonormale de E dans laquelle la matrice de u est du type (1). ■

Remarque 3.4.23 — Classification des automorphismes orthogonaux en dimension 3-1er cas.

Soit $(E, \langle \mid \rangle)$ un espace euclidien de dimension 3 et $u \in \mathscr{O}(E)$ tel que $\det(u) = 1$. On a alors la classification suivante

Nature de u	$u = \mathrm{Id}_E$	**u est un retournement d'axe E_1**	**u est la rotation dangle $\theta \not\equiv 0[\pi]$ et d'axe E_1**
Spectre de u	$Sp(u) = \{1\}$	$Sp(u) = \{-1, 1\}$	$Sp(u) = \{1\}$
Déterminant de u	$\det(u) = 1$	$\det(u) = 1$	$\det(u) = 1$
Trace de u	$Tr(u) = 3$	$Tr(u) = -1$	$Tr(u) = 1 + 2\cos(\theta) \in]-1, 3[$
Espaces des vecteurs invariants	E	E_1	E_1

Remarque 3.4.24 — Classification des automorphismes orthogonaux en dimension 3-2e cas.
Soit $(E, \langle\ |\ \rangle)$ un espace euclidien de dimension 3 et $u \in \mathcal{O}(E)$ tel que $\det(u) = -1$. On a alors la classification suivante

Nature de u	$u = -\mathrm{Id}_E$	u est la réflexion par rapport E_1	u est la composé commutative d'une réflexion par rapport à $E_{-1}^{\perp}$ et d'une rotation dangle $\theta \not\equiv 0[\pi]$ et d'axe E_{-1}
Spectre de u	$Sp(u) = \{-1\}$	$Sp(u) = \{-1, 1\}$	$Sp(u) = \{-1\}$
Déterminant de u	$\det(u) = -1$	$\det(u) = -1$	$\det(u) = -1$
Trace de u	$Tr(u) = -3$	$Tr(u) = 1$	$Tr(u) = -1 + 2\cos(\theta) \in]-3, 1[$
Espaces des vecteurs invariants	$\{0\}$	E_1	$\{0\}$

3.5 Endomorphismes symétriques

Définition 3.5.1 - Endomorphisme symétrique Soient $(E, \langle|\rangle)$ un espace euclidien et $u \in \mathcal{L}(E)$, on dit que u est symétrique si pour tous $x, y \in E$, on a

$$\langle u(x)|y\rangle = \langle x|u(y)\rangle.$$

L'ensemble des endomorphismes symétriques de E est noté $S(E)$.

▪ **Exemple 3.5.2**
Soit $(E, \langle\ |\ \rangle)$ un espace euclidien, F un sous-espace vectoriel de E.
1) Si $h_\lambda \in \mathcal{L}(E)$ est l'homothétie de rapport $\lambda \in \mathbb{R}$, alors

$$\forall x, y \in E,\ \langle h_\lambda(x)|y\rangle = \langle \lambda x|y\rangle = \lambda\langle x|y\rangle = \langle x|\lambda y\rangle = \langle x|h_\lambda(y)\rangle$$

et par suite $h_\lambda \in S(E)$.
2) Soit P_F la projection orthogonale sur F, alors

$$\begin{aligned}\forall x, y \in E,\ \langle P_F(x)|y\rangle &= \langle P_F(x)|P_F(y)\rangle + \langle P_F(x)|y - P_F(y)\rangle \\ &= \langle P_F(x)|P_F(y)\rangle \\ &= \langle P_F(x)|P_F(y)\rangle + \langle x - P_F(x)|P_F(y)\rangle \\ &= \langle x|P_F(y)\rangle.\end{aligned}$$

Par conséquent, $P_F \in S(E)$.
3) Soit S_F la symétrie orthogonale par rapport à F, alors pour tous $x, y \in E$, on

a

$$\begin{aligned}\langle S_F(x)|y\rangle &= \langle 2P_F(x)-x|y\rangle = 2\langle P_F(x)|y\rangle - \langle x|y\rangle \\ &= 2\langle x|P_F(y)\rangle - \langle x|y\rangle = \langle x|2P_F(y)-y\rangle = \langle x|S_F(y)\rangle.\end{aligned}$$

Par conséquent, $S_F \in S(E)$. En conclusion, les homothéties, les projections orthogonales et les symétries orthogonales sont tous des endomorphismes symétriques.

Théorème 3.5.3 – Matrice d'un endomorphisme symétrique dans une Base orthonormale Soient $(E,\langle|\rangle)$ un espace euclidien tel que $dimE = n \in \mathbb{N}^*$, B une base orthonormale de E et $u \in \mathscr{L}(E)$. Alors, les assertions suivantes sont équivalentes

i) $u \in S(E)$.

2i) $\mathscr{M}(u,B) \in S_n(\mathbb{R})$.

Démonstration. Soit $B = \{e_1,\ldots,e_n\}$ une Base orthonormale de E, on pose $\mathscr{M}(u,B) = (m_{ij})_{1\leqslant i,j\leqslant n}$. On sait alors que

$$\forall 1 \leqslant i,j \leqslant n,\ m_{ij} = \langle u(e_j)|e_i\rangle$$

et par suite

$$\begin{aligned}u \in S(E) &\iff \forall x,y \in E,\ \langle u(x)|y\rangle = \langle x|u(y)\rangle \\ &\iff \forall 1 \leqslant i,j \leqslant n,\ \langle u(e_j)|e_i\rangle = \langle e_j|u(e_i)\rangle \\ &\iff \forall 1 \leqslant i,j \leqslant n,\ m_{ij} = m_{ji} \iff \mathscr{M}(u,B) \in S_n(\mathbb{R}).\end{aligned}$$

■

Corollaire 3.5.4 – Dimension de $S(E)$ Soit $(E,\langle|\rangle)$ un espace euclidien tel que $dimE = n \in \mathbb{N}^*$, alors $S(E)$ est un sous-espace vectoriel de $\mathscr{L}(E)$ de dimension $\dfrac{n(n+1)}{2}$.

Démonstration. Si B est une base orthonormale de E, alors l'application

$$\begin{aligned}\varphi : S(E) &\longrightarrow S_n(\mathbb{R}) \\ u &\longmapsto \mathscr{M}(u,B)\end{aligned}$$

est un isomorphisme d'espaces vectoriels. ■

Proposition 3.5.5 Soient $(E, \langle | \rangle)$ un espace euclidien tel que $dim E = n \in \mathbb{N}^*$, $u \in S(E)$ et F un sous-espace vectoriel de E. Alors, F est stable par u, si et seulement si, $F^\perp$ est stable par u. Dans ce cas, u induit sur F et $F^\perp$ des endomorphismes symétriques.

Démonstration. Supposons que F soit stable par u et soit $y \in F^\perp$, alors pour tout $x \in F$, on a

$$\langle u(x)|y\rangle = \langle x|u(y)\rangle = 0.$$

■

Proposition 3.5.6 Soient $(E, \langle | \rangle)$ un espace euclidien tel que $dim E = n \in \mathbb{N}^*$ et $u \in S(E)$. Alors,

$$E = Ker(u) \oplus^\perp Im(u).$$

Démonstration. D'après le théorème du rang on sait que

$$dim E = dim Ker(u) + dim Im(u).$$

Par ailleurs, soient $x \in Ker(u)$ et $y \in Im(u)$, alors il existe $z \in E$ tel que $y = u(z)$ et par suite

$$\langle x|y\rangle = \langle x|u(z)\rangle = \langle u(x)|z\rangle = 0,$$

par conséquent $Ker(u) \perp Im(u)$ ce qui entraîne que $E = Ker(u) \oplus^\perp Im(u)$. ■

Proposition 3.5.7 – Caractérisation d'un automorphisme orthogonal symétrique. Soient $(E, \langle | \rangle)$ un espace euclidien tel que $dim E = n \in \mathbb{N}^*$, $u \in \mathscr{L}(E)$. Alors, les assertions suivantes sont équivalentes

i) $u \in \mathscr{O}(E) \cap S(E)$.

2i) u est une symétrie orthogonale de E.

Démonstration. $i) \Longrightarrow 2i)$ Trivial.
$2i) \Longrightarrow i)$ Soit $u \in \mathscr{O}(E) \cap S(E)$, alors pour tous $x, y \in E$, on a

$$\langle u^2(x) - x|y\rangle = \langle u^2(x)|y\rangle - \langle x|y\rangle = \langle u(x)|u(y)\rangle - \langle x|y\rangle = 0$$

et par suite pour tout $x \in E$, $u^2(x) - x \in E^{\perp} = \{0\}$. Ainsi, $u^2 = \mathrm{Id}_E$ et donc u est une symétrie orthogonal d'après le Théorème 3.4.10. ■

Proposition 3.5.8 – Spectre et sous-espaces propres d'un endomorphisme symétrique. Soient $(E, \langle | \rangle)$ un espace euclidien et $u \in \mathscr{L}(E)$. Si $u \in S(E)$. Alors,

i) $Sp(u) \neq \varnothing$ et $Sp(u) \subset \mathbb{R}$.

2i) Pour tous $\alpha, \beta \in Sp(u)$ telles que $\alpha \neq \beta$, on a $E_\alpha \perp E_\beta$.

Démonstration. $i)$ Soient B une base orthonormale de E et $A = \mathscr{M}(u, B)$, on sait alors d'après le Théorème 3.5.3 que $A \in S_n(\mathbb{R})$. Soit $\alpha \in Sp(u) = Sp(A)$, alors il existe $X \in \mathscr{M}_{n,1}(\mathbb{C})$ tel que $X \neq 0$ et $AX = \alpha X$. Comme $A \in S_n(\mathbb{R})$, alors ${}^tA = A$ et $\overline{A} = A$ où $\overline{A}$ désigne la matrice conjuguée de A et par suite

$${}^tXA\overline{X} = {}^tX{}^tA\overline{X} = {}^t(AX)\overline{X} = \alpha{}^tX\overline{X}$$

et

$${}^tXA\overline{X} = {}^tX\overline{AX} = {}^tX\overline{AX} = \overline{\alpha}{}^tX\overline{X}.$$

Ainsi, $\alpha{}^tX\overline{X} = \overline{\alpha}{}^tX\overline{X}$, comme ${}^tX\overline{X} = {}^t\overline{X}X = \|X\|^2 \neq 0$, on en déduit que $\alpha = \overline{\alpha}$ et donc $\alpha \in \mathbb{R}$ en particulier $Sp(u) \neq \varnothing$ et $Sp(u) \subset \mathbb{R}$.
$2i)$ Soit $\alpha, \beta \in Sp(u)$ tels que $\alpha \neq \beta$ et soient $x \in E_\alpha$ et $y \in E_\beta$, alors

$$\alpha\langle x|y\rangle = \langle \alpha x|y\rangle = \langle u(x)|y\rangle = \langle x|u(y)\rangle = \langle x|\beta y\rangle = \beta\langle x|y\rangle,$$

ce qui entraîne en particulier que $\langle x|y\rangle = 0$. ■

Théorème 3.5.9 – Thèorème spectrale pour les endomorphismes symétriques Soient $(E, \langle | \rangle)$ un espace euclidien de dimension $n \in \mathbb{N}^*$ et $u \in S(E)$. Alors,

i) u est diagonalisable.

2i) Il existe une base orthonormale B de E telle que $\mathscr{M}(u, B)$ est diagonale.

Démonstration. $i)$ Soit $\lambda_1, \dots, \lambda_p$ les valeurs propres de u. D'après les Proposition 3.5.8 et 2.4.6, on a $E_{\lambda_1} \oplus^{\perp} \cdots \oplus^{\perp} E_{\lambda_p}$. On pose

$$F = E_{\lambda_1} \oplus^{\perp} \cdots \oplus^{\perp} E_{\lambda_p}$$

et on souhaite donc montrer que $F = E$. Supposons le contraire c'est à dire que $F \subsetneq E$ alors $F^{\perp} \neq \{0\}$, comme F est stable par u, alors d'après la Proposition 3.5.6, $F^{\perp}$ est également stable par u. Soit $\widetilde{u}$ l'endomorphisme induit par u sur $F^{\perp}$, comme $\widetilde{u} \in S(F^{\perp})$, alors $\widetilde{u}$ admet au moins une valeur propre réelle α qui est aussi une valeur propre de u. Ainsi, il existe un vecteur propre $x \neq 0$ tel que $x \in F \cap F^{\perp}$ ce qui est absurde car $F \cap F^{\perp} = \{0\}$.Ainsi, $F = E$ et u est donc diagonalisable
$2i)$ D'après ce qui précède on sait que $E = E_{\lambda_1} \oplus^{\perp} \cdots \oplus^{\perp} E_{\lambda_p}$, pour tout $1 \leqslant i \leqslant p$ soit B_i une base orthonormale de E_{λ_i} alors $B = \bigcup_{i=1}^{p} B_i$ est une base orthonormale de E formée de vecteurs propres de u. ■

Théorème 3.5.10 – Thèorème spectrale pour les matrices symétriques réelles Soit $A \in S_n(\mathbb{R})$. Alors, il existe $P \in \mathscr{O}(n)$ et une matrice $D \in \mathscr{M}_n(\mathbb{R})$ diagonale, telles que

$$A = P^{-1}DP = {}^{t}PDP.$$

Démonstration. Conséquence du Théorème 3.5.9. ■

3.6 Exercices du chapitre 3

Exercice 3.1

Soit $\mathscr{C}_{2\pi}(\mathbb{R})$ le $\mathbb{R}$-espace vectoriel des fonctions continues sur $\mathbb{R}$, 2π-périodiques et φ l'application définie sur $\mathscr{C}_{2\pi}(\mathbb{R}) \times \mathscr{C}_{2\pi}(\mathbb{R})$ par

$$\varphi(f,g) = \int_{-\pi}^{\pi} f(t)g(t)dt.$$

Montrer que φ est un produit scalaire sur $\mathscr{C}_{2\pi}(\mathbb{R})$. ∎

Exercice 3.2

Montrer que pour tous réels $0 < a < b$, on a $\displaystyle\int_a^b \frac{dx}{x} \leqslant \frac{b-a}{\sqrt{ab}}$. ∎

Exercice 3.3

Montrer que $\displaystyle\int_0^{+\infty} \frac{e^{-\frac{x}{2}}}{\sqrt{1+x^2}}dx \leqslant \sqrt{\frac{\pi}{2}}$. ∎

Exercice 3.4

Soient $(E, \langle \mid \rangle)$ un espace préhilbertien réel et $\| \ \|$ sa norme euclidienne. Montrer que pour tous $x, y \in E$, on a

$$2 + \|x+y\|^2 \leqslant 2(1 + \|x\|^2)(1 + \|y\|^2).$$

∎

Exercice 3.5

Pour tous $A, B \in \mathscr{M}_n(\mathbb{R})$, on pose $\langle A|B \rangle = Tr({}^tAB)$.

1) Montrer que $\langle \mid \rangle$ est un produit scalaire sur $\mathscr{M}_n(\mathbb{R})$.
2) Soit $A = (a_{ij})_{1 \leqslant i,j \leqslant n} \in \mathscr{M}_n(\mathbb{R})$. Montrer que

$$\left(\sum_{i=1}^{n} a_{ii} \right)^2 \leqslant n \sum_{i=1}^{n} \sum_{j=1}^{n} a_{ij}^2.$$

3) Montrer que $\mathscr{M}_n(\mathbb{R}) = S_n(\mathbb{R}) \oplus^{\perp} \mathscr{A}_n(\mathbb{R})$ où $S_n(\mathbb{R})$ et $\mathscr{A}_n(\mathbb{R})$ désignent respectivement le sous-espace vectoriel des matrices symétriques et le sous-espace vectoriel des matrices antisymétriques.
4) Pour toute matrice $A \in \mathscr{M}_n(\mathbb{R})$ déterminer $d(A, S_n(\mathbb{R}))$ et $d(A, \mathscr{A}_n(\mathbb{R}))$.
5) Soit $A = \begin{pmatrix} 1 & 2 & 1 \\ -2 & -1 & -1 \\ -1 & -1 & -2 \end{pmatrix}$. Calculer $d(A, \mathscr{A}_3(\mathbb{R}))$.

■

Exercice 3.6 – Théorème de Von Neumann

Soit $(E, \|\ .\ \|)$ un $\mathbb{R}$-espace vectoriel normé. On se propose dans cet exercice de montrer que la norme $\|\ .\ \|$ est euclidienne si et seulement si elle vérifie l'identité du parallélogramme.

1) Soit $f : E \longrightarrow \mathbb{R}$ une application continue vérifiant

$$\forall x, y \in E,\ f(x+y) = f(x) + f(y).$$

Montrer que f est une forme linéaire sur E.

2) Montrer que si $\|\ .\ \|$ est une norme euclidienne, alors

$$\forall x, y \in E,\ \|x+y\|^2 + \|x-y\|^2 = 2(\|x\|^2 + \|y\|^2).$$

3) Dans cette question on suppose que

$$\forall x, y \in E,\ \|x+y\|^2 + \|x-y\|^2 = 2(\|x\|^2 + \|y\|^2).$$

Soit

$$\begin{aligned} \varphi : E \times E &\longrightarrow \mathbb{R} \\ (x,y) &\longmapsto \varphi(x,y) = \frac{1}{4}(\|x+y\|^2 - \|x-y\|^2) \end{aligned}$$

On munit $E \times E$ de la norme produit définie par

$$\forall (x,y) \in E \times E,\ \|(x,y)\|_{E \times E} = \max(\|x\|, \|y\|).$$

a) Montrer que l'application φ est continue.
b) Montrer que pour tous $x, y, z \in E$, on a

$$\varphi(x+y, z) + \varphi(x-y, z) = 2\varphi(x, z).$$

c) Montrer que pour tous $x, z \in E$, on a

$$\varphi(2x, z) = 2\varphi(x, z).$$

d) Montrer que φ est un produit scalaire sur E.
e) En déduire que la norme $\| \, . \, \|$ est euclidienne.

■

Exercice 3.7 – Normes euclidiennes sur $\mathbb{R}^n$

Soit $p \geqslant 1$, pour tout $x = (x_1, \dots, x_n) \in \mathbb{R}^n$, on pose

$$\|x\|_\infty = \sup_{1 \leqslant i \leqslant n} |x_i|$$

et pour tout $1 \leqslant p < +\infty$

$$\|x\|_p = \left(\sum_{i=1}^{n} |x_i|^p \right)^{\frac{1}{p}}.$$

1) Montrer que $\| \, . \, \|_\infty$ et $\| \, . \, \|_1$ sont des normes sur $\mathbb{R}^n$.
2) Dans cette question on souhaite montrer que pour tout $1 < p < +\infty$, $\| \, . \, \|_p$ est une norme sur $\mathbb{R}^n$.
   a) Soient $p, q \in]1, +\infty[$ tels que $\dfrac{1}{p} + \dfrac{1}{q} = 1$. Montrer que pour tous $a, b \in \mathbb{R}_+$, on a

$$ab \leqslant \frac{a^p}{p} + \frac{b^q}{q} \quad \text{(Inégalité de Young)}.$$

   b) Soient $p, q \in]1, +\infty[$ tels que $\dfrac{1}{p} + \dfrac{1}{q} = 1$. Montrer que pour tous $x = (x_1, \dots, x_n), y = (y_1, \dots, y_n) \in \mathbb{R}^n$, on a

$$\sum_{i=1}^{n} |x_i||y_i| \leqslant \left(\sum_{i=1}^{n} |x_i|^p \right)^{\frac{1}{p}} \left(\sum_{i=1}^{n} |y_i|^q \right)^{\frac{1}{q}} \quad \text{(Inégalité de Hölder)}.$$

   c) Montrer que pour tout $1 < p < +\infty$, $\| \, . \, \|_p$ est une norme sur $\mathbb{R}^n$.
3) Montrer que la norme $\| \, . \, \|_\infty$ n'est pas une norme euclidienne.
4) Montrer que la norme $\| \, . \, \|_p$ est euclidienne si et seulement si $p = 2$.

■

Exercice 3.8 – Famille de produits scalaires

Soient $(E, \langle \mid \rangle)$ un espace préhilbertien réel, a un vecteur unitaire de E et $k \in \mathbb{R}$. Soit φ l'application définie sur $E \times E$ par

$$\varphi(x,y) = \langle x|y \rangle + k\langle x|a \rangle \langle y|a \rangle$$

Montrer que φ est un produit scalaire sur E si et seulement si $k > -1$. ■

Exercice 3.9

Soit $\ell^2(\mathbb{N})$ l'ensemble des suites réelles de carré sommable.

1) Montrer que $\ell^2(\mathbb{N})$ est un $\mathbb{R}$-espace vectoriel.
2) Montrer que $\langle (u_n)_{n\in\mathbb{N}} | (v_n)_{n\in\mathbb{N}} \rangle = \sum_{n=0}^{+\infty} u_n v_n$ définit un produit scalaire sur $\ell^2(\mathbb{N})$.
3) Soit F l'ensemble des suites à support fini. (C'est à dire les suite nulles à partir d'un certain rang dépendant de la suite)
   a) Montrer que F est un sous-espace vectoriel de $\ell^2(\mathbb{N})$.
   b) Montrer que $F \neq \ell^2(\mathbb{N})$.
   c) Montrer que $F^{\perp} = \{0\}$.
   d) En déduire que $F \subsetneq F^{\perp\perp}$.

■

Exercice 3.10 – Théorème de représentation de Riesz

Soient $(E, \langle \mid \rangle)$ un espace préhilbertien réel de dimension infinie complet, $\|\,.\,\|$ sa norme euclidienne et ℓ une forme linéaire continue sur E. On admet dans cet exercice que tout sous-espace vectoriel fermé F de E admet un supplémentaire orthogonale, en particulier $F^{\perp\perp} = F$.

1) Montrer que $Ker(\ell)$ est fermé dans E.
2) Montrer qu'il existe un unique vecteur $a \in E$ tel que

$$\forall x \in E,\ \ell(x) = \langle x|a \rangle.$$

3) Montrer que $\|a\| \leqslant \|\ell\|$ où $\|\ell\| = \sup_{\|x\|=1} |\ell(x)|$.

■

Exercice 3.11 – Base orthonormale de Lagrange

Soient $a_1, \ldots, a_n, a_{n+1} \in \mathbb{R}$ des réels deux à deux distincts et ψ l'application définie sur $\mathbb{R}_n[X] \times \mathbb{R}_n[X]$ par

$$\psi(P,Q) = \sum_{i=1}^{n+1} P(a_i)Q(a_i).$$

1) Montrer que ψ est un produit scalaire sur $\mathbb{R}_n[X]$.
2) On considère les polynômes d'interpolation de Lagrange définis par

$$\forall 1 \leqslant i \leqslant n+1,\ L_i = \frac{\prod\limits_{\substack{k=1\\k\neq i}}^{n+1}(X-a_k)}{\prod\limits_{\substack{k=1\\k\neq i}}^{n+1}(a_i-a_k)}.$$

Montrer que $B = \{L_1, \ldots, L_{n+1}\}$ est une base orthonormale de $\mathbb{R}_n[X]$ pour le produit scalaire ψ.

∎

Exercice 3.12 – Une orthonormalisation en dimension n

Soit $n \in \mathbb{N}$ tel que $n \geqslant 2$ et φ l'application définie sur $\mathbb{R}_n[X] \times \mathbb{R}_n[X]$ par

$$\forall P = \sum_{k=0}^{n} a_k X^k,\ Q = \sum_{k=0}^{n} b_k X^k \in \mathbb{R}_n[X],\ \varphi(P,Q) = \sum_{k=0}^{n} a_k b_k.$$

1) Montrer que φ est un produit scalaire sur $\mathbb{R}_n[X]$.
2) Soit $G = \{P \in \mathbb{R}_n[X] \mid P(1) = 0\}$. Déterminer $G^\perp$.
3) Pour tout $1 \leqslant k \leqslant n$, on pose

$$Q_k = X^k - \frac{1}{k}\sum_{i=0}^{k-1} X^i.$$

a) Montrer que $B = \{Q_1, \ldots, Q_n\}$ est une base orthogonale de G.

b) En déduire le projeté orthogonal du polynôme X sur G.

∎

Exercice 3.13

On considère l'espace vectoriel $\mathbb{R}^4$ muni de sa structure euclidienne canonique et sa base canonique B et F le sous-espace vectoriel de $\mathbb{R}^4$ défini par

$$F = \left\{(x,y,z,t) \in \mathbb{R}^4 \mid x+y+z+t = x-y+z-t = 0\right\}.$$

1) Déterminer une base orthonormale de F.
2) Déterminer la matrice de la projection orthogonale sur F dans B.
3) Déterminer la matrice de la symétrie orthogonale par rapport à F dans B.
4) Calculer $d(u,F)$ où $u = (1,2,3,4)$.

■

Exercice 3.14

Soit

$$A = \frac{1}{6}\begin{pmatrix} 5 & -2 & 1 \\ -2 & 2 & 2 \\ 1 & 2 & 5 \end{pmatrix}$$

et p l'endomorphisme canoniquement associé à A. Montrer que p est une projection orthogonale sur un plan vectoriel de $\mathbb{R}^3$ qu'on précisera. ■

Exercice 3.15 – Un calcul d'une borne inf

Déterminer

$$\inf_{a,b\in\mathbb{R}} \int_0^1 (t^2 - at - b)^2 dt.$$

■

Exercice 3.16 – Un calcul de distance en dimension infinie

Soit φ l'application définie sur $\mathbb{R}[X] \times \mathbb{R}[X]$ par

$$\varphi(P,Q) = \int_0^{+\infty} P(t)Q(t)e^{-t} dt.$$

1) Justifier que l'application φ est bien définie.
2) Montrer que l'application φ définit un produit scalaire sur $\mathbb{R}[X]$. On notera dans la suite $\langle\ |\ \rangle$ ce produit scalaire.
3) Pour tous $i, j \in \mathbb{N}$, calculer $\langle X^i | X^j \rangle$.

4) Soit $F = Vect(X, X^2, \dots, X^n)$.
   a) Justifier que $\mathbb{R}[X] = F \oplus^{\perp} F^{\perp}$, on note P_F la projection orthogonale sur F et $Q = P_F(1)$.
   b) Montrer qu'il existe $a_1, \dots a_n \in \mathbb{R}$ tels que $Q = -\sum_{k=1}^{n} a_k X^k$.

5) Soit $P = 1 + \sum_{k=1}^{n} a_k \prod_{i=1}^{k} (X+i)$.
   a) Montrer que pour tout $1 \leqslant j \leqslant n$, $P(j) = 0$.
   b) En déduire que $P = a_n \prod_{j=1}^{n} (X-j)$.
   c) Montrer que $P(-1) = 1$.
   d) En déduire que $P = \dfrac{(-1)^n}{(n+1)!} \prod_{j=1}^{n} (X-j)$.

6) Montrer que $\inf_{(\alpha_1,\dots,\alpha_n)\in\mathbb{R}^n} \int_0^{+\infty} (1+\alpha_1 t + \cdots + \alpha_n t^n)^2 e^{-t} dt = (d(1,F))^2$.

7) En déduire que

$$\inf_{(\alpha_1,\dots,\alpha_n)\in\mathbb{R}^n} \int_0^{+\infty} (1+\alpha_1 t + \cdots + \alpha_n t^n)^2 e^{-t} dt = \frac{1}{n+1}.$$

■

Exercice 3.17 – Similitude et préservation de l'orthogonalité

Soient $(E, \langle \mid \rangle)$ un espace euclidien tel que $dim E = n \in \mathbb{N}^*$ et $f \in \mathscr{L}(E)$.

— On dit que f est une similitude s'il existe $k \in \mathbb{R}_+^*$ et un endomorphisme orthogonal $u \in \mathscr{O}(E)$ tel que $f = ku$.

— On dit que f préserve l'orthogonalité si

$$\forall x, y \in E, x \perp y \Rightarrow f(x) \perp f(y).$$

Le but de cet exercice est de montrer que f est une similitude, si et seulement si f est non nulle et préserve l'orthogonalité.

1) Supposons que f soit une similitude de E. Montrer que f est non nulle et préserve l'orthogonalité.

2) Supposons que f soit non nulle et préserve l'orthogonalité.
   a) Montrer que si $x, y \in E$ sont unitaires, alors $x + y \perp x - y$.
   b) En déduire que si $x, y \in E$ sont unitaires, alors $\|f(x)\| = \|f(y)\|$.

c) Montrer qu'il existe $k \in \mathbb{R}_+^*$ vérifiant

$$\forall x \in E, \|f(x)\| = k\|x\|.$$

d) Montrer que f est une similitude.

■

Exercice 3.18 – Endomorphisme antisymétrique

Soient $(E, \langle\ |\ \rangle)$ un espace euclidien tel que $dim E = n \in \mathbb{N}^*$ et $u \in \mathscr{L}(E)$ un endomorphisme vérifiant

$$\forall x \in E,\ \langle u(x)|x\rangle = 0.$$

Un tel endomorphisme est dit est antisymétrique.

1) Donner des exemples d'endomorphismes antisymétriques dans $\mathscr{L}(\mathbb{R}^2)$ et $\mathscr{L}(\mathbb{R}^3)$.
2) Montrer que pour tous $x, y \in E, \langle u(x)|y\rangle = -\langle x|u(y)\rangle$.
3) Soit $B = \{e_1, \dots, e_n\}$ une base orthonormale de E et $A = (a_{ij})$ la matrice de u dans B.
   a) Montrer que pour tous $1 \leqslant i, j \leqslant n,\ a_{ij} = \langle u(e_j)|e_i\rangle$.

   b) En déduire que A est antisymétrique.

4) Montrer que $E = Ker(u) \oplus^{\perp} Im(u)$.

■

Exercice 3.19 – Caractérisation d'une base orthonormale

Soient $(E, \langle\ |\ \rangle)$ un espace euclidien de dimension $n \in \mathbb{N}^*$ et $B = \{e_1, \dots, e_n\}$ une famille de vecteurs de E. On suppose que pour tout $x \in E$, on a

$$\|x\|^2 = \sum_{i=1}^{n} \langle x|e_i\rangle^2.$$

1) Montrer que B est une famille génératrice de E.
2) Montrer que B est une base orthonormale de E.
3) Montrer que si $p \in \mathscr{L}(E)$ est un projecteur orthogonal de E de rang r, alors

$$\sum_{i=1}^{n} \|p(e_i)\|^2 = r.$$

■

Exercice 3.20 – Polynômes d'Hermite

Soit $(H_n)_{n\in\mathbb{N}}$ la famille de polynômes définie par $H_0 = 1$ et

$$\forall n \in \mathbb{N},\ H_{n+1} = XH_n - H_n'.$$

1) Montrer que pour tout $n \in \mathbb{N}$, H_n est un polynôme unitaire de degré n.
2) Montrer que pour tout $n \in \mathbb{N}^*$, $H_n' = nH_{n-1}$.
3) Pour tous $P, Q \in \mathbb{R}[X]$, on pose

$$\langle P|Q\rangle = \int_{\mathbb{R}} P(x)Q(x)\frac{e^{-\frac{x^2}{2}}}{\sqrt{2\pi}}dx.$$

   a) Montrer que pour tous $P, Q \in \mathbb{R}[X]$, $\langle P|Q\rangle$ est bien défini.
   b) Montrer que $\langle\ |\ \rangle$ est un produit scalaire sur $\mathbb{R}[X]$. Dans la suite on désignera par $\|\ .\ \|$ sa norme euclidienne.
4) Montrer que pour tout $P \in \mathbb{R}[X]$ et pour tout $n \in \mathbb{N}$, on a

$$\langle P|H_n\rangle = \langle P^{(n)}|H_0\rangle.$$

5) En déduire que pour tout $n \in \mathbb{N}$, la famille $B = \{H_0, H_1, \ldots, H_n\}$ est une base orthogonale de $\mathbb{R}_n[X]$.

6) Calculer $\|H_n\|$ pour tout $n \in \mathbb{N}$.
7) Soit $n \in \mathbb{N}^*$. On note p le nombre de racines réelles (distinctes) d'ordre impair du polynôme H_n, $a_1, a_2, \ldots, a_p$ ces racines et S le polynôme défini par $S = 1$ si $p = 0$ et $S = \prod_{i=1}^{p}(X - a_i)$ sinon.
   a) Montrer que, si $p < n$, alors $\langle S|H_n\rangle = 0$.
   b) Montrer que, pour tout $x \in \mathbb{R}, S(x)H_n(x) \geqslant 0$.
   c) En déduire que H_n admet n racines réelles distinctes.

∎

Exercice 3.21 – Polynômes de Legendre

On munit $\mathbb{R}[X]$ du produit scalaire défini par

$$\forall P, Q \in \mathbb{R}[X],\ \langle P|Q\rangle = \int_{-1}^{1} P(t)Q(t)dt.$$

On note $\|\ .\ \|$ la norme euclidienne associée et B la base canonique de $\mathbb{R}_n[X]$.

1) Soit φ l'application définie sur $\mathbb{R}[X]$ par

$$\varphi(P) = \left((X^2-1)P'\right)' = 2XP' + (X^2-1)P''.$$

Montrer que $\varphi \in \mathscr{L}(\mathbb{R}[X])$.
2) Montrer que pour tout $n \in \mathbb{N}$, $\mathbb{R}_n[X]$ est stable par φ.
3) On note φ_n l'endomorphisme induit par φ sur $\mathbb{R}_n[X]$.
   a) Calculer $\varphi_n(X^k)$ pour tout $0 \leqslant k \leqslant n$.
   b) En déduire $\mathscr{M}(\varphi_n, B)$.
   c) Montrer que $\varphi \in S(\mathbb{R}[X])$.
4) Soit $(P_n)_{n\in\mathbb{N}}$ la suite de polynômes définie par $P_0 = 1$ et

$$\forall n \in \mathbb{N}^*,\ P_n = \frac{1}{2^n n!}\left((X^2-1)^n\right)^{(n)}.$$

   a) Calculer P_1, P_2 et P_3.
   b) Pour tout $n \in \mathbb{N}$, On note a_n le coefficient dominant de P_n. Montrer que pour tout $\forall n \in \mathbb{N}$, on a $\deg(P_n) = n$ et $a_n = \dfrac{(2n)!}{2^n (n!)^2}$.
   c) Montrer que la famille $B' = \{P_0, \ldots, P_n\}$ est une base de $\mathbb{R}_n[X]$.
   d) En utilisant la formule de Leibniz, montrer que

$$\forall n \in \mathbb{N},\ P_n = \frac{1}{2^n}\sum_{k=0}^{n}\binom{n}{k}^2 (X+1)^k (X-1)^{n-k}.$$

   e) En déduire que $P_n(1) = 1$ et $P_n(-1) = (-1)^n$.
5) On admet dans la suite que pour tout $n \in \mathbb{N}$, $\varphi(P_n) = n(n+1)P_n$.
   a) Montrer que la suite $(P_n)_{n\in\mathbb{N}}$ est orthogonale.
   b) Montrer que pour tout $n \in \mathbb{N}$, $P_{n+1} \in (\mathbb{R}_n[X])^{\perp}$.
   c) Montrer que pour tout $n \in \mathbb{N}$, P_{n+1} possède exactement $n+1$ racines distinctes toutes dans l'intervalle $]-1,1[$.
6) On admet dans la suite que pour tout $n \in \mathbb{N}$, $P'_{n+1} = XP'_n + (n+1)P_n$.
   a) Montrer que pour tout $n \in \mathbb{N}$, $\langle P'_{n+1} | P_n \rangle = (n+1)\dfrac{a_{n+1}}{a_n}\|P_n\|^2$.
   b) Montrer que pour tout $n \in \mathbb{N}$, $\|P_n\|^2 = 2 - 2\displaystyle\int_{-1}^{1} xP'_n(x)P_n(x)dx$.
   c) En déduire que pour tout $n \in \mathbb{N}$, $\|P_n\|^2 = \dfrac{2}{2n+1}$.
7) Calculer $d(X^{n+1}, \mathbb{R}_n[X])$ pour tout $n \in \mathbb{N}$.

■

Exercice 3.22 – Polynômes de de Gegenbauer-Cas particulier

Soient $n \in \mathbb{N}$ tel que $n \geqslant 3$, B la base canonique de $\mathbb{R}_n[X]$ et $\varphi \in \mathscr{L}(\mathbb{R}[X])$ l'endomorphisme défini par

$$\varphi(P) = (X^2 - 1)P'' + 4XP' + 2P.$$

1) *a*) Montrer que pour tout $n \geqslant 3$, $\mathbb{R}_n[X]$ est stable par φ et déterminer $\mathscr{M}(\varphi_n, B)$, où φ_n est l'endomorphisme induit par φ sur $\mathbb{R}_n[X]$.
   b) Calculer le polynôme caractéristique χ_{φ_n} et en déduire $Sp(\varphi_n)$.
2) *a*) Montrer que pour tout $0 \leqslant k \leqslant n$, il existe un unique polynôme unitaire P_k de degré k vérifiant $\varphi_n(P_k) = (k+1)(k+2)P_k$.
   b) Montrer que pour tout $n \geqslant 3$, la famille $B' = \{P_0, P_1, \dots, P_n\}$ est une base de $\mathbb{R}_n[X]$.
   c) Calculer P_0 et P_1.
   d) Montrer que

$$\forall 2 \leqslant k \leqslant n,\ P_k = X^k - \frac{k(k-1)}{4k+2}X^{k-2} + Q, \text{ avec } \deg(Q) < k-2.$$

3) On munit $\mathbb{R}[X]$ du produit scalaire

$$\langle f | g \rangle = \int_{-1}^{1} f(t)g(t)(1-t^2)dt.$$

   a) Montrer que pour tous $P, Q \in \mathbb{R}[X]$, on a $\langle XP | Q \rangle = \langle P | XQ \rangle$.
   b) Montrer que $\varphi \in S(\mathbb{R}[X])$.
   c) Montrer que B' est une base orthogonale de $\mathbb{R}_n[X]$.
   d) Soient $k \in \{0, 1, \dots, n\}$ et $Q \in \mathbb{R}[X]$. Montrer que si $deg(Q) < k$ alors $\langle P_k | Q \rangle = 0$.

4) *a*) Montrer que pour tout $3 \leqslant k \leqslant n$, on a

$$P_k - XP_{k-1} \in \mathbb{R}_{k-1}[X] \cap (\mathbb{R}_{k-3}[X])^{\perp}.$$

   b) En déduire que pour tout $2 \leqslant k \leqslant n$, $P_k - XP_{k-1} \in Vect(P_{k-1}, P_{k-2})$.
   c) En déduire que

$$\forall 2 \leqslant k \leqslant n,\ P_k = XP_{k-1} - \frac{(k-1)(k+1)}{(2k-1)(2k+1)}P_{k-2}.$$

   d) Calculer P_2 et P_3.

■

Exercice 3.23 – Polynômes de Tchebychev

On désigne par $\mathscr{C}([-1,1],\mathbb{R})$ le $\mathbb{R}$-espace vectoriel des fonctions continues sur $[-1,1]$ à valeurs dans $\mathbb{R}$.

1) Montrer que pour toute fonction $h \in \mathscr{C}([-1,1],\mathbb{R})$ la fonction $f(t) = \dfrac{h(t)}{\sqrt{1-t^2}}$ est intégrable sur $]-1,1[$.

2) Montrer que $\langle f|g\rangle = \displaystyle\int_{-1}^{1} \frac{f(t)g(t)}{\sqrt{1-t^2}}dt$ définit un produit scalaire sur $\mathscr{C}([-1,1],\mathbb{R})$, on note $\|\ .\ \|$ sa norme euclidienne.

3) *a*) Montrer que pour tout $n \in \mathbb{N}$, il existe un unique polynôme $T_n \in \mathbb{R}[X]$ de degré n vérifiant

$$\forall \theta \in \mathbb{R},\ T_n(\cos\theta) = \cos(n\theta),$$

les polynômes T_n sont appelés les polynômes de Tchebychev de la première espèce. Dans la suite on note a_n le coefficient dominant de T_n.

b) Montrer que pour tout $n \in \mathbb{N}^*$, le coefficient dominant de T_n est égale à 2^{n-1}.

c) En déduire que pour tout $n \in \mathbb{N}^*$, on a

$$T_n = 2^{n-1}\prod_{k=0}^{n-1}\left(X - \cos\left(\frac{(2k+1)\pi}{2n}\right)\right).$$

4) *a*) Montrer en utilisant le changement de variables $t = \cos\theta$ que

$$\forall f,g \in \mathscr{C}([-1,1],\mathbb{R}),\ \langle f|g\rangle = \int_0^{\pi} f(\cos\theta)g(\cos\theta)d\theta.$$

b) Montrer que la suite $(T_n)_{n\in\mathbb{N}}$ est orthogonale.

c) En déduire que pour tout $n \in \mathbb{N}$, $B_n = \{T_0,\dots,T_n\}$ est une base orthogonale de $\mathbb{R}_n[X]$.

5) Montrer que pour tout $f \in \mathscr{C}([-1,1],\mathbb{R})$, $\|f\| \leqslant \sqrt{\pi}\|f\|_\infty$.

6) En déduire que la suite $(T_n)_{n\in\mathbb{N}}$ est totale dans $\mathscr{C}([-1,1],\mathbb{R})$.

7) Montrer que pour tout $f \in \mathscr{C}([-1,1],\mathbb{R})$

$$f = \sum_{n=0}^{+\infty} \frac{\langle f|T_n\rangle}{\|T_n\|^2}T_n.$$

■

Exercice 3.24 – Déterminant de Gram

Soient $(E, \langle \mid \rangle)$ un espace préhilbertien réel et $\| \cdot \|$ sa norme euclidienne.

1) Pour tous $u, v \in E$, on considère la matrice $Gram(u, v)$ définie par

$$Gram(u,v) = \begin{pmatrix} \langle u|u\rangle & \langle u|v\rangle \\ \langle v|u\rangle & \langle v|v\rangle \end{pmatrix}$$

et $G(u, v) = \det(Gram(u, v))$. Montrer que

$$\forall u, v \in E,\ G(u, v) \geqslant 0,$$

avec égalité si et seulement u et v sont colinéaires.

2) Soit $u, v, w \in E$ et soient $Gram(u, v, w)$ la matrice définie par

$$Gram(u,v,w) = \begin{pmatrix} \langle u|u\rangle & \langle u|v\rangle & \langle u|w\rangle \\ \langle v|u\rangle & \langle v|v\rangle & \langle v|w\rangle \\ \langle w|u\rangle & \langle w|v\rangle & \langle w|w\rangle \end{pmatrix}$$

et $G(u, v, w) = \det(Gram(u, v, w))$.

a) Montrer que si w est orthogonal à u et v, alors

$$G(u, v, w) = G(u, v)\|w\|^2.$$

b) Montrer que si $w \in Vect(u, v)$, alors $G(u, v, w) = 0$.

c) On suppose que $w = x + y$ avec $x \in Vect(u, v)$ et $y \in \{u, v\}^{\perp}$. Montrer que $G(u, v, w) = G(u, v)\|y\|^2$.

d) Montrer que la famille $\{u, v, w\}$ est libre si et seulement si $G(u, v, w) \neq 0$.

■

Exercice 3.25

Soient $(E, \langle \mid \rangle)$ un espace euclidien tel que $dim E = n \in \mathbb{N}^*$, $u \in \mathscr{L}(E)$ et F un sous-espace vectoriel de E. Montrer que si $u \in \mathscr{O}(E)$, alors $u(F^{\perp}) = (u(F))^{\perp}$. ■

Exercice 3.26

On munit $\mathbb{R}^3$ de sa structure euclidienne canonique. Soient

$$A = \frac{1}{9}\begin{pmatrix} 7 & 4 & 4 \\ -4 & 8 & -1 \\ 4 & 1 & -8 \end{pmatrix}$$

et $u \in \mathscr{L}(\mathbb{R}^3)$ l'endomorphisme canoniquement associé à A.

1) Montrer que $u \in \mathscr{O}(\mathbb{R}^3)$.

2) Déterminer la nature de u et préciser ses éléments caractéristiques.

■

Exercice 3.27

On munit $\mathbb{R}^3$ de sa structure euclidienne canonique. Soient

$$A = \frac{1}{3}\begin{pmatrix} -1 & 2 & 2 \\ 2 & -1 & 2 \\ 2 & 2 & -1 \end{pmatrix}$$

et $u \in \mathscr{L}(\mathbb{R}^3)$ l'endomorphisme canoniquement associé à A.

1) Montrer que $u \in \mathscr{O}(\mathbb{R}^3)$.

2) Déterminer la nature de u et préciser ses éléments caractéristiques.

■

Exercice 3.28

On munit $\mathbb{R}^3$ de sa structure euclidienne canonique. Soient

$$A = \frac{1}{9}\begin{pmatrix} 1 & 4 & -8 \\ -8 & 4 & 1 \\ 4 & 7 & 4 \end{pmatrix}$$

et $u \in \mathscr{L}(\mathbb{R}^3)$ l'endomorphisme canoniquement associé à A.

1) Montrer que $u \in \mathscr{O}(\mathbb{R}^3)$.

2) Déterminer la nature de u et préciser ses éléments caractéristiques.

■

Exercice 3.29

On munit $\mathbb{R}^3$ de sa structure euclidienne canonique. Soient

$$A = \frac{1}{9}\begin{pmatrix} 7 & 4 & 4 \\ 4 & 1 & -8 \\ 4 & -8 & 1 \end{pmatrix}$$

et $u \in \mathscr{L}(\mathbb{R}^3)$ l'endomorphisme canoniquement associé à A.

1) Montrer que $u \in \mathscr{O}(\mathbb{R}^3)$.
2) Déterminer la nature de u et préciser ses éléments caractéristiques.

■

Exercice 3.30

Déterminer la matrice dans la base canonique de $\mathbb{R}^3$ de la réflexion par rapport au plan P d'équation $x - y + z = 0$. ■

Exercice 3.31

Déterminer la matrice dans la base canonique de $\mathbb{R}^3$ de la rotation r d'angle $\theta = \dfrac{\pi}{4}$ et d'axe Δ orienté par le vecteur $\omega = (1,1,0)$. ■

Exercice 3.32

On munit $\mathbb{R}^3$ de sa structure euclidienne canonique. Soient $a,b,c \in \mathbb{R}$ et

$$A = \begin{pmatrix} a & b & c \\ c & a & b \\ b & c & a \end{pmatrix}.$$

Soit $u \in \mathscr{L}(\mathbb{R}^3)$ l'endomorphisme canoniquement associé à A.

1) Montrer que $u \in \mathscr{O}(\mathbb{R}^3)$ si et seulement si $\begin{cases} a^2+b^2+c^2 = 1 \\ ab+ac+bc = 0 \end{cases}$.
2) Montrer que u est une réflexion si et seulement si $a = \dfrac{1}{3}$ et $b = c = -\dfrac{2}{3}$ et que dans ce cas u est la réflexion par rapport au plan P d'équation $x+y+z = 0$.

■

Exercice 3.33 – Compacité de $\mathcal{O}(n)$

Dans cet exercice, on se propose d'étudier la compacité du groupe $\mathcal{O}(n)$.

1) Montrer que pour tout $A = (a_{ij})_{1\leqslant i,j\leqslant n} \in \mathcal{O}(n)$, on a
$$\forall 1 \leqslant i,j \leqslant n,\ |a_{ij}| \leqslant 1.$$
2) Montrer que l'application ψ définie sur $\mathcal{M}_n(\mathbb{R})$ par $\psi(A) = {}^tAA$ est continue.
3) En déduire que $\mathcal{O}(n)$ est une partie compacte de $\mathcal{M}_n(\mathbb{R})$.
4) Montrer que pour tout $A \in \mathcal{O}(n)$, $Tr(A) \leqslant n$.
5) Montrer que pour tout $A \in \mathcal{O}(n)$ telle que $\det(A) < 0$, on a $Tr(A) \leqslant n-2$.

■

Exercice 3.34 – Automorphisme orthogonal diagonalisable

Soient $(E, \langle\ |\ \rangle)$ un espace euclidien tel que $dim E = n \in \mathbb{N}^*$ et $u \in \mathcal{O}(E)$. Montrer que u est diagonalisable si et seulement si u est une symétrie. ■

Exercice 3.35

Soient $(E, \langle\ |\ \rangle)$ un espace euclidien tel que $dim E = n \in \mathbb{N}^*$ et $u \in S(E)$. Montrer que s'il existe $p \in \mathbb{N}^*$ tel que $u^p = \mathrm{Id}_E$, alors u est une symétrie. ■

Exercice 3.36 – Endomorphisme à trace nulle

Soient $(E, \langle\ |\ \rangle)$ un espace euclidien tel que $dim E = n \in \mathbb{N}^*$ et $u \in \mathcal{L}(E)$. Le but de cet exercice est de montrer que $Tr(u) = 0$ si et seulement si, il existe une base orthonormale B de E telle que $\mathcal{M}(u, B)$ est à diagonale nulle.

1) Dans cette question on suppose que $n \geqslant 2$ et on se propose de montrer que si $Tr(u) = 0$, alors il existe $x \in E, x \neq 0$ tel que $\langle u(x)|x\rangle = 0$. Soit $B = \{e_1, \ldots, e_n\}$ une base de E.
   a) Montrer que si $Tr(u) = 0$ et si pour tout $1 \leqslant i \leqslant n$, $\langle u(e_i)|e_i\rangle \neq 0$, alors il existe $1 \leqslant i,j \leqslant n$ tels que $\langle u(e_i)|e_i\rangle > 0$ et $\langle u(e_j)|e_j\rangle < 0$.
   b) En déduire que si $Tr(u) = 0$ et si pour tout $1 \leqslant i \leqslant n$, on a $\langle u(e_i)|e_i\rangle \neq 0$, alors il existe $x \in E, x \neq 0$ tel que $\langle u(x)|x\rangle = 0$.
2) Conclure.
3) Montrer que $Tr(u) = 0$, si et seulement si, il existe une base orthonormale B de E, telle que $\mathcal{M}(u, B)$ est à diagonale nulle.

■

Exercice 3.37 – Décomposition d'un automorphisme orthogonal

Soient $(E, \langle \mid \rangle)$ un espace euclidien tel que $dim E = n \in \mathbb{N}^*$.

1) Soit $u \in \mathscr{L}(E)$ un endomorphisme antisymétrique de E, c'est à dire vérifiant

$$\forall x \in E,\ \langle u(x)|x\rangle = 0.$$

a) Montrer que $(u - \mathrm{Id}_E), (u + \mathrm{Id}_E) \in GL(E)$.

b) Montrer que $v = (\mathrm{Id}_E + u) \circ (\mathrm{Id}_E - u)^{-1} \in \mathscr{O}(E)$ et que $-1 \notin Sp(v)$.

2) Soit $v \in \mathscr{O}(E)$ tel que $-1 \notin Sp(v)$.

a) Montrer que $(v + \mathrm{Id}_E) \in GL(E)$.

b) Soit $u = (v + \mathrm{Id}_E)^{-1} \circ (v - \mathrm{Id}_E)$. Montrer que

$$v = (\mathrm{Id}_E + u) \circ (\mathrm{Id}_E - u)^{-1}.$$

c) Montrer que u est antisymétrique.

■

Exercice 3.38

Soit $(E, \langle \mid \rangle)$ un espace euclidien de dimension $n \in \mathbb{N}^*$ et soient F et G deux sous-espaces vectoriels de E tels que $dim F = dim G$. Montrer qu'il existe $u \in \mathscr{O}(E)$ tel que $u(F) = G$. ■

Exercice 3.39 – Matrice d'un endomorphisme symétrique

On munit $\mathbb{R}_2[X]$ du produit scalaire

$$\langle P|Q\rangle = \int_0^1 P(t)Q(t)dt.$$

Soit u l'application définie sur $\mathbb{R}_2[X]$ par

$$u(P) = ((X^2 - X)P')'.$$

1) Montrer que $u \in \mathscr{L}(\mathbb{R}_2[X])$.
2) Montrer que $u \in S(\mathbb{R}_2[X])$.
3) Soit B la base canonique de $\mathbb{R}_2[X]$. Déterminer $\mathscr{M}(u, B)$. Que peut-on déduire ?

■

Exercice 3.40 – Une famille d'endomorphismes symétriques

Soient $(E, \langle \mid \rangle)$ un espace euclidien de dimension $n \geqslant 2$, $a \in E$ un vecteur unitaire, $\alpha \in \mathbb{R}$ et $f_\alpha \in \mathscr{L}(E)$ l'endomorphisme de E défini par

$$f_\alpha(x) = x + \alpha \langle x|a \rangle a.$$

1) Montrer que pour tous $\alpha, \beta \in \mathbb{R}$, $f_\alpha \circ f_\beta = f_{\alpha+\beta+\alpha\beta}$.
2) En déduire que pour tous $\alpha, \beta \in \mathbb{R}$, $f_\alpha \circ f_\beta = f_\beta \circ f_\alpha$.
3) Montrer que pour tout $p \in \mathbb{N}$, $f_\alpha^p = f_{(\alpha+1)^p-1}$.
4) Montrer que f_α est inversible si et seulement si, $\alpha \neq -1$.
5) Montrer que pour tout $\alpha \in \mathbb{R}$, $f_\alpha \in S(E)$.
6) Montrer $f_\alpha \in \mathscr{O}(E)$ si et seulement si, $\alpha = 0$ ou $\alpha = -2$.

■

Exercice 3.41 – Endomorphisme symétrique et antisymétrique

Soient $(E, \langle \mid \rangle)$ un espace euclidien tel que $dim E = n \in \mathbb{N}^*$ et $u \in S(E)$. Montrer que si

$$\forall x \in E, \ \langle u(x)|x \rangle = 0,$$

alors $u = 0$. Autrement dit, l'endomorphisme nul est l'unique endomorphisme de E à la fois symétrique et antisymétrique. ■

Exercice 3.42 – Nature topologique de $S_n^+(\mathbb{R})$ et $S_n^{++}(\mathbb{R})$

Soit $A \in S_n(\mathbb{R})$.

— On dit que A est positive, si pour tout $X \in \mathscr{M}_{n,1}(\mathbb{R})$, ${}^tXAX \geqslant 0$. On note $S_n^+(\mathbb{R})$ l'ensemble des matrices symétriques positives.

— On dit que A est définie positive, si pour tout $X \in \mathscr{M}_{n,1}(\mathbb{R})$, $X \neq 0$, ${}^tXAX > 0$. On note $S_n^{++}(\mathbb{R})$ l'ensemble des matrices symétriques définies positives.

1) Montrer que $A \in S_n^+(\mathbb{R})$ si et seulement si $Sp(A) \subset \mathbb{R}_+$.
2) Montrer que $A \in S_n^{++}(\mathbb{R})$ si et seulement si $Sp(A) \subset \mathbb{R}_+^*$.
3) Montrer que $S_n^+(\mathbb{R})$ est un convexe fermé.
4) Montrer que $\overline{S_n^{++}(\mathbb{R})} = S_n^+(\mathbb{R})$ où $\overline{S_n^{++}(\mathbb{R})}$ désigne l'adhérence de $S_n^{++}(\mathbb{R})$.

■

Exercice 3.43 – Symétrique et nilpotente

Montrer que pour tout $A \in S_n(\mathbb{R})$, A est nilpotente si et seulement si $A = 0$. ■

Exercice 3.44 – Diagonalisabilité des matrices de Hilbert

Pour tout $n \in \mathbb{N}^*$ soit $H_n = (h_{ij})_{1 \leqslant i,j \leqslant n} \in \mathcal{M}_n(\mathbb{R})$ la matrice dite de Hilbert, définie par

$$\forall 1 \leqslant i, j \leqslant n,\ h_{ij} = \frac{1}{i+j-1}.$$

1) Calculer H_1, H_2 et H_3.
2) Montrer que pour tout $n \in \mathbb{N}^*$, H_n est diagonalisable.
3) Montrer $n \in \mathbb{N}^*$, H_n est positive, c'est à dire que

$$\forall X \in \mathcal{M}_{n,1}(\mathbb{R}),\ {}^tXH_nX \geqslant 0.$$

■

Exercice 3.45 – Norme subordonnée et rayon spectral

Soient $(E, \langle\ |\ \rangle)$ un espace euclidien tel que $dim E = n \in \mathbb{N}^*$, $\|\ \|$ la norme euclidienne et $u \in \mathcal{L}(E)$. On note $|||u|||$ la norme subordonnée de u associée à la norme euclidienne et $\rho(u)$ le rayon spectral de u, définis par

$$|||u||| = \sup_{\substack{x \in E \\ \|x\|=1}} \|u(x)\| \text{ et } \rho(u) = \max\{|\lambda| \mid \lambda \in Sp(u)\}.$$

Montrer que si u est symétrique, alors $\rho(u) = |||u|||$. ■

Exercice 3.46 – Racine carrée d'une matrice dans $S_n^{++}(\mathbb{R})$

Soient $A, R \in \mathcal{M}_n(\mathbb{R})$.

— On dit que R est une racine carrée de A, si $R^2 = A$.
— On dit que A est positive, si pour tout $X \in \mathcal{M}_{n,1}(\mathbb{R})$, ${}^tXAX \geqslant 0$. On note $S_n^+(\mathbb{R})$ l'ensemble des matrices symétriques positives.
— On dit que A est définie positive, si pour tout $X \in \mathcal{M}_{n,1}(\mathbb{R})$, $X \neq 0$, ${}^tXAX > 0$. On note $S_n^{++}(\mathbb{R})$ l'ensemble des matrices symétriques définies positives.

Le but de cet exercice est de montrer que toute matrice $A \in S_n^{++}(\mathbb{R})$ admet une unique racine carré dans $S_n^{++}(\mathbb{R})$.

1) Soit $A \in S_n(\mathbb{R})$.
   a) Énoncer le théorème spectral pour les matrices.
   b) Montrer que $A \in S_n^+(\mathbb{R})$ si et seulement si, $Sp(A) \subset \mathbb{R}_+$.
   c) Montrer que $A \in S_n^{++}(\mathbb{R})$ si et seulement si, $Sp(A) \subset \mathbb{R}_+^*$.
2) Soient $A, R, T \in S_n^+(\mathbb{R})$.
   a) Montrer que si R est une racine carrée de A, alors il existe un

polynôme $Q \in \mathbb{R}_n[X]$ tel que $R = Q(A)$. (On pourra utiliser les polynômes d'interpolation de Lagrange)

b) Montrer que si R et T sont deux racines carrées de A, alors il existe un polynôme $L \in \mathbb{R}_n[X]$ tel que $R = L(T)$.

c) En déduire que si R et T sont deux racines carrées de A, alors R et T commutent.

3) Soit $A \in S_n^{++}(\mathbb{R})$.

a) Montrer qu'il existe $R \in S_n^{++}(\mathbb{R})$ telle que R est une racine carrée de A.

b) Montrer que si $R, T \in S_n^{++}(\mathbb{R})$, alors $(R+T) \in S_n^{++}(\mathbb{R})$.

c) En déduire que si $R, T \in S_n^{++}(\mathbb{R})$, alors $(R+T) \in GL_n(\mathbb{R})$.

d) Montrer que si $R, T \in S_n^{++}(\mathbb{R})$ sont deux racines carrés de A, alors $(R+T)(R-T) = 0$.

e) En déduire que A admet une unique racine carré dans $S_n^{++}(\mathbb{R})$.

Ainsi, toute matrice $A \in S_n^{++}(\mathbb{R})$ admet une unique racine carrée $R \in S_n^{++}(\mathbb{R})$ qu'on note $R = \sqrt{A}$. ∎

Exercice 3.47 – Théorème de Courant-Fischer

Soit $n \in \mathbb{N}$ tel que $n \geqslant 2$, on munit $\mathscr{M}_{n,1}(\mathbb{R})$ du produit scalaire canonique $\langle \mid \rangle$ et de sa norme euclidienne $\| \, . \, \|$. Soit A une matrice symétrique réelle d'ordre n, on désigne par f l'endomorphisme de $\mathscr{M}_{n,1}(\mathbb{R})$ canoniquement associé à A.

1) Justifier qu'il existe une base orthonormale de l'espace euclidien $(\mathscr{M}_{n,1}(\mathbb{R}), \langle \mid \rangle)$ formée de vecteurs propres de f.

Dans la suite, on note $\lambda_1, \lambda_2, \ldots, \lambda_n$ les valeurs propres de f distinctes ou confondues, rangées dans l'ordre croissant et on désigne par $B' = \{e_1, \ldots, e_n\}$ une base orthonormale des vecteurs propres associés. Pour tout $k \in \{1, 2, \ldots, n\}$, on note V_k le sous-espace vectoriel de $\mathscr{M}_{n,1}(\mathbb{R})$ engendré par les vecteurs $e_1, \ldots, e_k$ et $\mathscr{F}_k$ l'ensemble de tous les sous-espaces vectoriels de $\mathscr{M}_{n,1}(\mathbb{R})$ qui sont de dimension k. Si v est un vecteur non nul de $\mathscr{M}_{n,1}(\mathbb{R})$, on appelle quotient de Rayleigh de A le réel

$$R_A(v) = \frac{\langle Av|v\rangle}{\|v\|^2} = \frac{\langle f(v)|v\rangle}{\|v\|^2}.$$

2) Calculer $R_A(e_k)$, pour tout $k \in \{1, 2, \ldots, n\}$.

3) Soit $v = \sum_{k=1}^{n} x_k e_k$ un élément de $\mathscr{M}_{n,1}(\mathbb{R})$. Exprimer $\langle f(v)|v\rangle$ et $\|v\|^2$ en fonction des x_k et λ_k.
4) Montrer que $\lambda_1 = \min\limits_{v\in\mathscr{M}_{n,1}(\mathbb{R})\setminus\{0\}} R_A(v)$ et $\lambda_n = \max\limits_{v\in\mathscr{M}_{n,1}(\mathbb{R})\setminus\{0\}} R_A(v)$.
5) Soient $1 \leqslant k \leqslant n$ et ω un vecteur non nul de V_k. Montrer que $R_A(\omega) \leqslant \lambda_k$ et conclure que

$$\lambda_k = \max_{\omega\in V_k\setminus\{0\}} R_A(\omega).$$

6) Soient $k \in \{1,2,\dots,n\}$ et $F \in \mathscr{F}_k$.
   a) Montrer que $dim(F \cap Vect(e_k,\dots,e_n)) \geqslant 1$.
   b) Soit ω un vecteur non nul de $F \cap Vect(e_k,\dots,e_n)$. Montrer que $R_A(\omega) \geqslant \lambda_k$.
   c) Déduire de ce qui précède que pour tout $1 \leqslant k \leqslant n$

$$\lambda_k = \min_{F\in\mathscr{F}_k}\left(\max_{v\in F\setminus\{0\}} R_A(v)\right) \quad \text{(Théorème de Courant-Fischer)}$$

7) Montrer que l'application $R_A : \mathscr{M}_{n,1}(\mathbb{R})\setminus\{0\} \longrightarrow \mathbb{R}$ est continue sur $\mathscr{M}_{n,1}(\mathbb{R})\setminus\{0\}$.
8) Montrer que l'ensemble $\mathscr{M}_{n,1}(\mathbb{R})\setminus\{0\}$ est connexe par arcs et en déduire que $R_A\left(\mathscr{M}_{n,1}(\mathbb{R})\setminus\{0\}\right)$ est un intervalle.
9) Montrer que

$$R_A(\mathscr{M}_{n,1}(\mathbb{R})\setminus\{0\}) = [\lambda_1, \lambda_n].$$

■

Exercice 3.48 – Matrices bistochastiques

On munit $\mathscr{M}_n(\mathbb{R})$ du produit scalaire canonique défini par

$$\forall A, B \in \mathscr{M}_n(\mathbb{R}),\ \langle A|B\rangle = Tr({}^tAB)$$

et de sa norme euclidienne $\|\ .\ \|$. On note $S_n(\mathbb{R})$ l'ensemble des matrices symétriques de $\mathscr{M}_n(\mathbb{R})$ et $\mathscr{O}(n)$ l'ensemble des matrice orthogonales de $\mathscr{M}_n(\mathbb{R})$.

Une matrice $M = (m_{ij})_{1 \leqslant i,j \leqslant n} \in \mathscr{M}_n(\mathbb{R})$ est dite bistochastique si

$$\forall 1 \leqslant i, j \leqslant n,\ m_{ij} \in [0,1],$$

$$\forall 1 \leqslant i \leqslant n,\ \sum_{j=1}^{n} m_{ij} = 1$$

et

$$\forall 1 \leqslant j \leqslant n,\ \sum_{i=1}^{n} m_{ij} = 1.$$

On désigne par $\mathfrak{S}_n$ le groupe symétrique des permutations de $[\![1,n]\!]$. Une matrice $K = (k_{ij})_{1 \leqslant i,j \leqslant n} \in \mathscr{M}_n(\mathbb{R})$ est dite matrice de permutation, s'il existe $\sigma \in \mathfrak{S}_n$ telle que

$$\forall 1 \leqslant i, j \leqslant n,\ k_{ij} = \delta_{\sigma(i)j},$$

où $\delta_{\sigma(i)j}$ désigne le symbole de Kronecker.

1) On note $\mathscr{B}_n(\mathbb{R})$ l'ensemble des matrices bistochastiques de $\mathscr{M}_n(\mathbb{R})$.
   a) Montrer que $\mathscr{B}_n(\mathbb{R})$ est une partie convexe de $\mathscr{M}_n(\mathbb{R})$. $\mathscr{B}_n(\mathbb{R})$ est-il un sous-espace vectoriel de $\mathscr{M}_n(\mathbb{R})$?
   b) Montrer que $\mathscr{B}_n(\mathbb{R})$ est une partie bornée de $\mathscr{M}_n(\mathbb{R})$. (On pourra considérer la norme infinie).
   c) Montrer que $\mathscr{B}_n(\mathbb{R})$ est une partie fermée de $\mathscr{M}_n(\mathbb{R})$.
   d) En déduire que $\mathscr{B}_n(\mathbb{R})$ est une partie compacte de $\mathscr{M}_n(\mathbb{R})$.
2) On note $\mathscr{P}_n(\mathbb{R})$ l'ensemble des matrices de permutation de $\mathscr{M}_n(\mathbb{R})$.
   a) Montrer que $\mathscr{P}_n(\mathbb{R}) \subset \mathscr{B}_n(\mathbb{R})$.
   b) Montrer que $\mathscr{P}_n(\mathbb{R})$ est une partie compacte de $\mathscr{M}_n(\mathbb{R})$.

   Dans la suite de cet exercice on admet le théorème de Birkhoff à savoir que toute matrice $A \in \mathscr{M}_n(\mathbb{R})$ est bistochastique si et seulement si

$$A = \sum_{i=1}^{p} \lambda_i P_i$$

   avec $p \leqslant (n-1)^2 + 1$ où $P_1, \ldots, P_p$ sont des matrices de permutation et $\lambda_1, \ldots, \lambda_p$ des réels positifs vérifiant $\sum_{i=1}^{p} \lambda_i = 1$.
3) Soit ψ une forme linéaire sur $\mathscr{M}_n(\mathbb{R})$. Montrer que ψ admet un minimum sur $\mathscr{B}_n(\mathbb{R})$ atteint en une matrice $P \in \mathscr{P}_n(\mathbb{R})$

4) Soient $A, B \in S_n(\mathbb{R})$.

   a) Montrer que pour tout $M \in \mathcal{M}_n(\mathbb{R})$ et pour tous $P, Q \in \mathcal{O}(n)$, on a

$$\|PMQ\| = \|M\|.$$

   b) Montrer qu'il existe deux matrices diagonales réelles D_A et D_B et une matrice orthogonale $P = (p_{ij})_{1 \leqslant i,j \leqslant n}$ telles que $\|A - B\|^2 = \|D_A P - P D_B\|^2$.

5) Soit $R = (r_{ij})_{1 \leqslant i,j \leqslant n} \in \mathcal{M}_n(\mathbb{R})$ telle que

$$\forall 1 \leqslant i, j \leqslant n, \; r_{ij} = p_{ij}^2.$$

   a) Montrer que la matrice R est bistochastique.

   b) Montrer que $\|A - B\|^2 = \sum_{1 \leqslant i,j \leqslant n} r_{ij} |\lambda_i(A) - \lambda_j(B)|^2$,

   où $\lambda_1(A), \ldots, \lambda_n(A)$ désignent les valeurs propres de A et $\lambda_1(B), \ldots, \lambda_n(B)$ celles de B.

■

Exercice 3.49 – Décomposition polaire

On munit $\mathcal{M}_n(\mathbb{R})$ du produit scalaire défini par

$$A, B \in \mathcal{M}_n(\mathbb{R}), \; \langle A|B \rangle = Tr({}^t AB).$$

On note $\| \, . \, \|$ la norme euclidienne et

$$S_n^+(\mathbb{R}) = \left\{ M \in S_n(\mathbb{R}) \mid {}^t XMX \geqslant 0, \; \forall X \in \mathcal{M}_{n,1}(\mathbb{R}) \right\}.$$

1) Soit $A \in S_n(\mathbb{R})$.

   a) Montrer qu'une matrice $A \in S_n^+(\mathbb{R})$ si et seulement si $Sp(A) \subset \mathbb{R}_+$.

   a) Montrer qu'une matrice $A \in S_n^{++}(\mathbb{R})$ si et seulement si $Sp(A) \subset \mathbb{R}_+^*$.

   c) Montrer que pour tout $A \in \mathcal{M}_n(\mathbb{R})$, ${}^t AA \in S_n^+(\mathbb{R})$.

2) Soit $A \in \mathcal{M}_n(\mathbb{R})$, on suppose qu'il existe une matrice diagonale $D = diag(d_1, \ldots, d_n)$ à termes positifs telle que ${}^t AA = D^2$. On note $A_1, \ldots, A_n$ les matrices de $\mathcal{M}_{n,1}(\mathbb{R})$ qui forment les colonnes de la matrice A.

a) Montrer que
$$\forall 1 \leqslant i,j \leqslant n,\ {}^tA_iA_j = d_i^2\delta_{ij},$$
où δ_{ij} désigne le symbole de Kronecker.

b) Montrer que qu'il existe une base orthonormale $B = (E_1,\dots,E_n)$ de $\mathscr{M}_{n,1}(\mathbb{R})$ (pour le produit scalaire canonique) vérifiant
$$\forall 1 \leqslant i \leqslant n,\ A_i = d_iE_i.$$

c) En déduire qu'il existe une matrice $E \in \mathscr{O}(n)$ telle que $A = ED$.

3) Soit $A, B \in \mathscr{M}_n(\mathbb{R})$ vérifiant ${}^tAA = {}^tBB$.

a) Montrer qu'il existe une matrice diagonale $D \in \mathscr{M}_n(\mathbb{R})$ à termes positifs et une matrice orthogonale $P \in \mathscr{O}(n)$ telles que
$$P^{-1t}AAP = P^{-1t}BBP = D^2.$$

b) Montrer qu'il existe une matrice $U \in \mathscr{O}(n)$ telle que $A = UB$.

4) Déduire des questions précédentes le théorème de décomposition polaire à savoir que pour toute matrice $A \in \mathscr{M}_n(\mathbb{R})$, il existe une matrice $U \in \mathscr{O}(n)$ et une matrice $S \in S_n^+(\mathbb{R})$ telles que $A = US$.

5) Montrer que si $A \in GL_n(\mathbb{R})$, alors il existe une matrice $U \in \mathscr{O}(n)$ et une matrice $S \in S_n^{++}(\mathbb{R})$ uniques telles que $A = US$. (On pourra utiliser les résultats de l'Exercice 3.46)

■

Exercice 3.50 – Décomposition en valeurs singulières
On munit $\mathscr{M}_{n,1}(\mathbb{R})$ du produit scalaire canonique, pour toute matrice $A \in \mathscr{M}_n(\mathbb{R})$, on dit que A est positive si

$$\forall X \in \mathscr{M}_{n,1}(\mathbb{R}),\ {}^tXAX \geqslant 0.$$

Dans la suite on note $S_n^+(\mathbb{R})$ l'ensemble des matrices symétriques positives de $\mathscr{M}_n(\mathbb{R})$. Soit $A \in \mathscr{M}_n(\mathbb{R})$ une matrice non nulle.

1) Montrer que si $A \in S_n(\mathbb{R})$, alors $A \in S_n^+(\mathbb{R})$ si et seulement si $Sp(A) \subset \mathbb{R}_+$.
2) Montrer que ${}^tAA \in S_n^+(\mathbb{R})$.
3) Montrer qu'il existe une matrice $P \in \mathscr{O}(n)$ et une matrice $D \in \mathscr{M}_n(\mathbb{R})$ diagonale, telles que
$$ {}^tAA = PD^tP.$$
4) Montrer que $Sp({}^tAA) \subset \mathbb{R}_+$.
5) Soient $\lambda_1, \dots, \lambda_p$ les valeurs propres non nulles de ${}^tAA$, $\lambda_{p+1}, \dots, \lambda_n$ les valeurs propres nulles et $B = \{V_1, \dots, V_n\}$ une base orthonormale de $\mathscr{M}_{n,1}(\mathbb{R})$ formée des vecteurs propres de ${}^tAA$ respectivement associés aux valeurs propres $\lambda_1, \dots, \lambda_n$. Pour tout $1 \leqslant i \leqslant n$, on pose $\sigma_i = \sqrt{\lambda_i}$, $\sigma_1, \dots, \sigma_n$ sont appelés les valeurs singulières de A.
Pour tout $1 \leqslant i \leqslant p$, on pose $U_i = \dfrac{1}{\sigma_i} AV_i$.
   a) Montrer que $B_1 = \{U_1, \dots, U_p\}$ est une famille orthonormale de $\mathscr{M}_{n,1}(\mathbb{R})$.
   b) Montrer que $dim Ker(A) = dim Ker({}^tA)$.
   c) Soit $B_2 = \{U_{p+1}, \dots, U_n\}$ une base orthonormale de $Ker({}^tA)$. Montrer que $B' = \{U_1, \dots, U_n\}$ est une base orthonormale de $\mathscr{M}_{n,1}(\mathbb{R})$.
6) Soit $\Delta = (\Delta_{ij})_{1 \leqslant i,j \leqslant n} \in \mathscr{M}_n(\mathbb{R})$ la matrice diagonale définie par
$$\forall 1 \leqslant i \leqslant n,\ \Delta_{ii} = \sigma_i.$$
Montrer qu'il existe deux matrices $P, Q \in \mathscr{O}(n)$ telles que
$$A = Q\Delta P.$$
Cette décomposition s'appelle une décomposition en valeur singulière de A.

■

3.7 Solutions des exercices du chapitre 3

■ Solution de l'exercice 3.1

Pour tous $f,g,h \in \mathscr{C}_{2\pi}(\mathbb{R})$ et pour tous $\alpha,\beta \in \mathbb{R}$, on a

$$\begin{aligned}\varphi(\alpha f+\beta g,h) &= \int_{-\pi}^{\pi}(\alpha f+\beta g)(t)h(t)dt \\ &= \int_{-\pi}^{\pi}(\alpha f(t)+\beta g(t))h(t)dt \\ &= \alpha\int_{-\pi}^{\pi}f(t)h(t)dt+\beta\int_{-\pi}^{\pi}g(t)h(t)dt \\ &= \alpha\varphi(f,h)+\beta\varphi(g,h)\end{aligned}$$

et

$$\varphi(g,f) = \int_{-\pi}^{\pi}g(t)f(t)dt = \int_{-\pi}^{\pi}f(t)g(t)dt$$

et par suite $\varphi \in BS(\mathscr{C}_{2\pi}(\mathbb{R}))$. Par ailleurs, pour tout $f \in \mathscr{C}_{2\pi}(\mathbb{R})$, on a

$$\varphi(f,f) = \int_{-\pi}^{\pi}f(t)^2dt \geqslant 0$$

et

$$\varphi(f,f) = \int_{-\pi}^{\pi}f(t)^2dt = 0 \iff f(t) = 0 \forall t \in [-\pi,\pi] \iff f = 0,$$

car f est continue et périodique de période 2π. Ainsi, φ est bilinéaire symétrique définie positive et donc un produit scalaire sur $\mathscr{C}_{2\pi}(\mathbb{R})$.

■ Solution de l'exercice 3.2

On munit $\mathscr{C}([a,b],\mathbb{R})$ du produit scalaire

$$\langle f|g\rangle = \int_a^b f(x)g(x)dx.$$

En considérant les fonctions $f(x) = 1$ et $g(x) = \frac{1}{x}$, on en déduit d'après l'inégalité de Cauchy-Schwarz que

$$\begin{aligned}\int_a^b \frac{dx}{x} &= \langle f|g\rangle \leqslant |\langle f|g\rangle| \\ &\leqslant \|f\|\|g\| \\ &= \left(\int_a^b dx\right)^{\frac{1}{2}} \left(\int_a^b \frac{dx}{x^2}\right)^{\frac{1}{2}} \\ &= \sqrt{b-a}\left(\frac{-1}{b} + \frac{1}{a}\right)^{\frac{1}{2}} \\ &= \frac{b-a}{\sqrt{ab}}.\end{aligned}$$

■ Solution de l'exercice 3.3

On considère l'espace $L^2(\mathbb{R}_+)$ des fonctions $f : \mathbb{R}_+ \longrightarrow \mathbb{R}$ vérifiant

$$\int_0^{+\infty} f(x)^2 dx < +\infty.$$

On sait alors que $L^2(\mathbb{R}_+)$ est un $\mathbb{R}$-espace vectoriel. On munit l'espace $L^2(\mathbb{R}_+)$ du produit scalaire

$$\langle f|g\rangle = \int_0^{+\infty} f(x)g(x)dx.$$

En considérant les fonctions $f(x) = e^{-\frac{x}{2}}$ et $g(x) = \frac{1}{\sqrt{1+x^2}}$, on en déduit d'après l'inégalité de Cauchy-Schwarz que

$$\begin{aligned}\int_0^{+\infty} \frac{e^{-\frac{x}{2}}}{\sqrt{1+x^2}} dx &= \langle f|g\rangle \leqslant |\langle f|g\rangle| \\ &\leqslant \|f\|\|g\| \\ &= \left(\int_0^{+\infty} e^{-x} dx\right)^{\frac{1}{2}} \left(\int_0^{+\infty} \frac{dx}{1+x^2}\right)^{\frac{1}{2}} \\ &= \sqrt{\frac{\pi}{2}}.\end{aligned}$$

■ Solution de l'exercice 3.4

D'après l'inégalité de Minkowski, on en déduit que pour tous $x, y \in E$, on a

$$\begin{aligned}
2+\|x+y\|^2 &\leqslant 2+(\|x\|+\|y\|)^2 \\
&= 2+\|x\|^2+\|y\|^2+2\|x\|\|y\| \\
&\leqslant 2+\|x\|^2+\|y\|^2+2\|x\|\|y\|+(\|x\|-\|y\|)^2+2\|x\|^2\|y\|^2 \\
&= 2+2\|x\|^2+2\|y\|^2+2\|x\|^2\|y\|^2 \\
&= 2(1+\|x\|^2)(1+\|y\|^2).
\end{aligned}$$

■ Solution de l'exercice 3.5

1) Pour tout $A, B, C \in \mathscr{M}_n(\mathbb{R})$ et $\alpha, \beta \in \mathbb{R}$, on a

$$\langle B|A\rangle = Tr({}^tBA) = Tr({}^t({}^tBA)) = Tr({}^tAB) = \langle A|B\rangle$$

et

$$\begin{aligned}
\langle \alpha A+\beta B|C\rangle &= Tr({}^t(\alpha A+\beta B)C) = Tr((\alpha{}^tA+\beta{}^tB)C) = Tr(\alpha{}^tAC+\beta{}^tBC) \\
&= \alpha Tr({}^tAC)+\beta Tr({}^tBC) = \alpha\langle A|C\rangle+\beta\langle B|C\rangle
\end{aligned}$$

et par suite l'application $(A,B) \longmapsto \langle A|B\rangle$ est une forme bilinéaire symétrique sur $\mathscr{M}_n(\mathbb{R})$.

Soit $A = (a_{ij})_{1\leqslant i,j\leqslant n} \in \mathscr{M}_n(\mathbb{R})$, on pose ${}^tAA = (c_{ij})_{1\leqslant i,j\leqslant n}$, alors

$$\forall 1 \leqslant i, j \leqslant n,\ c_{ij} = \sum_{k=1}^{n} a_{ki}a_{kj}$$

et par suite

$$\langle A|A\rangle = Tr({}^tAA) = \sum_{i=1}^{n} c_{ii} = \sum_{i=1}^{n}\sum_{k=1}^{n} a_{ki}^2 \geqslant 0.$$

De plus

$$\begin{aligned}
\langle A|A\rangle = 0 &\iff \sum_{i=1}^{n}\sum_{k=1}^{n} a_{ki}^2 = 0 \\
&\iff a_{ki} = 0,\ \forall 1 \leqslant i,k \leqslant n \\
&\iff A = 0.
\end{aligned}$$

En conclusion l'application $(A,B) \longmapsto \langle A|B\rangle$ est un produit scalaire sur $\mathscr{M}_n(\mathbb{R})$.

2) Soit $A = (a_{ij})_{1 \leqslant i,j \leqslant n} \in \mathscr{M}_n(\mathbb{R})$, alors d'après l'inégalité de Cauchy-Schwarz, on a

$$\langle A|I_n\rangle^2 \leqslant \|A\|^2 \|I_n\|^2,$$

où $\| \, . \, \|$ désigne la norme euclidienne. Or,

$$\langle A|I_n\rangle^2 = (Tr(A))^2 = \left(\sum_{i=1}^{n} a_{ii}\right)^2,$$

$$\|A\|^2 = Tr({}^tAA) = \sum_{i=1}^{n}\sum_{j=1}^{n} a_{ij}^2$$

et

$$\|I_n\|^2 = n.$$

Ainsi,

$$\left(\sum_{i=1}^{n} a_{ii}\right)^2 \leqslant n \sum_{i=1}^{n}\sum_{j=1}^{n} a_{ij}^2.$$

3) On sait déjà que $\mathscr{M}_n(\mathbb{R}) = S_n(\mathbb{R}) \oplus \mathscr{A}_n(\mathbb{R})$. Soit $A \in S_n(\mathbb{R})$ et $B \in \mathscr{A}_n(\mathbb{R})$, alors ${}^tA = A$ et ${}^tB = -B$ et par suite

$$\langle A|B\rangle = Tr({}^tAB) = Tr(AB) = Tr(-A^tB) = -Tr({}^tBA) = -\langle B|A\rangle = -\langle A|B\rangle,$$

par conséquent $\langle A|B\rangle = 0$ et donc $S_n(\mathbb{R}) \perp \mathscr{A}_n(\mathbb{R})$.

4) Pour tout $A \in \mathscr{M}_n(\mathbb{R})$, on a

$$A = \underbrace{\frac{A + {}^tA}{2}}_{\in S_n(\mathbb{R})} + \underbrace{\frac{A - {}^tA}{2}}_{\in \mathscr{A}_n(\mathbb{R})}.$$

Cela implique que pour tout $A \in \mathscr{M}_n(\mathbb{R})$, on a

$$d(A, S_n(\mathbb{R})) = \|A - P_{S_n(\mathbb{R})}(A)\| = \|P_{\mathscr{A}_n(\mathbb{R})}(A)\| = \left\|\frac{A - {}^tA}{2}\right\|$$

et

$$d(A, \mathscr{A}_n(\mathbb{R})) = \|A - P_{\mathscr{A}_n(\mathbb{R})}(A)\| = \|P_{S_n(\mathbb{R})}(A)\| = \left\|\frac{A + {}^tA}{2}\right\|.$$

5) On a

$$P_{S_3(\mathbb{R})}(A) = \frac{A + {}^tA}{2} = \begin{pmatrix} 1 & 0 & 0 \\ 0 & -1 & -1 \\ 0 & -1 & -2 \end{pmatrix}$$

et par suite

$$d(A, A_3(\mathbb{R})) = \|P_{S_3(\mathbb{R})}(A)\| = \sqrt{1^2 + (-1)^2 + (-1)^2 + (-1)^2 + (-2)^2} = 2\sqrt{2}.$$

▪ Solution de l'exercice 3.6

1) Pour montrer que f est une forme linéaire sur E, il faut et il suffit de montrer que

$$\forall x \in E, \lambda \in \mathbb{R}, \; f(\lambda x) = \lambda f(x).$$

Dans une première étape on souhaite montrer cette propriété pour tout $n \in \mathbb{N}$ et ensuite pour tout $n \in \mathbb{Z}$. En effet, soit $x \in E$, on raisonne par récurrence sur $n \in \mathbb{N}$.

— Pour $n = 0$, on a $f(0) = f(0+0) = f(0) + f(0)$ et par suite $f(0) = 0$.

— Soit $n \in \mathbb{N}$ et supposons que $f(nx) = nf(x)$, alors

$$f((n+1)x) = f(nx+x) = f(nx) + f(x) = nf(x) + f(x) = (n+1)f(x).$$

En conclusion,

$$\forall x \in E, \forall n \in \mathbb{N}, \; f(nx) = nf(x).$$

Soit maintenant $x \in E$ et $n \in \mathbb{Z}_-$, alors $-n \in \mathbb{N}$ et par suite

$$0 = f(0) = f(nx + (-nx)) = f(nx) + f(-nx) = f(nx) - nf(x)$$

Ainsi,

$$\forall x \in E, \forall n \in \mathbb{Z}, \; f(nx) = f(nx).$$

Dans la deuxième étape, on va montrer que cette propriété reste vraie dans $\mathbb{Q}$ et puis dans $\mathbb{R}$, ce qui achèvera la réponse. Soit $r \in \mathbb{Q}$, on sait alors qu'il existe $p \in \mathbb{Z}$ et $q \in \mathbb{Z}^*$ tels que $r = \frac{p}{q}$, par conséquent pour tout $x \in E$, on a

$$qf(\frac{p}{q}x) = f(q\frac{p}{q}x) = f(px) = pf(x)$$

et donc

$$\forall x \in E, \forall r \in \mathbb{Q}, \; f(rx) = rf(x).$$

Soit maintenant, $\lambda \in \mathbb{R}$, comme $\overline{\mathbb{Q}} = \mathbb{R}$, on en déduit qu'il existe une suite $(r_n)_{n\in\mathbb{N}} \subset \mathbb{Q}$ telle que $\lim_{n\to+\infty} r_n = \lambda$ et par suite comme f est continue, on a

$$\forall x \in E, \; f(\lambda x) = f(\lim_{n\to+\infty} r_n x) = \lim_{n\to+\infty} f(r_n x) = \lim_{n\to+\infty} r_n f(x) = \lambda f(x).$$

2) Si $\|\,.\,\|$ est une norme euclidienne alors il existe un produit scalaire ψ sur E tel que

$$\forall x \in E, \; \|x\| = \sqrt{\psi(x,x)}.$$

Par conséquent,

$$\begin{aligned}\|x+y\|^2+\|x-y\|^2 &= \|x\|^2+\|y\|^2+2\psi(x,y)+\|x\|^2+\|y\|^2-2\psi(x,y)\\ &= 2(\|x\|^2+\|y\|^2)\end{aligned}$$

3) *a*) On considère les applications

$$\begin{aligned} f: E\times E &\longrightarrow E\\ (x,y) &\longmapsto x+y \end{aligned}$$

$$\begin{aligned} g: E\times E &\longrightarrow E\\ (x,y) &\longmapsto x-y \end{aligned}$$

Alors, f et g sont linéaires vérifiant

$$\forall (x,y)\in E\times E,\ \|f(x,y)\| = \|x+y\| \leqslant \|x\|+\|y\| \leqslant 2\|(x,y)\|_{E\times E},$$

et

$$\forall (x,y)\in E\times E,\ \|g(x,y)\| = \|x-y\| \leqslant \|x\|+\|y\| \leqslant 2\|(x,y)\|_{E\times E}.$$

Par conséquent, f et g sont continues sur $E\times E$. Par ailleurs, l'application $z\mapsto \|z\|^2$ est continue sur E et par suite φ est continue comme composée d'applications continues.

b) Soient $x,y,z\in E$, comme la norme $\|\ .\ \|$ vérifie l'identité du parallélogramme, on en déduit que

$$\begin{aligned}4(\varphi(x+y,z)+\varphi(x-y,z)) &= \|x+y+z\|^2-\|x+y-z\|^2+\|x-y+z\|^2\\ &\quad -\|x-y-z\|^2\\ &= \|(x+z)+y\|^2+\|(x+z)-y\|^2-\|(x-z)+y\|^2\\ &\quad -\|(x-z)-y\|^2\\ &= 2(\|x+z\|^2+\|y\|^2)-2(\|x-z\|^2+\|y\|^2)\\ &= 2(\|x+z\|^2-\|x-z\|^2) = 8\varphi(x,z).\end{aligned}$$

c) On prend $x=y$ dans la question précédente en remarquant que pour tout $z\in E$, on a

$$\varphi(0,z) = \frac{1}{4}(\|z\|^2-\|-z\|^2) = 0.$$

Par conséquent, en combinant les questions *b*) et *c*), on obtient que

$$\varphi(2x,z) = 2\varphi(x,z).$$

d) On a

$$\forall x,y,z \in E,\ \varphi(x+y,z)+\varphi(x-y,z)=2\varphi(x,z)=\varphi(2x,z)$$

par conséquent

$$\begin{aligned}\forall x,y,z \in E,\ \varphi(x,z)+\varphi(y,z) &= \varphi\left(\frac{x+y}{2}+\frac{x-y}{2},z\right)+\varphi\left(\frac{x+y}{2}-\frac{x-y}{2},z\right)\\ &= \varphi\left(2\frac{x+y}{2},z\right)\\ &= \varphi(x+y,z).\end{aligned}$$

et par suite

$$\forall x,y,z \in E,\ \varphi(x+y,z)=\varphi(x,z)+\varphi(y,z).$$

Pour tout $z \in E$, soit ℓ_z l'application définie sur E par $\ell_z(x)=\varphi(x,z)$, alors d'après 3) *a*) ℓ_z est continue et d'après ce qui précède

$$\forall x,y \in E,\ \ell_z(x+y)=\varphi(x+y,z)=\varphi(x,z)+\varphi(y,z)=\ell_z(x)+\ell_z(y).$$

Ainsi, en vertu de la question 1) on en déduit que ℓ_z est une forme linéaire continue sur E ce qui signifie que φ est linéaire par rapport à la première variable, comme φ est symétrique alors $\varphi \in BS(E)$. De plus, pour tout $x \in E, x \neq 0$, on a

$$\varphi(x,x)=\|x\|^2>0.$$

En conclusion, φ est un produit scalaire sur E.
e) On a

$$\forall x \in E,\ \|x\|=\sqrt{\varphi(x,x)}.$$

▪ Solution de l'exercice 3.7

1) On a,

(Positivité) Pour tout $x=(x_1,\dots,x_n)\in\mathbb{R}^n$, $\|x\|_\infty=\sup_{1\leqslant i\leqslant n}|x_i|\in\mathbb{R}_+$.

(Séparation) Pour tout $x=(x_1,\dots,x_n)\in\mathbb{R}^n$, on a

$$\begin{aligned}\|x\|_\infty=0 \iff \sup_{1\leqslant i\leqslant n}|x_i|=0 &\iff |x_i|=0,\ \forall 1\leqslant i\leqslant n\\ &\iff x_i=0,\ \forall 1\leqslant i\leqslant n \iff x=0.\end{aligned}$$

(Homogénéité) Pour tout $x=(x_1,\dots,x_n)\in\mathbb{R}^n$, $\lambda\in\mathbb{R}$, on a

$$\|\lambda x\|_\infty=\sup_{1\leqslant i\leqslant n}|\lambda x_i|=\sup_{1\leqslant i\leqslant n}|\lambda||x_i|=|\lambda|\sup_{1\leqslant i\leqslant n}|x_i|=|\lambda|\|x\|_\infty.$$

(Sous additivité) Pour tout $x = (x_1, \dots, x_n), y = (y_1, \dots, y_n) \in \mathbb{R}^n$, on a

$$\begin{aligned}\|x+y\|_\infty &= \sup_{1\leqslant i\leqslant n} |x_i+y_i| \\ &\leqslant \sup_{1\leqslant i\leqslant n} |x_i|+|y_i| \\ &\leqslant \sup_{1\leqslant i\leqslant n} |x_i| + \sup_{1\leqslant i\leqslant n} |y_i| \\ &\leqslant \|x\|_\infty + \|y\|_\infty.\end{aligned}$$

De la même manière, on a

— (Positivité) Pour tout $x = (x_1, \dots, x_n) \in \mathbb{R}^n$, $\|x\|_1 = \sum_{i=1}^{n} |x_i| \in \mathbb{R}_+$.

— (Séparation) Pour tout $x = (x_1, \dots, x_n) \in \mathbb{R}^n$, on a

$$\begin{aligned}\|x\|_1 = 0 &\iff \sum_{i=1}^{n} |x_i| = 0 \iff |x_i| = 0,\ \forall 1 \leqslant i \leqslant n \\ &\iff x_i = 0,\ \forall 1 \leqslant i \leqslant n \iff x = 0.\end{aligned}$$

— (Homogénéité) Pour tout $x = (x_1, \dots, x_n) \in \mathbb{R}^n$, $\lambda \in \mathbb{R}$, on a

$$\|\lambda x\|_1 = \sum_{i=1}^{n} |\lambda x_i| = \sum_{i=1}^{n} |\lambda||x_i| = |\lambda| \sum_{i=1}^{n} |x_i| = |\lambda| \|x\|_1.$$

— (Sous additivité) Pour tout $x = (x_1, \dots, x_n), y = (y_1, \dots, y_n) \in \mathbb{R}^n$, on a

$$\begin{aligned}\|x+y\|_1 &= \sum_{i=1}^{n} |x_i+y_i| \leqslant \sum_{i=1}^{n} |x_i|+|y_i| \\ &\leqslant \sum_{i=1}^{n} |x_i| + \sum_{i=1}^{n} |y_i| \leqslant \|x\|_1 + \|y\|_1\end{aligned}$$

Ainsi, $\| \,.\, \|_1$ est une norme sur $\mathbb{R}^n$.

2) *a*) Si $a = 0$ ou $b = 0$, le résultat est évident. Supposons que $a > 0$ et $b > 0$, comme la fonction logarithme est concave sur $\mathbb{R}_+^*$, on en déduit que

$$\ln\left(\frac{a^p}{p} + \frac{b^q}{q}\right) \geqslant \frac{\ln(a^p)}{p} + \frac{\ln(b^q)}{q} = \ln(a) + \ln(b) = \ln(ab)$$

et puisque la fonction exponentielle est croissante, on en déduit que

$$ab \leqslant \frac{a^p}{p} + \frac{b^q}{q}.$$

$b)$ Si $x=0$ ou $y=0$ le résultat est évident, supposons dans la suite que $x \neq 0$ et $y \neq 0$.

— Si $\sum_{i=1}^{n} |x_i|^p = \sum_{i=1}^{n} |y_i|^q = 1$, on sait alors d'après la question 2) $a)$ que pour tout $1 \leqslant i \leqslant n$, on a

$$|x_i||y_i| \leqslant \frac{|x_i|^p}{p} + \frac{|y_i|^q}{q}$$

et par suite

$$\sum_{i=1}^{n} |x_i||y_i| \leqslant \sum_{i=1}^{n} \frac{|x_i|^p}{p} + \sum_{i=1}^{n} \frac{|y_i|^q}{q} = \frac{1}{p} + \frac{1}{q} = 1 = \left(\sum_{i=1}^{n} |x_i|^p\right)^{\frac{1}{p}} \left(\sum_{i=1}^{n} |x_i|^q\right)^{\frac{1}{q}}.$$

— Cas général : Soient $x = (x_1, \ldots, x_n)$, $y = (y_1, \ldots, y_n) \in \mathbb{R}^n$ tels que $x \neq 0$ et $y \neq 0$, pour tout $1 \leqslant i \leqslant n$ on pose $z_i = \frac{|x_i|}{\left(\sum_{k=1}^{n} |x_k|^p\right)^{\frac{1}{p}}}$ et $t_i = \frac{|y_i|}{\left(\sum_{k=1}^{n} |y_k|^q\right)^{\frac{1}{q}}}$, alors $\sum_{i=1}^{n} |z_i|^p = \sum_{i=1}^{n} |t_i|^q = 1$ et par suite d'après ce qui précède, on a $\sum_{i=1}^{n} |z_i||t_i| \leqslant 1$, ce qui implique que

$$\sum_{i=1}^{n} |x_i||y_i| \leqslant \left(\sum_{i=1}^{n} |x_i|^p\right)^{\frac{1}{p}} \left(\sum_{i=1}^{n} |y_i|^q\right)^{\frac{1}{q}}.$$

$c)$ On a

— (Positivité) Pour tout $x = (x_1, \ldots, x_n) \in \mathbb{R}^n$, $\|x\|_p = \left(\sum_{i=1}^{n} |x_i|^p\right)^{\frac{1}{p}} \in \mathbb{R}_+$.

— (Séparation) Pour tout $x = (x_1, \dots, x_n) \in \mathbb{R}^n$, on a

$$\begin{aligned} \|x\|_p = 0 &\iff \left(\sum_{i=1}^n |x_i|^p\right)^{\frac{1}{p}} = 0 \\ &\iff \sum_{i=1}^n |x_i|^p = 0 \\ &\iff |x_i| = 0,\ \forall 1 \leqslant i \leqslant n \\ &\iff x_i = 0,\ \forall 1 \leqslant i \leqslant n \\ &\iff x = 0. \end{aligned}$$

— (Homogénéité) Pour tout $x = (x_1, \dots, x_n) \in \mathbb{R}^n$, $\lambda \in \mathbb{R}$, on a

$$\|\lambda x\|_p = \left(\sum_{i=1}^n |\lambda x_i|^p\right)^{\frac{1}{p}} = \left(\sum_{i=1}^n |\lambda||x_i|^p\right)^{\frac{1}{p}} = |\lambda| \left(\sum_{i=1}^n |x_i|^p\right)^{\frac{1}{p}} = |\lambda|\|x\|_p.$$

— (Sous additivité) Soient $x = (x_1, \dots, x_n), y = (y_1, \dots, y_n) \in \mathbb{R}^n$, si $x = 0$ alors

$$\|x+y\|_p = \|y\|_p = \|x\|_p + \|y\|_p$$

de même si $y = 0$ alors

$$\|x+y\|_p = \|x\|_p = \|x\|_p + \|y\|_p.$$

Supposons dans la suite que $x \neq 0$ et $y \neq 0$. Alors

$$\begin{aligned} \|x+y\|_p^p &= \sum_{i=1}^n |x_i + y_i|^p \\ &= \sum_{i=1}^n |x_i + y_i||x_i + y_i|^{p-1} \\ &\leqslant \sum_{i=1}^n (|x_i| + |y_i|)|x_i + y_i|^{p-1} \\ &\leqslant \sum_{i=1}^n |x_i||x_i + y_i|^{p-1} + \sum_{i=1}^n |y_i||x_i + y_i|^{p-1}. \end{aligned}$$

Soit q l'exposant conjugué de p, c'est à dire vérifiant $\dfrac{1}{p}+\dfrac{1}{q}=1$, alors d'après l'inégalité de Hölder établie dans la question $2)\,b)$, on en déduit que

$$\begin{aligned}
\|x+y\|_p^p &\leqslant \sum_{i=1}^n |x_i||x_i+y_i|^{p-1}+\sum_{i=1}^n |y_i||x_i+y_i|^{p-1}\\
&\leqslant \left(\sum_{i=1}^n |x_i|^p\right)^{\frac{1}{p}}\left(\sum_{i=1}^n |x_i+y_i|^{q(p-1)}\right)^{\frac{1}{q}}\\
&+\left(\sum_{i=1}^n |y_i|^p\right)^{\frac{1}{p}}\left(\sum_{i=1}^n |x_i+y_i|^{q(p-1)}\right)^{\frac{1}{q}}\\
&=\|x\|_p\|x+y\|_p^{\frac{p}{q}}+\|y\|_p\|x+y\|_p^{\frac{p}{q}}\\
&=(\|x\|_p+\|y\|_p)\|x+y\|_p^{\frac{p}{q}}.
\end{aligned}$$

et par suite

$$\|x+y\|_p=\|x+y\|_p^{p-\frac{p}{q}}\leqslant \|x\|_p+\|y\|_p.$$

Ainsi, pour tout $1<p<+\infty$, $\|\,.\,\|_p$ est une norme sur $\mathbb{R}^n$.
3) Soient $e_1=(1,0,\ldots,0)$ et $e_2=(0,1,0,\ldots,0)$. Alors,

$$\|e_1+e_2\|_\infty^2+\|e_1-e_2\|_\infty^2=2 \text{ et } 2(\|e_1\|_\infty^2+\|e_2\|_\infty^2)=4$$

et par suite la norme $\|\,.\,\|_\infty$ ne satisfait pas l'identité du parallélogramme, en particulier $\|\,.\,\|_\infty$ n'est pas une norme euclidienne.
4) On sait que la norme $\|\,.\,\|_2$ est la norme euclidienne associée au produit scalaire canonique sur $\mathbb{R}^n$. Réciproquement, si la norme $\|\,.\,\|_p$ est euclidienne, alors elle satisfait l'identité du parallélogramme, en particulier

$$\|e_1+e_2\|_p^2+\|e_1-e_2\|_p^2=2(\|e_1\|_p^2+\|e_2\|_p^2).$$

Or,

$$\|e_1+e_2\|_p^2+\|e_1-e_2\|_p^2=2(1^p+1^p)^{\frac{2}{p}}=2^{1+\frac{2}{p}}$$

et

$$2(\|e_1\|_p^2+\|e_2\|_p^2)=2(1+1)=4$$

et par suite $2^{1+\frac{2}{p}}=4$ ce qui implique que $p=2$.

■ Solution de l'exercice 3.8

– Si φ est un produit scalaire, alors φ est définie positive et par suite comme a est un vecteur unitaire, on en déduit que

$$\varphi(a,a) = (1+k) > 0.$$

– Réciproquement, supposons que $k > -1$. Soient $x, y, z \in E$ et $\alpha, \beta \in \mathbb{R}$, alors

$$\varphi(y,x) = \langle y|x\rangle + k\langle y|a\rangle\langle x|a\rangle = \langle x|y\rangle + k\langle x|a\rangle\langle y|a\rangle = \varphi(x,y)$$

et

$$\begin{aligned}\varphi(\alpha x+\beta z,y) &= \langle \alpha x+\beta z|y\rangle + k\langle \alpha x+\beta z|a\rangle\langle y|a\rangle \\ &= \alpha\langle x|y\rangle + \beta\langle z|y\rangle + k(\alpha\langle x|a\rangle + \beta\langle z|a\rangle)\langle y|a\rangle \\ &= \alpha(\langle x|y\rangle + k\langle x|a\rangle\langle y|a\rangle) + \beta(\langle z|y\rangle + k\langle z|a\rangle\langle y|a\rangle) \\ &= \alpha\varphi(x,y) + \beta\varphi(z,y)\end{aligned}$$

et par suite $\varphi \in BS(E)$. Par ailleurs, si on désigne par $\|\ .\ \|$ la norme euclidienne associée au produit scalaire $\langle\ |\ \rangle$, alors pour tout $x \in E$, $x \neq 0$, on a

$$\varphi(x,x) = \langle x|x\rangle + k\langle x|a\rangle\langle x|a\rangle = \|x\|^2 + k(\langle x|a\rangle)^2.$$

— Si $k \geqslant 0$, alors $\varphi(x,x) = \|x\|^2 + k\langle x|a\rangle^2 > 0$.
— Si $-1 < k < 0$, alors d'après l'inégalité de Cauchy-Schwarz, on en déduit que $\varphi(x,x) = \|x\|^2 + k\langle x|a\rangle^2 \geqslant (k+1)\|x\|^2 > 0$.

Ainsi, la forme bilinéaire φ est définie positive et définit donc un produit scalaire sur E.

■ Solution de l'exercice 3.9

1) On sait que l'ensemble $\mathscr{F}(\mathbb{N},\mathbb{R})$ des suites réelles est un $\mathbb{R}$-espace vectoriel. On a $\ell^2(\mathbb{N}) \subset \mathscr{F}(\mathbb{N},\mathbb{R})$ et la suite nulle appartient à $\ell^2(\mathbb{N})$, en particulier $\ell^2(\mathbb{N}) \neq \varnothing$. Soit $(u_n)_{n\in\mathbb{N}}, (v_n)_{n\in\mathbb{N}} \in \ell^2(\mathbb{N})$ et $\alpha, \beta \in \mathbb{R}$, alors

$$\begin{aligned}\sum_{n=0}^{+\infty}(\alpha u_n + \beta v_n)^2 &= \sum_{n=0}^{+\infty} \alpha^2 u_n^2 + \beta^2 v_n^2 + 2\alpha\beta u_n v_n \\ &\leqslant 2\alpha^2 \sum_{n=0}^{+\infty} u_n^2 + 2\beta^2 \sum_{n=0}^{+\infty} v_n^2 < +\infty.\end{aligned}$$

Ainsi, $\ell^2(\mathbb{N})$ est un sous-espace vectoriel de $\mathscr{F}(\mathbb{N},\mathbb{R})$.

2) Tout d'abords pour tous $(u_n)_{n\in\mathbb{N}}, (v_n)_{n\in\mathbb{N}} \in \ell^2(\mathbb{N})$ et pour tout $N \in \mathbb{N}$, on a

$$\sum_{n=0}^{N} |u_n v_n| \leqslant \sum_{n=0}^{N} u_n^2 + \sum_{n=0}^{N} v_n^2$$

et par suite

$$\sum_{n=0}^{+\infty} |u_n v_n| \leqslant \sum_{n=0}^{+\infty} u_n^2 + \sum_{n=0}^{+\infty} v_n^2 < +\infty,$$

en particulier la série $\sum_{n\geqslant 0} u_n v_n$ est absolument convergente et donc convergente, cela montre que le produit scalaire $\langle\ |\ \rangle$ est bien défini sur $\ell^2(\mathbb{N})$. Par ailleurs, il est clair que l'application définie sur $\ell^2(\mathbb{N}) \times \ell^2(\mathbb{N})$ par

$$\langle (u_n)_{n\in\mathbb{N}} | (v_n)_{n\in\mathbb{N}} \rangle = \sum_{n=0}^{+\infty} u_n v_n$$

est une forme bilinéaire symétrique. Par ailleurs, pour tout $(u_n)_{n\in\mathbb{N}} \in \ell^2(\mathbb{N})$ non nulle, on a

$$\langle (u_n)_{n\in\mathbb{N}} | (u_n)_{n\in\mathbb{N}} \rangle = \sum_{n=0}^{+\infty} u_n^2 > 0,$$

ce qui implique que $\langle\ |\ \rangle$ est une forme bilinéaire symétrique définie positive.
3) *a*) $F \subset \ell^2(\mathbb{N})$ et la suite nulle appartient à F en particulier $F \neq \varnothing$.
Soient $(u_n)_{n\in\mathbb{N}}, (v_n)_{n\in\mathbb{N}} \in F$ et $\alpha, \beta \in \mathbb{R}$, alors il existe $n_0, n_1 \in \mathbb{N}$ tels que pour tout $n \geqslant n_0$, $u_n = 0$ et pour tout $n \geqslant n_1$, $v_n = 0$. Soit $m = \max\{n_0, n_1\}$, alors pour tout $n \geqslant m$, $\alpha u_n + \beta v_n = 0$ et par suite la suite $(\alpha u_n + \beta v_n)_{n\in\mathbb{N}} \in F$.
b) La suite $(u_n)_{n\in\mathbb{N}}$ définie par

$$\forall n \in \mathbb{N},\ u_n = \frac{1}{n+1}$$

appartient à $\ell^2(\mathbb{N})\backslash F$, en particulier $F \subsetneq \ell^2(\mathbb{N})$.
c) Pour tout $m \in \mathbb{N}$ on note $(u_n^m)_{n\in\mathbb{N}}$ la suite définie par $u_n^m = \delta_{nm}$ où δ_{nm} désigne le symbole de Kronecker, il s'en suit alors que pour tout $m \in \mathbb{N}$, $(u_n^m)_{n\in\mathbb{N}} \in F$. Soit $(v_n)_{n\in\mathbb{N}} \in F^\perp$ alors $(v_n)_{n\in\mathbb{N}} \perp (u_n^m)_{n\in\mathbb{N}}$ pour tout $m \in \mathbb{N}$ et par suite

$$\forall m \in \mathbb{N},\ v_m = \langle (v_n)_{n\in\mathbb{N}} | (u_n^m)_{n\in\mathbb{N}} \rangle = 0.$$

Cela signifie que la suite $(v_n)_{n\in\mathbb{N}}$ est nulle et donc $F^\perp = \{0\}$.
d) Comme $F^\perp = \{0\}$, on en déduit que $F^{\perp\perp} = \{0\}^\perp = \ell^2(\mathbb{N})$, en particulier $F \subsetneq F^{\perp\perp}$.

Solution de l'exercice 3.10

1) Comme $\{0\}$ est fermé dans $\mathbb{R}$, ℓ est continue et $Ker(\ell) = \ell^{-1}(\{0\})$, on en déduit que $Ker(\ell)$ est fermé.

2) Comme $Ker(\ell)$ est un sous-espace vectoriel fermé de E, alors $Ker(\ell)^{\perp\perp} = Ker(\ell)$ et par suite on a

— Si $Ker(\ell)^{\perp} = \{0\}$, alors $Ker(\ell) = Ker(\ell)^{\perp\perp} = \{0\}^{\perp} = E$ ce qui implique que $\ell = 0$, on peut donc prendre $a = 0$.

— Si $Ker(\ell)^{\perp} \neq \{0\}$, soit $\omega \in Ker(\ell)^{\perp}$ tel que $\|\omega\| = 1$, alors

$$\ell(x - \frac{\ell(x)}{\ell(\omega)}\omega) = \ell(x) - \frac{\ell(x)}{\ell(\omega)}\ell(\omega) = 0$$

ce qui implique que $x - \frac{\ell(x)}{\ell(\omega)}\omega \in Ker(\ell)$ et donc $\langle x - \frac{\ell(x)}{\ell(\omega)}\omega|\omega\rangle = 0$.
Ainsi,

$$\langle x|\omega\rangle = \langle\frac{\ell(x)}{\ell(\omega)}\omega|\omega\rangle = \frac{\ell(x)}{\ell(\omega)}\langle\omega|\omega\rangle = \frac{\ell(x)}{\ell(\omega)}.$$

Par conséquent, pour tout $x \in E$, on a

$$\ell(x) = \ell(\omega)\langle x|\omega\rangle = \langle x|\ell(\omega)\omega\rangle.$$

On pose $a = \ell(\omega)\omega \in E$, alors pour tout $x \in E$, on a

$$\ell(x) = \langle x|a\rangle.$$

Supposons maintenant qu'il existe $a, b \in E$ tels que

$$\forall x \in E,\ \ell(x) = \langle x|a\rangle = \langle x|b\rangle,$$

alors

$$\forall x \in E,\ \langle x|a - b\rangle = 0$$

et par suite $a = b$.

3) On a

$$\|a\| = \|\ell(\omega)\omega\| = |\ell(\omega)|\|\omega\| = |\ell(\omega)| \leqslant \|\ell\|.$$

▪ Solution de l'exercice 3.11

1) Pour tous $P,Q,R \in \mathbb{R}_n[X]$ et pour tous $\alpha,\beta \in \mathbb{R}$, on a

$$\psi(Q,P) = \sum_{i=1}^{n+1} Q(a_i)P(a_i) = \sum_{i=1}^{n+1} P(a_i)Q(a_i) = \psi(P,Q)$$

et

$$\begin{aligned}
\psi(\alpha P+\beta Q,R) &= \sum_{i=1}^{n+1} (\alpha P+\beta Q)(a_i)R(a_i) \\
&= \sum_{i=1}^{n+1} (\alpha P(a_i)+\beta Q(a_i))R(a_i) \\
&= \sum_{i=1}^{n+1} \alpha P(a_i)R(a_i)+\beta Q(a_i)R(a_i) \\
&= \alpha \sum_{i=1}^{n+1} P(a_i)R(a_i)+\beta \sum_{i=1}^{n+1} Q(a_i)R(a_i) \\
&= \alpha\psi(P,R)+\beta\psi(Q,R)
\end{aligned}$$

et par suite $\psi \in BS(\mathbb{R}_n[X])$. Par ailleurs, pour tout $P \in \mathbb{R}_n[X]$, on a

$$\psi(P,P) = \sum_{i=1}^{n+1} P(a_i)^2 \geqslant 0.$$

Supposons que $\psi(P,P) = 0$, alors $\sum_{i=1}^{n+1} P(a_i)^2 = 0$ et par suite $P(a_i) = 0$ pour tout $1 \leqslant i \leqslant n+1$. Cela implique que P admet au moins $n+1$ racines distinctes, comme $\deg(P) \leqslant n$, alors $P = 0$. Ainsi, la forme bilinéaire symétrique ψ est définie positive, elle définit donc un produit scalaire sur $\mathbb{R}_n[X]$.

2) Notons que pour tout $1 \leqslant i \leqslant n+1$, $L_i \in \mathbb{R}_n[X]$ et rappelons que pour tous $1 \leqslant i,j \leqslant n+1$, on a

$$L_i(a_j) = \delta_{ij},$$

où δ_{ij} désigne le symbole de Kronecker. Par conséquent pour tous $1 \leqslant i,j \leqslant n+1$, on a

$$\psi(L_i,L_j) = \sum_{k=1}^{n+1} L_i(a_k)L_j(a_k) = L_i(a_i)L_j(a_i) + \sum_{\substack{k=1\\k\neq i}}^{n+1} L_i(a_k)L_j(a_k) = \delta_{ij}$$

et donc B est une famille orthonormale de $\mathbb{R}_n[X]$, comme $Card(B) = n+1 = dim\,\mathbb{R}_n[X]$, on en déduit alors que B est une base orthonormale de $\mathbb{R}_n[X]$.

■ **Solution de l'exercice 3.12**

1) Pour tous $P=\sum_{k=0}^{n} a_kX^k$, $Q=\sum_{k=0}^{n} b_kX^k$, $R=\sum_{k=0}^{n} c_kX^k \in \mathbb{R}_n[X]$ et $\alpha,\beta\in\mathbb{R}$, on a

$$\varphi(Q,P)=\sum_{k=0}^{n} b_ka_k=\sum_{k=0}^{n} a_kb_k=\varphi(P,Q)$$

et

$$\begin{aligned}\varphi(\alpha P+\beta Q,R) &= \sum_{k=0}^{n}(\alpha a_k+\beta b_k)c_k=\sum_{k=0}^{n}\alpha a_kc_k+\beta b_kc_k\\ &= \alpha\sum_{k=0}^{n} a_kc_k+\beta\sum_{k=0}^{n} b_kc_k=\alpha\varphi(P,R)+\beta\varphi(Q,R)\end{aligned}$$

et par suite $\varphi\in BS(\mathbb{R}_n[X])$. Par ailleurs, pour tous $P=\sum_{k=0}^{n} a_kX^k\in\mathbb{R}[X]$, on a

$$\varphi(P,P)=\sum_{k=0}^{n} a_k^2\geqslant 0.$$

De plus, si $\varphi(P,P)=0$ alors $\sum_{k=0}^{n} a_k^2=0$ et par suite $a_k=0$ pour tout $0\leqslant k\leqslant n$ ce qui implique que $P=0$. Ainsi, φ est une forme bilinéaire symétrique définie positive et donc un produit scalaire sur $\mathbb{R}_n[X]$.

2) Soit $P=\sum_{k=0}^{n} a_kX^k\in\mathbb{R}_n[X]$, alors

$$\begin{aligned}P\in G &\iff P(1)=0\iff \sum_{k=0}^{n} a_k=0\iff a_0=-\sum_{k=1}^{n} a_k\\ &\iff P=\sum_{k=1}^{n} a_kX^k-\sum_{k=1}^{n} a_k\iff P=\sum_{k=1}^{n} a_k(X^k-1).\end{aligned}$$

Par conséquent, $G=Vect(X-1,X^2-1,\ldots,X^n-1)$ et $B=\{X-1,\ldots,X^n-1\}$ est une base de G.

Soit $Q = \sum_{k=0}^{n} b_k X^k \in \mathbb{R}_n[X]$, alors

$$\begin{aligned}
Q \in G^{\perp} &\iff \langle Q | X^i - 1\rangle = 0 \quad \text{pour tout } 1 \leqslant i \leqslant n \\
&\iff \langle \sum_{k=0}^{n} b_k X^k | X^i - 1\rangle = 0 \quad \text{pour tout } 1 \leqslant i \leqslant n \\
&\iff b_i - b_0 = 0 \quad \text{pour tout } 1 \leqslant i \leqslant n \\
&\iff b_i = b_0 \quad \text{pour tout } 1 \leqslant i \leqslant n \\
&\iff Q = b_0 \sum_{k=0}^{n} X^k.
\end{aligned}$$

Par conséquent $G^{\perp} = Vect(\sum_{k=0}^{n} X^k)$.

3) *a*) Tout d'abord pour tout $1 \leqslant k \leqslant n$, $Q_k(1) = 1 - \frac{1}{k}\sum_{i=0}^{k-1} 1 = 0$ et par suite $Q_k \in G$. Par ailleurs, soit $1 \leqslant p, q \leqslant n$ tels que $p < q$, alors

$$\begin{aligned}
\langle Q_p | Q_q \rangle &= \langle X^p - \frac{1}{p}\sum_{i=0}^{p-1} X^i | X^q - \frac{1}{q}\sum_{j=0}^{q-1} X^j \rangle \\
&= \underbrace{\langle X^p | X^q \rangle}_{=0} - \underbrace{\frac{1}{p}\sum_{i=0}^{p-1} \langle X^i | X^q \rangle}_{=0} - \frac{1}{q}\sum_{j=0}^{q-1} \langle X^p | X^j \rangle + \frac{1}{pq}\sum_{j=0}^{q-1}\sum_{i=0}^{p-1} \langle X^i | X^j \rangle \\
&= -\frac{1}{q}\sum_{j=0}^{q-1} \langle X^p | X^j \rangle + \frac{1}{pq}\sum_{j=0}^{p-1}\sum_{i=0}^{q-1} \langle X^i | X^j \rangle \\
&= -\frac{1}{q} + \frac{1}{pq}\sum_{j=0}^{p-1} 1 \\
&= 0
\end{aligned}$$

et par suite B est une famille orthogonale de G.

b) Pour tout $1 \leqslant k \leqslant n$, on a $\|Q_k\|^2 = 1 + \sum_{i=0}^{k-1} \frac{1}{k^2} = 1 + \frac{1}{k} = \frac{k+1}{k}$.

Pour tout $1 \leqslant k \leqslant n$, on pose $R_k = \frac{Q_k}{\|Q_k\|} = \sqrt{\frac{k}{k+1}} X^k - \sqrt{\frac{1}{k(k+1)}} \sum_{i=0}^{k-1} X^i$, alors la famille $B' = \{R_k \mid 1 \leqslant k \leqslant n\}$ est une base orthonormale de G.

Ainsi,

$$P_G(X) = \sum_{k=1}^{n} \langle X|R_k\rangle R_k.$$

Or, $\langle X|R_1\rangle = \frac{1}{\sqrt{2}}\langle X|X-1\rangle = \frac{1}{\sqrt{2}}$ et pour tout $2 \leqslant k \leqslant n$, on a

$$\langle X|R_k\rangle = \langle X|\sqrt{\frac{k}{k+1}}X^k - \sqrt{\frac{1}{k(k+1)}}\sum_{i=0}^{k-1} X^i\rangle = -\sqrt{\frac{1}{k(k+1)}}.$$

Ainsi,

$$\begin{aligned}
P_G(X) =& \frac{1}{2}(X-1) + \sum_{k=2}^{n} -\sqrt{\frac{1}{k(k+1)}}\left(\sqrt{\frac{k}{k+1}}X^k - \sqrt{\frac{1}{k(k+1)}}\sum_{i=0}^{k-1} X^i\right) \\
&= \frac{1}{2}(X-1) - \sum_{k=2}^{n} \frac{1}{k+1}X^k + \frac{1}{k(k+1)}\sum_{k=2}^{n}\sum_{i=0}^{k-1} X^i \\
&= \frac{1}{2}(X-1) - \sum_{k=2}^{n} \frac{1}{k+1}\left(X^k - \frac{1}{k}\sum_{i=0}^{k-1} X^i\right) \\
&= \sum_{k=1}^{n} \frac{1}{k+1} Q_k.
\end{aligned}$$

■ **Solution de l'exercice 3.13**

1) On a

$$F = \left\{(x,y,z,t) \in \mathbb{R}^4 \mid z = -x \text{ et } t = -y\right\} = Vect((1,0,-1,0),(0,1,0,-1)).$$

En utilisant le procédé d'orthonormalisation de Gram-Schmidt, on en déduit que $B = \left\{(\frac{1}{\sqrt{2}},0,-\frac{1}{\sqrt{2}},0),(0,\frac{1}{\sqrt{2}},0,-\frac{1}{\sqrt{2}})\right\}$ est une base orthonormale de F.

2) On a

$$\begin{aligned}P_F(1,0,0,0) &= \langle(1,0,0,0)|(\frac{1}{\sqrt{2}},0,-\frac{1}{\sqrt{2}},0)\rangle(\frac{1}{\sqrt{2}},0,-\frac{1}{\sqrt{2}},0)\\ &+\langle(1,0,0,0)|(0,\frac{1}{\sqrt{2}},0,-\frac{1}{\sqrt{2}})\rangle(0,\frac{1}{\sqrt{2}},0,-\frac{1}{\sqrt{2}})\\ &=(\frac{1}{2},0,-\frac{1}{2},0)\end{aligned}$$

$$\begin{aligned}P_F(0,1,0,0) &= \langle(0,1,0,0)|(\frac{1}{\sqrt{2}},0,-\frac{1}{\sqrt{2}},0)\rangle(\frac{1}{\sqrt{2}},0,-\frac{1}{\sqrt{2}},0)\\ &+\langle(0,1,0,0)|(0,\frac{1}{\sqrt{2}},0,-\frac{1}{\sqrt{2}})\rangle(0,\frac{1}{\sqrt{2}},0,-\frac{1}{\sqrt{2}})\\ &=(0,\frac{1}{2},0,-\frac{1}{2})\end{aligned}$$

$$\begin{aligned}P_F(0,0,1,0) &= \langle(0,0,1,0)|(\frac{1}{\sqrt{2}},0,-\frac{1}{\sqrt{2}},0)\rangle(\frac{1}{\sqrt{2}},0,-\frac{1}{\sqrt{2}},0)\\ &+\langle(0,0,1,0)|(0,\frac{1}{\sqrt{2}},0,-\frac{1}{\sqrt{2}})\rangle(0,\frac{1}{\sqrt{2}},0,-\frac{1}{\sqrt{2}})\\ &=(-\frac{1}{2},0,\frac{1}{2},0)\end{aligned}$$

$$\begin{aligned}P_F(0,0,0,1) &= \langle(0,0,0,1)|(\frac{1}{\sqrt{2}},0,-\frac{1}{\sqrt{2}},0)\rangle(\frac{1}{\sqrt{2}},0,-\frac{1}{\sqrt{2}},0)\\ &+\langle(0,0,0,1)|(0,\frac{1}{\sqrt{2}},0,-\frac{1}{\sqrt{2}})\rangle(0,\frac{1}{\sqrt{2}},0,-\frac{1}{\sqrt{2}})\\ &=(0,-\frac{1}{2},0,\frac{1}{2})\end{aligned}$$

et par suite

$$\mathscr{M}(P_F,B)=\begin{pmatrix}\frac{1}{2} & 0 & -\frac{1}{2} & 0\\ 0 & \frac{1}{2} & 0 & -\frac{1}{2}\\ -\frac{1}{2} & 0 & \frac{1}{2} & 0\\ 0 & -\frac{1}{2} & 0 & \frac{1}{2}\end{pmatrix}.$$

3) Comme $S_F = 2P_F - \mathrm{Id}_{\mathbb{R}^4}$, on en déduit que

$$\mathscr{M}(S_F, B) = 2\mathscr{M}(P_F, B) - I_4 = \begin{pmatrix} 0 & 0 & -1 & 0 \\ 0 & 0 & 0 & -1 \\ -1 & 0 & 0 & 0 \\ 0 & -1 & 0 & 0 \end{pmatrix}.$$

4) On a

$$d(u,F) = \|u - P_F(u)\| = \|(1,2,3,4) - (-1,-1,1,1)\| = \|(2,3,2,3)\| = \sqrt{26}.$$

▪ Solution de l'exercice 3.14

On a $A^2 = A$ et par suite p est un projecteur de $\mathscr{L}(\mathbb{R}^3)$. Par conséquent, $\mathbb{R}^3 = Ker(p) \oplus Im(p)$ et p est la projection sur $Im(p)$ parallèlement à $Ker(p)$. Or, $Ker(p) = Vect((1,2,-1))$ et $Im(p) = Vect((-2,2,2),(1,2,5))$ et on a

$$\langle (1,2,-1) | (-2,2,2) \rangle = \langle (1,2,-1) | (1,2,5) \rangle = 0.$$

Cela implique que $Ker(p) \perp Im(p)$ et donc p est la projection orthogonale sur $Im(p)$ qui a pour équation $x + 2y - z = 0$.

▪ Solution de l'exercice 3.15

Soit φ l'application définie sur $\mathbb{R}[X] \times \mathbb{R}[X]$ par

$$\varphi(P,Q) = \int_0^1 P(t)Q(t)dt.$$

Alors, pour tous $P, Q, R \in \mathbb{R}[X]$ et pour tous $\alpha, \beta \in \mathbb{R}$, on a

$$\varphi(Q,P) = \int_0^1 Q(t)P(t)dt = \int_0^1 P(t)Q(t)dt = \varphi(P,Q)$$

et

$$\begin{aligned} \varphi(\alpha P + \beta Q, R) &= \int_0^1 (\alpha P + \beta Q)(t)R(t)dt \\ &= \alpha \int_0^1 P(t)R(t)dt + \beta \int_0^1 Q(t)R(t)dt \\ &= \alpha\varphi(P,R) + \beta\varphi(Q,R) \end{aligned}$$

par conséquent $\varphi \in BS(\mathbb{R}[X])$.

Par ailleurs, pour tout $P \in \mathbb{R}[X]$, on a

$$\varphi(P,P) = \int_0^1 P(t)^2 dt \geqslant 0$$

et si $\varphi(P,P) = 0$, alors $\int_0^1 P(t)^2 dt = 0$ et par suite $P(t) = 0$ pour tout $t \in [0,1]$, cela implique que P admet une infinité de racines et donc $P = 0$. Ainsi, φ est une forme bilinéaire symétrique définie positive et donc un produit scalaire. Soit $\| \, . \, \|$ la norme euclidienne à φ, on a alors

$$\begin{aligned}
\inf_{a,b\in\mathbb{R}} \int_0^1 (t^2 - at - b)^2 dt &= \inf_{a,b\in\mathbb{R}} \int_0^1 (t^2 - (at+b))^2 dt \\
&= \inf_{Q\in\mathbb{R}_1[X]} \int_0^1 (t^2 - Q(t))^2 dt \\
&= \inf_{Q\in\mathbb{R}_1[X]} \|X^2 - Q\|^2 \\
&= \left(\inf_{Q\in\mathbb{R}_1[X]} \|X^2 - Q\| \right)^2 \\
&= d(X^2, \mathbb{R}_1[X])^2 \\
&= \|X^2 - P_{\mathbb{R}_1[X]}(X^2)\|^2
\end{aligned}$$

où $P_{\mathbb{R}_1[X]}$ désigne la projection orthogonale sur $\mathbb{R}_1[X]$. Dans la suite on se propose de déterminer $P_{\mathbb{R}_1[X]}(X^2)$ par deux méthodes.

Méthode 1

Soit $B = \{1, X\}$ la base canonique de $\mathbb{R}_1[X]$, en utilisant le procédé d'orthonormalisation de Gram-Schmidt, on en déduit que $B' = \{1, 2\sqrt{3}(X - \frac{1}{2})\}$ est une base orthonormale de $\mathbb{R}_1[X]$ et par suite

$$\begin{aligned}
P_{\mathbb{R}_1[X]}(X^2) &= \varphi(X^2, 1)1 + \varphi(X^2, 2\sqrt{3}(X - \frac{1}{2}))2\sqrt{3}(X - \frac{1}{2}) \\
&= \frac{1}{3} + 12\varphi(X^2, X - \frac{1}{2})(X - \frac{1}{2}) \\
&= X - \frac{1}{6}.
\end{aligned}$$

Méthode 2

On sait que $P_{\mathbb{R}_1[X]}(X^2)$ est l'unique polynôme de $\mathbb{R}_1[X]$ vérifiant $X^2 - P_{\mathbb{R}_1[X]}(X^2) \in (\mathbb{R}_1[X])^{\perp}$. Par conséquent, on a

$$\begin{cases} P_{\mathbb{R}_1[X]}(X^2) = \alpha X + \beta \in \mathbb{R}_1[X] \\ \varphi(X^2 - \alpha X - \beta, 1) = 0 \\ \varphi(X^2 - \alpha X - \beta, X) = 0 \end{cases}$$

et par suite

$$\begin{cases} P_{\mathbb{R}_1[X]}(X^2) = \alpha X + \beta \in \mathbb{R}_1[X] \\ 3\alpha + 6\beta = 2 \\ 4\alpha + 6\beta = 3 \end{cases}$$

Ce qui implique que $P_{\mathbb{R}_1[X]}(X^2) = X - \frac{1}{6}$.

Ainsi,

$$\begin{aligned} \|X^2 - P_{\mathbb{R}_1[X]}(X^2)\|^2 &= \|X^2 - X + \frac{1}{6}\|^2 \\ &= \int_0^1 \left(t^2 - t + \frac{1}{6}\right)^2 dt \\ &= \int_0^1 t^4 + t^2 + \frac{1}{36} - 2t^3 - \frac{t}{3} + \frac{t^2}{3} dt \\ &= \frac{1}{5} + \frac{1}{3} + \frac{1}{36} - \frac{1}{2} - \frac{1}{6} + \frac{1}{9} \\ &= \frac{1}{180}. \end{aligned}$$

En conclusion,

$$\inf_{a,b \in \mathbb{R}} \int_0^1 (t^2 - at - b)^2 dt = \frac{1}{180}.$$

▪ Solution de l'exercice 3.16

1) Pour tous $P, Q \in \mathbb{R}[X]$, la fonction $t \longmapsto P(t)Q(t)e^{-t}$ est continue sur $[0, +\infty[$, par ailleurs

$$\lim_{t \to +\infty} t^2 |P(t)Q(t)e^{-t}| = 0$$

et par suite

$$|P(t)Q(t)e^{-t}| \underset{+\infty}{=} o\left(\frac{1}{t^2}\right),$$

en particulier la fonction $t \longmapsto P(t)Q(t)e^{-t}$ est intégrable sur $[0, +\infty[$ et l'intégrale $\int_0^{+\infty} P(t)Q(t)e^{-t} dt$ est donc convergente et φ est bien définie.

2) Il est clair que $\varphi \in BS(\mathbb{R}[X])$, par ailleurs soit $P \in \mathbb{R}[X]$ tel que $P \neq 0$, alors

$$\varphi(P,P) = \int_0^{+\infty} P(t)^2 e^{-t} dt > 0.$$

Ainsi, φ est un produit scalaire sur $\mathbb{R}[X]$.

3) Pour tous $i, j \in \mathbb{N}$, $\langle X^i | X^j \rangle = \int_0^{+\infty} t^{i+j} e^{-t} dt = \Gamma(i+j+1) = (i+j)!$ où Γ désigne la fonction Gamma d'Euler.

4) $a)$ Comme F est de dimension finie alors $\mathbb{R}[X] = F \oplus^{\perp} F^{\perp}$.

$b)$ Comme $Q = P_F(1) \in F = Vect(X, \ldots, X^n)$, on en déduit qu'il existe $a_1, \ldots a_n \in \mathbb{R}$ tels que $Q = -\sum_{k=1}^{n} a_k X^k$.

5) $a)$ D'après la question 3), on en déduit que pour tout $1 \leqslant j \leqslant n$, on a

$$\begin{aligned}
P(j) &= 1 + \sum_{k=1}^{n} a_k \prod_{i=1}^{k} (j+i) = 1 + \sum_{k=1}^{n} a_k \frac{(j+k)!}{j!} \\
&= \frac{1}{j!}\left(j! + \sum_{k=1}^{n} a_k (j+k)! \right) = \frac{1}{j!}\left(\langle 1 | X^j \rangle + \sum_{k=1}^{n} a_k \langle X^k | X^j \rangle \right) \\
&= \frac{1}{j!} \langle 1 + \sum_{k=1}^{n} a_k X^k | X^j \rangle = \frac{1}{j!} \langle 1 - Q | X^j \rangle
\end{aligned}$$

comme $1 - Q \in F^{\perp}$ et $X^j \in F$, on obtient

$$P(j) = \frac{1}{j!} \langle 1 - Q | X^j \rangle = 0.$$

$b)$ Le fait que $P = 1 + \sum_{k=1}^{n} a_k \prod_{i=1}^{k} (X+i)$ entraîne en particulier que $\deg(P) \leqslant n$. Par ailleurs, d'après la question 5) $a)$ P admet au moins n racines distinctes qui sont $1, 2, \ldots, n$, ainsi si on désigne par a_n le coefficient dominant de P, alors

$$P = a_n \prod_{j=1}^{n} (X - j).$$

$c)$ On a $P(-1) = 1 + \sum_{k=1}^{n} a_k \prod_{i=1}^{k} ((-1)+i) = 1 + 0 = 1.$

d) Comme $P = a_n \prod_{j=1}^{n}(X-j)$ et $P(-1)=1$, on en déduit que

$$a_n \prod_{j=1}^{n}((-1)-j) = 1$$

et par suite $a_n = \dfrac{(-1)^n}{(n+1)!}$. Ainsi,

$$P = \frac{(-1)^n}{(n+1)!}\prod_{j=1}^{n}(X-j).$$

6) On a

$$\begin{aligned}\inf_{(\alpha_1,\ldots,\alpha_n)\in\mathbb{R}^n}\int_0^{+\infty}(1+\alpha_1 t+\cdots+\alpha_n t^n)^2 e^{-t}dt &= \inf_{R\in F}\int_0^{+\infty}(1-R(t))^2 e^{-t}dt\\ &= \inf_{R\in F}\|1-R\|^2 = (d(1,F))^2.\end{aligned}$$

7) On a

$$\begin{aligned}&\inf_{(\alpha_1,\ldots,\alpha_n)\in\mathbb{R}^n}\int_0^{+\infty}(1+\alpha_1 t+\cdots+\alpha_n t^n)^2 e^{-t}dt = (d(1,F))^2\\ &= \|1-Q\|^2 = \langle 1-Q|1-Q\rangle = \langle 1-Q|1\rangle - \langle 1-Q|Q\rangle = \langle 1-Q|1\rangle\\ &= \langle 1|1\rangle - \langle Q|1\rangle = 1+\langle\sum_{k=1}^{n}a_k X^k|1\rangle = 1+\sum_{k=1}^{n}a_k\langle X^k|1\rangle = 1+\sum_{k=1}^{n}a_k k!\\ &= P(0) = \frac{(-1)^n}{(n+1)!}\prod_{j=1}^{n}(-j) = \frac{n!}{(n+1)!} = \frac{1}{n+1}.\end{aligned}$$

Solution de l'exercice 3.17

1) Si f est une similitude de E, alors il existe $u \in \mathcal{O}(E)$ et $k \in \mathbb{R}_+^*$ tels que $f = ku$. Soit $x \in E$ tel que $x \neq 0$, alors

$$\|f(x)\| = \|ku(x)\| = k\|u(x)\| = k\|x\| \neq 0$$

et par suite $f(x) \neq 0$, ainsi $f \neq 0$. Soit maintenant $x, y \in E$ tels que $x \perp y$, alors $\langle x|y\rangle = 0$, par conséquent

$$\langle f(x)|f(y)\rangle = \langle ku(x)|ku(y)\rangle = k^2\langle u(x)|u(y)\rangle = k^2\langle x|y\rangle = 0,$$

d'où $f(x)\perp f(y)$.

2) *a*) Si $\|x\| = \|y\| = 1$, alors

$$\langle x+y|x-y\rangle = \|x\|^2 - \langle x|y\rangle + \langle y|x\rangle - \|y\|^2 = 1-1 = 0.$$

b) D'après la question 2) *a*) on sait que si $\|x\| = \|y\| = 1$, alors $x+y \perp x-y$ et par suite, comme f préserve l'orthogonalité, on en déduit que $f(x+y) \perp f(x-y)$ et par conséquent

$$\langle f(x)+f(y)|f(x)-f(y)\rangle = 0,$$

ce qui implique que $\|f(x)\| = \|f(y)\|$.
c) D'après la question *b*) on en déduit qu'il existe $k \in \mathbb{R}_+$ tel que pour tout $x \in E$ tel que $\|x\| = 1$, on a $\|f(x)\| = k$ et par suite

$$\forall x \in E, x \neq 0, \ \|f(x)\| = \|f(\frac{x}{\|x\|})\|\|x\| = k\|x\|.$$

De plus $k \neq 0$ car $f \neq 0$. Par ailleurs, $\|f(0)\| = 0 = k\|0\|$.
d) Soit $u \in \mathscr{L}(E)$ l'endomorphisme de E défini par

$$\forall x \in E, \ u(x) = \frac{1}{k}f(x).$$

Alors,

$$\forall x \in E, \ \|u(x)\| = \|\frac{1}{k}f(x)\| = \frac{1}{k}\|f(x)\| = \|x\|$$

et par suite $u \in \mathscr{O}(E)$, comme $f = ku$ et $k \in \mathbb{R}_+^*$, on en déduit que f est une similitude.

▪ Solution de l'exercice 3.18

1) On munit $\mathbb{R}^2$ et $\mathbb{R}^3$ de leur structure euclidienne canonique. Soit $u \in \mathscr{L}(\mathbb{R}^2)$ l'endomorphisme de $\mathbb{R}^2$ défini par $u(x,y) = (-y,x)$, alors

$$\forall (x,y) \in \mathbb{R}^2, \ \langle u(x,y)|(x,y)\rangle = \langle(-y,x)|(x,y)\rangle = -yx+xy = 0.$$

et par suite u est antisymétrique. Soit $w \in \mathscr{L}(\mathbb{R}^3)$ l'endomorphisme de $\mathbb{R}^3$ défini par $w(x,y,z) = (y+z,-x,-x)$, alors

$$\begin{aligned}\forall (x,y,z) \in \mathbb{R}^3, \ \langle w(x,y,z)|(x,y,z)\rangle &= \langle(y+z,-x,-x)|(x,y,z)\rangle \\ &= xy+xz-xy-xz = 0\end{aligned}$$

et par suite w est antisymétrique.
2) Pour tous $x,y \in E$, on a $\langle u(x+y)|x+y\rangle = 0$ et par suite

$$\langle u(x)+u(y)|x+y\rangle = 0,$$

ce qui implique que $\langle u(x)|x\rangle + \langle u(x)|y\rangle + \langle u(y)|x\rangle + \langle u(y)|y\rangle = 0$, comme $\langle u(x)|x\rangle = \langle u(y)|y\rangle = 0$, on en déduit que $\langle u(x)|y\rangle = -\langle x|u(y)\rangle$.

3) *a*) Comme $A = \mathcal{M}(u, B)$, d'une part

$$\forall 1 \leqslant j \leqslant n,\ u(e_j) = \sum_{k=1}^{n} a_{kj} e_k$$

et d'autre part, comme B est une base orthonormale de E, on en déduit que

$$\forall 1 \leqslant i, j \leqslant n,\ \langle u(e_j)|e_i\rangle = \langle \sum_{k=1}^{n} a_{kj} e_k | e_i\rangle = \sum_{k=1}^{n} a_{kj} \langle e_k|e_i\rangle = a_{ij}.$$

b) D'après la question 2), on en déduit que pour tous $1 \leqslant i, j \leqslant n$, on a

$$a_{ij} = \langle u(e_j)|e_i\rangle = -\langle u(e_i)|e_j\rangle = -a_{ji}$$

et donc A est antisymétrique.
4) D'après le théorème du rang, on sait que $dim E = dim Ker(u) + dim Im(u)$. Par ailleurs, soit $x \in Ker(u)$ et $y \in Im(u)$, alors il existe $z \in E$ tel que $y = u(z)$ et par suite d'après la question 2), on en déduit que

$$\langle y|x\rangle = \langle u(z)|x\rangle = -\langle z|u(x)\rangle = -\langle z|0\rangle = 0.$$

Cela montre que $Ker(u) \perp Im(u)$ et par conséquent $E = Ker(u) \oplus^{\perp} Im(u)$.

▪ Solution de l'exercice 3.19

1) Soit $x \in B^{\perp}$, alors

$$\forall 1 \leqslant i \leqslant n,\ \langle x|e_i\rangle = 0$$

et par suite $\|x\| = 0$ en particulier $x = 0$. Ainsi, $B^{\perp} = \{0\}$ et donc $Vect(B) = E$.
2) Comme B est génératrice et $Card(B) = n = dim E$, on en déduit que B est une base de E. Soit $1 \leqslant j \leqslant n$, alors

$$\|e_j\|^2 = \sum_{i=1}^{n} \langle e_j|e_i\rangle^2 = \|e_j\|^4 + \sum_{\substack{i=1 \\ i \neq j}}^{n} \langle e_j|e_i\rangle^2 \geqslant \|e_j\|^4$$

et par suite $\|e_j\|^2 \geqslant \|e_j\|^4$ ce qui implique nécessairement que $\|e_j\| \leqslant 1$. Par ailleurs, comme $Vect(B \backslash \{e_j\}) \neq E$ alors $Vect(B \backslash \{e_j\})^{\perp} \neq \{0\}$ et donc il existe $x \in Vect(B \backslash \{e_j\})^{\perp}$ tel que $x \neq 0$, par conséquent en utilisant l'inégalité de Cauchy-Schwarz, on en déduit que

$$\|x\|^2 = \sum_{i=1}^{n} \langle x|e_i\rangle^2 = \langle x|e_j\rangle^2 \leqslant \|x\|^2 \|e_j\|^2,$$

en particulier $\|e_j\| \geqslant 1$.

Ainsi, pour tout $1 \leqslant j \leqslant n$, $\|e_j\| = 1$, autrement dit tous les vecteurs de B sont unitaires. D'autre part, pour tous $1 \leqslant i, j \leqslant n$ tels que $i \neq j$, on a

$$1 = \|e_j\|^2 = \sum_{i=1}^{n} \langle e_j|e_i\rangle^2 = \|e_j\|^4 + \sum_{\substack{i=1\\ i\neq j}}^{n} \langle e_j|e_i\rangle^2 = 1 + \sum_{\substack{i=1\\ i\neq j}}^{n} \langle e_j|e_i\rangle^2,$$

d'où $\sum_{\substack{i=1\\ i\neq j}}^{n} \langle e_j|e_i\rangle^2 = 0$ ce qui entraîne que

$$\forall 1 \leqslant i, j \leqslant n,\ \langle e_i|e_j\rangle = \delta_{ij}$$

et la famille B est donc orthogonale.
3) Si $r = 0$ le résultat est trivial, supposons donc que $p \geqslant 1$ et soit $B' = \{V_1, \ldots, V_r\}$ une base orthonormale de $Im(p)$, alors pour tout $1 \leqslant i \leqslant n$, on a

$$p(e_i) = \sum_{j=1}^{r} \langle e_i|V_j\rangle V_j.$$

Comme B' est une base orthonormale de $Im(p)$ et B est une base orthonormale de E, on en déduit que

$$\begin{aligned}\sum_{i=1}^{n} \|p(e_i)\|^2 &= \sum_{i=1}^{n} \sum_{j=1}^{r} \langle e_i|V_j\rangle^2 = \sum_{j=1}^{r} \sum_{i=1}^{n} \langle e_i|V_j\rangle^2 \\ &= \sum_{j=1}^{r} \|V_j\|^2 = \sum_{j=1}^{r} 1 = r.\end{aligned}$$

▪ Solution de l'exercice 3.20

1) On raisonne par récurrence sur $n \in \mathbb{N}$. En effet,
– Pour $n = 0$, $H_0 = 1$ est unitaire de degré 0.
– HR : Soit $n \in \mathbb{N}$, supposons que H_n est unitaire de degré n, alors il existe $Q \in \mathbb{R}[X]$ de degré inférieur ou égal à $n - 1$ tel que

$$H_n = X^n + Q,$$

par conséquent

$$H_{n+1} = XH_n - H_n' = X^{n+1} + \underbrace{XQ + H_n'}_{\text{degré} \leqslant n},$$

est un polynôme unitaire de degré $n + 1$.

2) On raisonne par récurrence sur $n \in \mathbb{N}^*$. En effet,
– Pour $n = 1$, $H_1 = X$ et par suite $H_1' = 1 = 1.H_0$.
– HR : Soit $n \in \mathbb{N}^*$, supposons que $H_n' = nH_{n-1}$, alors

$$\begin{aligned} H_{n+1}' &= (XH_n - H_n')' = (XH_n - nH_{n-1})' \\ &= H_n + XH_n' - nH_{n-1}' = H_n + nXH_{n-1} - nH_{n-1}' \\ &= H_n + n(XH_{n-1} - H_{n-1}') = (n+1)H_n. \end{aligned}$$

3) *a*) Pour tous $P, Q \in \mathbb{R}[X]$, la fonction $x \longmapsto P(x)Q(x)\frac{e^{-\frac{x^2}{2}}}{\sqrt{2\pi}}$ est continue sur $\mathbb{R}$ et

$$\lim_{x\to\pm\infty} x^2|P(x)Q(x)\frac{e^{-\frac{x^2}{2}}}{\sqrt{2\pi}}| = 0.$$

Par conséquent, la fonction $x \longmapsto P(x)Q(x)\frac{e^{-\frac{x^2}{2}}}{\sqrt{2\pi}}$ est intégrable sur $\mathbb{R}$, en particulier

$$\langle P|Q\rangle = \int_{\mathbb{R}} P(x)Q(x)\frac{e^{-\frac{x^2}{2}}}{\sqrt{2\pi}}dx < +\infty.$$

b) Pour tous $P, Q, R \in \mathbb{R}[X]$ et $\alpha, \beta \in \mathbb{R}$, on a

$$\langle Q|P\rangle = \int_{\mathbb{R}} Q(x)P(x)\frac{e^{-\frac{x^2}{2}}}{\sqrt{2\pi}}dx = \int_{\mathbb{R}} P(x)Q(x)\frac{e^{-\frac{x^2}{2}}}{\sqrt{2\pi}}dx = \langle P|Q\rangle$$

et

$$\begin{aligned} \langle \alpha P + \beta Q|R\rangle &= \int_{\mathbb{R}} (\alpha P + \beta Q)(x)R(x)\frac{e^{-\frac{x^2}{2}}}{\sqrt{2\pi}}dx \\ &= \alpha \int_{\mathbb{R}} P(x)R(x)\frac{e^{-\frac{x^2}{2}}}{\sqrt{2\pi}}dx + \beta \int_{\mathbb{R}} Q(x)R(x)\frac{e^{-\frac{x^2}{2}}}{\sqrt{2\pi}}dx \\ &= \alpha\langle P|R\rangle + \beta\langle Q|R\rangle \end{aligned}$$

et donc $\langle\ |\ \rangle \in BS(\mathbb{R}[X])$. Par ailleurs, pour tout $P \in \mathbb{R}[X]$, $P \neq 0$, on a

$$\langle P|P\rangle = \int_{\mathbb{R}} P(x)^2\frac{e^{-\frac{x^2}{2}}}{\sqrt{2\pi}}dx > 0.$$

Ainsi, $\langle\ |\ \rangle$ est une forme bilinéaire symétrique définie positive et donc un produit scalaire sur $\mathbb{R}[X]$.

4) Soit $P \in \mathbb{R}[X]$, on raisonne par récurrence sur $n \in \mathbb{N}$ pour montrer que $\langle P|H_n\rangle = \langle P^{(n)}|H_0\rangle$. En effet,
– Pour $n = 0$, on a $\langle P|H_0\rangle = \langle P^{(0)}|H_0\rangle$.
– HR : Soit $n \in \mathbb{N}$, supposons que $\langle P|H_n\rangle = \langle P^{(n)}|H_0\rangle$, alors

$$\begin{aligned}\langle P|H_{n+1}\rangle &= \langle P|XH_n - H_n'\rangle \\ &= \langle P|XH_n\rangle - \langle P|H_n'\rangle.\end{aligned}$$

Or, en utilisant une intégration par parties, on en déduit que

$$\begin{aligned}\langle P|XH_n\rangle &= \int_{\mathbb{R}} P(x)H_n(x)x\frac{e^{-\frac{x^2}{2}}}{\sqrt{2\pi}}dx \\ &= -\int_{\mathbb{R}} P(x)H_n(x)(-x)\frac{e^{-\frac{x^2}{2}}}{\sqrt{2\pi}}dx \\ &= -\left(\underbrace{\left[P(x)H_n(x)\frac{e^{-\frac{x^2}{2}}}{\sqrt{2\pi}}\right]_{-\infty}^{+\infty}}_{=0} - \int_{\mathbb{R}} \left(P'(x)H_n(x) + P(x)H_n'(x)\right)\frac{e^{-\frac{x^2}{2}}}{\sqrt{2\pi}}dx\right) \\ &= \langle P'|H_n\rangle + \langle P|H_n'\rangle\end{aligned}$$

et par suite

$$\langle P|H_{n+1}\rangle = \langle P|XH_n\rangle - \langle P|H_n'\rangle = \langle P'|H_n\rangle + \langle P|H_n'\rangle - \langle P|H_n'\rangle = \langle P'|H_n\rangle,$$

d'où en utilisant l'hypothèse de récurrence, on en déduit que

$$\langle P|H_{n+1}\rangle = \langle P'|H_n\rangle = \langle P'^{(n)}|H_0\rangle = \langle P^{(n+1)}|H_0\rangle.$$

5) Soit $n \in \mathbb{N}$. Si $n = 0$, alors $B = \{H_0\}$ est une famille orthogonale. Supposons que $n \geqslant 1$ et soient $0 \leqslant p, q \leqslant n$ tels que $p < q$, alors d'après ce qui précède et en tenant compte que $\deg(H_p) = p < q$, on obtient que

$$\langle H_p|H_q\rangle = \langle H_p^{(q)}|H_0\rangle = \langle 0|H_0\rangle = 0.$$

6) Pour tout $n \in \mathbb{N}$, on a $\|H_n\|^2 = \langle H_n|H_n\rangle = \langle H_n^{(n)}|H_0\rangle$, ce pendant d'après la question 2) on a $H_n^{(n)} = n!H_0$ et donc $\|H_n\|^2 = n!\|H_0\|^2 = n!$, d'où $\|H_n\| = \sqrt{n!}$.
7) *a*) Soit $n \in \mathbb{N}^*$ et $p < n$. Comme $\deg(S) = p$, on en déduit que

$$\langle S|H_n\rangle = \langle S^{(n)}|H_0\rangle = \langle 0|H_0\rangle = 0.$$

$b)$ On décompose H_n en produit de facteurs irréductibles, ainsi comme H_n est unitaire on en déduit que

$$H_n = \prod_{i=1}^{p}(X - a_i)^{2\alpha_i+1}\prod_{i=1}^{q}(X - b_i)^{2\beta_i}\prod_{i=1}^{r}(X^2 + c_iX + d_i)^{\gamma_i},$$

où b_i désignent les racines d'ordres pairs et $X^2 + c_iX + d_i$ des polynômes à discriminants négatifs. Alors,

$$\forall x \in \mathbb{R},\ H_n(x)S(x) = \prod_{i=1}^{p}(x - a_i)^{2\alpha_i+2}\prod_{i=1}^{q}(x - b_i)^{2\beta_i}\prod_{i=1}^{r}(x^2 + c_ix + d_i)^{\gamma_i} \geqslant 0.$$

$c)$ Supposons que H_n n'aie pas n racines distinctes, alors en reprenant les notations des questions précédentes, on en déduit que $p < n$ et par suite que $\int_{\mathbb{R}} S(x)H_n(x)\frac{e^{-\frac{x^2}{2}}}{\sqrt{2\pi}}dx = 0$. Or, comme

$$\forall x \in \mathbb{R},\ H_n(x)S(x)\frac{e^{-\frac{x^2}{2}}}{\sqrt{2\pi}} \geqslant 0$$

et comme l'application $x \longmapsto H_n(x)S(x)\frac{e^{-\frac{x^2}{2}}}{\sqrt{2\pi}}$ est continue sur $\mathbb{R}$, alors

$$\forall x \in \mathbb{R},\ H_n(x)S(x)\frac{e^{-\frac{x^2}{2}}}{\sqrt{2\pi}} = 0,$$

ce qui implique que $H_nS = 0$ ce qui est absurde car $H_n \neq 0$, $S \neq 0$ et l'anneau $\mathbb{R}[X]$ est intègre.

▪ Solution de l'exercice 3.21

1) Pour tous $P, Q \in \mathbb{R}[X]$ et $\alpha, \beta \in \mathbb{R}$, on a

$$\begin{aligned}\varphi(\alpha P + \beta Q) &= \left((X^2 - 1)(\alpha P + \beta Q)'\right)' = \left(\alpha(X^2 - 1)P' + \beta(X^2 - 1)Q'\right)' \\ &= \alpha\left((X^2 - 1)P'\right)' + \beta\left((X^2 - 1)Q'\right)' = \alpha\varphi(P) + \beta\varphi(Q)\end{aligned}$$

et par suite $\varphi \in \mathscr{L}(\mathbb{R}[X])$.
2) Pour tout $P \in \mathbb{R}_n[X]$, on a $\deg(XP') \leqslant n$ et $\deg(X^2 - 1)P'' \leqslant n$ et par suite pour tout $P \in \mathbb{R}_n[X]$, $\varphi(P) \in \mathbb{R}_n[X]$.
3) $a)$ On a $\varphi_n(1) = 0$, $\varphi_n(X) = 2X$ et

$$\forall 2 \leqslant k \leqslant n,\ \varphi_n(X^k) = k(k+1)X^k - k(k-1)X^{k-2}.$$

$b)$ D'après la question précédente, on a

$$\mathcal{M}(\varphi_n, B) = \begin{pmatrix} 0 & 0 & -2 & 0 & \cdots & \cdots & 0 \\ \vdots & 2 & 0 & \ddots & \ddots & & \vdots \\ \vdots & 0 & 6 & \ddots & -k(k-1) & \ddots & \vdots \\ \vdots & \vdots & \ddots & \ddots & \ddots & \ddots & 0 \\ \vdots & \vdots & & \ddots & k(k+1) & \ddots & -n(n-1) \\ \vdots & \vdots & & & \ddots & \ddots & 0 \\ 0 & 0 & \cdots & \cdots & \cdots & 0 & n(n+1) \end{pmatrix}.$$

$c)$ En utilisant une double intégration par parties, on en déduit que pour tous $P, Q \in \mathbb{R}[X]$, on a

$$\begin{aligned}
\langle \varphi(P)|Q\rangle &= \int_{-1}^{1} ((X^2-1)P')'(x)Q(x)dx \\
&= \left[(x^2-1)P'(x)Q(x)\right]_{-1}^{1} - \int_{-1}^{1} (x^2-1)P'(x)Q'(x)dx \\
&= -\int_{-1}^{1} (x^2-1)P'(x)Q'(x)dx \\
&= -\left[P(x)(x^2-1)Q'(x)\right]_{-1}^{1} + \int_{-1}^{1} ((X^2-1)Q')'(x)P(x)dx \\
&= \int_{-1}^{1} ((X^2-1)Q')'(x)P(x)dx \\
&= \langle P|\varphi(Q)\rangle.
\end{aligned}$$

4) $a)$ $P_1 = X$, $P_2 = \frac{3}{2}X^2 - \frac{1}{2}$ et $P_3 = \frac{5}{2}X^3 - \frac{3}{2}X$.

$b)$ $\deg(P_n) = \deg(X^{2n})^{(n)} = n$ et $a_n = \dfrac{(2n).(2n-1)\ldots(n+1)}{2^n n!} = \dfrac{(2n)!}{2^n (n!)^2}$.

$c)$ La famille B' est une famille de polynômes à degrés échelonnés, elle est donc libre, comme $Card(B') = n+1 = dim\,\mathbb{R}_n[X]$, on en déduit que B' est une base de $\mathbb{R}_n[X]$.

$d)$ D'après la formule de Leibniz, on a

$$\begin{aligned} P_n &= \frac{1}{2^n n!}\left((X^2-1)^n\right)^{(n)} \\ &= \frac{1}{2^n n!}\left((X-1)^n(X+1)^n\right)^{(n)} \\ &= \frac{1}{2^n n!}\sum_{k=0}^{n}\binom{n}{k}\left((X-1)^n\right)^{(k)}\left((X+1)^n\right)^{(n-k)} \\ &= \frac{1}{2^n n!}\sum_{k=0}^{n}\binom{n}{k}\frac{n!}{(n-k)!}(X-1)^{n-k}\frac{n!}{k!}(X+1)^k \\ &= \frac{1}{2^n}\sum_{k=0}^{n}\binom{n}{k}^2(X+1)^k(X-1)^{n-k}. \end{aligned}$$

$e)$ $P_n(1) = \frac{1}{2^n}\binom{n}{n}^2(1+1)^n = 1$ et $P_n(-1) = \frac{1}{2^n}\binom{n}{0}^2(-1-1)^n = (-1)^n$.

5) $a)$ Soit $n, m \in \mathbb{N}$, tels que $n \neq m$, alors d'après la question 3) $c)$, on a

$$n(n+1)\langle P_n|P_m\rangle = \langle \varphi(P_n)|P_m\rangle = \langle P_n|\varphi(P_m)\rangle = m(m+1)\langle P_n|P_m\rangle$$

et par suite

$$(n(n+1)-m(m+1))\langle P_n|P_m\rangle = 0,$$

comme $n \neq m$, on en déduit que $\langle P_n|P_m\rangle = 0$.

$b)$ Soit $R \in \mathbb{R}_n[X]$, comme $B' = \{P_0, \dots, P_n\}$ est une base de $\mathbb{R}_n[X]$, alors il existe $\alpha_0, \dots, \alpha_n \in \mathbb{R}$ tels que $R = \sum_{k=0}^{n}\alpha_k P_k$ et par suite d'après 5) $a)$, on en déduit que

$$\langle P_{n+1}|R\rangle = \langle P_{n+1}|\sum_{k=0}^{n}\alpha_k P_k\rangle = \sum_{k=0}^{n}\alpha_k\langle P_{n+1}|P_k\rangle = 0.$$

$c)$ Soit Q le polynôme défini par $Q = 1$ si P_{n+1} n'admet aucune racine de multiplicité impaire dans $]-1,1[$ et $Q = \prod_{i=1}^{p}(X-\gamma_i)$ si P_{n+1} admet des racines de multiplicités impaires $\gamma_1, \dots, \gamma_p \in]-1,1[$. Alors, le polynôme QP_{n+1} n'a que des racines de multiplicité paire dans l'intervalle $]-1,1[$, il est donc de signe constant sur $[-1,1]$ et par suite

$$\langle P_{n+1}|Q\rangle = \int_{-1}^{1} P_{n+1}(t)Q(t)dt \neq 0,$$

ce qui entraîne que $p = \deg(Q) > n$.

Or, P_{n+1} est de degré $n+1$ donc nécessairement $p \leqslant n+1$ et donc finalement $p=n+1$. Ainsi, P_{n+1} possède $n+1$ racines distinctes (nécessairement simples) dans $]-1,1[$.

6) *a*) On a $P'_{n+1} = (n+1)a_{n+1}X^n + Q$ avec $\deg(Q) < n$ et par suite

$$P'_{n+1} = (n+1)\frac{a_{n+1}}{a_n}P_n + R$$

avec $\deg(R) < n$ et cela entraîne que

$$\begin{aligned}\langle P'_{n+1}|P_n\rangle &= \langle (n+1)\frac{a_{n+1}}{a_n}P_n + R|P_n\rangle \\ &= (n+1)\frac{a_{n+1}}{a_n}\langle P_n|P_n\rangle + \langle R|P_n\rangle \\ &= (n+1)\frac{a_{n+1}}{a_n}\|P_n\|^2.\end{aligned}$$

b) Pour tout $n \in \mathbb{N}$, on a

$$\begin{aligned}\|P_n\|^2 = \int_{-1}^{1} P_n(x)^2 dx &= \left[xP_n(x)^2\right]_{-1}^{1} - 2\int_{-1}^{1} xP'_n(x)P_n(x)dx \\ &= 2 - 2\int_{-1}^{1} xP'_n(x)P_n(x)dx.\end{aligned}$$

c) Pour tout $n \in \mathbb{N}$, on a

$$\langle P'_{n+1}|P_n\rangle = (n+1)\frac{a_{n+1}}{a_n}\|P_n\|^2 = (2n+1)\|P_n\|^2.$$

D'une autre part comme $P'_{n+1} = XP'_n + (n+1)P_n$, on en déduit que

$$\begin{aligned}\langle P'_{n+1}|P_n\rangle &= \langle XP'_n|P_n\rangle + (n+1)\|P_n\|^2 \\ &= \int_{-1}^{1} xP'_n(x)P_n(x)dx + (n+1)\|P_n\|^2 \\ &= 1 - \frac{1}{2}\|P_n\|^2 + (n+1)\|P_n\|^2 = 1 + (n+\frac{1}{2})\|P_n\|^2\end{aligned}$$

et par suite $(2n+1)\|P_n\|^2 = 1 + (n+\frac{1}{2})\|P_n\|^2$, et donc $(n+\frac{1}{2})\|P_n\|^2 = 1$, ainsi $\|P_n\|^2 = \dfrac{2}{2n+1}$.

7) On désigne par $P_{\mathbb{R}_n[X]}$ la projection orthogonale sur $\mathbb{R}_n[X]$, par conséquent

$$d(X^{n+1}, \mathbb{R}_n[X]) = \|X^{n+1} - P_{\mathbb{R}_n[X]}(X^{n+1})\|$$

Par ailleurs, on sait que la famille $\left\{\frac{1}{\|P_0\|}P_0,\dots,\frac{1}{\|P_n\|}P_n\right\}$ est une base orthonormale de $\mathbb{R}_n[X]$, au même titre que la famille $\left\{\frac{1}{\|P_0\|}P_0,\dots,\frac{1}{\|P_{n+1}\|}P_{n+1}\right\}$ est une base orthonormale de $\mathbb{R}_{n+1}[X]$. Ainsi,

$$\begin{aligned}
X^{n+1} - P_{\mathbb{R}_n[X]}(X^{n+1}) &= \sum_{k=0}^{n+1}\langle X^{n+1}|\frac{1}{\|P_k\|}P_k\rangle\frac{1}{\|P_k\|}P_k - \sum_{k=0}^{n}\langle X^{n+1}|\frac{1}{\|P_k\|}P_k\rangle\frac{1}{\|P_k\|}P_k \\
&= \langle X^{n+1}|\frac{1}{\|P_{n+1}\|}P_{n+1}\rangle\frac{1}{\|P_{n+1}\|}P_{n+1} \\
&= \frac{\langle X^{n+1}|P_{n+1}\rangle}{\|P_{n+1}\|^2}P_{n+1}
\end{aligned}$$

or $X^{n+1} = \frac{1}{a_{n+1}}P_{n+1} + Q$ avec $\deg(Q) < n+1$ et par suite

$$\langle X^{n+1}|P_{n+1}\rangle = \frac{1}{a_{n+1}}\|P_{n+1}\|^2,$$

ce qui entraîne que

$$X^{n+1} - P_{\mathbb{R}_n[X]}(X^{n+1}) = \frac{1}{a_{n+1}}P_{n+1}.$$

Ainsi,

$$d(X^{n+1},\mathbb{R}_n[X]) = \|X^{n+1} - P_{\mathbb{R}_n[X]}(X^{n+1})\| = \frac{\|P_{n+1}\|}{a_{n+1}} = \sqrt{\frac{2^{2n+3}}{2n+3}\frac{((n+1)!)^2}{(2n+2)!}}.$$

▪ Solution de l'exercice 3.22

1) *a*) Pour tout $P \in \mathbb{R}_n[X]$, on a $\deg((X^2-1)P'')$, $\deg(4XP')$, $\deg(2P) \leqslant n$ et par suite $\varphi(P) = (X^2-1)P'' + 4XP' + 2P \in \mathbb{R}_n[X]$.
De plus, $\varphi(1) = 2$, $\varphi(X) = 6X$ et pour tout $2 \leqslant k \leqslant n$, on a

$$\begin{aligned}
\varphi(X^k) &= k(k-1)(X^2-1)X^{k-2} + 4kX^k + 2X^k \\
&= (k+1)(k+2)X^k - k(k-1)X^{k-2}
\end{aligned}$$

Ainsi,

$$\mathcal{M}(\varphi,B)=\begin{pmatrix} 2 & 0 & -2 & 0 & \cdots & \cdots & 0 \\ 0 & 6 & 0 & \ddots & \ddots & & \vdots \\ \vdots & 0 & 12 & \ddots & -k(k-1) & \ddots & \vdots \\ \vdots & \vdots & \ddots & \ddots & 0 & \ddots & 0 \\ \vdots & \vdots & & \ddots & (k+1)(k+2) & \ddots & -n(n-1) \\ \vdots & \vdots & & & \ddots & \ddots & 0 \\ 0 & 0 & \cdots & \cdots & \cdots & 0 & (n+1)(n+2) \end{pmatrix}.$$

$b)$ Comme la matrice $\mathcal{M}(\varphi,B)$ est triangulaire, alors

$$\chi_\varphi=\chi_{\mathcal{M}(\varphi,B)}=\prod_{k=0}^{n}(X-(k+1)(k+2))$$

et par suite $Sp(\varphi)=\{(k+1)(k+2)\mid 0\leqslant k\leqslant n\}$.
2) $a)$ Soit $0\leqslant k\leqslant n$, $E_{(k+1)(k+2)}$ le sous-espace propre associé à la valeur propre $(k+1)(k+2)$ et $Q_k=\sum\limits_{i=0}^{m}a_iX^i\in E_{(k+1)(k+2)}$ un polynôme de degré m, autrement dit on suppose que $a_m\neq 0$. L'équation $\varphi(Q_k)=(k+1)(k+2)Q_k$ nous donne en particulier que

$$(m+1)(m+2)a_m=(k+1)(k+2)a_m$$

et par suite $(m+1)(m+2)=(k+1)(k+2)$ ce qui entraîne que $m=k$. On pose $P_k=\dfrac{1}{a_k}Q_k$, comme $(k+1)(k+2)$ est une valeur propre simple, on a $dim E_{(k+1)(k+2)}=1$ et donc

$$E_{(k+1)(k+2)}=Vect(Q_k)=Vect(P_k)$$

et P_k est unitaire. Soit R_k un polynôme unitaire vérifiant $\varphi(R_k)=(k+1)(k+2)R_k$, alors $R_k\in E_{(k+1)(k+2)}$ et par suite R_k et P_k sont associés, comme ils sont unitaires, ils sont nécessairement égaux.
$b)$ D'une part $B_n\subset\mathbb{R}_n[X]$ et d'autre part B_n est une famille de polynômes à degrés échelonnés, par conséquent B_n est libre, comme $Card(B_n)=n+1=dim\mathbb{R}_n[X]$, on en déduit que B_n est une base de $\mathbb{R}_n[X]$.
$c)$ On a $\varphi(1)=2=(0+1)(0+2)1$ et $\varphi(X)=6X=(1+1)(1+2)X$ et par suite comme 1 et X sont unitaires, on a $P_0=1$ et $P_1=X$.

d) Soit $2 \leqslant k \leqslant n$, on sait alors que P_k est unitaire de degré k. On pose

$$P_k = X^k + aX^{k-1} + bX^{k-2} + Q$$

où Q est un polynôme vérifiant $\deg(Q) < k-2$, alors l'équation

$$\varphi(P_k) = (k+1)(k+2)P_k$$

implique que $a = 0$ et $b = -\dfrac{k(k-1)}{4k+2}$. Ainsi,

$$P_k = X^k - \frac{k(k-1)}{4k+2}X^{k-2} + Q,$$

avec $\deg(Q) < k-2$.
3) *a*) Pour tous $P, Q \in \mathbb{R}[X]$, on a

$$\langle XP|Q\rangle = \int_{-1}^{1} xP(x)Q(x)(1-x^2)dt = \int_{-1}^{1} P(x)xQ(x)(1-x^2)dt = \langle P|XQ\rangle.$$

b) En utilisant deux intégrations par parties, on en déduit que pour tous $R, Q \in \mathbb{R}[X]$, on a

$$\begin{aligned}
\langle \varphi(P)|Q\rangle &= \int_{-1}^{1} \varphi(P)(t)Q(t)(1-t^2)dt \\
&= \int_{-1}^{1} ((X^2-1)P)''(t)Q(t)(1-t^2)dt \\
&= \left[((X^2-1)P)'(t)Q(t)(1-t^2)\right]_{-1}^{1} - \int_{-1}^{1} ((X^2-1)P)'(t)((X^2-1)Q)'(t)dt \\
&= -\int_{-1}^{1} ((X^2-1)P)'(t)((X^2-1)Q)'dt \\
&= -\left[(t^2-1)P(t)(Q(X^2-1))'(t)\right]_{-1}^{1} + \int_{-1}^{1} (t^2-1)P(t)((X^2-1)Q)''(t)dt \\
&= \int_{-1}^{1} P(t)((X^2-1)Q)''(t)(1-t^2)dt \\
&= \langle P|\varphi(Q)\rangle
\end{aligned}$$

et par suite $\varphi \in S(\mathbb{R}[X])$.

c) Soit $k, \ell \in \{0, 1, \ldots, n\}$ tels que $k \neq \ell$, alors

$$(k+1)(k+2)\langle P_k|P_\ell\rangle = \langle \varphi(P_k)|P_\ell\rangle = \langle P_k|\varphi(P_\ell)\rangle = (\ell+1)(\ell+2)\langle P_k|P_\ell\rangle,$$

ce qui implique que

$$((k+1)(k+2) - (\ell+1)(\ell+2))\langle P_k|P_\ell\rangle = 0$$

et donc $\langle P_k|P_\ell\rangle = 0$. Ainsi, en vertu de la question 2)b), on en déduit que B' est une base orthonormale de $\mathbb{R}_n[X]$.
d) Si $k = 0$ et $\deg(Q) < 0$, alors $Q = 0$ et par suite $\langle P_0|Q\rangle = \langle P_0|0\rangle = 0$. Supposons que $k \geqslant 1$, comme $B_k = \{P_0, \ldots, P_{k-1}\}$ est une base de $\mathbb{R}_{k-1}[X]$, on en déduit qu'il existe $a_0, \ldots, a_{k-1}$ tels que $Q = \sum_{i=0}^{k-1} a_i P_i$ et par suite d'après la question 3)c), on a

$$\langle Q|P_k\rangle = \langle \sum_{i=0}^{k-1} a_i P_i|P_k\rangle = \sum_{i=0}^{k-1} a_i\langle P_i|P_k\rangle = 0.$$

4)a) On sait d'après la question 2)b) que P_k et P_{k-1} sont des polynômes unitaires de degrés respectifs k et $k-1$. Par conséquent, P_k et P_{k-1} sont de la forme $P_k = X^k + Q$ et $P_{k-1} = X^{k-1} + R$ avec $\deg(Q) \leqslant k-1$ et $\deg(R) \leqslant k-2$ et par suite $\deg(P_k - XP_{k-1}) = \deg(Q - XR) \leqslant k-1$ ce qui implique que $P_k - XP_{k-1} \in \mathbb{R}_{k-1}[X]$. Soit maintenant $i \leqslant k-3$, alors d'après les questions 3)a) et 3)c), on a

$$\langle P_k - XP_{k-1}|P_i\rangle = \langle P_k|P_i\rangle - \langle XP_{k-1}|P_i\rangle = -\langle XP_{k-1}|P_i\rangle = -\langle P_{k-1}|XP_i\rangle$$

comme $\deg(XP_i) = \deg(P_i + 1) = i + 1 \leqslant k-2$, alors d'après la question 3)d), on en déduit que $\langle P_{k-1}|XP_i\rangle = 0$ et par suite $\langle P_k - XP_{k-1}|P_i\rangle = 0$, comme B_{k-3} est une base de $\mathbb{R}_{k-3}[X]$, on conclut que $P_k - XP_{k-1} \in (B_{k-3})^\perp = (\mathbb{R}_{k-3}[X])^\perp$. Ainsi,

$$P_k - XP_{k-1} \in \mathbb{R}_{k-1}[X] \cap (\mathbb{R}_{k-3}[X])^\perp.$$

b) Soit $2 \leqslant k \leqslant n$.

— Si $k = 2$, alors le même raisonnement utilisé dans la question 4)a) implique que $P_2 - XP_1 \in \mathbb{R}_1[X] = Vect(P_0, P_1)$.
— Si $3 \leqslant k \leqslant n$, comme B_{k-1} est une base orthogonale de $\mathbb{R}_{k-1}[X]$ et $P_k - XP_{k-1} \in \mathbb{R}_{k-1}[X]$, alors d'après les questions 2)b) et 3)c), on en déduit que

$$P_k - XP_{k-1} = \sum_{i=0}^{k-1}\langle P_k - XP_{k-1}|\frac{P_i}{||P_i||}\rangle\frac{P_i}{||P_i||} = \sum_{i=0}^{k-1}\langle P_k - XP_{k-1}|P_i\rangle\frac{P_i}{||P_i||^2}$$

Par suite, d'après 4) a) on a

$$P_k - XP_{k-1} = \sum_{i=k-2}^{k-1} \langle P_k - XP_{k-1} | P_i \rangle \frac{P_i}{\|P_i\|^2} \in Vect(P_{k-2}, P_{k-1}).$$

c) Comme $\deg(P_k - XP_{k-1}) \leqslant 2$, on en déduit d'après la question 3) d) que $\langle P_k - XP_{k-1} | P_{k-1} \rangle = 0$. Ainsi, $P_k - XP_{k-1} = \alpha P_{k-2}$, or d'après la question 2) d) on a

$$\begin{aligned} P_k - XP_{k-1} &= X^k - \frac{k(k-1)}{4k+2} X^{k-2} + Q - X\left(X^{k-1} - \frac{(k-1)(k-2)}{4k-2} X^{k-3} + R\right) \\ &= -\left(\frac{k(k-1)}{4k+2} - \frac{(k-1)(k-2)}{4k-2}\right) X^{k-2} + S \\ &= -\frac{k^2-1}{4k^2-1} X^{k-2} + S \end{aligned}$$

où $S \in \mathbb{R}_{k-3}[X]$. Ainsi, $\alpha = -\dfrac{k^2-1}{4k^2-1}$ et donc $P_k = XP_{k-1} - \dfrac{k^2-1}{4k^2-1} P_{k-2}$.

d) On a

$$P_2 = XP_1 - \frac{1}{5} P_0 = X^2 - \frac{1}{5}$$

et

$$P_3 = XP_2 - \frac{8}{35} P_1 = X(X^2 - \frac{1}{5}) - \frac{8}{35} X = X^3 - \frac{3}{7} X.$$

▪ Solution de l'exercice 3.23

1) Pour toute fonction $h \in \mathscr{C}([-1,1], \mathbb{R})$, on a

$$\forall t \in]-1,1[, \quad \left| \frac{h(t)}{\sqrt{1-t^2}} \right| = \frac{|h(t)|}{\sqrt{1-t^2}} \leqslant \frac{\|h\|_\infty}{\sqrt{1-t^2}},$$

or

$$\int_{-1}^{1} \frac{dt}{\sqrt{1-t^2}} = 2 \int_0^1 \frac{ds}{\sqrt{2-s}\sqrt{s}} \leqslant 2 \int_0^1 \frac{ds}{\sqrt{s}} < +\infty.$$

Par conséquent, pour tout $h \in \mathscr{C}([-1,1], \mathbb{R})$, on a $\displaystyle\int_{-1}^{1} \frac{|h(t)|}{\sqrt{1-t^2}} dt < +\infty$.

2) Il est clair que l'application $(f,g) \longmapsto \langle f|g \rangle$ est bilinéaire symétrique. Par ailleurs, pour tout $f \in \mathscr{C}([-1,1], \mathbb{R})$, $f \neq 0$

$$\langle f|f \rangle = \int_{-1}^{1} \frac{(f(t))^2}{\sqrt{1-t^2}} dt > 0$$

et par suite l'application $(f,g) \longmapsto \langle f|g \rangle$ est un produit scalaire.

3) *a*) Soit $n \in \mathbb{N}$ et $\theta \in \mathbb{R}$, alors

$$\begin{aligned}\cos(n\theta) &= Re((\cos(\theta)+i\sin(\theta))^n)\\ &= Re\left(\sum_{k=0}^{n}\binom{n}{k} i^k(\sin(\theta))^k(\cos(\theta))^{n-k}\right)\\ &= \sum_{k=0}^{[\frac{n}{2}]}\binom{n}{2k}(-1)^k(1-(\cos(\theta))^2)^k(\cos(\theta))^{n-2k}\\ &= \sum_{k=0}^{[\frac{n}{2}]}\sum_{i=0}^{k}\binom{n}{2k}\binom{k}{i}(-1)^{k+i}(\cos(\theta))^{n+2i-2k}.\end{aligned}$$

Soit T_n le polynôme défini par

$$T_n = \sum_{k=0}^{[\frac{n}{2}]}\sum_{i=0}^{k}\binom{n}{2k}\binom{k}{i}(-1)^{k+i}X^{n+2i-2k}.$$

Alors, d'après ce qu précède on en déduit que pour tout $\theta \in \mathbb{R}$, on a $T_n(\cos(\theta)) = \cos(n\theta)$. Par ailleurs, on a

$$T_n = \sum_{k=0}^{[\frac{n}{2}]}\binom{n}{2k}X^n + Q$$

avec $\deg(Q) \leqslant n-1$, en particulier $\deg(T_n) = n$. Supposons maintenant l'existence d'un polynôme R_n de degré n vérifiant également $R_n(\cos(\theta)) = \cos(n\theta)$ pour tout $\theta \in \mathbb{R}$, il s'en suit alors que

$$\forall \theta \in \mathbb{R},\ (T_n - R_n)(\cos(\theta)) = 0$$

et par suite

$$\forall x \in [-1,1],\ (T_n - R_n)(x) = 0,$$

ce qui implique que $T_n - R_n$ admet une infinité de racines et donc $T_n = R_n$.

b) Soient $n \in \mathbb{N}^*$, $S_1 = \sum_{k=0}^{[\frac{n}{2}]}\binom{n}{2k} = a_n$ et $S_2 = \sum_{k=0}^{[\frac{n-1}{2}]}\binom{n}{2k+1}$, alors

$$S_1 - S_2 = \sum_{k=0}^{[\frac{n}{2}]}\binom{n}{2k} - \sum_{k=0}^{[\frac{n-1}{2}]}\binom{n}{2k+1} = \sum_{k=0}^{n}\binom{n}{k}(-1)^k = (1+(-1))^n = 0$$

et par suite $S_1 = S_2$.

Par ailleurs,

$$S_1+S_2=\sum_{k=0}^{\left[\frac{n}{2}\right]}\binom{n}{2k}+\sum_{k=0}^{\left[\frac{n-1}{2}\right]}\binom{n}{2k+1}=\sum_{k=0}^{n}\binom{n}{k}=(1+1)^n=2^n$$

ce qui implique que $2S_1=2^n$ et donc $a_n=S_1=2^{n-1}$. Ainsi, le coefficient dominant de T_n est donné par

$$a_n=\sum_{k=0}^{\left[\frac{n}{2}\right]}\binom{n}{2k}=2^{n-1}.$$

$c)$ On cherche les racines de T_n sous la forme $x=\cos(\theta)$, ainsi $T_n(\cos(\theta)=0$ si et seulement si $\cos(n\theta)=0$ ce qui signifie que $\theta=\dfrac{(2k+1)\pi}{2n}$ avec $k\in\mathbb{Z}$.
On pose $\theta_k=\dfrac{(2k+1)\pi}{2n}$, alors pour $0\leqslant k\leqslant n-1$, on a
$0<\dfrac{\pi}{2n}\leqslant\theta_k\leqslant\dfrac{(2n-1)\pi}{2n}<\pi$, comme la fonction cos est bijective sur l'intervalle $[0,\pi]$, on en déduit que $\cos(\theta_0),\ldots,\cos(\theta_{n-1})$ sont n racines distinctes de T_n. Puisque T_n est un polynôme de degré n ayant pour coefficient dominant 2^{n-1}, on obtient alors que

$$T_n=2^{n-1}\prod_{k=0}^{n-1}\left(X-\cos\left(\frac{(2k+1)\pi}{2n}\right)\right).$$

4) $a)$ En effectuant le changement de variables $t=\cos(\theta)$, on a

$$\begin{aligned}\langle f|g\rangle&=\int_{-1}^{1}\frac{f(t)g(t)}{\sqrt{1-t^2}}dt\\&=\int_0^{\pi}\frac{f(\cos(\theta))g(\cos(\theta))}{\sqrt{1-(\cos(\theta))^2}}\sin(\theta)d\theta\\&=\int_0^{\pi}f(\cos(\theta))g(\cos(\theta))d\theta.\end{aligned}$$

b) Soit $n, m \in \mathbb{N}$ tels que $n \neq m$, alors

$$\begin{aligned}
\langle T_n | T_m \rangle &= \int_0^{\pi} T_n(\cos(\theta)) T_m(\cos(\theta)) d\theta \\
&= \int_0^{\pi} \cos(n\theta)\cos(m\theta) d\theta \\
&= \frac{1}{2} \int_0^{\pi} \cos((n+m)\theta) + \cos((n-m)\theta) d\theta \\
&= \frac{1}{2} \left[\frac{\sin((n+m)\theta)}{n+m} \right]_0^{\pi} + \frac{1}{2} \left[\frac{\sin((n-m)\theta)}{n-m} \right]_0^{\pi} \\
&= 0
\end{aligned}$$

et donc la suite $(T_n)_{n\in\mathbb{N}}$ est orthogonale.
c) La famille $B_n \subset \mathbb{R}_n[X]$ est orthogonale et ne contient pas 0, par conséquent B_n est libre, or $Card(B_n) = n + 1 = dim \mathbb{R}_n[X]$ et par suite B_n est une base orthogonale de $\mathbb{R}_n[X]$.
5) Pour tout $f \in \mathscr{C}([-1,1], \mathbb{R})$, on a

$$\|f\|^2 = \int_0^{\pi} (f(\cos(\theta)))^2 d\theta \leqslant \|f\|_{\infty}^2 \int_0^{\pi} d\theta = \pi \|f\|_{\infty}^2.$$

6) Soit $f \in \mathscr{C}([-1,1], \mathbb{R})$, on sait d'après le théorème de Weierstrass que f est la limite uniforme d'une suite de polynômes, autrement dit il existe une suite $(P_n)_{n\in\mathbb{N}}$ de polynômes définis sur $[-1,1]$ telle que $\lim\limits_{n\to+\infty} \|P_n - f\|_{\infty} = 0$, cela implique en particulier d'après la question 5) que

$$0 \leqslant \lim_{n\to+\infty} \|P_n - f\| \leqslant \sqrt{\pi} \lim_{n\to+\infty} \|P_n - f\|_{\infty} = 0$$

et par suite

$$\lim_{n\to+\infty} \|P_n - f\| = 0.$$

Pour tout $n \in \mathbb{N}$, on pose $r_n = \deg(P_n)$ par conséquent d'après la question 4)c), $P_n \in \mathbb{R}_{r_n}[X] = Vect(B_{r_n})$ et par suite $\mathscr{C}([-1,1], \mathbb{R}) = \overline{Vect((T_n)_{n\in\mathbb{N}})}$. Ainsi, la suite $(T_n)_{n\in\mathbb{N}}$ est totale.
7) Comme la suite $(T_n)_{n\in\mathbb{N}}$ est orthogonale et totale, on en déduit que la suite $(\frac{T_n}{\|T_n\|})_{n\in\mathbb{N}}$ est une suite orthonormale totale et par suite pour tout $f \in \mathscr{C}([-1,1], \mathbb{R})$, on a

$$f = \sum_{n=0}^{+\infty} \langle f | \frac{T_n}{\|T_n\|} \rangle \frac{T_n}{\|T_n\|} = \sum_{n=0}^{+\infty} \frac{\langle f | T_n \rangle}{\|T_n\|^2} T_n.$$

Solution de l'exercice 3.24

1) D'après l'inégalité de Cauchy-Schwarz, on sait que pour tous $u, v \in E$, on a

$$\langle u|v\rangle^2 \leqslant \|u\|^2\|v\|^2,$$

avec égalité si et seulement si u et v sont colinéaires. Par conséquent,

$$G(u,v) = \|u\|^2\|v\|^2 - \langle u|v\rangle^2 \geqslant 0,$$

avec égalité si et seulement si u et v sont colinéaires.

2) *a*) Si w est orthogonal à u et v, alors $\langle u|w\rangle = \langle v|w\rangle = 0$ et par suite

$$G(u,v,w) = \begin{vmatrix} \|u\|^2 & \langle u|v\rangle & 0 \\ \langle v|u\rangle & \|v\|^2 & 0 \\ 0 & 0 & \|w\|^2 \end{vmatrix} = \|w\|^2 G(u,v).$$

b) Si $w \in Vect(u,v)$, alors il existe $\alpha, \beta \in \mathbb{R}$ tels que $w = \alpha u + \beta v$ et par suite

$$Gram(u,v,w) = \begin{pmatrix} \|u\|^2 & \langle u|v\rangle & \alpha\|u\|^2 + \beta\langle u|v\rangle \\ \langle v|u\rangle & \|v\|^2 & \alpha\langle v|u\rangle + \beta\|v\|^2 \\ \alpha\|u\|^2 + \beta\langle u|v\rangle & \alpha\langle v|u\rangle + \beta\|v\|^2 & \alpha^2\|u\|^2 + \beta\|v\|^2 + 2\alpha\beta\langle u|v\rangle \end{pmatrix}.$$

En notant C_1, C_2 et C_3 les vecteurs colonnes de la matrice $Gram(u,v,w)$, il est facile de voir que $C_3 = \alpha C_1 + \beta C_2$, par conséquent

$$G(u,v,w) = \det(Gram(u,v,w)) = 0.$$

c) Si $w = x + y$, avec $x \in Vect(u,v)$ et $y \in \{u,v\}^\perp$, notons que d'après la question précédente on a $G(u,v,x) = 0$, par conséquent

$$\begin{aligned} G(u,v,w) &= \begin{vmatrix} \|u\|^2 & \langle u|v\rangle & \langle u|x\rangle \\ \langle v|u\rangle & \|v\|^2 & \langle v|x\rangle \\ \langle x|u\rangle & \langle x|v\rangle & \|x\|^2 + \|y\|^2 \end{vmatrix} \\ &= \begin{vmatrix} \|u\|^2 & \langle u|v\rangle & \langle u|x\rangle \\ \langle v|u\rangle & \|v\|^2 & \langle v|x\rangle \\ \langle x|u\rangle & \langle x|v\rangle & \|x\|^2 \end{vmatrix} + \begin{vmatrix} \|u\|^2 & \langle u|v\rangle & 0 \\ \langle v|u\rangle & \|v\|^2 & 0 \\ \langle x|u\rangle & \langle x|v\rangle & \|y\|^2 \end{vmatrix} \\ &= G(u,v,x) + \|y\|^2 \begin{vmatrix} \|u\|^2 & \langle u|v\rangle \\ \langle v|u\rangle & \|v\|^2 \end{vmatrix} \\ &= \|y\|^2 G(u,v). \end{aligned}$$

d) – Comme $Vect(u,v)$ est de dimension finie, on en déduit que

$$E = Vect(u,v) \oplus^{\perp} (Vect(u,v))^{\perp}$$

et par suite pour tout $w \in E$ il existe $x \in Vect(u,v)$ et $y \in (Vect(u,v))^{\perp}$ tels que $w = x + y$. Ainsi, d'après ce qui précède, on a

$$G(u,v,w) = \|y\|^2 G(u,v).$$

Supposons que $G(u,v,w) = 0$, alors $\|y\| = 0$ ou $G(u,v) = 0$. Or, $\|y\| = 0$ signifie que $w = x \in Vect(u,v)$ et donc la famille $\{u,v,w\}$ est liée et $G(u,v) = 0$ signifie que les vecteurs u et v sont colinéaires et donc la famille $\{u,v,w\}$ est liée.

– Réciproquement, si la famille $\{u,v,w\}$ est liée alors il existe $\alpha, \beta, \gamma \in \mathbb{R}$ non tous nuls tels que

$$\alpha u + \beta v + \gamma w = 0.$$

On distingue alors deux cas

- Si $\gamma = 0$, alors u et v sont colinéaires et donc $G(u,v) = 0$, en particulier $G(u,v,w) = \|y\|^2 G(u,v) = 0$.
- Si $\gamma \neq 0$, alors $w = -\dfrac{\alpha}{\gamma}u - \dfrac{\beta}{\gamma}v \in Vect(u,v)$ et donc d'après la question 2)*b*), on a $G(u,v,w) = 0$.

▪ Solution de l'exercice 3.25

Supposons que $u \in \mathscr{O}(E)$ et soit $x \in F^{\perp}$, alors pour tout $y \in F$, on a

$$\langle u(x) | u(y) \rangle = \langle x | y \rangle = 0$$

et par suite $u(x) \in (u(F))^{\perp}$ ce qui signifie que $u(F^{\perp}) \subset (u(F))^{\perp}$. Par ailleurs, comme u est un automorphisme de E, on en déduit que

$$dim\left(u(F^{\perp})\right) = dim F^{\perp} = n - dim F = n - dim\, u(F) = dim\,(u(F))^{\perp}$$

et par suite $u(F^{\perp}) = (u(F))^{\perp}$.

Solution de l'exercice 3.26

1) On a ${}^tAA = I_3$, par conséquent $A \in \mathscr{O}(3)$ ce qui signifie que $u \in \mathscr{O}(\mathbb{R}^3)$.

2) On a $\det(u) = -1$ et $Tr(u) = \frac{7}{9}$, par conséquent u est la composée commutative d'une réflexion par rapport à $E_{-1}^{\perp}$ et d'une rotation d'axe E_{-1}. On a $E_{-1} = Vect((1,0,-4))$ et $E_{-1}^{\perp} = Vect((0,1,0),(4,0,1))$. Ainsi, en utilisant le procédé d'orthogonalisation de Gram-Schmidt, on en déduit que

$$B' = \left\{(\frac{1}{\sqrt{17}},0,\frac{-4}{\sqrt{17}}),(0,1,0),(\frac{4}{\sqrt{17}},0,\frac{1}{\sqrt{17}})\right\}$$

est une base orthonormale de $\mathbb{R}^3$ adaptée à la décomposition $\mathbb{R}^3 = E_{-1} \oplus^{\perp} E_{-1}^{\perp}$. On a alors

$$\mathscr{M}(u,B') = \begin{pmatrix} -1 & 0 & 0 \\ 0 & \frac{8}{9} & \frac{-\sqrt{17}}{9} \\ 0 & \frac{\sqrt{17}}{9} & \frac{8}{9} \end{pmatrix}$$

et par suite u est la composée commutative de la réflexion par rapport au plan $E_{-1}^{\perp}$ d'équation $x - 4z = 0$ et de la rotation d'angle θ où $\cos(\theta) = \frac{8}{9}$ et $\sin(\theta) = \frac{\sqrt{17}}{9}$. ($\theta = 0.47588224966041$ rad)

Solution de l'exercice 3.27

1) On a ${}^tAA = I_3$, par conséquent $A \in \mathscr{O}(3)$ ce qui signifie que $u \in \mathscr{O}(\mathbb{R}^3)$.

2) $\det(u) = 1$ et $Tr(u) = -1$, par conséquent u est un retournement d'axe E_1. On a $\chi_u = X^3 + X^2 - X - 1$, $Sp_{\mathbb{R}}(u) = \{-1,1\}$ et $E_1 = Vect((1,1,1))$ et par suite u est le retournement autour de l'axe $E_1 = Vect((1,1,1))$.

Solution de l'exercice 3.28

1) On a ${}^tAA = I_3$, par conséquent $A \in \mathscr{O}(3)$ ce qui signifie que $u \in \mathscr{O}(\mathbb{R}^3)$.

2) $\det(u) = 1$ et $Tr(u) = 1$, par conséquent u est la rotation d'angle

$$\theta = \arccos\left(\frac{Tr(u) - \det(u)}{2}\right) = \arccos 0 = \frac{\pi}{2}$$

autour de l'axe $E_1 = Vect((1,-2,-2))$.

Solution de l'exercice 3.29

1) On a ${}^tAA = I_3$, par conséquent $A \in \mathscr{O}(3)$ ce qui signifie que $u \in \mathscr{O}(\mathbb{R}^3)$.

2) $\det(u) = -1$ et $Tr(u) = 1$, par conséquent u est une réflexion par rapport à E_1. On a $\chi_u = X^3 - X^2 - X + 1$, $Sp_{\mathbb{R}}(u) = \{-1,1\}$ et $E_1 = Vect((2,0,1),(0,1,-1))$ et par suite u est la réflexion par rapport au plan d'équation $P : x - 2y - 2z = 0$.

▪ Solution de l'exercice 3.30

On note u la réflexion par rapport à P. On a $P = Vect((1,1,0),(0,1,1))$, ainsi en utilisant le procédé de Gram-Schmidt, on en déduit que

$$B' = \left\{(\frac{1}{\sqrt{2}},\frac{1}{\sqrt{2}},0),(\frac{-1}{\sqrt{6}},\frac{1}{\sqrt{6}},\frac{2}{\sqrt{6}})\right\}$$

est une base orthonormale de P et par suite pour tout $(x,y,z) \in \mathbb{R}^3$, on a

$$\begin{aligned}
u(x,y,z) &= 2(\langle(x,y,z)|(\frac{1}{\sqrt{2}},\frac{1}{\sqrt{2}},0)\rangle(\frac{1}{\sqrt{2}},\frac{1}{\sqrt{2}},0) \\
&+ 2\langle(x,y,z)|(\frac{-1}{\sqrt{6}},\frac{1}{\sqrt{6}},\frac{2}{\sqrt{6}})\rangle(\frac{-1}{\sqrt{6}},\frac{1}{\sqrt{6}},\frac{2}{\sqrt{6}}) - (x,y,z) \\
&= 2\left((\frac{x+y}{2},\frac{x+y}{2},0) + (\frac{x-y-2z}{6},\frac{-x+y+2z}{6},\frac{-2x+2y+4z}{6})\right) \\
&- (x,y,z) \\
&= (\frac{x+2y-2z}{3},\frac{2x+y+2z}{3},\frac{-2x+2y+z}{3}).
\end{aligned}$$

Soit B la base canonique de $\mathbb{R}^3$, alors

$$\mathscr{M}(u,B) = \begin{pmatrix} \frac{1}{3} & \frac{2}{3} & \frac{-2}{3} \\ \frac{2}{3} & \frac{1}{3} & \frac{2}{3} \\ \frac{-2}{3} & \frac{2}{3} & \frac{1}{3} \end{pmatrix}.$$

▪ Solution de l'exercice 3.31

Soit $F = Vect((1,1,0))$, alors $F^{\perp} = Vect((1,-1,0),(0,0,1))$ et par suite en utilisant le procédé de Gram-Schmidt, on en déduit que

$$B' = \left\{(\frac{1}{\sqrt{2}},\frac{1}{\sqrt{2}},0),(\frac{1}{\sqrt{2}},\frac{-1}{\sqrt{2}},0),(0,0,1)\right\}$$

une base orthonormale de $\mathbb{R}^3$ adaptée à la décomposition $\mathbb{R}^3 = F \oplus^{\perp} F^{\perp}$. Par conséquent,

$$\mathscr{M}(r,B') = \begin{pmatrix} 1 & 0 & 0 \\ 0 & \cos(\theta) & -\sin(\theta) \\ 0 & \sin(\theta) & \cos(\theta) \end{pmatrix} = \begin{pmatrix} 1 & 0 & 0 \\ 0 & \frac{\sqrt{2}}{2} & -\frac{\sqrt{2}}{2} \\ 0 & \frac{\sqrt{2}}{2} & \frac{\sqrt{2}}{2} \end{pmatrix}.$$

Soit B la base canonique de $\mathbb{R}^3$, ainsi en utilisant le théorème de changement de bases, on en déduit que

$$\begin{aligned}
\mathscr{M}(r,B) &= P_{B'\to B}^{-1}\mathscr{M}(r,B')P_{B'\to B} \\
&= P_{B\to B'}\mathscr{M}(r,B')^t P_{B\to B'} \\
&= \begin{pmatrix} \frac{1}{\sqrt{2}} & \frac{1}{\sqrt{2}} & 0 \\ \frac{1}{\sqrt{2}} & \frac{-1}{\sqrt{2}} & 0 \\ 0 & 0 & 1 \end{pmatrix} \begin{pmatrix} 1 & 0 & 0 \\ 0 & \frac{1}{\sqrt{2}} & -\frac{1}{\sqrt{2}} \\ 0 & \frac{1}{\sqrt{2}} & \frac{1}{\sqrt{2}} \end{pmatrix} \begin{pmatrix} \frac{1}{\sqrt{2}} & \frac{1}{\sqrt{2}} & 0 \\ \frac{1}{\sqrt{2}} & \frac{-1}{\sqrt{2}} & 0 \\ 0 & 0 & 1 \end{pmatrix} \\
&= \begin{pmatrix} \frac{\sqrt{2}+1}{2\sqrt{2}} & \frac{\sqrt{2}-1}{2\sqrt{2}} & \frac{-1}{2} \\ \frac{\sqrt{2}-1}{2\sqrt{2}} & \frac{\sqrt{2}+1}{2\sqrt{2}} & \frac{1}{2} \\ \frac{1}{2} & \frac{-1}{2} & \frac{1}{\sqrt{2}} \end{pmatrix}.
\end{aligned}$$

■ **Solution de l'exercice 3.32**

1) On a

$$^tAA = \begin{pmatrix} a^2+b^2+c^2 & ab+ac+bc & ab+ac+bc \\ ab+ac+bc & a^2+b^2+c^2 & ab+ac+bc \\ ab+ac+bc & ab+ac+bc & a^2+b^2+c^2 \end{pmatrix}$$

et par suite

$$\begin{aligned}
u \in \mathscr{O}(\mathbb{R}^3) &\iff A \in \mathscr{O}(3) \\
&\iff {}^tAA = I_3 \\
&\iff \begin{cases} a^2+b^2+c^2 = 1 \\ ab+ac+bc = 0 \end{cases}.
\end{aligned}$$

2) On a $\det(A) = a^3+b^3+c^3-3abc$ et $Tr(A) = 3a$ et par suite

$$\begin{aligned}
u \text{ est une réflexion} &\iff \begin{cases} \det(A) = -1 \\ Tr(A) = 1 \end{cases} \\
&\iff \begin{cases} a^3+b^3+c^3-3abc = -1 \\ 3a = 1 \end{cases} \\
&\iff \begin{cases} b^3+c^3-bc = -\frac{28}{27} \\ a = \frac{1}{3} \end{cases}.
\end{aligned}$$

Comme u est symétrique, on en déduit que $A \in S_3(\mathbb{R})$ et par suite $b = c$. L'équation $a^2+b^2+c^2 = 1$ nous donne $2b^2 = \frac{8}{9}$ et donc $c = b = \pm\frac{2}{3}$, or si $c = b = \frac{2}{3}$, alors $b^3+c^3-bc = \frac{-4}{27} \neq -\frac{28}{27}$, par conséquent $c = b = -\frac{2}{3}$. En conclusion, u est une réflexion si et seulement si $a = \frac{1}{3}$ et $c = b = -\frac{2}{3}$. Dans ce cas u est une réflexion par rapport à E_1, or $E_1 = Vect((1,0,-1),(0,1,-1))$ qui n'est autre que le plan d'équation $x+y+z = 0$.

▪ Solution de l'exercice 3.33

1) Soit $A = (a_{ij})_{1\leqslant i,j\leqslant n} \in \mathcal{O}(n)$, on pose ${}^tAA = (c_{ij})_{1\leqslant i,j\leqslant n}$, alors,

$$\forall 1 \leqslant j \leqslant n,\ c_{jj} = \sum_{i=1}^{n} a_{ij}^2.$$

Comme ${}^tAA = I_n$ il s'en suit alors que

$$\forall 1 \leqslant j \leqslant n,\ c_{jj} = 1$$

et par suite

$$\forall 1 \leqslant j \leqslant n,\ \sum_{i=1}^{n} a_{ij}^2 = 1,$$

en particulier

$$\forall 1 \leqslant i,j \leqslant n,\ |a_{ij}| \leqslant 1.$$

2) L'application $A \longmapsto ({}^tA,A)$ est linéaire au départ d'un espace vectoriel de dimension fini, elle est donc continue, de la même façon l'application $(A,B) \longmapsto AB$ est bilinéaire au départ d'un espace vectoriel de dimension finie elle est également continue. Ainsi, ψ est la composée de deux applications continues.

3) On a

$$\begin{aligned}\mathcal{O}(n) &= \{A \in \mathcal{M}_n(\mathbb{R}) \mid {}^tAA = I_n\}\\ &= \{A \in \mathcal{M}_n(\mathbb{R}) \mid \psi(A) = I_n\}\\ &= \psi^{-1}(\{I_n\}).\end{aligned}$$

Comme $\{I_n\}$ est une partie fermée de $\mathcal{M}_n(\mathbb{R})$, $\mathcal{O}(n)$ est donc l'image réciproque par une application continue d'une partie fermée, par conséquent $\mathcal{O}(n)$ est fermé. Par ailleurs, en considérant la norme $\|\ .\ \|_\infty$ sur $\mathcal{M}_n(\mathbb{R})$, on en déduit d'après la question 1) que pour tout $A \in \mathcal{O}(n)$, $\|A\|_\infty \leqslant 1$ et donc $\mathcal{O}(n)$ est une partie bornée. En conclusion, $\mathcal{O}(n)$ est une partie fermé bornée de $\mathcal{M}_n(\mathbb{R})$, elle est donc compacte.

4) Soit $A = (a_{ij})_{1\leqslant i,j\leqslant n} \in \mathscr{O}(n)$, alors d'après la question 1), on sait que

$$\forall 1 \leqslant i \leqslant n,\ |a_{ii}| \leqslant 1$$

et par suite

$$Tr(A) = \sum_{i=1}^{n} a_{ii} \leqslant \sum_{i=1}^{n} |a_{ii}| \leqslant \sum_{i=1}^{n} 1 = n.$$

5) Soit $A \in \mathscr{O}(n)$, on sait alors qu'il existe $p,q,r \in \mathbb{N},\ \theta_1,\dots,\theta_r \in \mathbb{R}$ tels que A est semblable à la matrice diagonale par blocs

$$\Delta_{p,q,r,\theta_1,\dots,\theta_r} = \begin{pmatrix} \boxed{R(\theta_1)} & & & & & \\ & \boxed{R(\theta_2)} & & & 0 & \\ & & \ddots & & & \\ & & & \boxed{R(\theta_r)} & & \\ & 0 & & & \boxed{I_p} & \\ & & & & & \boxed{-I_q} \end{pmatrix},$$

où pour tout $1 \leqslant i \leqslant r$, $R(\theta_i) = \begin{pmatrix} \cos(\theta_i) & -\sin(\theta_i) \\ \sin(\theta_i) & \cos(\theta_i) \end{pmatrix}$ et I_p, I_q désignent respectivement les matrices unités de $\mathscr{M}_p(\mathbb{R})$ et $\mathscr{M}_q(\mathbb{R})$. En particulier, on a

$$\det(A) = \det(\Delta_{p,q,r,\theta_1,\dots,\theta_r}) = (-1)^q \prod_{i=1}^{r} \det(R(\theta_i)) = (-1)^q.$$

Ainsi, si $\det(A) < 0$, alors q est impair et donc de la forme $q = 2m+1$, $m \in \mathbb{N}$ et par suite

$$\begin{aligned} Tr(A) &= Tr(\Delta_{p,q,r,\theta_1,\dots,\theta_r}) \\ &= \sum_{i=1}^{r} 2\cos(\theta_i) + p - (2m+1) \\ &\leqslant 2r + p - (2m+1). \end{aligned}$$

Or, $2r + p + 2m + 1 = n$ et donc

$$\begin{aligned} Tr(A) &\leqslant 2r + p - (2m+1) \\ &\leqslant 2r + p + (2m+1) - 2(2m+1) \\ &\leqslant n - 2(2m+1) \\ &\leqslant n - 2. \end{aligned}$$

▪ Solution de l'exercice 3.34

Soit $u \in \mathcal{O}(E)$.

— Supposons que u est diagonalisable, comme $u \in \mathcal{O}(E)$, alors $Sp(u) \subset \{-1,1\}$ et par suite il existe une base B de vecteurs propres de u telle que $\mathcal{M}(u,B) = diag(\lambda_1,\dots,\lambda_n)$ où pour tout $1 \leqslant i \leqslant n$, $\lambda_i = \pm 1$. Ainsi, $\mathcal{M}(u,B)^2 = I_n$ et donc u est une symétrie (nécessairement orthogonale puisque $u \in \mathcal{O}(E)$).

— Réciproquement, si u est une symétrie, alors $X^2 - 1$ est un polynôme annulateur scindé simple de u et par suite u est diagonalisable.

▪ Solution de l'exercice 3.35

Comme $P = X^p - 1$ est un polynôme annulateur de u, on en déduit que toute valeur propre $\lambda \in Sp(u)$ vérifie $\lambda^p = 1$. D'un autre coté on sait également que puisque $u \in S(E)$ et par suite $Sp(u) \neq \varnothing$ et $Sp(u) \subset \{-1,1\}$ et il existe une base B de E telle que $\mathcal{M}(u,B) = diag(\lambda_1,\dots,\lambda_n)$ où pour tout $1 \leqslant i \leqslant n$, $\lambda_i = \pm 1$. Ainsi, $\mathcal{M}(u,B)^2 = I_n$ et donc u est une symétrie

▪ Solution de l'exercice 3.36

1) a) Si pour tout $1 \leqslant i \leqslant n$, $\langle u(e_i)|e_i\rangle > 0$, alors

$$Tr(u) = \sum_{i=1}^{n} \langle u(e_i)|e_i\rangle > 0$$

de même si pour tout $1 \leqslant i \leqslant n$, $\langle u(e_i)|e_i\rangle < 0$, alors

$$Tr(u) = \sum_{i=1}^{n} \langle u(e_i)|e_i\rangle < 0$$

par conséquent, comme $Tr(u) = 0$ alors il existe $1 \leqslant i,j \leqslant n$ tels que $\langle u(e_i)|e_i\rangle > 0$ et $\langle u(e_j)|e_j\rangle < 0$.

b) <u>**Méthode 1**</u>

On sait d'après la question a) qu'il existe $1 \leqslant i,j \leqslant n$, $i \neq j$ tels que $\langle u(e_i)|e_i\rangle > 0$ et $\langle u(e_j)|e_j\rangle < 0$. Soit ϕ l'application définie sur $[0,1]$ par

$$\phi(t) = te_i + (1-t)e_j$$

alors pour tous $t,s \in [0,1]$, on a

$$\begin{aligned}\|\phi(t) - \phi(s)\| &= \|te_i + (1-t)e_j - se_i - (1-s)e_j\| \\ &= \|(t-s)e_i + (s-t)e_j\| \\ &\leqslant |t-s|\|e_i - e_j\|\end{aligned}$$

Cela implique que ϕ est lipschitzienne et donc continue sur $[0,1]$. Soit maintenant h la fonction définie sur $[0,1]$ par

$$h(t) = \langle u(\phi(t)) | \phi(t) \rangle.$$

Comme l'application $x \longmapsto \langle u(x)|x\rangle$ est bilinéaire au départ d'un espace vectoriel de dimension finie, elle est continue et comme par ailleurs ϕ est continue sur $[0,1]$, on en déduit que h est continue sur $[0,1]$.
Or $h(0)h(1) = \langle u(e_i)|e_i\rangle\langle u(e_j)|e_j\rangle < 0$, par conséquent d'après le théorème des valeurs intermédiaires il existe $t_0 \in]0,1[$ tel que $h(t_0) = 0$, en d'autre termes il existe $t_0 \in]0,1[$ tel que $\langle u(t_0e_i + (1-t_0)e_j)|t_0e_i + (1-t_0)e_j\rangle = 0$. De plus, comme la famille $\{e_i, e_j\}$ est libre, on en déduit que $t_0e_i + (1-t_0)e_j \neq 0$.

Méthode 2

On sait d'après la question $1)a)$ qu'il existe $1 \leqslant i, j \leqslant n$, $i \neq j$ tels que $\langle u(e_i)|e_i\rangle > 0$ et $\langle u(e_j)|e_j\rangle < 0$. Soit P l'application définie sur $\mathbb{R}$ par

$$P(t) = \langle u(te_i + e_j)|te_i + e_j\rangle.$$

Alors, pour tout $t \in \mathbb{R}$, on a

$$\begin{aligned} P(t) &= \langle u(te_i + e_j)|te_i + e_j\rangle \\ &= \langle tu(e_i) + u(e_j)|te_i + e_j\rangle \\ &= t^2\langle u(e_i)|e_i\rangle + t(\langle u(e_i)|e_j\rangle + \langle u(e_j)|e_i\rangle) + \langle u(e_j)|e_j\rangle. \end{aligned}$$

Ainsi, P est une fonction polynomiale de degré 2 et on a

$$\Delta = (\langle u(e_i)|e_j\rangle + \langle u(e_j)|e_i\rangle)^2 - 4\langle u(e_i)|e_i\rangle\langle u(e_j)|e_j\rangle > 0,$$

par conséquent il existe $t_0 \in \mathbb{R}$ tel que $P(t_0) = 0$ et donc

$$\langle u(t_0e_i + e_j)|t_0e_i + e_j\rangle = 0,$$

de plus comme la famille $\{e_i, e_j\}$ est libre, alors $t_0e_i + e_j \neq 0$.
2) Si $n = 1$, alors $u = 0$ et par suite pour tout $x \in E$, $\langle u(x)|x\rangle = 0$. Supposons dans la suite que $n \geqslant 2$, on a alors

— S'il existe $1 \leqslant i \leqslant n$ tel que $\langle u(e_i)|e_i\rangle = 0$ alors $x = e_i$ convient.

— Si pour tout $1 \leqslant i \leqslant n$, $\langle u(e_i)|e_i\rangle \neq 0$, alors d'après la question $1)b)$ il existe $x \in E, x \neq 0$ tel que $\langle u(x)|x\rangle = 0$.

3) Bien entendu s'il existe une base orthonormale B telle que $\mathscr{M}(u,B)$ est à diagonale nulle, alors

$$Tr(u) = Tr(\mathscr{M}(u,B)) = 0.$$

Réciproquement, on raisonne par récurrence sur $n \in \mathbb{N}^*$. En effet,

— Pour $n = 1$, si $u \in \mathscr{L}(E)$ est un endomorphisme à trace nulle, alors $u = 0$ et par suite n'importe quelle base orthonormale de E convient.

— HR : Soit $n \in \mathbb{N}^*$, supposons que pour tout endomorphisme $u \in \mathscr{L}(E)$, si $Tr(u) = 0$, alors il existe une base orthonormale B de E telle que $\mathscr{M}(u,B)$ est à diagonale nulle. Soit E un espace euclidien de dimension $n+1$ et $u \in \mathscr{L}(E)$ un endomorphisme à trace nulle, comme $n+1 \geqslant 2$, alors d'après 1) $c)$ il existe $x \in E$, $x \neq 0$ tel que $\langle u(x)|x\rangle = 0$. Par ailleurs, on pose $y = \dfrac{x}{\|x\|}$, alors d'après le théorème de la base orthonormale incomplète, il existe $e_1, \ldots, e_n \in E$ tels que $B_1 = \{y, e_1, \ldots, e_n\}$ soit une base orthonormale de E. On a alors

$$\mathscr{M}(u,B_1) = \left(\begin{array}{c|cccc} 0 & a_{12} & \cdots & \cdots & a_{1(n+1)} \\ \hline a_{21} & a_{22} & \cdots & \cdots & a_{2(n+1)} \\ \vdots & \vdots & & & \vdots \\ \vdots & \vdots & & & \vdots \\ a_{(n+1)1} & a_{(n+1)2} & \cdots & \cdots & a_{(n+1)(n+1)} \end{array}\right).$$

En particulier, comme $Tr(u) = 0$, alors $\sum_{i=2}^{n+1} a_{ii} = 0$. Par ailleurs, soit $B_2 = \{e_1, \ldots, e_n\}$, $F = Vect(e_1, \ldots, e_n)$, u_F la restriction de u à F et p_F la projection orthogonal sur F. Alors,

$$\mathscr{M}(p_F \circ u_F, B_2) = \begin{pmatrix} a_{22} & \cdots & \cdots & a_{2(n+1)} \\ \vdots & & & \vdots \\ \vdots & \vdots & & \vdots \\ a_{(n+1)2} & \cdots & \cdots & a_{(n+1)(n+1)} \end{pmatrix}.$$

Comme $Tr(p_F \circ u_F) = 0$, on en déduit d'après l'hypothèse de récurrence qu'il existe $B_3 = \{v_1, \ldots, v_n\}$ une base orthonormale de F telle que $\mathscr{M}(p_F \circ u_F, B_3)$ est à diagonale nulle.

Soit $B_4 = \{y, v_1, \ldots, v_n\}$, alors B_4 est une base orthonormale de E et on a

$$\mathscr{M}(u,B_4) = \begin{pmatrix} 0 & * & * & * & * \\ * & 0 & * & * & * \\ * & * & \ddots & * & * \\ * & * & * & \ddots & * \\ * & * & * & * & 0 \end{pmatrix}.$$

Solution de l'exercice 3.37

1) $a)$ Soit $x \in Ker(u - \mathrm{Id}_E)$, alors $u(x) = x$ et par suite

$$0 = \langle u(x)|x\rangle = \|x\|^2.$$

Cela signifie que $Ker(u - \mathrm{Id}_E) = \{0\}$ et donc $u - \mathrm{Id}_E \in GL(E)$ car E est de dimension finie. De la même manière, soit $x \in Ker(u + \mathrm{Id}_E)$, alors $u(x) = -x$ et par suite

$$0 = \langle u(x)|x\rangle = -\|x\|^2,$$

ce qui implique que $Ker(u + \mathrm{Id}_E) = \{0\}$ et donc $u + \mathrm{Id}_E \in GL(E)$.

$b)$ D'après les hypothèses, on sait que pour tout $z \in E$, $u(z) \perp z$, soit $x \in E$ et $y = (\mathrm{Id}_E - u)^{-1}(x)$, alors $x = y - u(y)$ et d'après le théorème de Pythagore, on en déduit que

$$\begin{aligned}\|v(x)\|^2 &= \|(\mathrm{Id}_E + u) \circ (\mathrm{Id}_E - u)^{-1}(x)\|^2 \\ &= \|(\mathrm{Id}_E + u)(y)\|^2 = \|u(y) + y\|^2 = \|u(y)\|^2 + \|y\|^2 \\ &= \|-u(y)\|^2 + \|y\|^2 = \|y - u(y)\|^2 = \|x\|^2\end{aligned}$$

par conséquent $v \in \mathcal{O}(E)$. Par ailleurs, soit $x \in E$ tel que $v(x) = -x$ et $y = (\mathrm{Id}_E - u)^{-1}(x)$, alors

$$(\mathrm{Id}_E + u)(y) = u(y) - y,$$

et par suite $y = 0$ et donc $x = 0$. Ainsi, $Ker(v + \mathrm{Id}_E) = \{0\}$ et donc $-1 \notin Sp(v)$.

2) $a)$ Comme $-1 \notin Sp(v)$, alors $Ker(v + \mathrm{Id}_E) = \{0\}$ et par suite $v + \mathrm{Id}_E \in GL(E)$ car E est de dimension finie.

$b)$ Si $u = (v + \mathrm{Id}_E)^{-1} \circ (v - \mathrm{Id}_E)$, alors

$$(v + \mathrm{Id}_E) \circ u = v - \mathrm{Id}_E$$

et par suite

$$v - v \circ u = u + \mathrm{Id}_E,$$

ce qui implique que

$$v \circ (\mathrm{Id}_E - u) = u + \mathrm{Id}_E$$

et donc

$$v = (\mathrm{Id}_E + u) \circ (\mathrm{Id}_E - u)^{-1}.$$

$c)$ Pour tout $x \in E$, on a

$$\begin{aligned}\langle u(x)|x\rangle &= \langle (v + \mathrm{Id}_E)^{-1} \circ (v - \mathrm{Id}_E)(x)|x\rangle \\ &= \langle (v + \mathrm{Id}_E)^{-1} \circ (v + \mathrm{Id}_E - 2\mathrm{Id}_E)(x)|x\rangle \\ &= \langle x - 2(v + \mathrm{Id}_E)^{-1}(x)|x\rangle.\end{aligned}$$

On pose $y = (v + \mathrm{Id}_E)^{-1}(x)$, alors $x = v(y) + y$, par conséquent

$$\begin{aligned}\langle u(x)|x\rangle &= \langle v(y) + y - 2y|v(y) + y\rangle \\ &= \langle v(y) - y|v(y) + y\rangle \\ &= \|v(y)\|^2 - \|y\|^2 + \langle v(y)|y\rangle - \langle y|v(y)\rangle.\end{aligned}$$

Comme $v \in \mathscr{O}(E)$, on en déduit que $\|v(y)\| = \|y\|$, ainsi $\langle u(x)|x\rangle = 0$ et donc u est antisymétrique.

▪ Solution de l'exercice 3.38

Si $F = G = \{0\}$, $u = \mathrm{Id}_E$ convient. Supposons que $dim F = dim G = p \neq 0$ et soient $B_1 = \{e_1, \ldots, e_p\}$ et $B_1' = \{e_1', \ldots, e_p'\}$ respectivement des bases orthonormales de F et G, on sait alors B_1 et B_1' peuvent être complétées respectivement en des bases orthonormales de E, $B = \{e_1, \ldots, e_n\}$ et $B' = \{e_1', \ldots, e_n'\}$. Soit $u \in \mathscr{L}(E)$ l'endomorphisme défini par

$$\forall 1 \leqslant i \leqslant n,\ u(e_i) = e_i'.$$

Alors, $u(F) = G$ et $u \in \mathscr{O}(E)$ puisque B et B' sont des bases orthonormales et $u(B) = B'$.

▪ Solution de l'exercice 3.39

1) Pour tous $P, Q \in \mathbb{R}_2[X]$ et pour tous $\alpha, \beta \in \mathbb{R}$, on a

$$\begin{aligned}u(\alpha P + \beta Q) &= ((X^2 - X)(\alpha P + \beta Q)')' \\ &= (\alpha(X^2 - X)P' + \beta(X^2 - X)Q')' \\ &= \alpha((X^2 - X)P')' + \beta((X^2 - X)Q')' \\ &= \alpha u(P) + \beta u(Q).\end{aligned}$$

Ainsi, u est linéaire. Par ailleurs, soit $P \in \mathbb{R}_2[X]$, alors $\deg((X^2 - X)P') \leqslant 3$ et par suite $\deg(u(P)) \leqslant 2$ ce qui implique que $u(P) \in \mathbb{R}_2[X]$ et donc u est un endomorphisme de $\mathbb{R}_2[X]$.

2) En utilisant une double intégration par parties, on en déduit que pour tous $P, Q \in \mathbb{R}_2[X]$, on a

$$\begin{aligned}
\langle u(P)|Q\rangle &= \langle((X^2-X)P')'|Q\rangle \\
&= \int_0^1 ((X^2-X)P')'(t)Q(t)dt \\
&= \left[(t^2-t)P'(t)Q(t)\right]_0^1 - \int_0^1 (t^2-t)P'(t)Q'(t)dt \\
&= -\int_0^1 (t^2-t)P'(t)Q'(t)dt \\
&= -\left[(t^2-t)P(t)Q'(t)\right]_0^1 + \int_0^1 P(t)((X^2-X)Q')'(t)dt \\
&= \int_0^1 P(t)((X^2-X)Q')'(t)dt \\
&= \langle P|u(Q)\rangle
\end{aligned}$$

et par suite u est symétrique.
3) On a $u(1) = 0$, $u(X) = 2X - 1$ et $u(X^2) = 6X^2 - 4X$, par conséquent

$$\mathscr{M}(u,B) = \begin{pmatrix} 0 & -1 & 0 \\ 0 & 2 & -4 \\ 0 & 0 & 6 \end{pmatrix}.$$

La matrice $\mathscr{M}(u,B)$ n'est à l'évidence pas symétrique malgré que l'endomorphisme u le soit et cela est du simplement au fait que la base B n'est pas orthonormale pour le produit scalaire considéré.

▪ Solution de l'exercice 3.40

1) Soit $\alpha, \beta \in \mathbb{R}$, alors pour tout $x \in E$, on a

$$\begin{aligned}
f_\alpha \circ f_\beta(x) &= f_\alpha(x + \beta\langle x|a\rangle a) \\
&= f_\alpha(x) + \beta\langle x|a\rangle f_\alpha(a) \\
&= x + \alpha\langle x|a\rangle a + \beta\langle x|a\rangle(a + \alpha a) \\
&= x + (\alpha + \beta + \alpha\beta)\langle x|a\rangle a \\
&= f_{\alpha+\beta+\alpha\beta}(x).
\end{aligned}$$

2) D'après la question précédente, on en déduit que pour tous $\alpha, \beta \in \mathbb{R}$, on a

$$f_\alpha \circ f_\beta = f_{\alpha+\beta+\alpha\beta} = f_{\beta+\alpha+\beta\alpha} = f_\beta \circ f_\alpha.$$

3) On raisonne par récurrence sur $p \in \mathbb{N}$. En effet,

— Pour $p = 0$, $f_\alpha^0 = \mathrm{Id}_E = f_0 = f_{(\alpha+1)^0-1}$.

— HR : Soit $p \in \mathbb{N}$, supposons que $f_\alpha^p = f_{(\alpha+1)^p-1}$, alors d'après la question 1), on en déduit que

$$\begin{aligned} f_\alpha^{p+1} &= f_\alpha^p \circ f_\alpha \\ &= f_{(\alpha+1)^p-1} \circ f_\alpha \\ &= f_{(\alpha+1)^p-1+\alpha+\alpha((\alpha+1)^p-1)} \\ &= f_{(\alpha+1)^{p+1}-1}. \end{aligned}$$

Ainsi, pour tout $p \in \mathbb{N}$, $f_\alpha^p = f_{(\alpha+1)^p-1}$.

4) Si $\alpha = -1$, on a

$$f_{-1}(a) = a - \langle a|a\rangle a = 0$$

et par suite f_{-1} n'est pas inversible. Supposons maintenant que $\alpha \neq -1$, alors d'après la question 1), on en déduit que

$$f_\alpha \circ f_{-\frac{\alpha}{\alpha+1}} = f_{-\frac{\alpha}{\alpha+1}} \circ f_\alpha = f_0 = \mathrm{Id}_E,$$

par conséquent f_α est inversible et $f_\alpha^{-1} = f_{-\frac{\alpha}{\alpha+1}}$.

5) Pour tous $x, y \in E$, on a

$$\begin{aligned} \langle f_\alpha(x)|y\rangle &= \langle x + \alpha\langle x|a\rangle a|y\rangle \\ &= \langle x|y\rangle + \alpha\langle x|a\rangle\langle a|y\rangle \\ &= \langle x|y\rangle + \langle x|\alpha\langle a|y\rangle a\rangle \\ &= \langle x|y + \alpha\langle a|y\rangle a\rangle \\ &= \langle x|f_\alpha(y)\rangle \end{aligned}$$

et par suite f_α est symétrique.

6) D'après la question 3) on sait que pour tout $\alpha \in \mathbb{R}$, on a $f_\alpha^2 = f_{\alpha(\alpha+2)}$ en particulier si $\alpha = 0$ ou $\alpha = -2$, on a $f_\alpha^2 = f_0 = \mathrm{Id}_E$ et donc f_α est une symétrie, comme $f_\alpha \in S(E)$, on en déduit que f_α est une symétrie orthogonale, en particulier $f_\alpha \in \mathscr{O}(E)$. Réciproquement, supposons que $f_\alpha \in \mathscr{O}(E)$, comme f_α est symétrique alors $f_\alpha \in \mathscr{O}(E) \cap S(E)$ et par suite f_α est une symétrie orthogonale, en particulier $f_\alpha^2 = \mathrm{Id}_E$ et donc $f_{\alpha(\alpha+2)} = \mathrm{Id}_E$. Ainsi, $f_{\alpha(\alpha+2)}(a) = a$ et par suite $\alpha(\alpha+2)a = 0$, comme $a \neq 0$, on obtient $\alpha(\alpha+2) = 0$.

Solution de l'exercice 3.41

Comme $u \in S(E)$, alors u est diagonalisable. Par ailleurs, soit $\lambda \in Sp(u)$ alors il existe $x \in E, x \neq 0$ tel que $u(x) = \lambda x$ et par suite

$$0 = \langle u(x)|x\rangle = \langle \lambda x|x\rangle = \lambda \|x\|^2.$$

Comme $x \neq 0$ on en déduit que $\lambda = 0$ et donc il existe une base B de vecteurs propres de u telle que $\mathscr{M}(u,B) = 0$.

Solution de l'exercice 3.42

1) Notons d'abord que si $A \in S_n(\mathbb{R})$ alors $Sp(A) \subset \mathbb{R}$ et $Sp(A) \neq \varnothing$.

— Si $A \in S_n^+(\mathbb{R})$, soit $\lambda \in Sp(A)$ et $X \in \mathscr{M}_{n,1}(\mathbb{R}), X \neq 0$ tel que $AX = \lambda X$, alors

$$^tXAX = \lambda {}^tXX = \lambda \|X\|^2,$$

où $\| \, . \, \|$ désigne la norme euclidienne sur $\mathscr{M}_{n,1}(\mathbb{R})$. Ainsi, $\lambda \|X\|^2 \geqslant 0$, comme $X \neq 0$, on en déduit que $\lambda \geqslant 0$ et donc $Sp(A) \subset \mathbb{R}_+$.

— Réciproquement, supposons que $Sp(A) = \{\lambda_1, \dots, \lambda_n\} \subset \mathbb{R}_+$. Comme $A \in S_n(\mathbb{R})$, alors A est orthogonalement diagonalisable, autrement dit il existe $P \in \mathscr{O}_n(\mathbb{R})$ telle que $A = {}^tPDP$ où $D = \begin{pmatrix} \lambda_1 & 0 & \cdots & 0 \\ 0 & \lambda_2 & \ddots & \vdots \\ \vdots & \ddots & \ddots & 0 \\ 0 & \cdots & 0 & \lambda_n \end{pmatrix}$.

Ainsi, pour tout $X \in \mathscr{M}_{n,1}(\mathbb{R})$, on a

$$^tXAX = {}^tX{}^tPDPX = {}^t(PX)D(PX).$$

On pose $PX = Y = \begin{pmatrix} y_1 \\ y_2 \\ \vdots \\ y_n \end{pmatrix}$, par conséquent

$$^tXAX = (y_1, \dots, y_n) \begin{pmatrix} \lambda_1 & 0 & \cdots & 0 \\ 0 & \lambda_2 & \ddots & \vdots \\ \vdots & \ddots & \ddots & 0 \\ 0 & \cdots & 0 & \lambda_n \end{pmatrix} \begin{pmatrix} y_1 \\ y_2 \\ \vdots \\ y_n \end{pmatrix} = \sum_{i=1}^n \lambda_i y_i^2 \geqslant 0.$$

2) On a,

— Si $A \in S_n^{++}(\mathbb{R})$, alors pour tout $X \in \mathscr{M}_{n,1}(\mathbb{R})$, $X \neq 0$, ${}^tXAX > 0$. Soit $\lambda \in Sp(A)$ et $X \in \mathscr{M}_{n,1}(\mathbb{R})$, $X \neq 0$ tel que $AX = \lambda X$, alors

$$ {}^tXAX = \lambda {}^tXX = \lambda \|X\|^2, $$

où $\| \, . \, \|$ désigne la norme euclidienne sur $\mathscr{M}_{n,1}(\mathbb{R})$. Ainsi, $\lambda \|X\|^2 > 0$ et comme $X \neq 0$, on en déduit que $\lambda > 0$ et donc $Sp(A) \subset \mathbb{R}_+^*$.

— Réciproquement, supposons que $Sp(A) = \{\lambda_1, \ldots, \lambda_n\} \subset \mathbb{R}_+^*$. Comme $A \in S_n(\mathbb{R})$, alors A est orthogonalement diagonalisable, autrement dit il existe $P \in \mathscr{O}_n(\mathbb{R})$ telle que $A = {}^tPDP$ où $D = \begin{pmatrix} \lambda_1 & 0 & \cdots & 0 \\ 0 & \lambda_2 & \ddots & \vdots \\ \vdots & \ddots & \ddots & 0 \\ 0 & \cdots & 0 & \lambda_n \end{pmatrix}$.

Ainsi, pour tout $X \in \mathscr{M}_{n,1}(\mathbb{R})$, $X \neq 0$, on a

$$ {}^tXAX = {}^tX {}^tPDPX = {}^t(PX)D(PX). $$

On pose alors $PX = Y = \begin{pmatrix} y_1 \\ y_2 \\ \vdots \\ y_n \end{pmatrix}$, par conséquent

$$ {}^tXAX = (y_1, \ldots, y_n) \begin{pmatrix} \lambda_1 & 0 & \cdots & 0 \\ 0 & \lambda_2 & \ddots & \vdots \\ \vdots & \ddots & \ddots & 0 \\ 0 & \cdots & 0 & \lambda_n \end{pmatrix} \begin{pmatrix} y_1 \\ y_2 \\ \vdots \\ y_n \end{pmatrix} = \sum_{i=1}^{n} \lambda_i y_i^2 \geqslant 0. $$

Par ailleurs, comme P est inversible et $X \neq 0$, alors $Y = PX \neq 0$ et par suite il existe $1 \leqslant i_0 \leqslant n$ tel que $y_{i_0} \neq 0$ ce qui implique que

$$ {}^tXAX = \sum_{i=1}^{n} \lambda_i y_i^2 > 0. $$

3) Soient $A, B \in S_n^+(\mathbb{R})$ et $\alpha, \beta \in [0,1]$ tels que $\alpha + \beta = 1$. Notons d'abords que puisque $S_n(\mathbb{R})$ est un sous-espace vectoriel, alors $\alpha A + \beta B \in S_n(\mathbb{R})$. Par ailleurs, pour tout $X \in \mathscr{M}_{n,1}(\mathbb{R})$, on a

$$ {}^tX(\alpha A + \beta B)X = \alpha {}^tXAX + \beta {}^tXBX \geqslant 0. $$

Ainsi, $\alpha A+\beta B\in S_n^+(\mathbb{R})$ et donc $S_n^+(\mathbb{R})$ est convexe. Soient maintenant $X\in\mathscr{M}_{n,1}(\mathbb{R})$ et

$$\begin{aligned}\psi_X : \mathscr{M}_n(\mathbb{R}) &\longrightarrow \mathbb{R}\\ A &\longmapsto {}^tXAX\end{aligned}$$

Alors, ψ_X est linéaire au départ d'un espace vectoriel de dimension finie, par conséquent ψ_X est continue. Soit maintenant, $(A_k)_{k\in\mathbb{N}}$ une suite de matrices de $S_n(\mathbb{R})$ qui converge vers A. Alors,

$$\forall k\in\mathbb{N},\ {}^tXA_kX\geqslant 0$$

et par suite, comme ψ_X est continue, on obtient

$${}^tXAX=\psi_X(A)=\psi_X(\lim_{n\to+\infty}A_k)=\lim_{n\to+\infty}\psi_X(A_k)=\lim_{n\to+\infty}{}^tXA_kX\geqslant 0.$$

Ainsi, $A\in S_n^+(\mathbb{R})$ et $S_n^+(\mathbb{R})$ est donc fermé. Au fait pour montrer que $S_n^+(\mathbb{R})$ est fermé on peut procéder différemment, en effet on a

$$S_n^+(\mathbb{R})=S_n(\mathbb{R})\cap\bigcap_{X\in\mathscr{M}_{n,1}(\mathbb{R})}\psi_X^{-1}(\mathbb{R}_+),$$

comme ψ_X est continue et $\mathbb{R}_+$ est fermé, on en déduit que pour tout $X\in\mathscr{M}_{n,1}(\mathbb{R})$, $\psi_X^{-1}(\mathbb{R}_+)$ est fermé et donc $S_n^+(\mathbb{R})$ est fermé comme intersection de fermés ($S_n(\mathbb{R})$ est bien entendu fermé étant un sous-espace vectoriel de dimension finie).

4) Soit $A\in S_n^+(\mathbb{R})$, on sait alors que A est orthogonalement diagonalisable et par suite il existe $P\in\mathscr{O}_n(\mathbb{R})$ telle que $A=P^{-1}DP$ où $D=\begin{pmatrix}\lambda_1&0&\cdots&0\\0&\lambda_2&\ddots&\vdots\\\vdots&\ddots&\ddots&0\\0&\cdots&0&\lambda_n\end{pmatrix}$.

De plus, d'après la question 1) on sait également que $\lambda_1,\dots,\lambda_n\in\mathbb{R}_+$.

Soit $(A_k)_{k\in\mathbb{N}^*}$ la suite matricielle définie par

$$\forall k\in\mathbb{N}^*,\ A_k=A+\frac{1}{k}I_n.$$

Puisque $S_n(\mathbb{R})$ est un $\mathbb{R}$-espace vectoriel, on en déduit que pour tout $k \in \mathbb{N}^*$, $A_k \in S_n(\mathbb{R})$.

D'autre part, on a

$$\forall k \in \mathbb{N}^*,\ A_k = P^{-1}(D + \frac{1}{k}I_n)P,$$

avec

$$D + \frac{1}{k}I_n = \begin{pmatrix} \lambda_1 + \frac{1}{k} & 0 & \cdots & 0 \\ 0 & \lambda_2 + \frac{1}{k} & \ddots & \vdots \\ \vdots & \ddots & \ddots & 0 \\ 0 & \cdots & 0 & \lambda_n + \frac{1}{k} \end{pmatrix}.$$

Comme pour tout $1 \leqslant i \leqslant n$, $\lambda_i + \frac{1}{k} > 0$, il s'en suit d'après la question 2) que

$$\forall k \in \mathbb{N}^*,\ A_k \in S_n^{++}(\mathbb{R})$$

et on a $\lim\limits_{k \to +\infty} A_k = A$. Pour montrer que pour tout $k \in \mathbb{N}^*$, $A_k \in S_n^{++}(\mathbb{R})$, on aurait pu également remarquer que pour tout $X \in \mathscr{M}_{n,1}(\mathbb{R})$, $X \neq 0$, on a

$${}^tXA_kX = {}^tX(A + \frac{1}{k}I_n)X = {}^tXAX + \frac{1}{k}\|X\|^2 > 0.$$

▪ Solution de l'exercice 3.43

Comme A est symétrique réelle, alors d'après le théorème spectral, A est diagonalisable et par suite A est nilpotente si et seulement si $A = 0$.

▪ Solution de l'exercice 3.44

1) $H_1 = \begin{pmatrix} 1 \end{pmatrix}$, $H_2 = \begin{pmatrix} 1 & \frac{1}{2} \\ \frac{1}{2} & 1 \end{pmatrix}$ et $H_3 = \begin{pmatrix} 1 & \frac{1}{2} & \frac{1}{3} \\ \frac{1}{2} & \frac{1}{3} & \frac{1}{4} \\ \frac{1}{3} & \frac{1}{4} & \frac{1}{5} \end{pmatrix}$.

2) La matrice de Hilbert étant une matrice symétrique réelle, elle est diagonalisable.

3) Soit $X = \begin{pmatrix} x_1 \\ \vdots \\ \vdots \\ x_n \end{pmatrix} \in \mathscr{M}_{n,1}(\mathbb{R})$, alors

$$\begin{aligned} {}^tXH_nX &= \sum_{i=1}^{n}\sum_{j=1}^{n} \frac{x_ix_j}{i+j-1} = \sum_{i=1}^{n}\sum_{j=1}^{n} x_ix_j \int_0^1 t^{i+j-2}dt = \int_0^1 \sum_{i=1}^{n}\sum_{j=1}^{n} x_ix_jt^{i+j-2}dt \\ &= \int_0^1 \sum_{i=1}^{n}\sum_{j=1}^{n} (x_it^{i-1})(x_jt^{j-1})dt = \int_0^1 \left(\sum_{i=1}^{n} x_it^{i-1}\right)^2 dt \geqslant 0. \end{aligned}$$

▪ Solution de l'exercice 3.45

Pour tout $\lambda \in Sp(u)$ il existe $x \in E$, $\|x\| = 1$ tel que $u(x) = \lambda x$ et par suite

$$|\lambda| = |\lambda|\|x\| = \|\lambda x\| = \|u(x)\| \leqslant |||u|||,$$

en particulier, $\rho(u) \leqslant |||u|||$. Réciproquement, comme u est symétrique, alors il existe une base orthonormale $B = \{e_1, \dots, e_n\}$ de E telle que $\mathscr{M}(u,B)$ est diagonale. Soit $x \in E$ tel que $\|x\| = 1$, alors

$$\begin{aligned} \|u(x)\|^2 &= \left\| u\left(\sum_{i=1}^{n} \langle x|e_i\rangle e_i\right)\right\|^2 = \left\|\sum_{i=1}^{n} \langle x|e_i\rangle u(e_i)\right\|^2 = \left\|\sum_{i=1}^{n} \lambda_i\langle x|e_i\rangle e_i\right\|^2 \\ &= \sum_{i=1}^{n} \lambda_i^2\langle x|e_i\rangle^2 \leqslant \rho(u)^2 \sum_{i=1}^{n} \langle x|e_i\rangle^2 = \rho(u)^2\|x\|^2 = \rho(u)^2. \end{aligned}$$

et par suite

$$|||u||| = \sup_{\substack{x\in E \\ \|x\|=1}} \|u(x)\| \leqslant \rho(u).$$

▪ Solution de l'exercice 3.46

1) *a*) Toute matrice symétrique réelle est orthogonalement diagonalisable, autrement dit pour tout $A \in S_n(\mathbb{R})$, il existe $P \in \mathscr{O}(n)$ et $D \in \mathscr{M}_n(\mathbb{R})$ une matrice diagonale telles que $A = {}^tPDP$.

b) Notons d'abord que si $A \in S_n(\mathbb{R})$ alors $Sp(A) \subset \mathbb{R}$ et $Sp(A) \neq \varnothing$.

— Si $A \in S_n^+(\mathbb{R})$, alors pour tout $X \in \mathscr{M}_{n,1}(\mathbb{R})$, ${}^tXAX \geqslant 0$. Soit $\lambda \in Sp(A)$ et $X \in \mathscr{M}_{n,1}(\mathbb{R})$, $X \neq 0$ tel que $AX = \lambda X$, alors

$${}^tXAX = \lambda{}^tXX = \lambda\|X\|^2,$$

où $\| \, . \, \|$ désigne la norme euclidienne sur $\mathscr{M}_{n,1}(\mathbb{R})$. Ainsi, $\lambda\|X\|^2 \geqslant 0$ et comme $X \neq 0$, on en déduit que $\lambda \geqslant 0$ et donc $Sp(A) \subset \mathbb{R}_+$.

— Réciproquement, supposons que $Sp(A) = \{\lambda_1, \ldots, \lambda_n\} \subset \mathbb{R}_+$. Comme $A \in S_n(\mathbb{R})$, alors A est orthogonalement diagonalisable, autrement dit il existe $P \in \mathcal{O}_n(\mathbb{R})$ telle que $A = {}^tPDP$ où $D = \begin{pmatrix} \lambda_1 & 0 & \cdots & 0 \\ 0 & \lambda_2 & \ddots & \vdots \\ \vdots & \ddots & \ddots & 0 \\ 0 & \cdots & 0 & \lambda_n \end{pmatrix}$.

Ainsi, pour tout $X \in \mathcal{M}_{n,1}(\mathbb{R})$, on a

$$ {}^tXAX = {}^tX{}^tPDPX = {}^t(PX)D(PX). $$

On pose alors $PX = Y = \begin{pmatrix} y_1 \\ y_2 \\ \vdots \\ y_n \end{pmatrix}$, par conséquent

$$ {}^tXAX = (y_1, \ldots, y_n) \begin{pmatrix} \lambda_1 & 0 & \cdots & 0 \\ 0 & \lambda_2 & \ddots & \vdots \\ \vdots & \ddots & \ddots & 0 \\ 0 & \cdots & 0 & \lambda_n \end{pmatrix} \begin{pmatrix} y_1 \\ y_2 \\ \vdots \\ y_n \end{pmatrix} = \sum_{i=1}^{n} \lambda_i y_i^2 \geqslant 0. $$

c)

— Si $A \in S_n^{++}(\mathbb{R})$, alors pour tout $X \in \mathcal{M}_{n,1}(\mathbb{R})$, $X \neq 0$, ${}^tXAX > 0$. Soit $\lambda \in Sp(A)$ et $X \in \mathcal{M}_{n,1}(\mathbb{R})$, $X \neq 0$ tel que $AX = \lambda X$, alors

$$ {}^tXAX = \lambda {}^tXX = \lambda \|X\|^2, $$

où $\| \, . \, \|$ désigne la norme euclidienne sur $\mathcal{M}_{n,1}(\mathbb{R})$. Ainsi, $\lambda \|X\|^2 > 0$ et comme $X \neq 0$, on en déduit que $\lambda > 0$ et donc $Sp(A) \subset \mathbb{R}_+^*$.

— Réciproquement, supposons que $Sp(A) = \{\lambda_1, \ldots, \lambda_n\} \subset \mathbb{R}_+^*$. Comme $A \in S_n(\mathbb{R})$, alors A est orthogonalement diagonalisable, autrement dit il existe $P \in \mathcal{O}_n(\mathbb{R})$ telle que $A = {}^tPDP$ où $D = \begin{pmatrix} \lambda_1 & 0 & \cdots & 0 \\ 0 & \lambda_2 & \ddots & \vdots \\ \vdots & \ddots & \ddots & 0 \\ 0 & \cdots & 0 & \lambda_n \end{pmatrix}$.

Ainsi, pour tout $X \in \mathcal{M}_{n,1}(\mathbb{R})$, $X \neq 0$, on a

$$ {}^tXAX = {}^tX{}^tPDPX = {}^t(PX)D(PX). $$

On pose alors $PX = Y = \begin{pmatrix} y_1 \\ y_2 \\ \vdots \\ y_n \end{pmatrix}$, par conséquent

$$^tXAX = (y_1, \dots, y_n) \begin{pmatrix} \lambda_1 & 0 & \cdots & 0 \\ 0 & \lambda_2 & \ddots & \vdots \\ \vdots & \ddots & \ddots & 0 \\ 0 & \cdots & 0 & \lambda_n \end{pmatrix} \begin{pmatrix} y_1 \\ y_2 \\ \vdots \\ y_n \end{pmatrix} = \sum_{i=1}^{n} \lambda_i y_i^2 \geqslant 0.$$

Par ailleurs, comme P est inversible et $X \neq 0$, alors $Y = PX \neq 0$ et par suite il existe $1 \leqslant i_0 \leqslant n$ tel que $y_{i_0} \neq 0$ ce qui implique que

$$^tXAX = \sum_{i=1}^{n} \lambda_i y_i^2 > 0.$$

2) *a*) Comme $R \in S_n(\mathbb{R})$, alors $Sp(R) \subset \mathbb{R}$ et $Sp(R) \neq \varnothing$. Soient $\lambda_1, \dots, \lambda_p$ les valeurs propres deux à deux distinctes de R, alors d'après le théorème spectral, il existe $P \in \mathscr{O}(n)$ telle que $R = {}^tP\Delta P$ où

$$\Delta = \begin{pmatrix} \lambda_1 & 0 & \cdots & \cdots & 0 \\ 0 & \ddots & \ddots & & \vdots \\ \vdots & \ddots & \lambda_p & \ddots & \vdots \\ \vdots & & \ddots & \ddots & 0 \\ 0 & \cdots & \cdots & 0 & \lambda_n \end{pmatrix}.$$

Cela implique en particulier que

$$A = R^2 = \left({}^tP\Delta P\right)^2 = {}^tPDP,$$

où

$$D = \Delta^2 = \begin{pmatrix} \lambda_1^2 & 0 & \cdots & \cdots & 0 \\ 0 & \ddots & \ddots & & \vdots \\ \vdots & \ddots & \lambda_p^2 & \ddots & \vdots \\ \vdots & & \ddots & \ddots & 0 \\ 0 & \cdots & \cdots & 0 & \lambda_n^2 \end{pmatrix}.$$

Notons qu'étant donné que les valeurs propres de R sont positifs, les réels $\lambda_1^2, \dots, \lambda_p^2$ sont deux à deux distincts.

On considère les polynômes d'interpolation de Lagrange définis par

$$\forall 1 \leqslant i \leqslant p,\ L_i = \frac{\displaystyle\prod_{\substack{k=1\\k\neq i}}^{p}(X-\lambda_k^2)}{\displaystyle\prod_{\substack{k=1\\k\neq i}}^{p}(\lambda_i^2-\lambda_k^2)}.$$

On sait alors que le polynôme Q défini par

$$Q=\sum_{i=1}^{p}\lambda_i L_i,$$

vérifie pour tout $1 \leqslant k \leqslant p$, $Q(\lambda_k^2)=\lambda_k$, par conséquent

$$\forall 1 \leqslant k \leqslant n,\ Q(\lambda_k^2)=\lambda_k$$

et donc

$$Q(D)=\Delta.$$

Ainsi,

$$Q(A)=Q({}^tPDP)={}^tPQ(D)P={}^tP\Delta P=R.$$

b) D'après la question précédente, on sait qu'il existe un polynôme Q tel que $R=Q(A)$. On pose $L=Q(X^2)$, par conséquent

$$L(T)=Q(T^2)=Q(A)=R.$$

c) Au vu de ce qui précède, on en déduit que si $R,T\in S_n^+(\mathbb{R})$ sont deux racines carrés de A, alors $R\in\mathbb{R}[T]$ et par suite R et T commutent.
3) *a*) Si $A\in S_n^{++}(\mathbb{R})$, alors A est orthogonalement diagonalisable et ses valeurs propres $\lambda_1,\dots,\lambda_n$ sont strictement positifs. Ainsi, il existe $P\in\mathcal{O}(n)$ tel que $A={}^tPDP$ où

$$D=\begin{pmatrix}\lambda_1 & 0 & \cdots & \cdots & 0\\ 0 & \ddots & \ddots & & \vdots\\ \vdots & \ddots & \lambda_p & \ddots & \vdots\\ \vdots & & \ddots & \ddots & 0\\ 0 & \cdots & \cdots & 0 & \lambda_n\end{pmatrix}.$$

On pose

$$\Delta = \begin{pmatrix} \sqrt{\lambda_1} & 0 & \cdots & \cdots & 0 \\ 0 & \ddots & \ddots & & \vdots \\ \vdots & \ddots & \sqrt{\lambda_p} & \ddots & \vdots \\ \vdots & & \ddots & \ddots & 0 \\ 0 & \cdots & \cdots & 0 & \sqrt{\lambda_n} \end{pmatrix}$$

et $R = {}^tP\Delta P$. Alors, $R \in S_n^{++}(\mathbb{R})$ et

$$R^2 = \left({}^tP\Delta P\right)^2 = {}^tP\Delta^2 P = {}^tPDP = A.$$

$b)$ Si $R, T \in S_n^{++}(\mathbb{R})$, alors $R + T \in S_n(\mathbb{R})$ car $S_n(\mathbb{R})$ est un sous-espace vectoriel. Par ailleurs, pour tout $X \in \mathscr{M}_{n,1}(\mathbb{R})$, $X \neq 0$, on a

$${}^tX(R+T)X = {}^tXRX + {}^tXTX > 0,$$

par conséquent $R + T \in S_n^{++}(\mathbb{R})$.
$c)$ D'après la question précédente on sait que si $R, T \in S_n^{++}(\mathbb{R})$, alors $R + T \in S_n^{++}(\mathbb{R})$, en particulier $0 \notin Sp(R+T)$ et donc $R + T$ est inversible. Au fait, cela montre plus généralement que $S_n^{++}(\mathbb{R}) \subset GL_n(\mathbb{R})$.
$d)$ Si $R, T \in S_n^{++}(\mathbb{R})$, sont deux racines carrées de A, alors d'après la question $2)c)$, R et T commutent et par suite

$$(R+T)(R-T) = R^2 - T^2 = A - A = 0.$$

$e)$ Au vu de tout ce qui précède, on en déduit que si $R, T \in S_n^{++}(\mathbb{R})$ sont deux racines carrées de A, alors $(R+T)(R-T) = 0$ et $R + T \in GL_n(\mathbb{R})$ ce qui implique que $R - T = 0$ et donc $R = T$.

▪ Solution de l'exercice 3.47

1) L'endomorphisme f étant symétrique, on en déduit d'après le théorème spectral que f est orthogonalement diagonalisable.
2) Pour tout $k \in \{1, 2, \ldots, n\}$, on a

$$R_A(e_k) = \frac{\langle f(e_k)|e_k\rangle}{\|e_k\|^2} = \langle \lambda_k e_k | e_k\rangle = \lambda_k \|e_k\|^2 = \lambda_k.$$

3) On a $f(v) = \sum_{k=1}^{n} x_k \lambda_k e_k$, comme B' est une base orthonormale, on en déduit que

$$\langle f(v) | v \rangle = \sum_{k=1}^{n} \lambda_k x_k^2.$$

et

$$\|v\|^2 = \sum_{k=1}^{n} x_k^2.$$

4) On a $e_1 \neq 0$ et $R_A(e_1) = \lambda_1$ par conséquent $\lambda_1 \geqslant \min_{v \neq 0} R_A(v)$. D'autre part, on sait d'après ce qui précède que

$$\forall v = \sum_{k=1}^{n} x_k e_k \in \mathscr{M}_{n,1}(\mathbb{R}),\ v \neq 0,\ R_A(v) = \frac{\sum_{k=1}^{n} \lambda_k x_k^2}{\sum_{k=1}^{n} x_k^2} \geqslant \frac{\sum_{k=1}^{n} \lambda_1 x_k^2}{\sum_{k=1}^{n} x_k^2} = \lambda_1$$

et par suite $\lambda_1 \leqslant \min_{v \neq 0} R_A(v)$. Ainsi, $\lambda_1 = \min_{v \neq 0} R_A(v)$.

De la même façon, on a $e_n \neq 0$ et $R_A(e_n) = \lambda_n$ par conséquent $\lambda_n \leqslant \max_{v \neq 0} R_A(v)$. D'autre part, on sait d'après ce qui précède que

$$\forall v = \sum_{k=1}^{n} x_k e_k \in \mathscr{M}_{n,1}(\mathbb{R}),\ v \neq 0,\ R_A(v) = \frac{\sum_{k=1}^{n} \lambda_k x_k^2}{\sum_{k=1}^{n} x_k^2} \leqslant \frac{\sum_{k=1}^{n} \lambda_n x_k^2}{\sum_{k=1}^{n} x_k^2} = \lambda_n$$

et par suite $\lambda_n \geqslant \max_{v \neq 0} R_A(v)$. Ainsi, $\lambda_n = \max_{v \neq 0} R_A(v)$.

5) Comme $w \in V_k$, alors $w = \sum_{i=1}^{k} w_i e_i$ et par suite

$$R_A(w) = \frac{\langle f(w) | w \rangle}{\|w\|^2} = \frac{\sum_{i=1}^{k} \lambda_i w_i^2}{\sum_{i=1}^{k} w_i^2} \leqslant \frac{\sum_{i=1}^{k} \lambda_k w_i^2}{\sum_{i=1}^{k} w_i^2} = \lambda_k.$$

On en déduit de ce qui précède que $\max_{w \in V_k \setminus \{0\}} R_A(w) \leqslant \lambda_k$.

Par ailleurs, $e_k \in V_k \setminus \{0\}$ et $R_A(e_k) = \lambda_k$, par conséquent $\lambda_k \leqslant \max_{w \in V_k \setminus \{0\}} R_A(w)$ et donc $\lambda_k = \max_{w \in V_k \setminus \{0\}} R_A(w)$.

6) *a*) $F+Vect(e_k,\dots,e_n)$ est un sous-espace vectoriel de $\mathscr{M}_{n,1}(\mathbb{R})$ et par suite

$$dim\,(F+Vect(e_k,\dots,e_n))\leqslant n.$$

Ainsi, d'après la formule de Grassman, on a

$$\begin{aligned} dim\,(F\cap Vect(e_k,\dots,e_n)) &= dim F + dim Vect(e_k,\dots,e_n)\\ &\quad - dim\,(F+Vect(e_k,\dots,e_n))\\ &\geqslant k+(n-k+1)-n\\ &= 1. \end{aligned}$$

b) Comme $w\in Vect(e_k,\dots,e_n)$, on en déduit que $w=\sum_{i=k}^{n} w_i e_i$ et par suite

$$R_A(w)=\frac{\langle f(w)|w\rangle}{\|w\|^2}=\frac{\sum_{i=k}^{n}\lambda_i w_i^2}{\sum_{i=k}^{n} w_i^2}\geqslant\frac{\sum_{i=k}^{n}\lambda_k w_i^2}{\sum_{i=k}^{n} w_i^2}=\lambda_k.$$

c) D'après les questions précédentes 6) *a*) et 6) *b*), on sait que

$$dim\,(F\cap Vect(e_k,\dots,e_n))\geqslant 1$$

et pour tout $w\in F\cap Vect(e_k,\dots,e_n)$, $w\neq 0$, on a $R_A(w)\geqslant\lambda_k$. Cela entraîne que

$$\lambda_k\leqslant\max_{w\in F\setminus\{0\}} R_A(w)$$

et par suite

$$\lambda_k\leqslant\min_{F\in\mathscr{F}_k}\left(\max_{w\in F\setminus\{0\}} R_A(w)\right).$$

Par ailleurs, $V_k\in\mathscr{F}_k$ et d'après 5), on a

$$\lambda_k=\max_{w\in V_k\setminus\{0\}} R_A(w)\geqslant\min_{F\in\mathscr{F}_k}\left(\max_{w\in F\setminus\{0\}} R_A(w)\right).$$

Par conséquent,

$$\lambda_k=\min_{F\in\mathscr{F}_k}\left(\max_{w\in F\setminus\{0\}} R_A(w)\right).$$

7) L'application

$$\begin{aligned}\psi : \mathscr{M}_{n,1}(\mathbb{R}) &\longrightarrow \mathscr{M}_{n,1}(\mathbb{R}) \times \mathscr{M}_{n,1}(\mathbb{R}) \\ v &\longmapsto (f(v), v)\end{aligned}$$

est une application linéaire au départ d'un espace vectoriel de dimension finie, elle est donc continue. D'autre part le produit scalaire canonique $\langle \mid \rangle$ est continue sur $\mathscr{M}_{n,1}(\mathbb{R}) \times \mathscr{M}_{n,1}(\mathbb{R})$ et la norme euclidienne aussi, par conséquent R_A est continue sur $\mathscr{M}_{n,1}(\mathbb{R})$ et en particulier sur $\mathscr{M}_{n,1}(\mathbb{R}) \setminus \{0\}$.

8) Soient $A, B \in \mathscr{M}_{n,1}(\mathbb{R})$ et

$$[A,B] = \{(1-t)A + tB \mid t \in [0,1]\}$$

le segment reliant A à B dans $\mathscr{M}_{n,1}(\mathbb{R}) \setminus \{0\}$. On distingue alors deux cas

— Si $0 \notin [A,B]$ alors l'application

$$\begin{aligned}\phi : [0,1] &\longrightarrow \mathscr{M}_{n,1}(\mathbb{R}) \setminus \{0\} \\ t &\longmapsto (1-t)A + tB\end{aligned}$$

est continue puisque pour tous $t, s \in [0,1]$, on a

$$\begin{aligned}\|\phi(s) - \phi(t)\| &= \|((1-s)A + sB) - ((1-t)A + tB)\| \\ &= \|(t-s)(A-B)\| \\ &\leqslant |t-s| \|A-B\|\end{aligned}$$

où $\| \, . \, \|$ est une norme sur $\mathscr{M}_{n,1}(\mathbb{R})$.

— Si $0 \in [A,B]$, alors A et B sont colinéaires, soit $C \in A^{\perp} = B^{\perp}$ tel que $C \neq 0$, alors $0 \notin [A,C]$ et $0 \notin [B,C]$ et par suite l'application

$$\begin{aligned}\phi : [0,1] &\longrightarrow \mathscr{M}_{n,1}(\mathbb{R}) \setminus \{0\} \\ t &\longmapsto \begin{cases} (1-2t)A + 2tC & \text{si } t \in [0, \frac{1}{2}] \\ (2-2t)C + (2t-1)B & \text{si } t \in [\frac{1}{2}, 1] \end{cases}\end{aligned}$$

est continue et vérifie $\phi(0) = A$ et $\phi(1) = B$. Ainsi, $\mathscr{M}_{n,1}(\mathbb{R}) \setminus \{0\}$ est connexe par arc.

Par ailleurs, on sait que l'image d'une partie connexe par arc par une application continue est également connexe par arc, par conséquent comme R_A est continue et $\mathscr{M}_{n,1}(\mathbb{R}) \setminus \{0\}$ est connexe par arc, on en déduit que $R_A(\mathscr{M}_{n,1}(\mathbb{R}) \setminus \{0\})$ est une partie connexe par arc de $\mathbb{R}$ et donc un intervalle de $\mathbb{R}$.

9) D'une part d'après la question 4) on sait que

$$R_A(\mathscr{M}_{n,1}(\mathbb{R})\backslash\{0\}) \subset [\lambda_1, \lambda_n],$$

d'autre part d'après la question 8), on sait que $R_A(\mathscr{M}_{n,1}(\mathbb{R})\backslash\{0\})$ est un intervalle de $\mathbb{R}$.
Enfin, comme $\lambda_1, \lambda_n \in R_A(\mathscr{M}_{n,1}(\mathbb{R})\backslash\{0\})$, on en déduit que

$$R_A(\mathscr{M}_{n,1}(\mathbb{R})\backslash\{0\}) = [\lambda_1, \lambda_n].$$

▪ Solution de l'exercice 3.48

1) *a)* Soit $A = (a_{ij})_{1\leqslant i,j\leqslant n}$, $B = (b_{ij})_{1\leqslant i,j\leqslant n} \in \mathscr{B}_n(\mathbb{R})$. Pour tout $\lambda \in [0,1]$ on pose $\lambda A + (1-\lambda)B = (c_{ij})_{1\leqslant i,j\leqslant n}$, alors

$$\forall 1 \leqslant i,j \leqslant n,\ c_{ij} = \lambda a_{ij} + (1-\lambda)b_{ij} \in [0,1].$$

Par ailleurs, pour tout $1 \leqslant i \leqslant n$

$$\begin{aligned}\sum_{j=1}^{n} c_{ij} &= \sum_{j=1}^{n} \lambda a_{ij} + (1-\lambda)b_{ij}\\ &= \lambda \sum_{j=1}^{n} a_{ij} + (1-\lambda)\sum_{j=1}^{n} b_{ij}\\ &= \lambda + (1-\lambda)\\ &= 1\end{aligned}$$

De la même manière, pour tout $1 \leqslant j \leqslant n$

$$\sum_{i=1}^{n} c_{ij} = \sum_{i=1}^{n} \lambda a_{ij} + (1-\lambda)b_{ij} = \lambda \sum_{i=1}^{n} a_{ij} + (1-\lambda)\sum_{i=1}^{n} b_{ij} = \lambda + (1-\lambda) = 1.$$

Ainsi, $\lambda A + (1-\lambda)B \in \mathscr{B}_n(\mathbb{R})$ et donc $\mathscr{B}_n(\mathbb{R})$ est convexe. D'autre part, comme la matrice nulle n'est pas bistochastique, on en déduit que $\mathscr{B}_n(\mathbb{R})$ n'est pas un sous-espace vectoriel de $\mathscr{M}_n(\mathbb{R})$.

$b)$ Soit $\| \,.\, \|_\infty$ la norme infinie définie sur $\mathscr{M}_n(\mathbb{R})$ par

$$\forall A = (a_{ij})_{1\leqslant i,j\leqslant n} \in \mathscr{M}_n(\mathbb{R}),\ \|A\|_\infty = \sup_{1\leqslant i,j\leqslant n} |a_{ij}|.$$

Alors pour tout $A = (a_{ij})_{1\leqslant i,j\leqslant n} \in \mathscr{B}_n(\mathbb{R})$, on a

$$\|A\|_\infty = \sup_{1\leqslant i,j\leqslant n} |a_{ij}| \leqslant 1$$

et par suite $\mathscr{B}_n(\mathbb{R})$ est une partie bornée de $\mathscr{M}_n(\mathbb{R})$ pour la norme infinie et donc pour toute norme de $\mathscr{M}_n(\mathbb{R})$ étant donné qu'elles sont toutes équivalentes puisque $\mathscr{M}_n(\mathbb{R})$ est de dimension finie.

$c)$ Soit $(A_k)_{k\in\mathbb{N}}$ une suite de matrices bistochastiques, pour tout $k \in \mathbb{N}$, on pose $A_k = (a_{k,ij})_{1\leqslant i,j\leqslant n}$, comme

$$\lim_{k\longrightarrow+\infty} \|A_k - A\|_\infty = 0$$

on en déduit que

$$\lim_{k\longrightarrow+\infty} \sup_{1\leqslant i,j\leqslant n} |a_{k,ij} - a_{ij}| = 0$$

et par suite

$$\forall 1 \leqslant i,j \leqslant n,\ \lim_{k\longrightarrow+\infty} a_{k,ij} = a_{ij}.$$

En particulier, pour tous $1 \leqslant i,j \leqslant n,\ a_{ij} \in [0,1]$. Par ailleurs,

$$\forall 1 \leqslant i \leqslant n,\ \sum_{j=1}^{n} a_{ij} = \sum_{j=1}^{n} \lim_{k\longrightarrow+\infty} a_{k,ij} = \lim_{k\longrightarrow+\infty} \sum_{j=1}^{n} a_{k,ij} = 1$$

de la même manière

$$\forall 1 \leqslant j \leqslant n,\ \sum_{i=1}^{n} a_{ij} = \sum_{i=1}^{n} \lim_{k\longrightarrow+\infty} a_{k,ij} = \lim_{k\longrightarrow+\infty} \sum_{i=1}^{n} a_{k,ij} = 1.$$

Ainsi, $A \in \mathscr{B}_n(\mathbb{R})$ et donc $\mathscr{B}_n(\mathbb{R})$ est fermé.

$d)$ Comme $\mathscr{M}_n(\mathbb{R})$ est de dimension finie et $\mathscr{B}_n(\mathbb{R})$ est une partie fermée bornée, on en déduit que $\mathscr{B}_n(\mathbb{R})$ est une partie compacte de $\mathscr{M}_n(\mathbb{R})$.

2) $a)$ Soit $A=(a_{ij})_{1\leqslant i,j\leqslant n}\in\mathscr{P}_n(\mathbb{R})$, alors il existe une permutation $\sigma\in\mathfrak{S}_n$ telle que pour tous $1\leqslant i,j\leqslant n$, $a_{ij}=\delta_{\sigma(i)j}$, par conséquent

$$\forall 1\leqslant i,j\leqslant n,\ a_{ij}\in[0,1],$$

$$\forall 1\leqslant i\leqslant n,\ \sum_{j=1}^{n}a_{ij}=\delta_{\sigma(i)\sigma(i)}+\sum_{\substack{j=1\\ j\neq\sigma(i)}}^{n}\delta_{\sigma(i)j}=1$$

et de la même manière

$$\forall 1\leqslant j\leqslant n,\ \sum_{i=1}^{n}a_{ij}=\delta_{jj}+\sum_{\substack{i=1\\ i\neq\sigma^{-1}(j)}}^{n}\delta_{\sigma(i)j}=1.$$

Ainsi, $A\in\mathscr{B}_n(\mathbb{R})$ et donc $\mathscr{P}_n(\mathbb{R})\subset\mathscr{B}_n(\mathbb{R})$.
$b)$ $\mathscr{P}_n(\mathbb{R})$ est une partie finie de cardinal $Card(\mathscr{P}_n(\mathbb{R}))=Card(\mathfrak{S}_n)=n!$, par conséquent $\mathscr{P}_n(\mathbb{R})$ est une partie fermée de $\mathscr{B}_n(\mathbb{R})$ qui est compact, par conséquent $\mathscr{P}_n(\mathbb{R})$ une partie compacte .
3) L'application ψ étant linéaire au départ d'un espace vectoriel de dimension finie, elle est continue, comme $\mathscr{B}_n(\mathbb{R})$ est compact, alors ψ admet un minimum sur $\mathscr{B}_n(\mathbb{R})$ qu'elle atteint en une matrice $A\in\mathscr{B}_n(\mathbb{R})$, de la même manière comme $\mathscr{P}_n(\mathbb{R})$ est compact, alors ψ admet un minimum sur $\mathscr{P}_n(\mathbb{R})$ qu'elle atteint en une matrice $P\in\mathscr{P}_n(\mathbb{R})$. Comme $\mathscr{P}_n(\mathbb{R})\subset\mathscr{B}_n(\mathbb{R})$, on en déduit alors que $\psi(A)\leqslant\psi(P)$. D'autre part, comme la matrice A est bistochastique, on en déduit d'après le théorème de Birkhoff qu'il existe $P_1,\dots,P_p\in\mathscr{P}_n(\mathbb{R})$ et $\lambda_1,\dots,\lambda_p$ des réels positifs vérifiant $\sum_{i=1}^{p}\lambda_i=1$ tels que

$$A=\sum_{i=1}^{p}\lambda_iP_i$$

et par suite

$$\psi(A)=\psi(\sum_{i=1}^{p}\lambda_iP_i)=\sum_{i=1}^{p}\lambda_i\psi(P_i)\geqslant\left(\sum_{i=1}^{p}\lambda_i\right)\psi(P)=\psi(P).$$

En conclusion, $\psi(A)=\psi(P)$.
4) $a)$ Pour tout $M\in\mathscr{M}_n(\mathbb{R})$ et pour tous $P,Q\in\mathscr{O}(n)$, on a

$$\begin{aligned}\|PMQ\|^2&=\langle PMQ|PMQ\rangle=Tr({}^t(PMQ)PMQ)\\&=Tr({}^tQ^tM^tPPMQ)=Tr({}^tQ^tMMQ)\\&=Tr(Q^tQ^tMM)=Tr({}^tMM)=\|M\|^2.\end{aligned}$$

$b)$ On a $A, B \in S_n(\mathbb{R})$ et par suite d'après le théorème spectral pour les matrices, A et B sont orthogonalement semblables respectivement à des matrices diagonales $D_A, D_B \in \mathscr{M}_n(\mathbb{R})$. Autrement dit, il existe $Q, R \in \mathscr{O}(n)$ telles que $A = QD_A{}^tQ$ et $B = RD_B{}^tR$ et par suite d'après la question $4)\, a)$, on a

$$\|A - B\| = \|{}^tQ(QD_A{}^tQ - RD_B{}^tR)R\| = \|D_A{}^tQR - {}^tQRD_B\|.$$

On pose $P = {}^tQR$, comme $Q, R \in \mathscr{O}(n)$, on en déduit que $P \in \mathscr{O}(n)$ et on a

$$\|A - B\| = \|D_AP - PD_B\|.$$

$5)\, a)$ Comme $P \in \mathscr{O}(n)$, alors les vecteurs colonnes de P ainsi que les vecteurs lignes de P forment une base orthonormale de $\mathscr{M}_{n,1}(\mathbb{R})$ pour le produit scalaire canonique, en particulier tous ces vecteurs colonnes et vecteurs lignes sont unitaires et par suite

$$\forall 1 \leqslant i \leqslant n,\ \sum_{j=1}^{n} r_{ij} = \sum_{j=1}^{n} p_{ij}^2 = 1$$

et

$$\forall 1 \leqslant j \leqslant n,\ \sum_{i=1}^{n} r_{ij} = \sum_{i=1}^{n} p_{ij}^2 = 1.$$

$b)$ On pose $D_AP - PD_B = (h_{ij})_{1 \leqslant i,j \leqslant n}$, alors

$$\forall 1 \leqslant i, j \leqslant n,\ h_{ij} = p_{ij}(\lambda_i(A) - \lambda_j(B))$$

et par suite d'après la question $4)\, b)$, on en déduit que

$$\begin{aligned} \|A - B\|^2 = \|D_AP - PD_B\|^2 &= \sum_{1 \leqslant i,j \leqslant n} h_{ij}^2 \\ &= \sum_{1 \leqslant i,j \leqslant n} p_{ij}^2(\lambda_i(A) - \lambda_j(B))^2 = \sum_{1 \leqslant i,j \leqslant n} r_{ij}(\lambda_i(A) - \lambda_j(B))^2. \end{aligned}$$

▪ Solution de l'exercice 3.49

$1)\, a)$ Notons d'abord que si $A \in S_n(\mathbb{R})$ alors $Sp(A) \subset \mathbb{R}$ et $Sp(A) \neq \varnothing$.

— Si $A \in S_n^+(\mathbb{R})$, alors pour tout $X \in \mathscr{M}_{n,1}(\mathbb{R})$, $X \neq 0$, ${}^tXAX \geqslant 0$.
Soit $\lambda \in Sp(A)$ et $X \in \mathscr{M}_{n,1}(\mathbb{R})$, $X \neq 0$ tel que $AX = \lambda X$, alors

$${}^tXAX = \lambda\, {}^tXX = \lambda \|X\|^2,$$

où $\|\ .\ \|$ désigne la norme euclidienne sur $\mathscr{M}_{n,1}(\mathbb{R})$.
Ainsi, $\lambda \|X\|^2 \geqslant 0$ et comme $X \neq 0$, on en déduit que $\lambda \geqslant 0$ et donc $Sp(A) \subset \mathbb{R}_+$.

— Réciproquement, supposons que $Sp(A) = \{\lambda_1, \dots, \lambda_n\} \subset \mathbb{R}_+$. Comme $A \in S_n(\mathbb{R})$, alors A est orthogonalement diagonalisable, autrement dit il existe $P \in \mathscr{O}_n(\mathbb{R})$ telle que $A = {}^tPDP$ où $D = \begin{pmatrix} \lambda_1 & 0 & \cdots & 0 \\ 0 & \lambda_2 & \ddots & \vdots \\ \vdots & \ddots & \ddots & 0 \\ 0 & \cdots & 0 & \lambda_n \end{pmatrix}$.

Ainsi, pour tout $X \in \mathscr{M}_{n,1}(\mathbb{R})$, $X \neq 0$, on a

$$ {}^tXAX = {}^tX{}^tPDPX = {}^t(PX)D(PX). $$

On pose alors $PX = Y = \begin{pmatrix} y_1 \\ y_2 \\ \vdots \\ y_n \end{pmatrix}$, par conséquent

$$ {}^tXAX = (y_1, \dots, y_n) \begin{pmatrix} \lambda_1 & 0 & \cdots & 0 \\ 0 & \lambda_2 & \ddots & \vdots \\ \vdots & \ddots & \ddots & 0 \\ 0 & \cdots & 0 & \lambda_n \end{pmatrix} \begin{pmatrix} y_1 \\ y_2 \\ \vdots \\ y_n \end{pmatrix} = \sum_{i=1}^{n} \lambda_i y_i^2 \geqslant 0. $$

b)

— Si $A \in S_n^{++}(\mathbb{R})$, alors pour tout $X \in \mathscr{M}_{n,1}(\mathbb{R})$, $X \neq 0$, ${}^tXAX > 0$. Soit $\lambda \in Sp(A)$ et $X \in \mathscr{M}_{n,1}(\mathbb{R})$, $X \neq 0$ tel que $AX = \lambda X$, alors

$$ {}^tXAX = \lambda {}^tXX = \lambda \|X\|^2, $$

où $\| \, . \, \|$ désigne la norme euclidienne sur $\mathscr{M}_{n,1}(\mathbb{R})$. Ainsi, $\lambda \|X\|^2 > 0$ et comme $X \neq 0$, on en déduit que $\lambda > 0$ et donc $Sp(A) \subset \mathbb{R}_+^*$.

— Réciproquement, supposons que $Sp(A) = \{\lambda_1, \dots, \lambda_n\} \subset \mathbb{R}_+^*$. Comme $A \in S_n(\mathbb{R})$, alors A est orthogonalement diagonalisable, autrement dit il existe $P \in \mathscr{O}_n(\mathbb{R})$ telle que $A = {}^tPDP$ où $D = \begin{pmatrix} \lambda_1 & 0 & \cdots & 0 \\ 0 & \lambda_2 & \ddots & \vdots \\ \vdots & \ddots & \ddots & 0 \\ 0 & \cdots & 0 & \lambda_n \end{pmatrix}$.

Ainsi, pour tout $X \in \mathscr{M}_{n,1}(\mathbb{R})$, $X \neq 0$, on a

$$ {}^tXAX = {}^tX{}^tPDPX = {}^t(PX)D(PX). $$

On pose alors $PX = Y = \begin{pmatrix} y_1 \\ y_2 \\ \vdots \\ y_n \end{pmatrix}$, par conséquent

$$^tXAX = (y_1, \ldots, y_n) \begin{pmatrix} \lambda_1 & 0 & \cdots & 0 \\ 0 & \lambda_2 & \ddots & \vdots \\ \vdots & \ddots & \ddots & 0 \\ 0 & \cdots & 0 & \lambda_n \end{pmatrix} \begin{pmatrix} y_1 \\ y_2 \\ \vdots \\ y_n \end{pmatrix} = \sum_{i=1}^{n} \lambda_i y_i^2 \geqslant 0.$$

Par ailleurs, comme P est inversible et $X \neq 0$, alors $Y = PX \neq 0$ et par suite il existe $1 \leqslant i_0 \leqslant n$ tel que $y_{i_0} \neq 0$ ce qui implique que

$$^tXAX = \sum_{i=1}^{n} \lambda_i y_i^2 > 0.$$

$c)$ Pour tout $A \in \mathscr{M}_n(\mathbb{R})$, on a $^t\left(^tAA\right) = {}^tAA$ et par suite $^tAA \in S_n(\mathbb{R})$. Soit $X \in \mathscr{M}_{n,,1}(\mathbb{R})$, alors

$$^tX\left(^tAA\right)X = {}^t(AX)(AX) = \|AX\|^2 \geqslant 0.$$

Ainsi, $^tAA \in S_n^+(\mathbb{R})$.
2) $a)$ Pour tous $1 \leqslant i, j \leqslant n$, $^tA_iA_j$ désigne le coefficient trouvant sur la ligne i et la colonne j du produit ^tAA, mais comme

$$^tAA = D^2 = \begin{pmatrix} d_1^2 & 0 & \cdots & \cdots & 0 \\ 0 & d_2^2 & \ddots & & \vdots \\ \vdots & \ddots & \ddots & \ddots & \vdots \\ \vdots & & \ddots & \ddots & 0 \\ 0 & \cdots & \cdots & 0 & d_n^2 \end{pmatrix},$$

on en déduit que

$$\forall 1 \leqslant i, j \leqslant n, \, ^tA_iA_j = \delta_{ij} d_i^2.$$

En particulier, si $d_i = 0$, alors

$$^tA_iA_i = d_i^2 = 0$$

et par suite $\|A_i\|^2 = 0$ et donc $A_i = 0$.

$b)$ On a,

— Si pour tout $1 \leqslant i \leqslant n$, $d_i = 0$, alors toute base orthonormale B de $\mathscr{M}_{n,1}(\mathbb{R})$ convient.

— S'il existe $1 \leqslant j \leqslant n$ tel que $d_j \neq 0$. Soient $1 \leqslant j_1 < j_2 < \cdots < j_p \leqslant n$ tels que $d_{j_k} \neq 0$ pour tout $1 \leqslant k \leqslant p$ et $d_i = 0$ pour tout $i \neq j_k$, $1 \leqslant k \leqslant p$. Pour tout $1 \leqslant k \leqslant p$, on pose $E_{j_k} = \dfrac{1}{d_{j_k}} A_{j_k}$, alors la famille $\{E_{j_1}, \ldots, E_{j_p}\}$ est une famille orthonormale de $\mathscr{M}_{n,1}(\mathbb{R})$ et par suite d'après le théorème de la base orthonormale incomplète, on en déduit qu'il existe $E_{j_{p+1}}, \cdots, E_{j_n} \in \mathscr{M}_{n,1}(\mathbb{R})$ tels que $B = (E_{j_1}, \ldots, E_{j_n})$ soit une base orthonormale de $\mathscr{M}_{n,1}(\mathbb{R})$. De plus, pour tout $1 \leqslant k \leqslant p$, on a $A_{j_k} = d_{j_k} E_{j_k}$ et pour tout $p+1 \leqslant k \leqslant n$, on a $A_{j_k} = 0 = d_{j_k} E_{j_k}$.

$c)$ Soit E la matrice dont les vecteurs colonnes sont $E_1, \ldots, E_n$, alors $E \in \mathscr{O}(n)$ puisque ses vecteurs colonnes forment une base orthonormale de $\mathscr{M}_{n,1}(\mathbb{R})$ et $A = ED$ puisque pour tout $1 \leqslant i \leqslant n$, $A_i = d_i E_i$.

3) $a)$ D'après la question 1) $b)$ on sait que pour tout $A \in \mathscr{M}_n(\mathbb{R})$, ${}^t\!AA \in S_n(\mathbb{R})$ et par suite d'après le théorème spectral il existe

$$\Delta = \begin{pmatrix} \delta_1 & 0 & \cdots & \cdots & 0 \\ 0 & \delta_2 & \ddots & & \vdots \\ \vdots & \ddots & \ddots & \ddots & \vdots \\ \vdots & & \ddots & \ddots & 0 \\ 0 & \cdots & \cdots & 0 & \delta_n \end{pmatrix} \in \mathscr{M}_n(\mathbb{R})$$

et une matrice $P \in \mathscr{O}(n)$ telles que

$${}^t\!AA = P\Delta\,{}^t\!P.$$

Par ailleurs, comme ${}^t\!AA \in S_n(\mathbb{R})^+$, alors d'après la question 1) $a)$ on en déduit que $\delta_i \geqslant 0$ pour tout $1 \leqslant i \leqslant n$. Soit donc

$$D = \begin{pmatrix} \sqrt{\delta_1} & 0 & \cdots & \cdots & 0 \\ 0 & \sqrt{\delta_2} & \ddots & & \vdots \\ \vdots & \ddots & \ddots & \ddots & \vdots \\ \vdots & & \ddots & \ddots & 0 \\ 0 & \cdots & \cdots & 0 & \sqrt{\delta_n} \end{pmatrix},$$

alors $D^2 = \Delta$ et par conséquent

$$P^{-1\,t}\!AAP = P^{-1\,t}\!BBP = D^2.$$

$b)$ D'après 3) $a)$ on a

$$^tP^tAAP = {}^tP^tBBP = D^2,$$

cela implique que $^t(AP)(AP) = D^2$ et $^t(BP)(BP) = D^2$ et par suite d'après la question 2) $c)$ il existe $E, F \in \mathscr{O}(n)$ tels que $AP = ED$ et $BP = FD$. Ainsi,

$$A = EDP^{-1} = EF^{-1}B$$

comme $E, F \in \mathscr{O}(n)$ et $\mathscr{O}(n)$ est un groupe pour la multiplication matricielle, on a $U = EF^{-1} \in \mathscr{O}(n)$ et $A = UB$.
4) Soit $A \in \mathscr{M}_n(\mathbb{R})$, comme $^tAA \in S_n^+(\mathbb{R})$ alors d'après le théorème spectral il existe

$$\Delta = \begin{pmatrix} \delta_1 & 0 & \cdots & \cdots & 0 \\ 0 & \delta_2 & \ddots & & \vdots \\ \vdots & \ddots & \ddots & \ddots & \vdots \\ \vdots & & \ddots & \ddots & 0 \\ 0 & \cdots & \cdots & 0 & \delta_n \end{pmatrix} \in \mathscr{M}_n(\mathbb{R})$$

et une matrice $P \in \mathscr{O}(n)$ telles que

$$^tAA = {}^tP\Delta P.$$

Par ailleurs, comme $^tAA \in S_n^+(\mathbb{R})$, alors d'après la question 1) $a)$ on en déduit que $\delta_i \geqslant 0$ pour tout $1 \leqslant i \leqslant n$. Soit

$$D = \begin{pmatrix} \sqrt{\delta_1} & 0 & \cdots & \cdots & 0 \\ 0 & \sqrt{\delta_2} & \ddots & & \vdots \\ \vdots & \ddots & \ddots & \ddots & \vdots \\ \vdots & & \ddots & \ddots & 0 \\ 0 & \cdots & \cdots & 0 & \sqrt{\delta_n} \end{pmatrix},$$

alors $D^2 = \Delta$ et par conséquent

$$^tAA = {}^tPD^2P = ({}^tPDP)({}^tPDP).$$

On pose $S = {}^tPDP$ alors $S \in S_n^+(R)$ et on a $^tAA = S^2 = {}^tSS$ et donc d'après la question 3) $b)$ il existe $U \in \mathscr{O}(n)$ tel que $A = US$.
5) Soit $A \in GL_n(\mathbb{R})$, alors d'après la question 4), on sait qu'il existe $U \in \mathscr{O}(n)$ et $S \in S_n^+(\mathbb{R})$ telles que $A = US$, comme U est inversible, alors $S = U^{-1}A \in GL_n(\mathbb{R})$ et donc $S \in S_n^{++}(\mathbb{R})$ d'après 1) $b)$.

Supposons maintenant qu'il exist $U, U' \in \mathcal{O}(n)$ et $S, S' \in S_n^{++}(\mathbb{R})$ telles que $A = US = U'S'$, alors ${}^tAA = {}^tS^tUUS = S^2$ et de la même manière ${}^tAA = {}^tS'^tU'U'S' = S'^2$, ainsi S et S' sont deux racines carrées de ${}^tAA$. Or, on sait que $A \in GL_n(\mathbb{R})$ et donc ${}^tAA \in GL_n(\mathbb{R})$, comme d'après la question 1)c), ${}^tAA \in S_n^+(\mathbb{R})$, on en déduit que ${}^tAA \in S_n^{++}(\mathbb{R})$ et donc en vertu de l'Exercice 3.46, ${}^tAA$ admet unique racine carrée ce qui entraîne que $S = S'$. Ainsi, on a $US = U'S$, comme S est inversible, alors $U = U'$.

■ Solution de l'exercice 3.50

1) Notons d'abord que si $A \in S_n(\mathbb{R})$ alors $Sp(A) \subset \mathbb{R}$ et $Sp(A) \neq \varnothing$.

— Si $A \in S_n^+(\mathbb{R})$, alors pour tout $X \in \mathcal{M}_{n,1}(\mathbb{R})$, $X \neq 0$, ${}^tXAX \geqslant 0$.
Soit $\lambda \in Sp(A)$ et $X \in \mathcal{M}_{n,1}(\mathbb{R})$, $X \neq 0$ tel que $AX = \lambda X$, alors

$$ {}^tXAX = \lambda {}^tXX = \lambda \|X\|^2, $$

où $\| \, . \, \|$ désigne la norme euclidienne sur $\mathcal{M}_{n,1}(\mathbb{R})$.
Ainsi, $\lambda \|X\|^2 \geqslant 0$ et comme $X \neq 0$, on en déduit que $\lambda \geqslant 0$ et donc $Sp(A) \subset \mathbb{R}_+$.

— Réciproquement, supposons que $Sp(A) = \{\lambda_1, \dots, \lambda_n\} \subset \mathbb{R}_+$. Comme $A \in S_n(\mathbb{R})$, alors A est orthogonalement diagonalisable, autrement dit il existe $P \in \mathcal{O}_n(\mathbb{R})$ telle que $A = {}^tPDP$ où $D = \begin{pmatrix} \lambda_1 & 0 & \cdots & 0 \\ 0 & \lambda_2 & \ddots & \vdots \\ \vdots & \ddots & \ddots & 0 \\ 0 & \cdots & 0 & \lambda_n \end{pmatrix}$.

Ainsi, pour tout $X \in \mathcal{M}_{n,1}(\mathbb{R})$, $X \neq 0$, on a

$$ {}^tXAX = {}^tX^tPDPX = {}^t(PX)D(PX). $$

On pose alors $PX = Y = \begin{pmatrix} y_1 \\ y_2 \\ \vdots \\ y_n \end{pmatrix}$, par conséquent

$$ {}^tXAX = (y_1, \dots, y_n) \begin{pmatrix} \lambda_1 & 0 & \cdots & 0 \\ 0 & \lambda_2 & \ddots & \vdots \\ \vdots & \ddots & \ddots & 0 \\ 0 & \cdots & 0 & \lambda_n \end{pmatrix} \begin{pmatrix} y_1 \\ y_2 \\ \vdots \\ y_n \end{pmatrix} = \sum_{i=1}^{n} \lambda_i y_i^2 \geqslant 0. $$

2) On a ${}^t({}^tAA) = {}^tAA$ et par suite ${}^tAA \in S_n(\mathbb{R})$. Soit $X \in \mathscr{M}_{n,1}(\mathbb{R})$, alors

$$ {}^tX({}^tAA)X = {}^t(AX)(AX) = \|AX\|^2 \geqslant 0 $$

et par suite ${}^tAA \in S_n^+(\mathbb{R})$.
3) Comme ${}^tAA \in S_n(\mathbb{R})$, alors d'après le théorème spectral, il existe une matrice $D \in \mathscr{M}_n(\mathbb{R})$ diagonale et une matrice $P \in \mathscr{O}(n)$ telles que

$$ {}^tAA = PD{}^tP. $$

4) D'après 2) on a ${}^tAA \in S_n^+(\mathbb{R})$ et par suite d'après la question 1), on en déduit que $Sp({}^tAA) \subset \mathbb{R}_+$.
5) *a*) Pour tous $1 \leqslant i, j \leqslant p$, on a

$$ \begin{aligned} \langle U_i | U_j \rangle &= \frac{1}{\sigma_i \sigma_j} \langle AV_i | AV_j \rangle = \frac{1}{\sigma_i \sigma_j} {}^t(AV_i)(AV_j) = \frac{1}{\sigma_i \sigma_j} {}^tV_i({}^tAA)V_j \\ &= \frac{\lambda_j}{\sigma_i \sigma_j} {}^tV_iV_j = \frac{\lambda_j \delta_{ij}}{\sigma_i \sigma_j} = \delta_{ij}. \end{aligned} $$

b) On sait que $rg(A) = rg({}^tA)$, par conséquent d'après le théorème du rang, on en déduit que $dim Ker(A) = dim Ker({}^tA)$.
c) On sait que les familles B_1 et B_2 sont orthonormales, soient $1 \leqslant i \leqslant p$ et $p+1 \leqslant j \leqslant n$, alors

$$ \langle U_i | U_j \rangle = \frac{1}{\sigma_i} \langle AV_i | U_j \rangle = \frac{1}{\sigma_i} \langle V_i | {}^tAU_j \rangle = \frac{1}{\sigma_i} \langle V_i | 0 \rangle = 0 $$

par conséquent B' est une base orthonormale de $\mathscr{M}_{n,1}(\mathbb{R})$.
6) Soit u l'endomorphisme canoniquement associé à ${}^tA$. Alors, pour tout $1 \leqslant i \leqslant p$, $u(U_i) = \sigma_i V_i$ et pour tout $p+1 \leqslant i \leqslant n$, $u(U_i) = 0$ et par suite

$$ \Delta = \mathscr{M}(u, B', B) = \begin{pmatrix} \sigma_1 & 0 & \cdots & \cdots & \cdots & \cdots & 0 \\ 0 & \sigma_1 & \ddots & & & & \vdots \\ 0 & \ddots & \ddots & \ddots & & & \vdots \\ \vdots & & \ddots & \sigma_p & \ddots & & \vdots \\ \vdots & & & \ddots & 0 & \ddots & \vdots \\ \vdots & & & & \ddots & \ddots & 0 \\ 0 & \cdots & \cdots & \cdots & \cdots & 0 & 0 \end{pmatrix}. $$

Ainsi, si on désigne par B_c la base canonique de $\mathscr{M}_{n,1}(\mathbb{R})$, on en déduit d'après le théorème de changement de bases, que

$$\Delta = \mathscr{M}(u, B', B) = P_{B_c \to B}^{-1} \mathscr{M}(u, B_c, B_c) P_{B_c \to B'} = P_{B_c \to B}^{-1}\, {}^t A P_{B_c \to B'}$$

et par suite

$${}^t A = P_{B_c \to B} \Delta P_{B_c \to B'}^{-1}.$$

Comme B et B' sont des bases orthonormales de $\mathscr{M}_{n,1}(\mathbb{R})$, on en déduit que $P_{B \to B_c}, Q = P_{B' \to B_c} \in \mathscr{O}(n)$. On pose $P = P_{B \to B_c}$ et $Q = {}^t P_{B' \to B_c}$, alors

$${}^t A = {}^t P \Delta {}^t Q,$$

ce qui entraîne que

$$A = Q \Delta P.$$

Notations

- $\mathscr{P}(E)$ ensemble des parties d'un ensemble E.
- $\mathscr{L}(E,F)$ ensemble des applications linéaires d'un espace vectoriel E vers un espace vectoriel F.
- $\mathscr{L}(E)$ ensemble des endomorphismes d'un espace vectoriel E.
- $\mathbb{K}[X]$ ensemble des polynômes à une indéterminée à coefficients dans $\mathbb{K}$.
- $\mathbb{R}[X]$ ensemble des polynômes à une indéterminée à coefficients dans $\mathbb{R}$.
- $\mathbb{C}[X]$ ensemble des polynômes à une indéterminée à coefficients dans $\mathbb{C}$.
- $\mathbb{K}_n[X]$ ensemble des polynômes à une indéterminée à coefficients dans $\mathbb{K}$ de degré inférieur ou égal à n.
- $\mathbb{R}_n[X]$ ensemble des polynômes à une indéterminée à coefficients dans $\mathbb{R}$ de degré inférieur ou égal à n.
- $\mathbb{C}_n[X]$ ensemble des polynômes à une indéterminée à coefficients dans $\mathbb{C}$ de degré inférieur ou égal à n.
- $\mathscr{M}_{n,p}(\mathbb{K})$ ensemble des matrices de type (n,p) à coefficients dans $\mathbb{K}$.
- $\mathscr{M}_{n,1}(\mathbb{K})$ ensemble des matrices de type $(n,1)$ à coefficients dans $\mathbb{K}$.
- $\mathscr{M}_n(\mathbb{K})$ ensemble des matrices carrées d'ordre n à coefficients dans $\mathbb{K}$.
- $\mathscr{M}_n(\mathbb{R})$ ensemble des matrices carrées d'ordre n à coefficients dans $\mathbb{R}$.
- $\mathscr{M}_n(\mathbb{C})$ ensemble des matrices carrées d'ordre n à coefficients dans $\mathbb{C}$.
- $S_n(\mathbb{R})$ ensemble des matrices carrées symétriques d'ordre n à coefficients dans $\mathbb{R}$.
- $\mathscr{A}_n(\mathbb{R})$ ensemble des matrices carrées antisymétriques d'ordre n à coefficients dans $\mathbb{R}$.
- $D_n(\mathbb{K})$ ensemble des matrices carrées diagonales d'ordre n à coefficients dans $\mathbb{K}$.
- $GL_n(\mathbb{K})$ ensemble des matrices carrées inversibles d'ordre n à coefficients dans $\mathbb{K}$.
- $GL_n(\mathbb{R})$ ensemble des matrices carrées inversibles d'ordre n à coefficients dans $\mathbb{R}$.
- $GL_n(\mathbb{C})$ ensemble des matrices carrées inversibles d'ordre n à coeffi-

cients dans $\mathbb{C}$.

- $\mathcal{O}(n)$ ensemble des matrices carrées orthogonales d'ordre n à coefficients dans $\mathbb{R}$.
- $SO(n)$ ensemble des matrices carrées orthogonales d'ordre n à coefficients dans $\mathbb{R}$ dont le déterminant est égal à 1.
- $SL_n(\mathbb{K})$ ensemble des matrices carrées d'ordre n à coefficients dans $\mathbb{K}$ dont le déterminant est égal à 1.
- $SL_n(\mathbb{R})$ ensemble des matrices carrées d'ordre n à coefficients dans $\mathbb{R}$ dont le déterminant est égal à 1.
- $\mathcal{O}(E)$ ensemble des automorphismes orthogonaux d'un espace euclidien E.
- $SO(E)$ ensemble des automorphismes orthogonaux d'un espace euclidien E dont le déterminant est égal à 1.
- $S(E)$ ensemble des endomorphismes symétriques d'un espace préhilbertien E.
- $BL(E)$ ensemble des formes bilinéaires d'un $\mathbb{R}$-espace vectoriel E.
- $BS(E)$ ensemble des formes bilinéaires symétriques d'un $\mathbb{R}$-espace vectoriel E.
- $B_{ij}(\mathbb{R})$ ensemble des permutations de $\mathbb{R}$.
- $\mathfrak{S}_n$ groupe symétrique d'ordre n.
- $\mathcal{A}_n$ groupe alterné d'ordre n.
- δ_{ij} symbole de Kronecker défini par $\delta_{ij} = 1$ si $i = j$ et $\delta_{ij} = 0$ sinon.

Index

Dépôt légal : août 2020 - N° imprimeur : 082066709

Imprimé en France par Présence Graphique - Monts